# 전 자 회 로

이시우 著

21세기사

# PREFACE

최근 우리나라 산업이 IT산업화 되어 가면서 전자공학과, 정보통신공학과, 컴퓨터공학과, 제어공학과, 통신공학과 등 IT관련 학과에 관심이 모아지고 있다. 본 교재는 이러한 분야의 전공자들이 기본적으로 알아야 할 전자회로의 기본이론과 응용회로에 대한 교재로서 전문대학이나 대학의 전공교재로 활용할 수 있으며, 국가자격시험인 정보통신산업기사의 자격증의 수험서로도 활용할 수 있다. 본 교재의 특징은 장구한 서술식은 피하고 그림과 간략한 요약법을 사용하고, 핵심이 되는 내용을 정리하는 표현기법을 사용한 것이 특징이라 할 수 있다. 짧은 시간에 전자회로의 기본적인 이해를 돕는데 매우 유용할 것으로 생각된다.

본 교재의 구성을 살펴보면, 제1장에서는 전자회로에서 나오는 기본법칙들을 요약정리 하였으며, 제2장에서는 반도체의 기본소자에 대하여 기술하였다. 제3장에서는 전자회로에 사용되는 전원회로를 다루고 있다. 또한 제4장~8장에서는 전자회로의 기본 증폭회로인 공통 이미터(CE) 증폭회로, 공통 베이스(CB) 증폭회로, 공통 컬렉터(CC) 증폭회로를 소신호 등가회로로 해석하는 방법과 FET를 사용한 증폭회로, 궤환 증폭회로, 연산증폭회로, 전력증폭회로를 다루고 있다. 제9장~10장에서는 통신에서 주로 사용하는 발진기와 변복조 회로에 대하여 언급하고 있으며, 제11장에서는 펄스의 특성과 미적분회로, 클리퍼, 클램프 회로를 다루었다. 마지막으로 제12장~제13장에서는 디지털 전자회로를 이해하기 위한 논리회로와 카운터, 연산회로 등 응용논리회로에 대하여 기술하였다.

끝으로 이 책이 출판되기까지 음양으로 도와준 가족들에게 이 책을 바친다.

2016년 1월

저 자

# CONTENTS

CHAPTER 1

# 전자회로의 기본법칙

## 1.1 옴(Ohm)법칙

옴의 법칙은 직류회로에서 전류($I$), 전압($V$), 저항($R$)과의 관계를 정립한 법칙으로서 다음과 같은 관계가 성립된다.

① 전류 : $I=\frac{V}{R}$ : 전류는 전압에 비례하고 저항에 반비례한다.

② 전압 : $V=IR$ : 전압은 전류와 저항에 비례하고 전류는 저항에 반비례한다.

③ 저항 : $R=\frac{V}{I}$: 저항은 전압에 비례하고 전류에 반비례한다.

**예제 1-1**

〈그림 1-1〉에서 전압($V$)를 구하라.

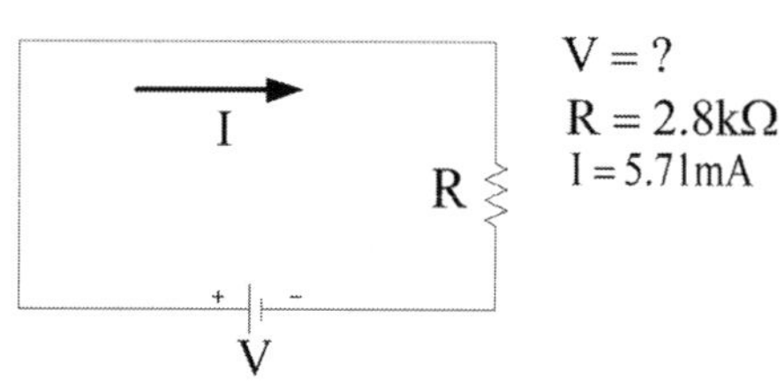

〈그림 1-1〉 예제 1.1

**풀이**

$V=IR=5.71mA\times 2.8k\Omega\approx 16V$

$\therefore V\approx 16V$

**예제 1-2**

〈그림 1-2〉과 같이 2개의 저항을 직렬로 연결하였을 경우의 전류($I$)를 구하라.

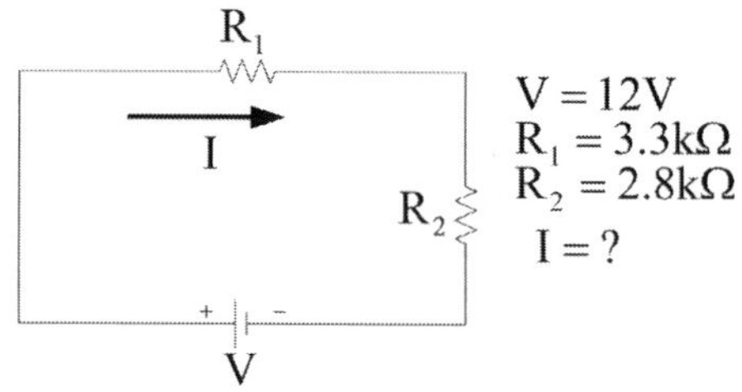

〈그림 1-2〉 예제 1.2

**풀이**

$$I=\frac{V}{R}=\frac{V}{R_1+R_2}=\frac{12V}{3.3k\Omega+2.8k\Omega}\approx 1.97mA$$

$\therefore I=1.97mA$

> 저항의 직렬회로(전압분배 법칙)
>
> $R_1$과 $R_2$에 흐르는 전류는 같다.
> $R_1$과 $R_2$에 걸리는 전압은 다르다.

**예제 1-3**

〈그림 1-3〉과 같이 2개의 저항을 병렬로 연결하였을 경우 총 전류($I$)를 구하라.

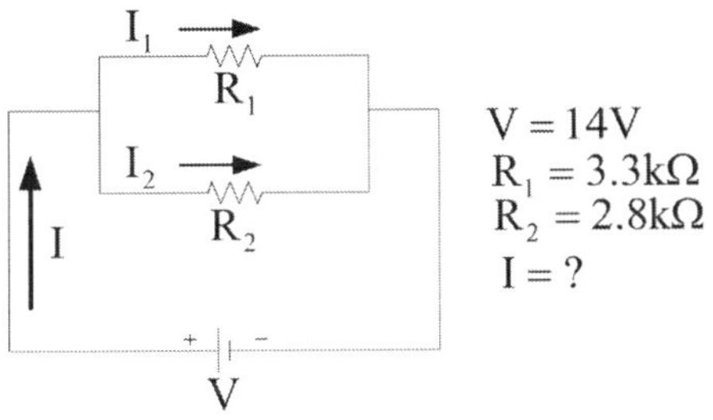


〈그림 1-3〉 예제 1.3

**풀이**

① 저항이 병렬로 연결되었을 때의 합성저항 값($R_T$)는 다음과 같다.

$$R_T=\frac{R_1\times R_2}{R_1+R_2}$$

여기에, $R_1$과 $R_2$값을 적용하고

$$R_T=\frac{R_1\times R_2}{R_1+R_2}=\frac{3.3k\Omega\times 2.8k\Omega}{3.3k\Omega+2.8k\Omega}=1.515k\Omega$$

총 전류($I$)를 구한다.

$$I=\frac{V}{R_T}=\frac{14V}{1.515k\Omega}=9.24mA$$

$\therefore I=9.24mA$

② 총 전류 $I$는 $R_1$과 $R_2$에 흐르는 전류 $I_1$과 $I_2$의 합과 같다.

$I = I_1 + I_2$

따라서, $I_1$을 구하고

$$I_1 = \frac{V}{R_1} = \frac{14V}{3.3k\Omega} = 4.24mA$$

다음에 $I_2$를 구한 다음

$$I_2 = \frac{V}{R_2} = \frac{14V}{2.8k\Omega} = 5mA$$

키르히호프의 전류법칙에 따라서 전체전류$I$는$I_1$과$I_2$의 합과 같다.

$I = I_1 + I_2 = 4.24mA + 5mA = 9.24mA$

$\therefore I = 9.24mA$

**참 고 저항의 병렬회로(전류분배 법칙)**

$R_1$과$R_2$에 흐르는 전류는 다르다.

$R_1$과$R_2$에 걸리는 전압은 같다.

## 1.2 키르히호프(Kirchhoff) 전류법칙

키르히호프의 전류법칙은 〈그림 1-4〉와 같이 한 점에 입력된 전류와 출력된 전류의 합은 0이다. 즉, 한 점에 유입된 전류의 합은 나가는 전류의 합과 같다는 것이다. 키르히호프의 전류법칙을 키르히호프의 제 1 법칙이라고도 한다.

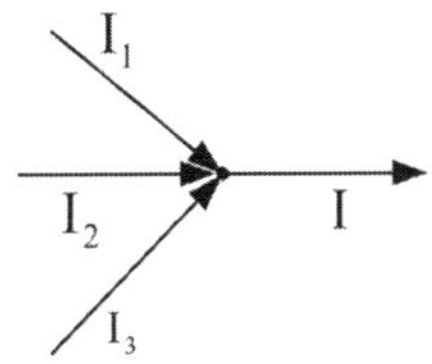

$$I - I_1 - I_2 - I_3 = 0$$
$$I - (I_1 + I_2 + I_3) = 0$$
$$I = I_1 + I_2 + I_3$$

〈그림 1-4〉 키르히호프의 전류법칙

**참 고** **키르히호프의 전류법칙 : 키르히호프의 제 1 법칙**

한 점에 입력된 전류와 출력된 전류의 합은 0이다.

**예제 1-4**

〈그림 1-5〉와 같이 3개의 저항을 병렬로 연결하였을 경우의 총 전류($I$)를 구하라.

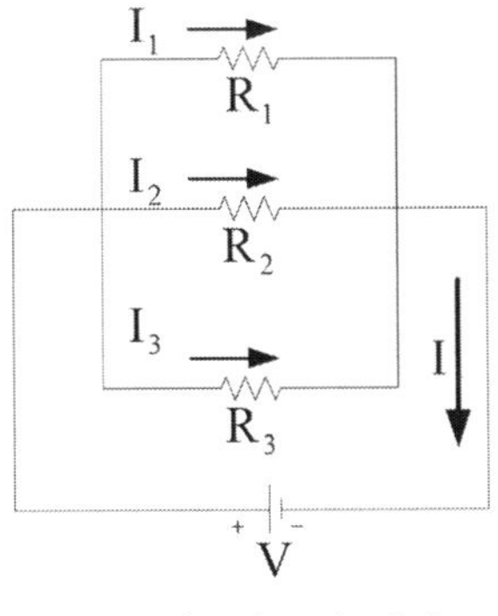

$V = 12V$
$R_1 = 8.6k\Omega$
$R_2 = 5.6k\Omega$
$R_3 = 1.2k\Omega$
$I = ?$

〈그림 1-5〉 예제 1.4

풀이

키르히호프의 전류법칙에 따라서 총 전류 $I$는 $R_1$, $R_2$, $R_3$에 흐르는 전류 $I_1$, $I_2$, $I_3$의 합과 같다.

$I = I_1 + I_2 + I_3$

그러므로, 전류 $I_1$, $I_2$, $I_3$를 차례대로 구하여 합하면 된다.

$$I_1 = \frac{V}{R_1} = \frac{12\,V}{8.6k\Omega} = 1.395mA$$

$$I_2 = \frac{V}{R_2} = \frac{12\,V}{5.6k\Omega} = 2.143mA$$

$$I_3 = \frac{V}{R_3} = \frac{12\,V}{1.2k\Omega} = 10mA$$

$$I = I_1 + I_2 + I_3 = 1.395mA + 2.143mA + 10mA = 13.538mA$$

$$\therefore I = 13.538mA$$

## 1.3 키르히호프(Kirchhoff) 전압법칙

키르히호프의 전압법칙은 〈그림 1-6〉과 같이 페루프(cloose loop)회로에서 발생하는 전압의 모든 합은 0이다. 주목해야할 것은 페루프의 회전방향인데 일반적으로 시계방향으로 해석하는 경우가 대부분이다. 이때, 주목해야할 것은 각 전위의 +극성과 −극성의 방향을 잘 관찰해서 회로해석을 하여야 한다. 즉, 시계방향으로 전류를 흐르게 하는 경우의 전위는 +값을 취하고, 반대의 경우는 −값을 취하면 된다.

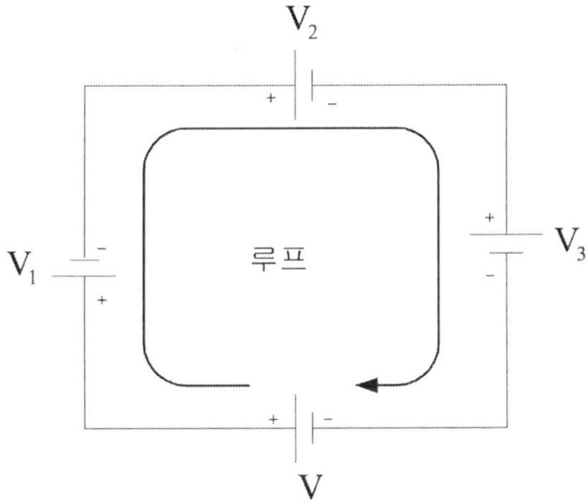


$$V - V_1 - V_2 - V_3 = 0$$

$$V - (V_1 + V_2 + V_3) = 0$$

〈그림 1-6〉 키르히호프의 전압법칙

〈그림 1-6〉에서 알 수 있듯이 $V$ 전위는 시계방향으로 전류를 흐르게 하려는 전위이고, $V_1$, $V_2$, $V_3$ 전위는 시계 반대방향으로 전류를 흐르게 하려는 전위이다. 따라서, 키르히호프의 전압법칙은 $V$전위에서 $V_1$, $V_2$, $V_3$전위를 감산하는 식으로 정의된다. 키르히호프의 전압법칙을 키르히호프의 제2법칙이라고도 한다.

**참 고** **키르히호프의 전압 법칙 : 키르히호프의 제 2 법칙**

페루프(cloose loop)회로에서 발생하는 전압의 모든 합은 0이다.

### 예제 1-5

<그림 1-7>에 키르히호프의 전압법칙을 적용하여 검증하여라.

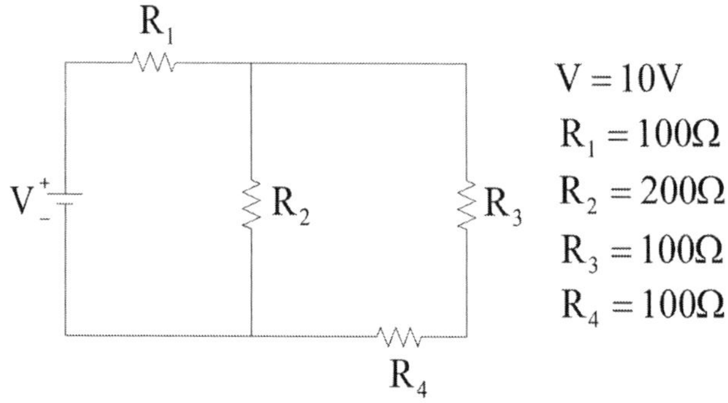


<그림 1-7> 예제 1.5

풀이

① 시계방향으로 3개의 폐회로 루프(루프 1, 루프 2, 루프 3)를 만들 수 있다. 이 폐회로의 시계방향으로 $R_1$, $R_2$, $R_3$, $R_4$에 (+)극과 (−)극 전위를 붙인다.

② 직렬로 연결되어 있는 $R_3$와 $R_4$의 합성저항($R_{34}$)을 구한다.

$$R_{34} = R_3 + R_4 = 100\Omega + 100\Omega = 200\Omega$$

③ 병렬로 연결되어 있는 $R_2$와 $R_{34}$의 합성저항($R_{234}$)을 구한다.

$$R_{234} = \frac{R_2 \times R_{34}}{R_2 + R_{34}} = \frac{200\Omega \times 200\Omega}{200\Omega + 200\Omega} = 100\Omega$$

④ 직렬로 연결되어 있는 $R_1$과 $R_{234}$의 합성저항($R_{1234}$)을 구하고

$$R_{1234} = R_1 + R_{234} = 100\Omega + 100\Omega = 200\Omega$$

옴의 법칙을 적용하여 총 전류 $I$를 구한다.

$$I = \frac{V}{R_{1234}} = \frac{10\,V}{200\Omega} = 50mA$$

⑤ 저항의 직렬회로에서 $R_1 - R_{234}$이므로 $R_1$과 $R_{234}$에 $V$가 균등하게 배분된다.

$$V_{R1} = I \cdot R_1 = 50mA \times 100\Omega = 5\,V$$

$$\therefore V_{R1} = 5\,V$$

$$V_{R234} = I \cdot R_{234} = 50mA \times 100\Omega = 5\,V$$

$R_2 = R_{34}$이므로 총 전류 $I = 50mA$는 $R_2$와 $R_{34}$에 각각 $25mA$씩 배분된다.

즉, $I_2 = 25mA$, $I_3 = 25mA$가 된다. 그러므로, $R_2$와 $R_{34}$에 걸리는 전위는 다음과 같다.

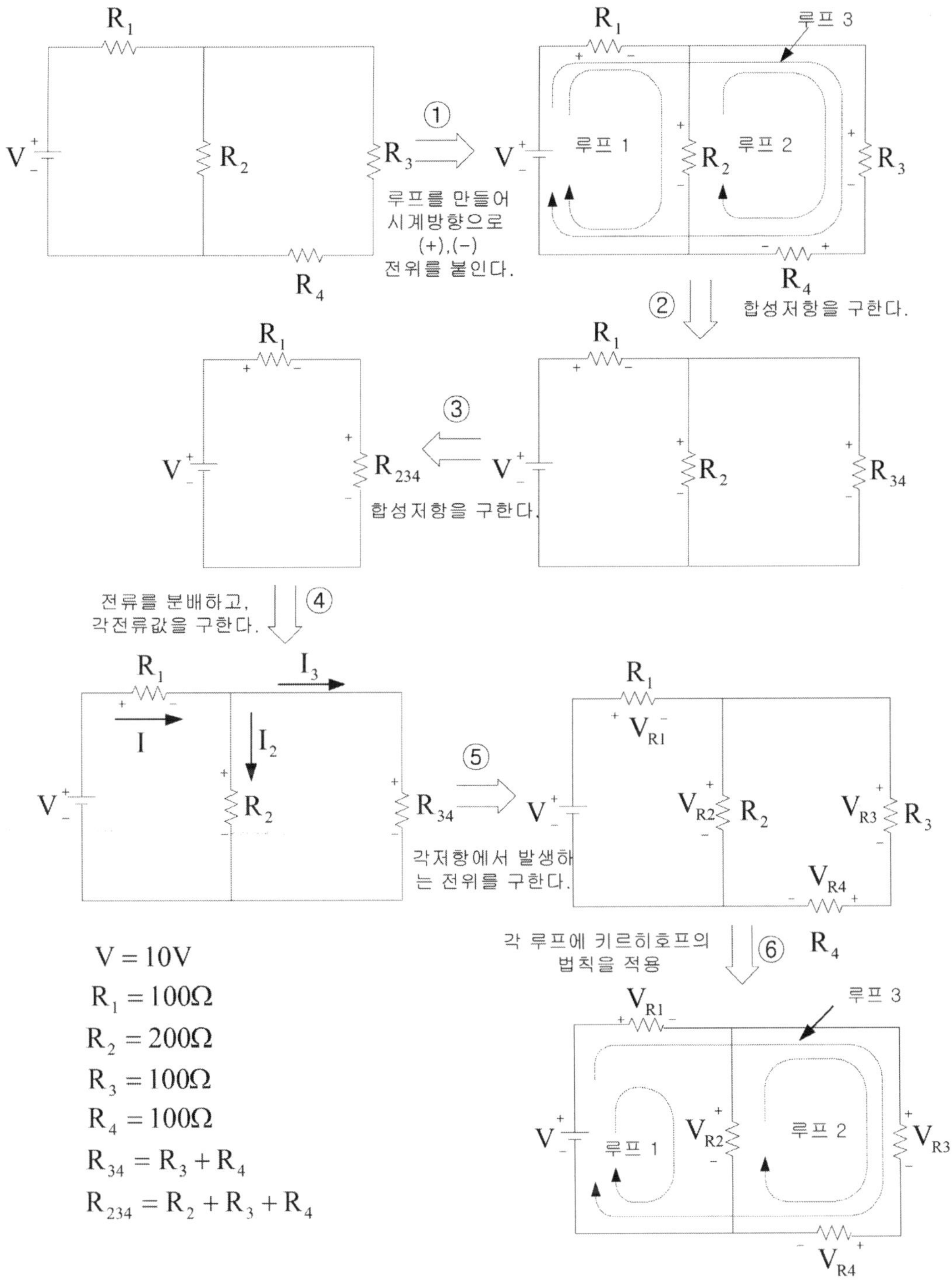


〈그림 1-8〉 키르히호프 전압법칙을 적용한 경우의 설명도

$V_{R2} = I_2 \cdot R_2 = 25mA \times 200\Omega = 5\,V$

$\therefore V_{R2} = 5\,V$

$V_{R34} = I_3 \cdot R_{34} = 25mA \times 200\Omega = 5\,V$

직렬로 연결된 $R_3$와 $R_4$에 걸리는 전압은 다음과 같다.

$V_{R3} = I_3 \cdot R_3 = 25mA \times 100\Omega = 2.5\,V$

$\therefore V_{R3} = 2.5\,V$

$V_{R4} = I_3 \cdot R_4 = 25mA \times 100\Omega = 2.5\,V$

$\therefore V_{R4} = 2.5\,V$

시계방향인 루프 1, 루프 2, 루프 3에 키르히호프 전압법칙을 적용하면 다음과 같이 된다(그림 1-8 참조).

$\therefore$ 루프$1 = 10\,V - 5\,V - 5\,V = 0$

$\therefore$ 루프$2 = 5\,V - 2.5\,V - 2.5\,V = 0$

$\therefore$ 루프$3 = 10\,V - 5\,V - 2.5\,V - 2.5\,V = 0$

## 1.4 전압분배 법칙

전압원을 갖는 직렬 회로망에서 모든 저항에 흐르는 전류는 같다. 이때, 옴의 법칙을 고려하면 모든 저항에 걸리는 전압은 저항값에 정비례 한다. 각 저항에 걸리는 전압은 다음식과 같다.

$$V_n = \frac{R_n}{R_T} \times V$$

$R_n$ : 각 저항값($n = 1, 2, 3\ldots$)

$R_T$ : 합성저항 값($R_1 + R_2 + R_3 + \ldots$)

$V_n$ : 각 저항에 걸리는 전압

$V$ : 공급 전압원

**예제 1-6**

〈그림 1-9〉에 전압분배 법칙을 적용하여 검증하여라.

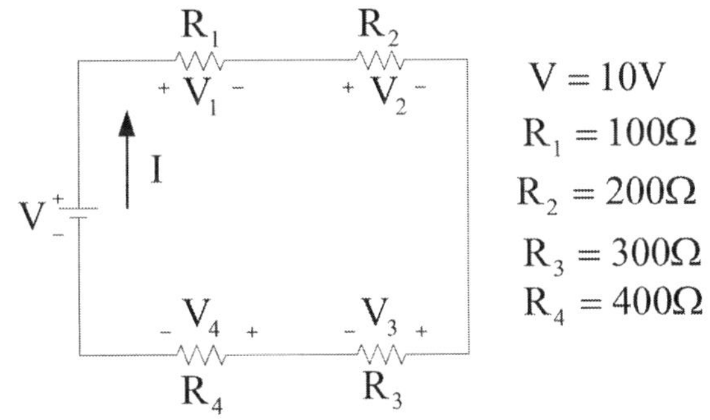


〈그림 1-9〉 예제 1.6

풀이

합성저항 값($R_T$)은 모든 저항 값의 합과 같다.

$R_T = R_1 + R_2 + R_3 + R_4 = 100\Omega + 200\Omega + 300\Omega + 400\Omega = 1k\Omega$

회로에 흐르는 총 전류$I$는 다음과 같다.

$I = \frac{V}{R_T} = \frac{10\,V}{1k\Omega} = 10mA$

① 옴의 법칙을 이용하여 각 저항에 걸리는 전압을 구한 경우

$V_1 = I \times R_1 = 10mA \times 100\Omega = 1\,V$

$V_2 = I \times R_2 = 10mA \times 200\Omega = 2V$

$V_3 = I \times R_3 = 10mA \times 300\Omega = 3V$

$V_4 = I \times R_3 = 10mA \times 400\Omega = 4V$

② 전압분배 공식( $V_n = \frac{R_n}{R_T} \times V$ )를 이용하여 각 저항에 걸리는 전압을 구한 경우

$$V_1 = \frac{R_1}{R_T} \times V = \frac{100\Omega}{1k\Omega} \times 10V = 1V$$

$$V_2 = \frac{R_2}{R_T} \times V = \frac{200\Omega}{1k\Omega} \times 10V = 2V$$

$$V_3 = \frac{R_3}{R_T} \times V = \frac{300\Omega}{1k\Omega} \times 10V = 3V$$

$$V_4 = \frac{R_4}{R_T} \times V = \frac{400\Omega}{1k\Omega} \times 10V = 4V$$

따라서, 전압원 $V$와 각 저항에 걸리는 전압( $V_1, V_2, V_3, V_4$)은 서로 일치하는 것을 알 수 있다.

$V = V_1 + V_2 + V_3 + V_4 = 10V$

따라서, 전압원을 갖는 직렬 회로망에서 모든 저항에서 같은 전류가 흐르며, 저항에 걸리는 전압은 저항값에 정비례함을 입증하였다.

## 1.5 전류분배 법칙

전압원을 갖는 병렬 회로망에서 모든 저항에 걸리는 전압은 같다. 이때, 옴의 법칙을 고려하면 모든 저항에 흐르는 전류는 저항 값에 반비례한다.

$$I_n = \frac{R_T}{R_n} \times I$$

$R_n$ : 각 저항값($n = 1,\ 2,\ 3\ldots$)

$R_T$ : 합성저항 값 $\left( \dfrac{1}{\dfrac{1}{R_1} + \dfrac{1}{R_2} + \dfrac{1}{R_3} + \ldots} \right)$

$I_n$ : 각 저항에 흐르는 전류

$I$ : 공급 전류원

**예제 1-7**

〈그림 1-10〉에 전류분배 법칙을 적용하여 검증하여라.

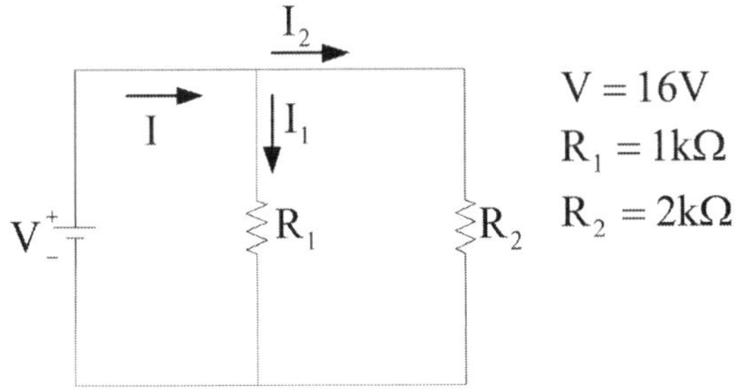


〈그림 1-10〉 예제 1.7

풀이

병렬회로에서 모든 저항에 걸리는 전압은 같기 때문에 다음과 같이 총 전류$I$와 각 저항에 흐르는 전류$I_1$과 $I_2$를 구할 수 있다.

$$I_1 = \frac{V}{R_1} = \frac{16}{1k\Omega} = 16mA$$

$$I_2 = \frac{V}{R_2} = \frac{16}{2k\Omega} = 8mA$$

$$I = I_1 + I_2 = 16mA + 8mA = 24mA$$

또는 합성저항으로부터 총 전류$I$를 구할 수도 있다.

$$R_T = \frac{R_1 \times R_2}{R_1 + R_2} = \frac{1k\Omega \times 2k\Omega}{1k\Omega + 2k\Omega} = 666.667\Omega$$

$$I = \frac{V}{R_T} = \frac{16}{666.667} = 24mA$$

이번에는 전류분배 방정식을 이용하여 해답을 구해보자.

$$I_1 = \frac{R_T}{R_1} \times I = \frac{666.667\Omega}{1k\Omega} \times 24mA = 16mA$$

$$\therefore I_1 = 16mA$$

$$I_2 = \frac{R_T}{R_2} \times I = \frac{666.667\Omega}{2k\Omega} \times 24mA = 8mA$$

$$\therefore I_2 = 8mA$$

$$I = I_1 + I_2 = 16mA + 8mA = 24mA$$

$$\therefore I = 24mA$$

## 1.6 중첩의 원리

두 개 이상의 전압원과 전류원을 포함하는 회로망에 있어서 각각의 전류원 또는 전압원만을 고려하여 구한 결과를 중복(중첩)시켜서 회로의 응답을 구하는 원리를 중첩의 원리라 한다. 단, 중첩의 원리는 선형회로망에 적용하여야 한다.

| 회로망의 전압원은 단락회로, 전류원은 개방회로로 대치한다. |
|---|

**참고 전력계산에는 중첩의 원리를 적용하지 못한다!**

저항에서 발생하는 전력$P$는 전류의 제곱에 비례하거나 전압의 제곱에 비례하는 비선형 특성을 갖고 있다. 따라서, 전력계산에는 중첩의 원리를 적용하지 못한다.

※ $P = VI = I^2R = \dfrac{V^2}{R}$

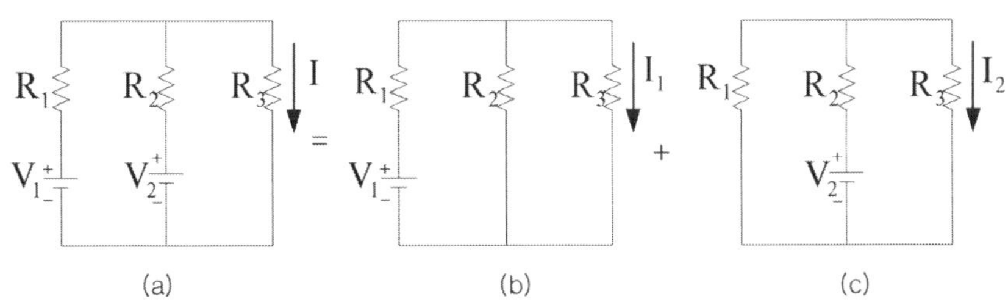


〈그림 1-11〉 중첩의 원리

중첩의 원리는 〈그림 1-11〉과 같이 (그림 a)는 (그림 b)와 (그림 c)로 분리할 수 있다. 따라서, 저항 $R_3$에 흐르는 전류 $I = I_1 + I_2$와 같다.

전류분배 법칙에 따라서 전류$I_1$과 $I_2$는 다음 식으로 구한다.

$$I_1 = \frac{V_1}{R_1 + \dfrac{R_2 \times R_3}{R_2 + R_3}} \times \frac{R_2}{R_2 + R_3}$$

$$I_2 = \frac{V_2}{R_2 + \dfrac{R_1 \times R_3}{R_1 + R_3}} \times \frac{R_1}{R_1 + R_3}$$

참고

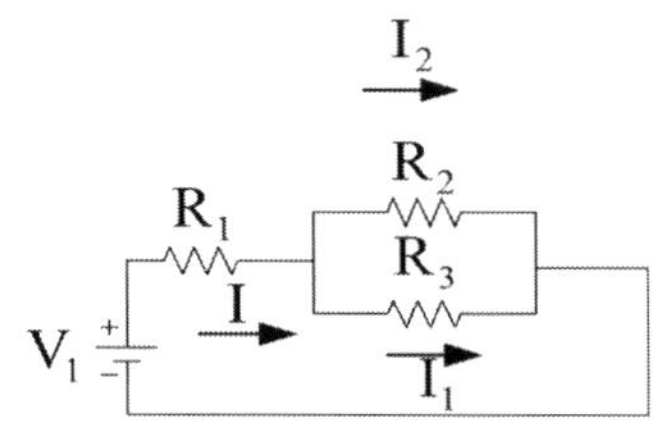


〈그림1-11〉(b)는 위 그림과 같이 나타낼 수 있고, $R_2$와$R_3$의 합성저항 $R_T = \frac{R_2 \cdot R_3}{R_2 + R_3}$ 가 된다.

전류분배법칙의 공식 $I_n = \frac{R_T}{R_n} \cdot I$ 에서 $I_n = I_1$ , $R_n = R_3$ 이 된다.

$$\frac{R_T}{R_n} = \frac{\frac{R_2 \cdot R_3}{R_2 + R_3}}{R_3} = \frac{R_2}{R_2 + R_3}$$

결국, 전류분배법칙을 사용하여 구하면 아래와 같이 된다.

$$I_n = I_1 = \frac{R_T}{R_n} \cdot I = \frac{R_2}{R_2 + R_3} \cdot \frac{V_1}{R_T} = \frac{R_2}{R_2 + R_3} \cdot \frac{V_1}{R_1 + \frac{R_2 \cdot R_3}{R_2 + R_3}}$$

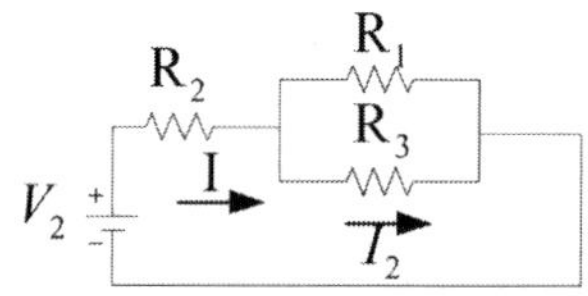


〈그림1-11〉(c)는 위 그림과 같이 나타낼 수 있고, $R_1$와$R_3$의 합성저항 $R_T = \frac{R_1 \cdot R_3}{R_1 + R_3}$ 가 된다.

전류분배법칙의 공식 $I_n = \frac{R_T}{R_n} \cdot I$에서 $I_n = I_2$, $R_n = R_3$이 된다.

$$\frac{R_T}{R_n} = \frac{\frac{R_1 \cdot R_3}{R_1 + R_3}}{R_3} = \frac{R_1}{R_1 + R_3}$$

결국, 전류분배법칙을 사용하여 구하면 아래와 같이 된다.

$$I_n = I_2 = \frac{R_T}{R_n} \cdot I = \frac{R_1}{R_1 + R_3} \cdot \frac{V_2}{R_T} = \frac{R_1}{R_1 + R_3} \cdot \frac{V_2}{R_2 + \frac{R_1 \cdot R_3}{R_1 + R_3}}$$

### 예제 1-8

〈그림 1-12〉에 중첩의 원리를 적용하여 $R_3$에 흐르는 전류를 구하라.

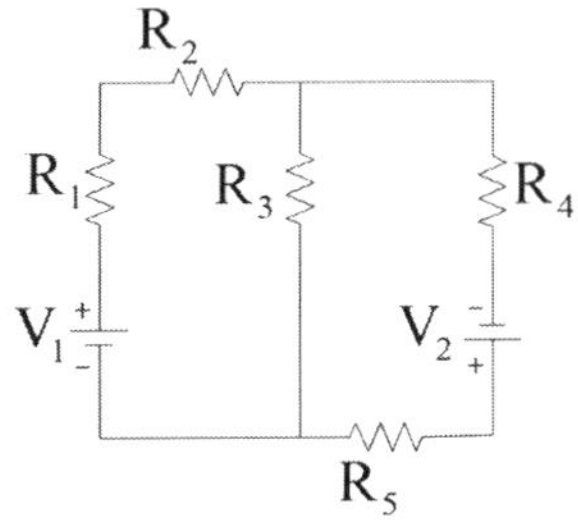


〈그림 1-12〉 예제 1.8

풀이

〈그림 1-12〉에 중첩의 원리를 적용하면 〈그림 1-13〉과 같이 된다. $R_3$에 흐르는 전류는 $I = I_1 - I_2$와 같다.

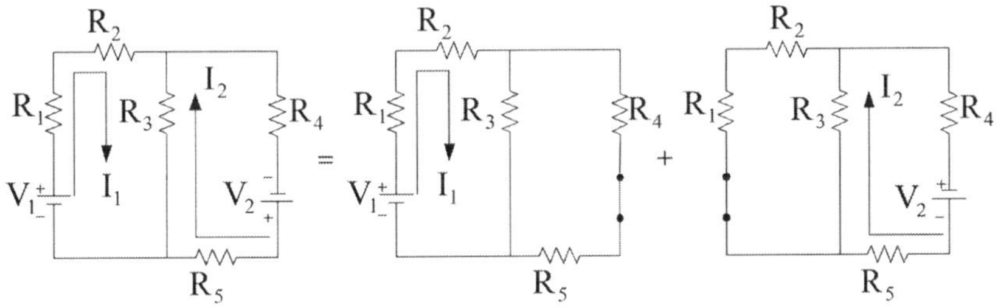


$R_1 = 100\Omega$　　$V_1 = 10V$

$R_2 = 200\Omega$　　$V_2 = 20V$

$R_3 = 300\Omega$

$R_4 = 400\Omega$

$R_5 = 500\Omega$

$$I_1 = \frac{V_1}{R_1 + R_2 + \dfrac{R_3 \times (R_4 + R_5)}{R_3 + (R_4 + R_5)}} \times \frac{(R_4 + R_5)}{R_3 + (R_4 + R_5)} = 14.29mA$$

$$I_2 = \frac{V_2}{R_4 + R_5 + \dfrac{R_3 \times (R_1 + R_2)}{R_3 + (R_1 + R_2)}} \times \frac{(R_1 + R_2)}{R_3 + (R_1 + R_2)} = 9.524mA$$

$$I = I_1 - I_2 = 14.29mA - 9.524mA = 4.766mA$$

$$\therefore I = 4.766mA$$

**참고**

충첩의 원리를 적용하기 위하여 저항의 병렬회로 이므로 전류분배법칙의 공식을 적용한다.

$V_2$를 단락회로로 놓은 경우의 폐루프에서의 합성저항 값을 구한다.

$$R_T = \frac{R_3 \cdot (R_4 + R_5)}{R_3 + (R + R_5)}$$

$$R_n = R_3$$

전류분배 법칙의 공식에 적용하면 다음과 같은 값을 얻을 수 있다.

$$\frac{R_T}{R_n} = \frac{R_4 + R_5}{R_3 + (R_4 + R_5)}$$

모든 저항을 포함하는 합성저항($Z$)을 구하여 전류분배법칙의 공식에 적용하면 다음과 같이 된다.

$$Z = R_1 + R_2 + \frac{(R_4 + R_5)}{(R_4 + R_5)}$$

$$I_n = \frac{R_T}{R_n} \cdot I = \frac{R_T}{R_n} \cdot \frac{V_1}{Z} = \frac{(R_4 + R_5)}{R_3 + (R_4 + R_5)} \cdot \frac{V_1}{R_1 + R_2 \frac{R_3 \cdot (R_4 + R_5)}{R_3 + (R_4 + R_5)}}$$

$V_1$를 단락회로로 놓은 경우의 폐루프에서의 합성저항 값을 구한다.

$$R_T = \frac{R_3 \cdot (R_1 + R_2)}{R_3 + (R_1 + R_2)}$$

$$R_n = R$$

전류분배 법칙의 공식에 적용하면 다음과 같은 값을 얻을 수 있다.

$$\frac{R_T}{R_n} = \frac{(R_1 + R_2)}{R_3 + (R_1 + R_2)}$$

모든 저항을 포함하는 합성저항($Z$)을 구하여 전류분배법칙의 공식에 적용하면 다음과 같이 된다.

$$Z = R_4 + R_5 + \frac{R_3 \cdot (R_1 + R_2)}{R_3 + (R_1 + R_2)}$$

$$I_n = \frac{R_T}{R_n} \cdot I = \frac{R_T}{R_n} \cdot \frac{V_1}{Z} = \frac{(R_1 + R_2)}{R_3 + (R_1 + R_2)} \cdot \frac{V_1}{R_4 + R_5 + \frac{R_3 \cdot (R_1 + R_2)}{R_3 + (R_1 + R_2)}}$$

# 1.7 테브낭(Thevenin)과 노튼(Norton)의 정리

테브낭의 정리는 하나 이상의 전압원, 전류원, 저항을 포함하는 회로망을 단일 전압원과 직렬저항으로 대치하여 해석하는 방법이고, 노튼의 정리는 하나 이상의 전압원, 전류원, 저항을 포함하는 회로망을 단일 전류원과 병렬저항으로 대치하여 해석하는 방법을 말한다.

테브낭의 정리와 노튼의 정리는 〈그림 1-14〉과 같이 복잡한 회로를 간략화하여 해석할 경우에 매우 편리한 방법이다.

| 테브낭의 정리<br>회로망을 단일 전압원과 직렬저항으로 대치한다. |
|---|

| 노튼의 정리<br>회로망을 단일 전류원과 병렬저항으로 대치한다. |
|---|

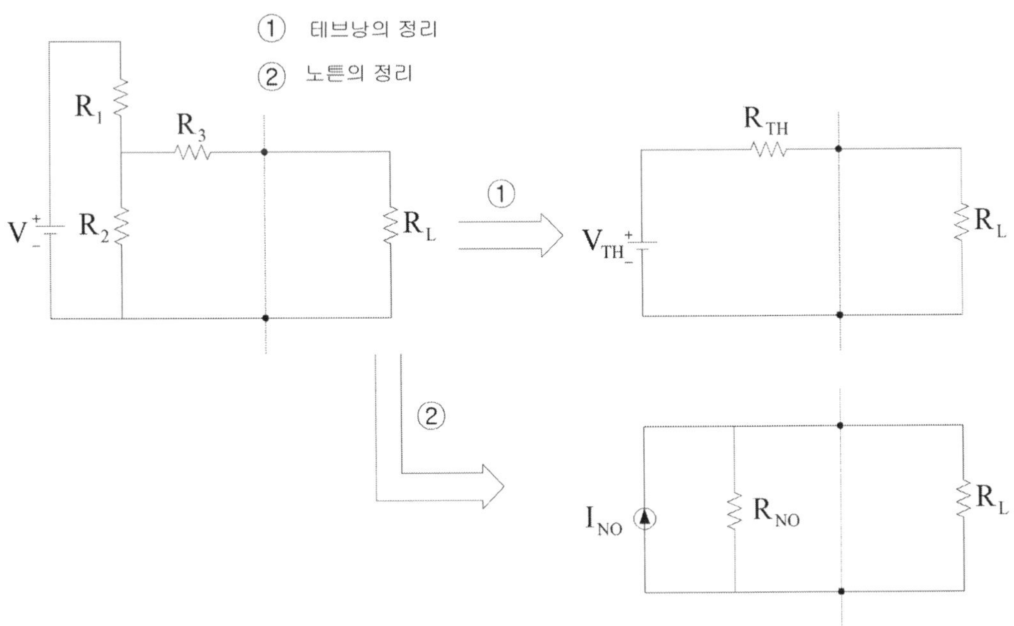


〈그림 1-14〉 테브낭과 노튼의 정리

### 예제 1-9

〈그림 1-15〉의 능동회로에 대하여 테브낭과 노튼의 등가회로를 구하라.

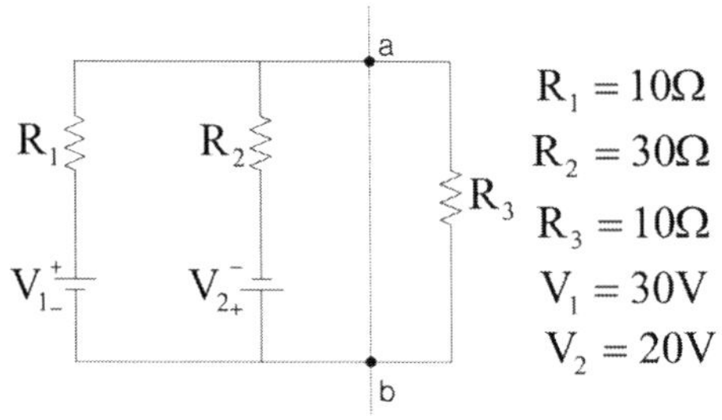


〈그림 1-15〉 예제 1.9

풀이

단자 ab를 개방회로로 만들고, 폐회로에 시계방향으로 키르히호프 전압법칙과 옴의 법칙을 적용한다. 폐회로에 흐르는 전류 $I$를 구하면 다음과 같다.

$$I=\frac{V_T}{R_T}=\frac{V_1+V_2}{R_1+R_2}=\frac{30V+20V}{10\Omega+30\Omega}=1.25A$$

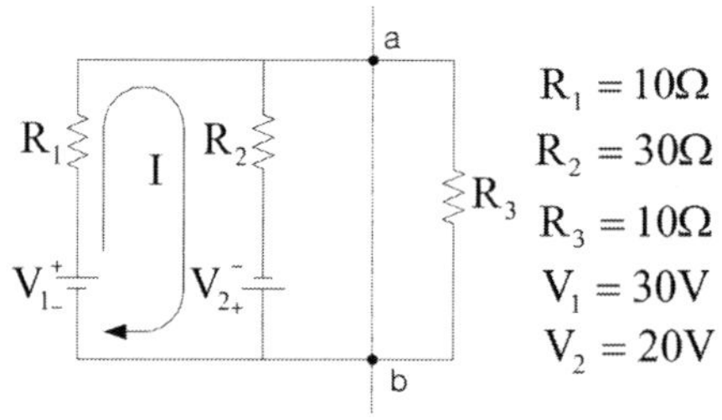


〈그림 1-16〉 〈그림 1-15〉에 키르히호프의 전압법칙과 옴의 법칙을 적용

이때 $V_1$, $V_2$의 극성에 주의하여야 한다. 여기에서는 $V_1$과 $V_2$을 구동시켰을 때의 전류의 방향이 일치하기 때문에 총 전압($V_T$)을 계산할 때 $V_1+V_2$로 계산하였으나 $V_1$ 혹은 $V_2$ 어느 한쪽의 극성이 반대로 되었을 때의 총 전압은 $V_1-V_2$ 혹은 $V_2-V_1$으로 계산하여야 한다.

〈그림 1-17〉과 같이 $V_2$를 단락회로로 하고, 저항 $R_1$에 걸리는 전압($V_{R1}$)을 계산한다.

$$V_{R1}=I\times R_1=1.25A\times 10\Omega=12.5V$$

단자 ab에 걸리는 전압($V_T$)는 다음과 같다.

$$V_T=V_1-V_{R1}=30V-12.5V=17.5V$$

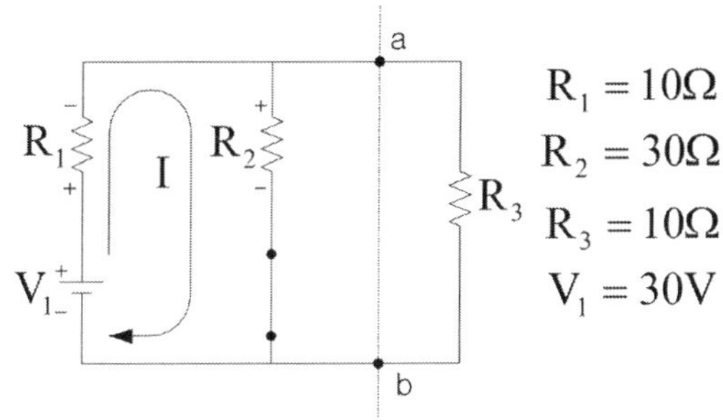


〈그림 1-17〉 $V_2$가 단락회로인 경우

한편, 다음 〈그림 1-18〉과 같이 $V_1$를 단락회로로 하고, 저항 $R_2$에 걸리는 전압( $V_{R2}$)을 계산한다.

$$V_{R2} = I \times R_2 = 1.25A \times 30\Omega = 37.5\,V$$

단자 ab에 걸리는 전압( $V_T$)는 다음과 같다.

$$V_T = V_{R2} - V_2 = 37.5\,V - 20\,V = 17.5\,V$$

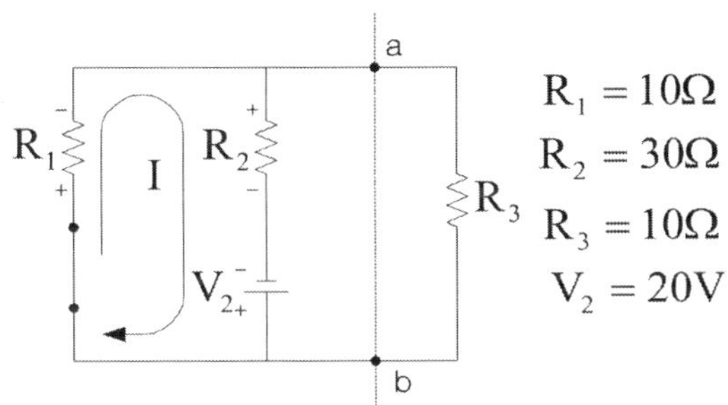


〈그림 1-18〉 $V_1$이 단락회로인 경우

결국, 단자 ab에 걸리는 전압 17.5V임을 알 수 있다. 따라서, 테브낭 등가 전압은

$$\therefore V_{TH} = 17.5\,V$$

테브낭 등가저항($R_{TH}$)은 $V_1$과 $V_2$를 단락상태에서 계산한다.

$$R_{TH} = R_3 + \frac{R_1 \times R_2}{R_1 + R_2} = 10\Omega + \frac{10\Omega \times 30\Omega}{10\Omega + 30\Omega} = 17.5\Omega$$

$$\therefore R_{TH} = 17.5\Omega$$

테브낭의 등가회로에서 전압원을 전류원으로 바꾸고 저항을 병렬로 연결하면 노튼의 등가회로가 된다.

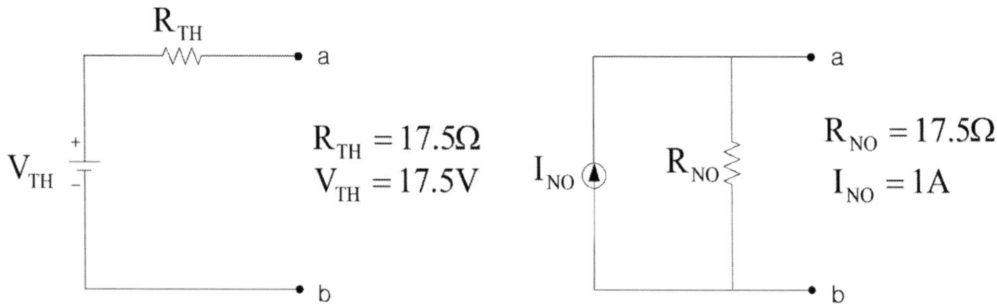


〈그림 1-19〉 테브낭과 노튼의 등가회로

**참 고**

$$I_{NO} = \frac{V_{TH}}{R_{TH}} = \frac{17.5\,V}{17.5\Omega} = 1A$$

$$V_{NO} = I_{NO} \cdot R_{NO} = 1A \cdot 17.5\Omega = 17.5\,V$$

CHAPTER 2

# 반도체 이론

## 2.1 대역이론

### (1) 에너지 준위

실제 물질은 원자구조 안에 전자들의 흐름을 위한 에너지준위를 갖는다. 원자핵으로부터 멀리 떨어져 있을수록 높은 에너지 상태를 갖는다고 할 수 있다. 전자가 갖는 에너지에 의해 형성된 에너지 폭을 에너지대라고 하며, 원자핵에서 가장 가까운 에너지 준위를 기저준위라고 한다. 또한 전자가 원자로부터 이탈하여 자유전자가 될 때의 에너지준위를 0준위라고 한다.

- 0준위 : 전자가 원자로부터 벗어나 자유전자가 될 때의 에너지 준위
- 기저준위 : 원자핵의 가장 가까운 에너지 준위
- 에너지대 : 전자가 갖는 에너지에 의해 에너지 폭을 형성

### (2) 에너지대 설명

원자핵 주위의 전자궤도에는 전자를 수용하는 에너지대와 전자들이 나타날 수 없는 에너지대가 존재한다. 전자가 존재할 수 있는 에너지대를 허용대(alowed band)라 하며, 전자가 존재할 수 없는 에너지대를 금지대(forbidden band)라 한다. 충만대(filled band)는 전자로 가득 찬 허용대로서 외부 에너지에 의해 전자가 전도대로 이동할 수 있는 에너지대를 말한다. 공대(empty band)에는 전자가 전혀 존재하지 않으며, 전도대(conduction band)는 전자가 원자핵의 전자궤도를 벗어나 자유롭게 이동함으로서 전류를 전도할 수 있는 에너지대를 말한다.

- 허용대(alowed band) : 전자가 존재할 수 있는 에너지대
- 금지대(forbidden band) : 전자가 존재할 수 없는 에너지대
- 충만대(filled band) : 전자로 가득 찬 허용대
- 공대(empty band) : 전자가 1개도 존재하지 않는 에너지대
- 전도대(conduction band) : 전자가 물질내부를 자유롭게 이동할 수 있어 전류를 전도할 수 있는 에너지대

### (3) 에너지대 구조

- 도체 : 가전자대에 많은 전도 전자가 존재하며 전압을 인가하였을 때 전하의 흐름이 쉬워 전류가 잘 흐르는 물체를 말한다. 매우 높은 전도도를 갖는다.

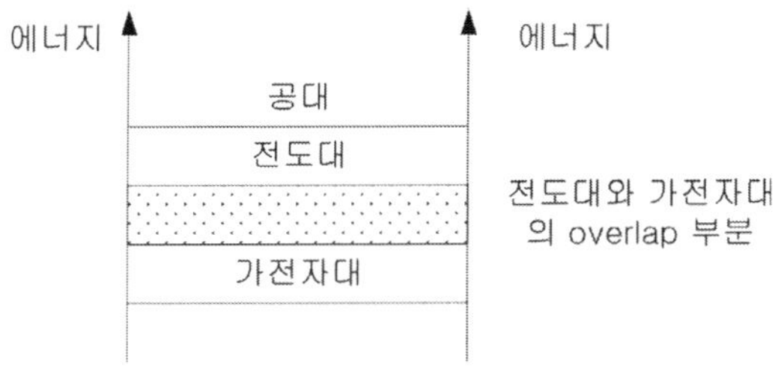


• 절연체 : 금지대의 폭이 넓기 때문에 가전자대의 전자가 전도대로 옮겨 갈 수 없어 전류가 흐르지 않는다. 매우 낮은 전도도를 갖는다.

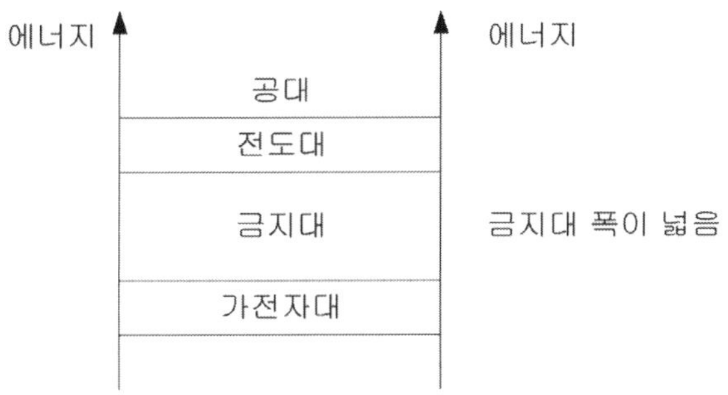


• 반도체 : 금지대의 폭이 비교적 좁아 가전자대의 전자가 비교적 용이하게 전도대로 이동할 수 있어 전류가 흐를 수 있다. 도체와 절연체 사이의 전도도를 갖는다.

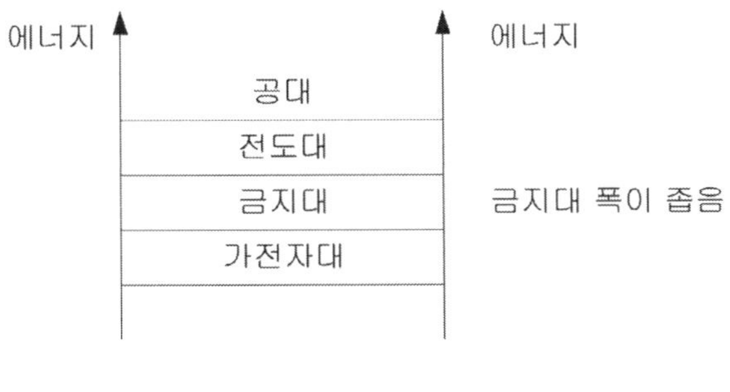


### (4) 진성 반도체, N형 반도체, P형 반도체

• 진성반도체 : Si, Ge과 같은 4가 원소로 만들어진 반도체를 진성 반도체라 한다.
• N형 반도체 : 진성 반도체에 비소(As), 안티몬(Sb)과 같은 5가 불순물을 첨가하여 만든 반도체를 N형 반도체라 한다. 5가 불순물을 도너(Doner)라 한다.
• P형 반도체 : 진성 반도체에 갈륨(Ga), 인듐(In)과 같은 3가 불순물을 첨가하여 만든 반도체를 P형 반도체라 한다. 3가 불순물을 억셉터(Acceptor)라 한다.

# 2.2 다이오드

## (1) 다이오드의 기호 및 특성

이상적인 다이오드(ideal diode)는 2단자(two-terminal) 디바이스로서, 스위치와 같이 동작하는 특성을 갖는다. 다이오드는 〈그림 2-1〉와 같이 표시하며, 다이오드에 순방향 전압을 걸면 화살표 방향으로 전류가 흐르며, 역방향 전압을 걸면 전류가 거의 흐르지 않는다.

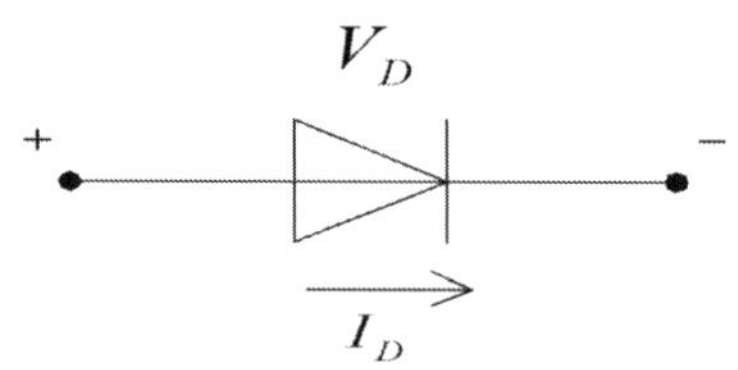


〈그림 2-1〉 다이오드의 기호

다이오드의 +극을 에노드(Anode) −극을 케소드(Cathode)라 하며, 〈그림 2-2〉와 같이 순방향 전압을 인가하면 다이오드는 단락회로가 되고, 역방향 전압을 인가하면 다이오드는 개방회로가 된다.

즉, 다이오드에 순방향 전압을 인가하면 다이오드는 단락회로가 되어 전류($I_D$)가 흐르게 되는 반면, 다이오드에 역방향 전압을 인가하면 다이오드는 개방회로가 되어 다이오드 전류($I_D$)가 흐르지 않게 된다. 이와 같은 특성을 나타내는 다이오드 특성곡선을 〈그림 2-3〉에 나타내었다.

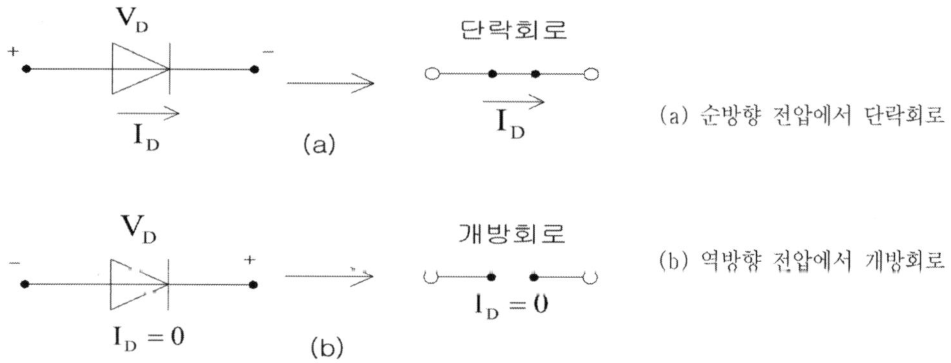


〈그림 2-2〉 다이오드의 전압특성

**참고 순방향 전압과 역방향 전압**

- 순방향 전압(단락회로) : 전류는 흐르나 전압은 발생하지 않는다.
- 역방향 전압(개방회로) : 전류는 흐르지 않으나 전압은 발생한다.

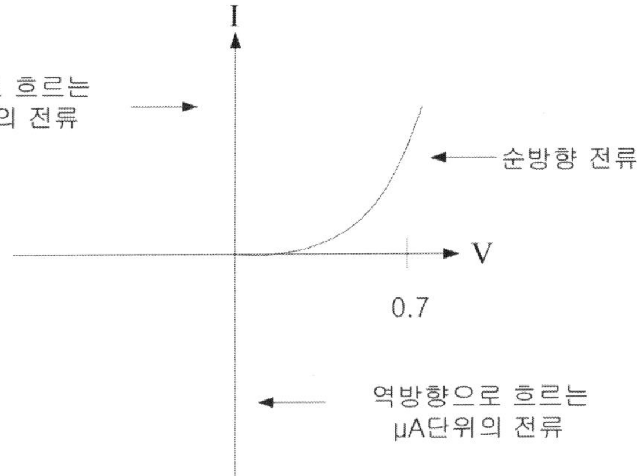


〈그림 2-3〉 다이오드의 전압-전류 특성곡선

〈그림 2-4〉 실제 다이오드의 모양

**참고 다이오드의 +극(에노드)과 -극(케소드)을 구분하는 방법**

〈그림 2-5〉와 같이 +극(에노드) 쪽에 라인이 없으며, 라인이 있는 쪽이 -극(케소드)이 된다. 실제 멀미메터기로 측정하여 다이오드의 +극과 -극을 찾아 낼 수 있는데, 멀티메터기의 선택단자를 저항(R) 단자에 놓고, 멀티메터기가 도통(전류가 흐르는)상태가 되었을 때 멀티메터기의 +극에 연결된 다이오드 단자가 +극(에노드)가 되며 멀티메터기의 -극에 연결된 다이오드 단자가 -극(케소드)가 된다.

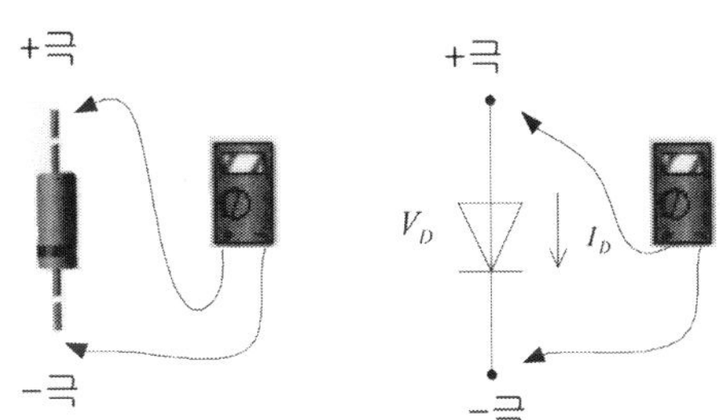


〈그림 2-5〉 멀티메터로 다이오드의 +극(에노드)과 -극(케소드)을 찾는 방법

이와 같이 이상적인 다이오드는 한쪽방향으로 전류를 전도하는 스위치와 같다. 실제 다이오드에는 여러 형태가 있으나 일반적으로 〈그림 2-4〉와 같은 모양을 하고 있다.

### (2) PN 접합 다이오드

P형 및 N형 반도체는 $G_e$, $S_i$ 에 불순물을 첨가함으로서 형성되는데, N형 반도체는 인티몬(Sb), 비소(As), 인(P)과 같은 5가인 불순물(최외각 전자수가 5개)을 첨가함으로서 만들어지고, P형 반도체는 붕소(B), 갈륨(Ga), 인듐(In)과 같은 3가인 불순물(최외각 전자수가 3개)을 첨가함으로서 만들어진다.

P형 반도체와 N형 반도체를 접합시켜 만든 PN접합 다이오드(P-N Junction Diode)에 있어서 케리어의 상태는 〈표 2-1〉과 같다.

〈표 2-1〉 PN접합 다이오드의 케리어 상태

| 종 류 | 다수 케리어 | 소수 케리어 |
|---|---|---|
| P형 반도체 | 정공 | 전자 |
| N형 반도체 | 전자 | 정공 |

이때 다수 케리어와 소수 케리어의 부족하여 발생하는 (+)이온과 (−)이온이 존재하는 영역을 공핍(Deplection)영역이라고 한다. 다이오드는 2단자 디바이스이므로 이들 단자에 적용하는 바이어스(전압)형태로서 ① 전압을 인가하지 않았을 경우($V_D=0$), ② 역방향 전압을 인가한 경우($V_D < 0\,V$), ③ 순방향 전압을 인가한 경우($V_D > 0\,V$)로 나눌 수 있다.

① 전압을 인가하지 않았을 경우($V_D=0$)

인가전압이 없는 상태($V_D=0\,V$)이므로 다수 및 소수 케리어의 흐름이 없는 상태, 즉 전자와 정공의 흐름이 없는 상태로서 전하의 흐름이 없기 때문에 전류가 흐르지 않아 다이오드의 전류가 $I_D=0mA$이 된다.

| 전압을 인가하지 않았을 경우($V_D=0$)는 전류가 흐르지 않아 다이오드의 전류가 $I_D=0mA$이 된다. |
|---|

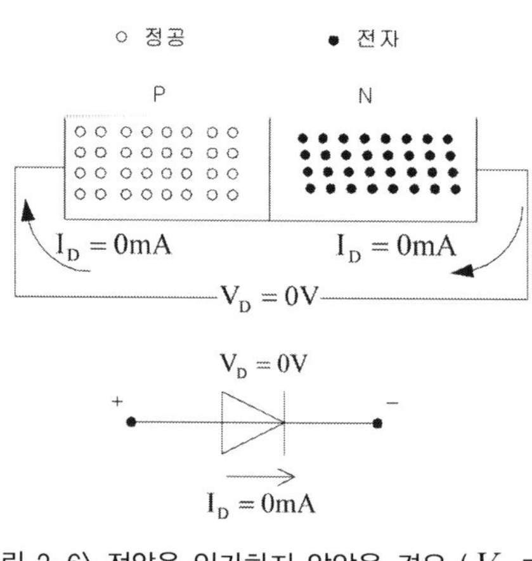


〈그림 2-6〉 전압을 인가하지 않았을 경우 ($V_D=0$)

② 역방향 전압을 인가한 경우( $V_D < 0V$ )

PN접합 다이오드에 역방향 전압을 인가한 경우에는 인가전압의 (+)극에 많은 전자들이 끌리게 되는 반면, (−)극에는 많은 정공들이 증가하게 되어 공핍 영역이 넓어진다. 이 넓어진 공핍영역은 전자와 정공이 넘기에는 너무 큰 장벽을 형성하여 전자와 정공의 흐름이 없는 상태로 된다. 즉, 정상적인 전류의 흐름이 없으나 PN접합부에서 상당히 미약한 역 포화전류 $I_S$(reverse saturation current)가 흐르게 된다.

| 역방향 전압을 인가한 경우( $V_D < 0V$ )는 정상적인 전류의 흐름이 없으나 PN접합부에서 상당히 미약한 역포화전류 $I_S$(reverse saturation current)가 흐르게 된다. |
|---|

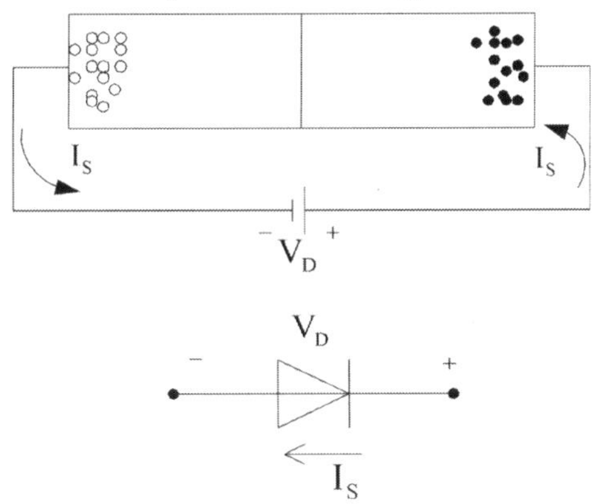


〈그림 2-7〉 역방향 전압을 인가한 경우( $V_D < 0V$ )

③ 순방향 전압을 인가한 경우( $V_D > 0V$ )

PN접합 다이오드에 순방향 전압을 인가하면 전자들은 P형 반도체에 인가된 양(+)전위에 강한 인력을 받아 P형 반도체 쪽으로 이동하고 반대로 정공들은 음(−)전위에 강한 인력을 받아 N형 반도체 쪽으로 이동하게 된다. 이러한 전자와 정공들의 흐름에 의해 전류가 흐르게 되고 이러한 전류의 흐름을 순방향 전류라고 한다.

| 순방향 전압을 인가한 경우( $V_D > 0V$ )는 순방향 전류가 흐른다. |
|---|

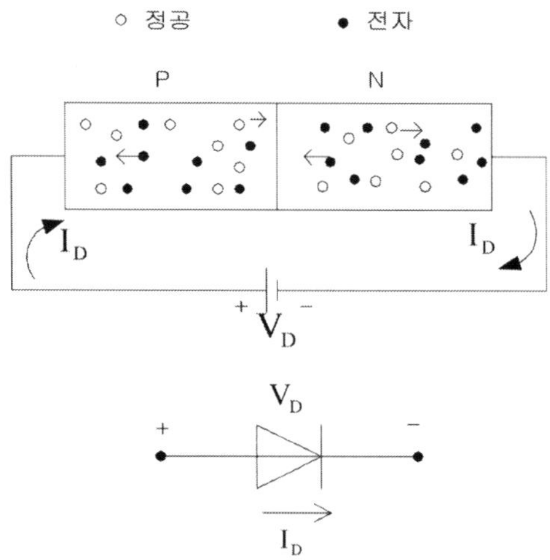


〈그림 2-8〉 순방향 전압을 인가한 경우( $V_D > 0\,V$)

**참 고 순방향 전압과 역방향 전압**

PN접합 다이오드에서 P형 반도체에 (+)전압을 인가하고 N형 반도체에 (−)전압을 인가한 경우를 순방향 전압을 인가하였다고 하고, 반대의 경우를 역방향 전압을 인가하였다고 한다.

### (3) 다이오드의 전압-전류 특성곡선

다이오드에 순방향 전압과 역방향 전압을 인가한 경우의 전압-전류 특성곡선을 〈그림 2-9〉에 나타내었다. 순방향 전압을 인가하면 순방향 전류($I_D$)가 서서히 증가하다가 다이오드의 내부전위 (0.7V) 이상에서 급격히 상승하게 된다. 역방향 전압을 인가하면 역포화전류($I_S$)가 미약하게 흐르게 된다. 이때 순방향 전류와 역포화 전류의 단위는 각각 mA와 $\mu$A단위이다.

순방향 전압을 인가하면 순방향 전류($I_D$)가 서서히 증가하다가 다이오드의 내부전위 (0.7V) 이상에서 급격히 상승하게 된다.

※ Si다이오드의 내부전위 : 0.7V
Ge다이오드의 내부전위 : 0.3V

PN접합 다이오드의 일반적인 특성은 순방향과 역방향 전압을 인가한 경우에 다음 식으로 정의된다.

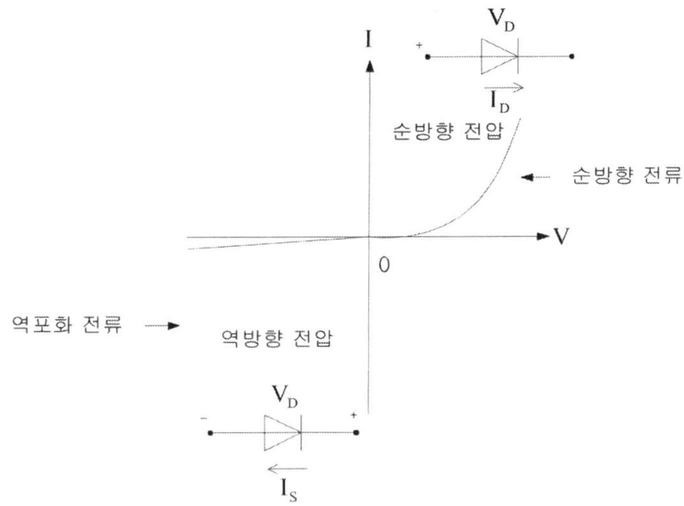


〈그림 2-9〉 PN접합 다이오드의 전압-전류 특성곡선

$$I_D = I_S(e^{V_D/TK} - 1)$$

$I_S$ = 역포화 전류

$K$ = 11,600/$\eta$, 다이오드 전류가 비교적 낮은 값일 때 게르마늄(Ge) 반도체에서 $\eta$ = 1, 실리콘(Si) 반도체에서 $\eta$ = 2, 높은 다이오드 전류 값일 때 게르마늄(Ge)과 실리콘(Si)에서 모두 $\eta$ = 1이다.

$T = T_C + 273^{\circ}$ ($T$는 절대온도, $T_C$는 상온에서의 온도)

여기에서 위식을 다음 식으로 전개하면 다이오드의 동작상태를 보다 쉽게 설명할 수 있다.

$$I_D = I_S e^{V_D/TK} - I_S$$

$V_D$가 순방향 전압일 경우, 둘째 항은 첫째 항과 비교하여 상당히 작은 값이므로 $I_D$가 $y = e^x$의 형태로 커진다. 만약 $V_D = 0\,V$ 이면 $I_D = I_S(e^0 - 1) = I_S(1-1) = 0mA$로 된다. 또한 $V_D$가 역방향 전압일 때 첫째 항은 $I_S$보다 작은 값이므로 $I_D \approx -I_S$로 된다.

### 예제 2-1

PN접합 다이오드에 전압을 인가하지 않은 경우($V_D$=0), 순방향 전압($V_D$>0)과 역방향 전압($V_D$<0)을 인가한 경우를 간단히 설명하라.

풀이

PN접합 다이오드의 전류는 $I_D = I_S(e^{V_D/TK} - 1)$인 특성을 갖기 때문에

① $V_D = 0$인 경우 $e^{\frac{V_D}{TK}} = 1$이 되어 $I_D = 0$ 이 된다.

② $V_D > 0$인 경우 $e^{\frac{V_D}{TK}} \gg 1$이 되어 $I_D$가 지수 함수적으로 증가한다.

③ $V_D < 0$인 경우 $e^{-\frac{V_D}{TK}} \approx 0$이 되어 $I_D \approx -I_S$가 된다.

## (4) 다이오드 등가회로

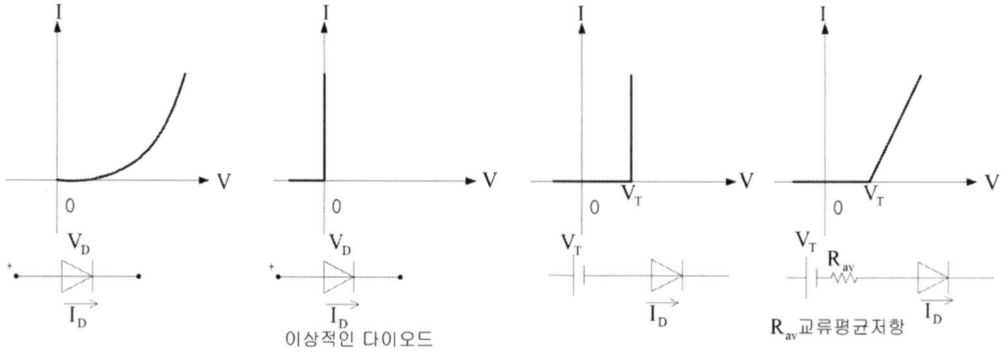


〈그림 2-10〉 다이오드 등가회로

이상적인 PN접합 다이오드의 전압-전류 특성곡선은 비선형적으로 증가하나 〈그림 2-10〉과 같이 직선으로 근사 시키는 등가회로와 절선 선형 등가회로로 대치할 수 있다.

## (5) 제너 다이오드(Zener diode)

제너 다이오드에 상당히 큰 역방향 전압( $V_Z$)을 인가하면 역 포화전류가 급격히 증가하는 특성을 나타낸다. 이때 인가한 역방향 전압 $V_Z$를 제너전위 또는 항복전압이라 하며, $V_Z$에서 역 포화전류가 급격히 증가하는 부분을 제너영역이라 한다. 이러한 특성을 이용한 PN접합 다이오드를 제너다이오드라고 하며 제너다이오드의 기호와 전압-전류 특성곡선을 〈그림 2-11〉에 나타내었다.

**참고 다이오드의 항복전압과 전자사태**

① 항복전압 : PN 접합 다이오드에서 상당히 큰 역방향 전압을 인가하면 역포화 전류가 급격히 증가하는데 이때 사용한 역방향 전압을 항복전압이라 한다.

② 전자사태 : 전자와 정공의 이온화 과정에서 큰 역방향 전압에 의하여 전자와 정공의 운동에너지 $(\frac{1}{2}mV^2)$가 증가하여 반도체의 원자와 충돌하는 현상을 전자사태(avalanche)라 한다. ($m$ : 질량, $V$ : 속도)

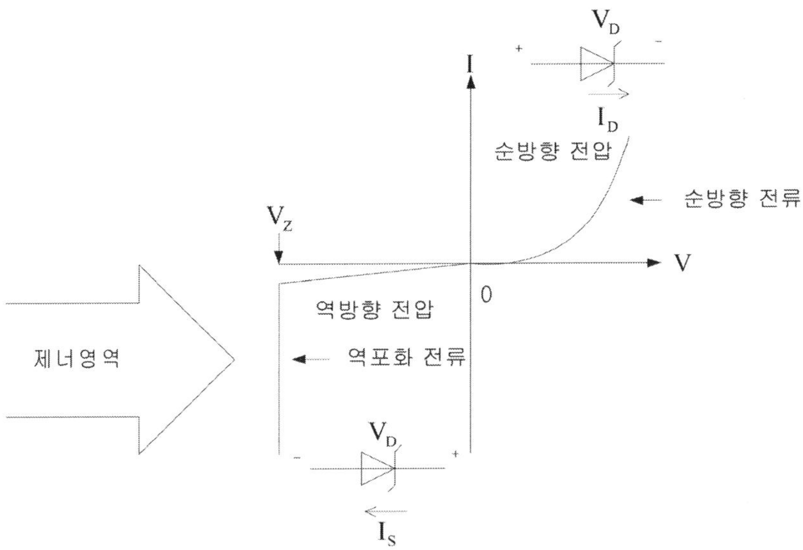


〈그림 2-11〉 제너 다이오드의 기호와 전압-전류 특성곡선

## 예제 2-2

제너다이오드를 사용한 〈그림 2-12〉의 정전압 회로에서 제너전압이 8V 일 때 제너다이오드에 흐르는 전류$I_Z$를 구하여라.

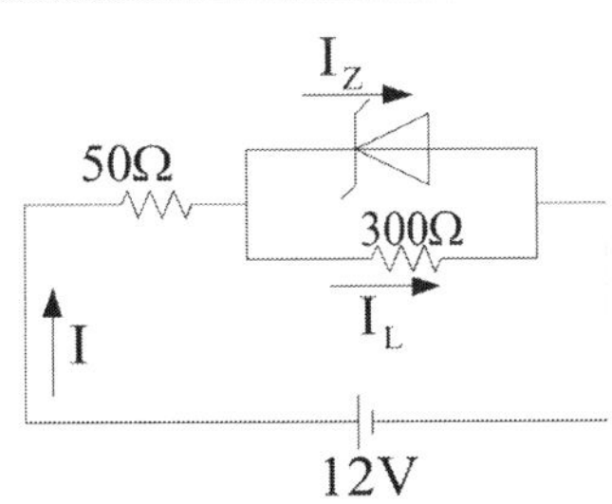


〈그림 2-12〉

풀이

$$I = \frac{V - V_Z}{R} = \frac{12V - 8V}{50\Omega} = 0.08A$$

$$I_L = \frac{V_Z}{R_L} = \frac{8V}{300\Omega} = 0.027A$$

$$I_Z = I - I_L = 0.08A - 0.027A = 0.053A$$

$$\therefore I_Z = 0.053A$$

**참 고** **다이오드의 온도효과**

- 실리콘(Si) 다이오드의 경우
  - 역포화 전류($I_S$)는 10℃ 마다 두 배로 증가한다.
  - 다이오드 순방향 전류가 일정할 때 온도 1℃ 증가하면 순방향 전압은 약 2.5mV씩 감소한다.
- 게르마늄(Ge) 다이오드의 경우
  - 25℃에서 1~2μA 정도이나 100℃ 에서는 100μA 정도이다.

### (6) 터널 다이오드(Tunnel diode)

터널 다이오드는 PN 접합 시 불순물의 농도를 크게($10^{19}cm^{-3}$)함으로서 공간 전하 영역의 폭이 줄어 약간의 순방향 전압을 걸어도 터널링 전류가 증가하다가 순방향 전압을 더욱더 증가시키면 터널링 전류가 반대로 감소하는 특성(부성저항 특성)을 갖도록 하여 만든 다이오드로서 일명 에사끼 다이오드(Esaki diode)라 한다. 〈그림 2-13〉에 터널 다이오드의 기호와 전압-전류 특성곡선을 나타내었다.

터널 다이오드는 부성저항 특성을 갖는다.

**참 고** **터널효과 구간**

터널 다이오드는 $V_P$ ~ $V_V$ 구간에서 터널효과인 부성저항 특성을 나타내며 이 때문에 $V_P$ ~ $V_V$구간에서 발진이 일어난다. 이와 같은 특성을 이용하여 마이크로파대의 발진이나 고속 스위칭 소자로 사용된다.

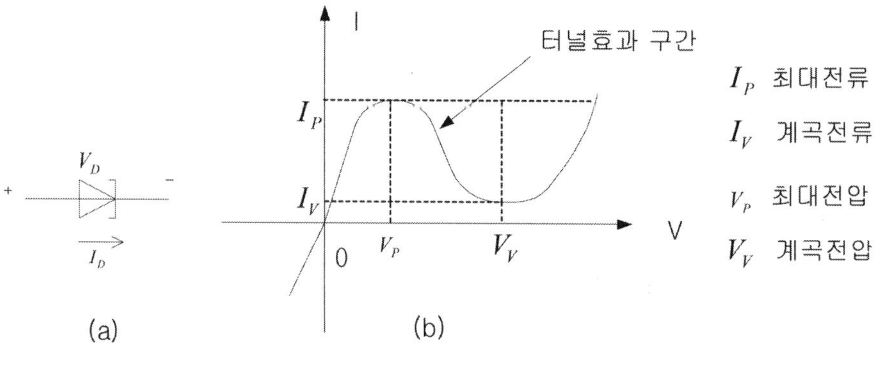


〈그림 2-13〉 터널 다이오드 (a) 기호 (b) 전압-전류 특성곡선

### (7) 그 밖의 다이오드

① 바리스터(Varistor)

2개의 다이오드를 직렬 또는 병렬로 연결하여 만들며 전압에 따라 저항 값이 비직선적으로 변화하는 특성을 나타내며 낮은 전압에서 큰 저항 값을 가진다. 이러한 특성을 이용하여 통신선로의 피뢰침이나 통신기기의 잡음을 흡수하는 소자로서 활용된다. 바리스터의 기호와 전압-전류 특성곡선을 〈그림 2-14〉에 나타내었다.

| 바리스터는 다이오드의 직렬 또는 병렬로 연결하여 만들며 큰 저항값을 가진다. |
|---|

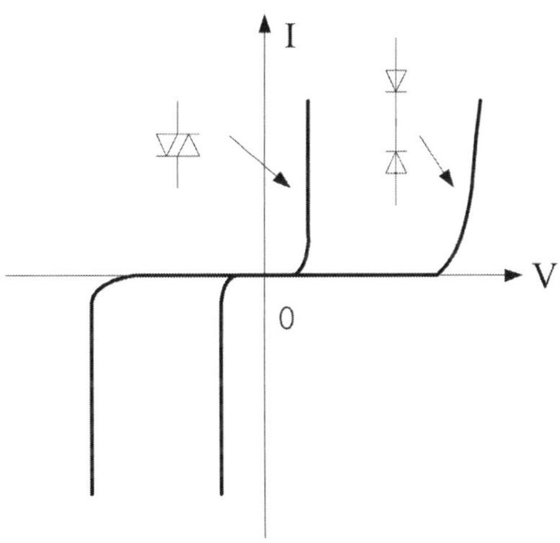


〈그림 2-14〉 바리스터의 전압-전류 특성곡선

② 바랙터 다이오드(Varactor diode)

바랙터 다이오드는 역방향 전압에 의해 다이오드의 정전용량이 가변되는 특성을 나타내기 때문에 가변용량 다이오드라고도 한다. 이 소자는 수신기의 동조회로, 주파수 변조회로등의 용량변화를 유도하는 다이오드로 주로 사용된다. 바랙터 다이오드의 기호와 특성곡선을 〈그림 2-15〉에 나타내었다.

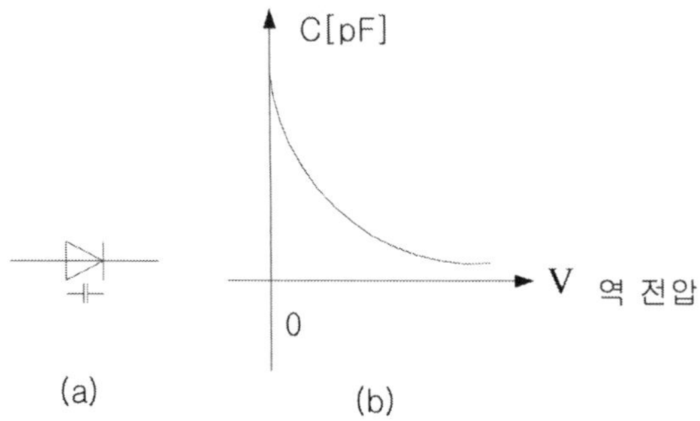


〈그림 2-15〉 바랙터 다이오드 (a) 기호 (b) 특성곡선

**참고 바랙터 다이오드의 용량**

바랙터 다이오드는 역방향 전압에서 가변 커패시터로 작용하며 수pF~수백pF 범위의 용량을 갖는다.

$$C_T = \frac{K}{(V_T + V_r)^n}$$ $C_T$ : 정전용량

$K$ : 상수 $V_T$ : 다이오드 문턱전압

$V_r$ : 역방향 전압 $n$ : 합금접합=1/2, 확산접합=1/3

③ 발광 다이오드(LED : Light Emitting Diode)

발광 다이오드는 순방향 전압이 인가되면 PN접합에서 전자와 정공의 재결합을 한다. 이 재결합은 구속되지 않은 자유전자에 의하여 소유된 에너지가 광자의 형태로 방출되는데 Si과 Ge 반도체에서는 열로 방출되는 반면 $G_aA_s$, $G_aA_sP$, $G_aP$ 등의 반도체는 가시광선의 빛에너지를 방출한다. 발광 다이오드는 〈그림 2-16〉과 같은 기호로 표시하며 7세그먼트 표시소자로도 종종 이용된다.

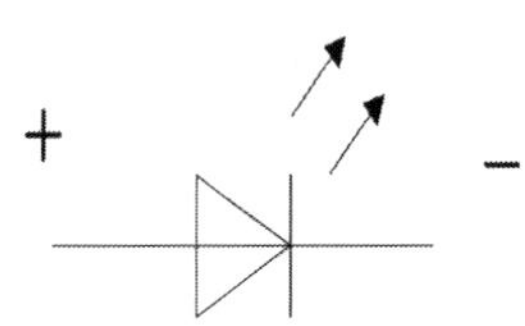


〈그림 2-16〉 발광 다이오드의 기호

전기적인 에너지를 빛 에너지로 바꾸는 과정을 전기루미네슨스(Electroluminescense)라 한다.

**참고 발광 다이오드의 재료에 따른 색의 변화**

$G_aA_s$ : 적외선 $G_aA_sP$ : 적색, 황색 $G_aP$ : 초록색

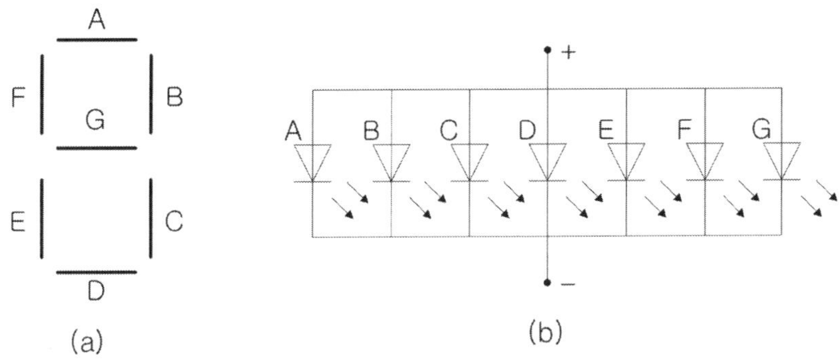


〈그림 2-17〉 (a) 발광 다이오드를 이용한 7세그먼트 소자 (b) 개략도

### (8) 다이오드의 부하선 해석

부하는 디바이스의 동작점에 중요한 역할을 하며 다이오드의 특성곡선과 부하선의 교점은 시스템의 동작점을 결정하는 중요한 단서로 작용한다. 〈그림 2-18〉과 같이 1개의 전압원과 저항 그리고 다이오드가 직렬로 연결되어 있을 때 회로에 키르히호프(Kirchhoff)의 전압법칙을 적용하면 다음과 같은 결과를 얻을 수 있다.

다이오드의 부하선 해석은 다이오드의 전압-전류 특성곡선에 $I_D=0A$인 지점과 $V_D=0V$

$$V-V_D-V_R=0$$

$$V=V_D+V_R=V_D+I_DR \quad \cdots\cdots (2.1)$$

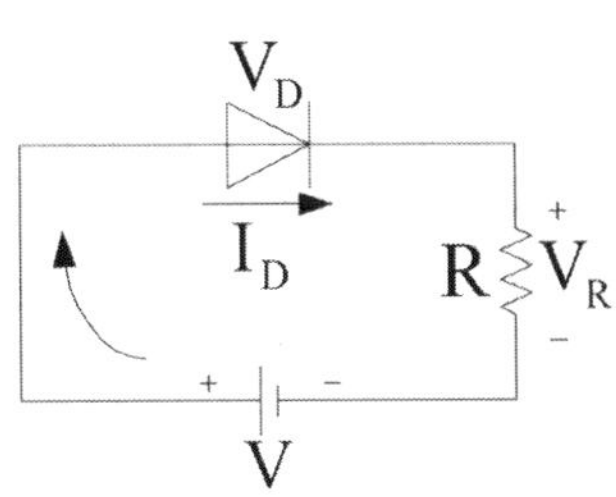


〈그림 2-18〉 다이오드 직렬회로

인 지점을 직선으로 연결함으로서 부하선의 교점을 결정할 수 있다. 우선 (2.1)식에서 $V_D=0V$로 설정하고 $I_D$를 풀면 수직축 위의 $I_D$를 얻는다.

$$V=0V+I_DR$$

$$I_D=\frac{V}{R}\Big|_{V_D=0V} \quad \cdots\cdots (2.2)$$

다음으로 (2.1)식에서 $I_D = 0A$로 설정하고 $V_D$를 풀면 수평축 위의 $V_D$를 얻는다.

$$V = V_D + (0A)R$$

$$V_D = V|_{I_D = 0A} \quad \cdots\cdots (2.3)$$

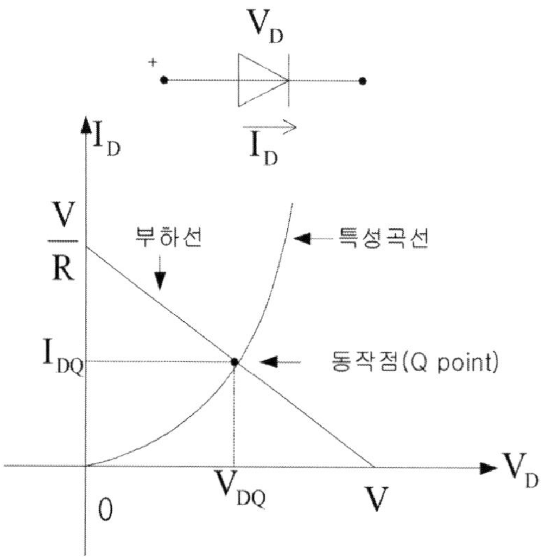


〈그림 2-19〉 다이오드 동작점의 결정

**예제 2-3**

〈그림 2-20〉의 다이오드 회로에서 다음을 구하여라(다이오드 순방향 전위 $V_D = 0.7\,V$를 고려하여라).

① $I_D$, ② $V_D$, ③ $V_R$

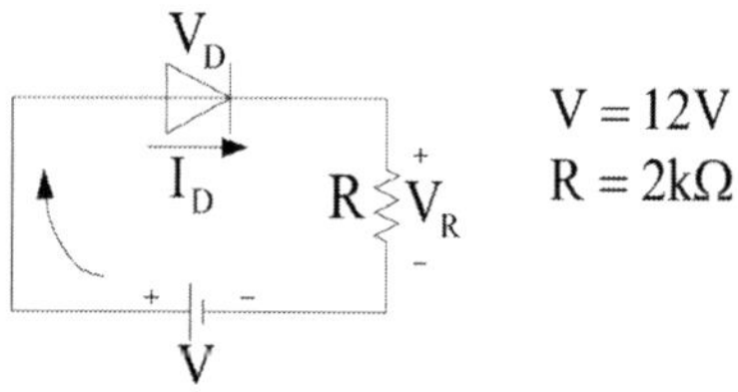


〈그림 2-20〉

풀이

① 식(2.2)를 이용하여 구한다.

$$I_D = \frac{V}{R}\Big|_{V_D = 0V} = \frac{12\,V}{2k\Omega} = 6mA$$

$$\therefore I_D = 6mA$$

② 식(2.3)을 이용하여 구한다.

$V_D = V|_{I_D = 0A} = 12\,V$

$\therefore\ V_D = 12\,V$

③ 식(2.1)을 이용하여 구한다.

$V_R = V - V_D = 12\,V - 0.7\,V = 11.3\,V$

$\therefore\ V_R = 11.3\,V$

※ 다이오드의 순방향 전위 $V_D = 0.7\,V$이다.

**참 고**

$I_D = 0A$라는 것은 아래와 같은 그림으로 해석할 수 있고,

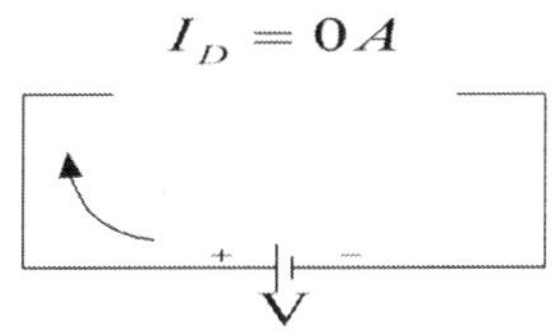


$I_D \neq 0A$인 경우라면 내부저항 0.7V를 고려하여야 한다.

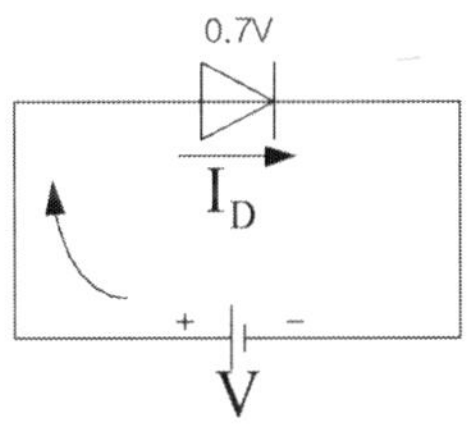


**예제 2-4**

〈그림 2-21〉과 같이 Si과 Ge 다이오드를 직렬로 연결하였을 경우의 다음을 구하여라.

① $V_0$, ② $I_R$

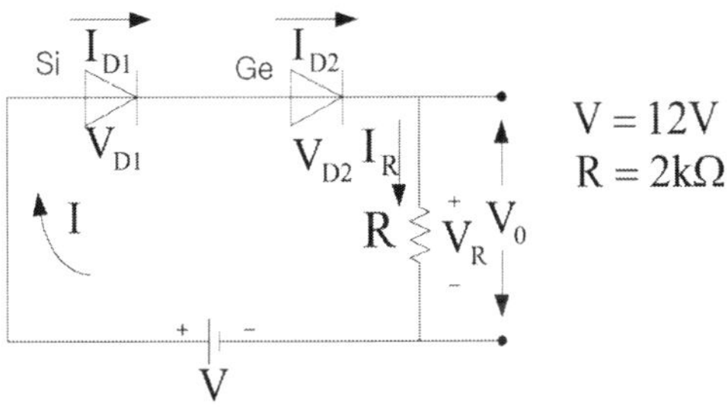


〈그림 2-21〉 다이오드 직렬회로

풀이

① 전류는 화살표 방향으로 흐르게 될 것이고, 공급전압(V)와 다이오드의 내부전위, 저항(R)의 전압강하를 고려하여 다음과 같은 등가회로로 대치하여 생각한다. 이때 Si 다이오드의 내부전위는 0.7V 이고, Ge 다이오드의 내부전위가 0.3V 인 사실을 상기하여야 한다.

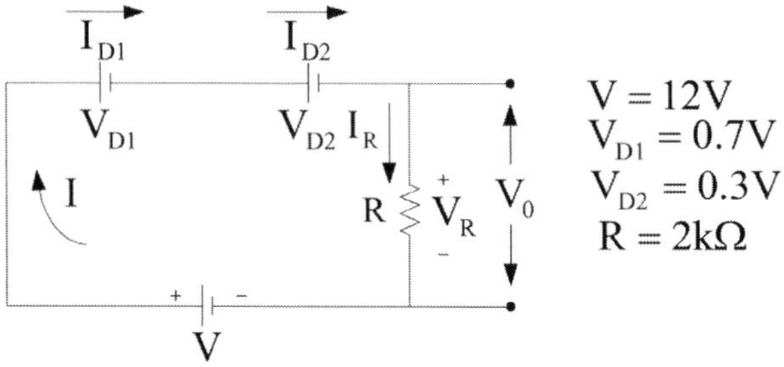


〈그림 2-22〉

$V > V_{D1} + V_{D2}$(12V 〉 0.7+0.3)이기 때문에 시계방향으로 전류가 흐를 것이고, 키르히호프의 전압 법칙을 적용하면 다음과 같은 식으로 된다.

$$V - V_{D1} - V_{D2} - V_R = 0$$

$$V = V_{D1} + V_{D2} + V_R$$

$V_R$는 $V_0$와 같기 때문에 다음과 같이 된다.

$$V_0 = V_R = V - V_{D1} - V_{D2} = 12\,V - 0.7\,V - 0.3\,V = 11\,V$$

$$\therefore V_0 = 11\,V$$

② 2개의 다이오드에 흐르는 전류$I_{D1}$과$I_{D2}$은 부하저항에 흐르는 전류$I_R$과 크기가 같다.

따라서, $I_{D1} = I_{D2} = I_R$로 되고, $V_R = V_0$를 고려하여 옴의 법칙을 적용하면 다음과 같이 된다.

$$I_R = \frac{V_R}{R} = \frac{V_0}{R} = \frac{11\,V}{2k\Omega} = 5.5mA$$

$$\therefore I_R = 5.5mA$$

**예제 2-5**

〈그림 2-23〉과 같이 Si과 Ge 다이오드를 병렬로 연결하였을 경우의 다음을 구하여라.

① $V_0$,　　② $I_R$

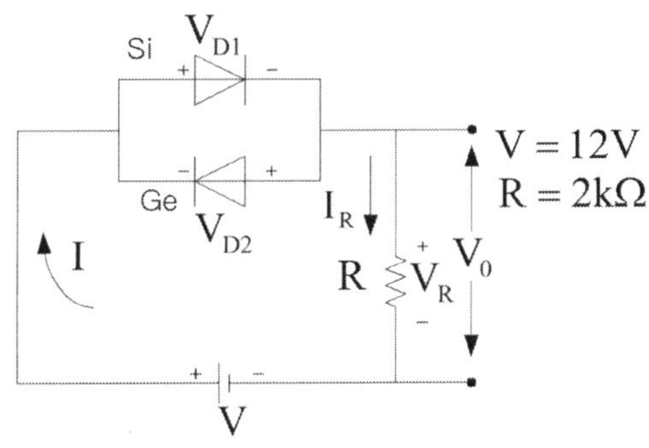


〈그림 2-23〉 다이오드 병렬회로

풀이

① 공급전원($V$)이 다이오드의 내부전위에 비하여 상대적으로 높기 때문에 $V > V_{D1} + V_{D2}$ 시계방향으로 전류($I$)가 흐를 것이다. 이때 Si 다이오드는 전류흐름에 순방향이나 Ge 다이오드는 역방향임을 주목하면 Ge 다이오드는 개방회로로 된다. 따라서 다이오드의 내부전위와 저항($R$)에서 발생하는 전압강하($V_R = V_0$)를 고려하여 다음과 같은 등가회로로 대치하여 생각한다.

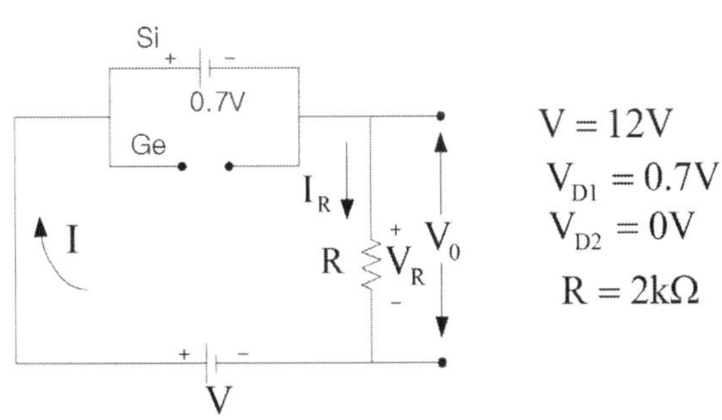


〈그림 2-24〉

키르히호프의 전압법칙을 적용하면 다음과 같은 식으로 된다.

$$V - V_{D1} - V_R = 0$$

$V_R$는 $V_0$와 같기 때문에 다음과 같이 된다.

$$V_0 = V_R = V - V_{D1} = 12V - 0.7V = 11.3V$$

$$\therefore V_0 = 11.3V$$

② 등가회로에서 Ge 다이오드는 개방회로로 대치되기 때문에 Ge 다이오드에는 전류가 흐르지 않는다. 따라서 $I = I_{D1} = I_R$로 되고, $V_R = V_0$를 고려하여 옴의 법칙을 적용하면 다음과 같이 된다.

$$I_R = \frac{V_R}{R} = \frac{V_0}{R} = \frac{11.3\,V}{2k\Omega} = 5.65mA$$

$$\therefore I_R = 5.65mA$$

# 2.3 바이폴라 접합 트랜지스터(BJT)

## (1) 바이폴라 접합 트랜지스터의 특성

### ① 트랜지스터의 구조와 특성

1906년에 Lee De Forest는 진공관 다이오드에 제3의 제어격자를 붙여 3극관이라 하는 트랜지스터를 최초로 만들었으며, 1947년 Walter H.Brattain과 John Bardeen이 최초로 트랜지스터의 증폭작용을 실험하는데 성공하였다.

트랜지스터는 이미터(Emitter), 베이스(Base), 컬렉터(Collector)의 3단자 구조의 형태를 갖추고 있으며 PNP형과 NPN형이 있다. 트랜지스터는 주로 전압 혹은 전류를 증폭하는데 사용하며 이때 전자 또는 정공만을 사용하는 것을 유니폴라 트랜지스터(Unipolar Junction Transister)라 하고, 전자와 정공을 모두 사용하는 것을 바이폴라 트랜지스터(Bipolar Junction Transister)라 한다.

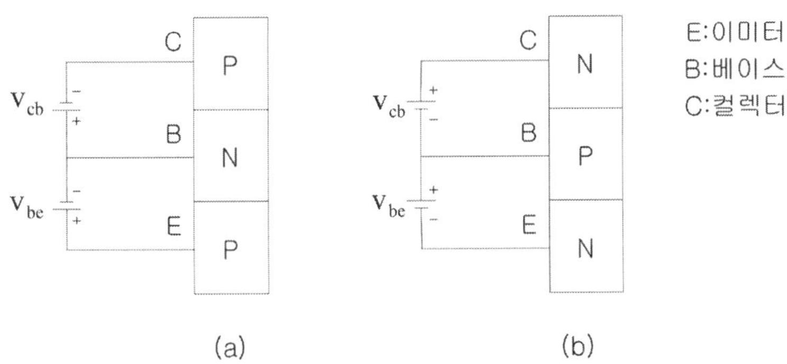


〈그림 2-25〉 트랜지스터의 형태 (a) PNP형 (b) NPN형

PNP형은 이미터와 베이스 사이에 순방향 전압( $V_{BE}$)을 인가함으로서 전류가 이미터에서 베이스로 흐르게 된다. 또한 컬렉터와 베이스 사이에 역방향 전압( $V_{CB}$)을 인가함으로서 베이스로 가던 전자가 컬렉터의 높은 전압에 이끌려 이미터에서 컬렉터 쪽으로 전류가 흐르게 된다.

NPN형은 이미터와 베이스 사이에 순방향 전압( $V_{BE}$)을 인가함으로서 전류가 베이스에서 이미터로 흐르게 된다. 또한 컬렉터와 베이스 사이에 역방향 전압( $V_{CB}$)을 인가함으로서 컬렉터에서 이미터 쪽으로 전류가 흐르게 된다.

| 이미터와 베이스 사이는 순방향 전압( $V_{BE}$) |
|---|
| 컬렉터와 베이스 사이는 역방향 전압( $V_{CB}$) |

**참고 NPN형과 PNP형**

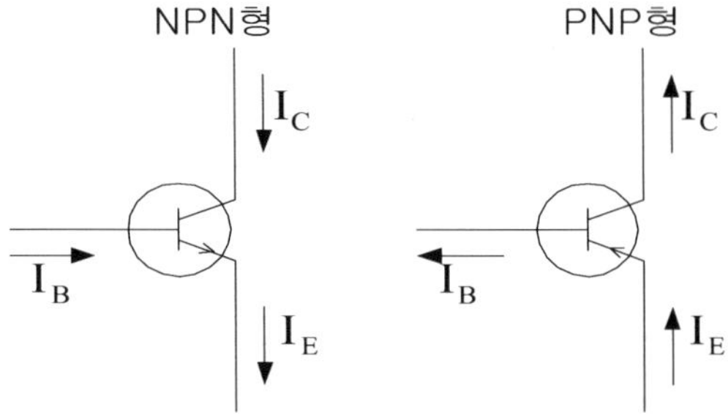


이미터(E), 베이스(B), 컬렉터(C)찾는 방법은 TR의 왼쪽 단자부터 EBC, ECB임으로 왼쪽 단자는 반드시 이미터(E)이다. 따라서 나머지 단자에서 베이스(B)를 찾는 방법은 다음과 같다.

1) NPN형
멀티미터기의 단자를 저항단자에 놓고 멀티미터기의 적색(+) 기준단자를 TR의 중앙 혹은 오른쪽 다리에 접속한후 양쪽 모두에서 저항값이 나왔을 때 기준단자에 접속된 TR의 다리가 베이스(B)가 된다.

2) PNP형
멀티미터기의 단자를 저항단자에 놓고 멀티미터기의 검정색(-) 기준단자를 TR의 중앙 혹은 오른쪽 다리에 접속한 후 양쪽 모두에서 저항값이 나왔을 때 기준단자에 접속된 TR의 다리가 베이스(B)가 된다.

**참고 트랜지스터의 베이스와 이미터 사이에 내부전압($v_{be}=0.7V$)이 존재한다!**

실제 트랜지스터의 베이스와 이미터는 일종의 다이오드와 같기 때문에 베이스와 이미터 사이의 전압($v_{be}$)으로 0.7V가 항시 존재한다.($V_{BE}=10V, I_C=50mA,\ R_1=10k\Omega$)

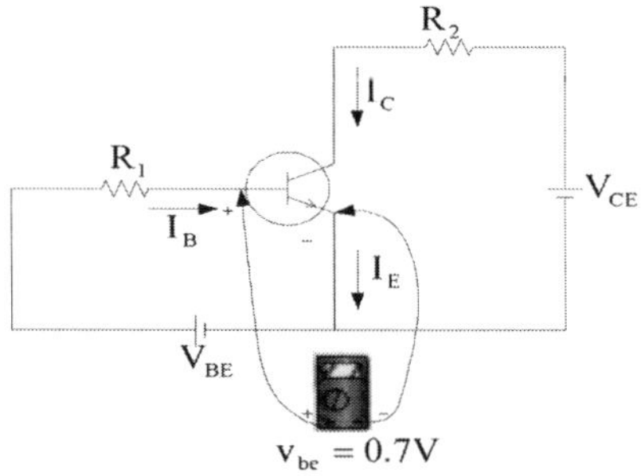


따라서, 위의 예제에서 좀더 상세한 값들을 구할 수 있다.

$$I_B = \frac{V_{BE} - v_{be}}{R_1} = \frac{10V - 0.7V}{10k\Omega} = 0.93mA$$

$$I_E = I_B + I_C = 0.93mA + 50mA = 50.93mA$$

$$\alpha = \frac{I_C}{I_E} = \frac{50mA}{50.93mA} = 0.9817$$

$$\therefore \alpha = 0.9817$$

$$\beta = \frac{I_C}{I_B} = \frac{50mA}{0.93mA} = 53.76$$

$$\therefore \beta = 53.76$$

② 트랜지스터의 동작영역

트랜지스터의 동작영역에는 활성영역, 포화영역, 차단영역, 역 할성영역으로 구분할 수 있다. 트랜지스터의 증폭 효과를 얻을 수 있는 영역은 활성영역 이며, 트랜지스터의 스위칭 효과를 얻을 수 있는 영역은 포화영역과 차단영역이다. 이때 일반적으로 역 할성영역은 사용하지 않는다. 이러한 4가지 동작영역을 얻기 위하여 이미터-베이스(EB), 컬렉터-베이스(CB)에 인가하는 바이어스의 상태는 〈표 2-2〉와 같다.

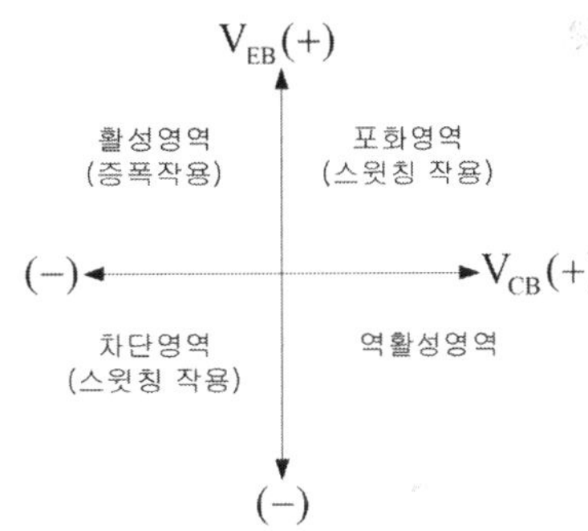


〈그림 2-26〉 트랜지스터의 동작영역

〈표 2-2〉 트랜시스터의 동작영역

| 동작영역 | 이미터-베이스(EB) | | 컬렉터-베이스(CB) | | 사용 용도 |
|---|---|---|---|---|---|
| | 전압 | 바이어스 | 전압 | 바이어스 | |
| 활성영역 | 순방향전압 | 순 바이어스 | 역방향전압 | 역 바이어스 | 증폭기 |
| 포화영역 | 순방향전압 | 순 바이어스 | 순방향전압 | 순 바이어스 | 스윗칭 |
| 차단영역 | 역방향전압 | 역 바이어스 | 역방향전압 | 역 바이어스 | 스윗칭 |
| 역할성영역 | 역방향전압 | 역 바이어스 | 순방향전압 | 순 바이어스 | 사용하지 않음 |

③ 트랜지스터의 전류증폭률(알파$\alpha$, 베타$\beta$)

트랜지스터의 전류증폭률에는 알파($\alpha$)와 베타($\beta$)가 있다. $\alpha$는 트랜지스터의 이미터와 컬렉터사이의 전류증폭률이고,$\beta$는 베이스와 컬렉터사이의 전류증폭률이다.

- 알파($\alpha$) : $\alpha = \left.\frac{I_C}{I_E}\right| (V_{CB} = \text{일정})$

이미터-컬렉터 사이의 전류증폭률 알파는 이미터 전류($I_E$)와 컬렉터 전류($I_C$)의 비율로 나타내며 일반적으로 $\alpha = 0.95 \sim 0.99 \approx 1$를 사용한다. $\alpha = 1$은 이미터 전류와 컬렉터 전류가 같다는 것을 의미한다.

| 알파($\alpha$) : 이미터-컬렉터 전류증폭률 : 베이스접지 증폭률 |
|---|

• 베타($\beta$) : $\beta = \left.\frac{I_C}{I_B}\right| (V_{CE} = 일정)$

베이스-컬렉터 사이의 전류증폭률 베타는 베이스 전류($I_B$)와 컬렉터 전류($I_C$)의 비율로 나타내며 일반적으로 $\beta = 50\sim300$의 범위를 사용한다.

| 베타($\beta$) : 베이스-컬렉터 전류증폭률 : 이미터접지 증폭률 |
|---|

• 알파($\alpha$)와 베타($\beta$)의 관계 : $\alpha = \frac{\beta}{1+\beta}$, $\beta = \frac{\alpha}{1-\alpha}$

$$\alpha = \frac{I_C}{I_E} = \frac{I_C}{I_B + I_C} = \frac{\frac{I_C}{I_B}}{1 + \frac{I_C}{I_B}} = \frac{\beta}{1+\beta}$$

$$\beta = \frac{I_C}{I_B} = \frac{I_C}{I_E - I_C} = \frac{\frac{I_C}{I_E}}{1 - \frac{I_C}{I_E}} = \frac{\alpha}{1-\alpha}$$

**예제 2-6**

〈그림 2-27〉에서 알파와 베타를 계산하여라.

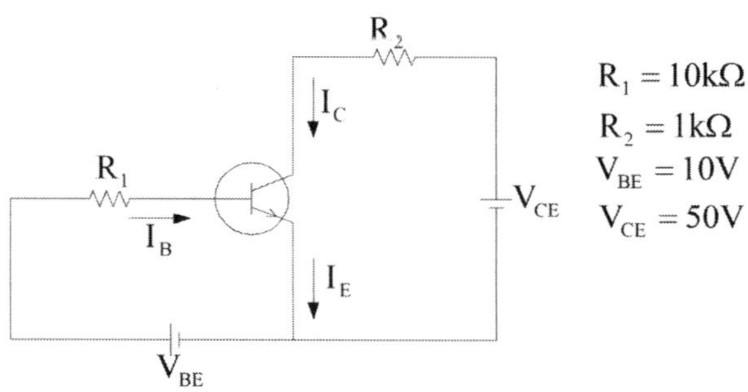


〈그림 2-27〉

풀이

키르히호프의 전류법칙을 적용하면 이미터 전류$I_E$는 다음과 같다.

$$I_E = I_B + I_C$$

여기에서 베이스 전류$I_B$와 컬렉터 전류$I_C$를 구한다.

$$I_B = \frac{V_{BE}}{R_1} = \frac{10\,V}{10k\Omega} = 1mA$$

$$I_C = \frac{V_{CE}}{R_2} = \frac{50\,V}{1k\Omega} = 50mA$$

이 식으로부터 이미터 전류$I_E$를 구한다.

$$I_E = I_B + I_C = 1mA + 50mA = 51mA$$

알파는 이미터 전류$I_E$,컬렉터 전류$I_C$로부터 구하면 된다.

$$\alpha = \frac{I_C}{I_E} = \frac{50mA}{51mA} = 0.98$$

$$\therefore \alpha = 0.98$$

베타는 베이스 전류$I_B$와 컬렉터 전류$I_C$로부터 구하거나

$$\beta = \frac{I_C}{I_B} = \frac{50mA}{1mA} = 50$$

$$\therefore \beta = 50$$

다른 방법으로 알파와의 관계식으로부터 베타의 근사 값을 구할 수 있다.

$$\beta = \frac{\alpha}{1-\alpha} = \frac{0.98}{1-0.98} = 49$$

### (2) 공통 베이스 회로(CB회로)

베이스가 접지(Ground)에 연결되어 있기 때문에 공통 베이스(Common Base) 회로라고 한다. 〈그림 2-28〉과 같은 공통 베이스 회로에서의 전류특성과 전류증폭률, 입력 임피던스와 출력 임피던스는 다음과 같다.

① 이미터 전류($I_E$) : $I_E = I_B + I_C$

② 컬렉터 전류($I_C$) : $I_C = \alpha I_E + I_{CBO}$

③ 베이스 전류($I_B$) : $I_B = I_E - I_C = I_E - \alpha I_E - I_{CBO} = (1-\alpha) I_E - I_{CBO}$

④ 이미터-컬렉터 전류증폭률($\alpha$) : $\alpha = \left. \dfrac{\Delta I_C}{\Delta I_E} \right| (V_{CB} = \text{일정})$

⑤ 입력 임피던스($Z_i$) : $Z_i = \dfrac{\Delta V_{BE}}{\Delta I_C}$

⑥ 출력 임피던스($Z_0$) : $Z_0 = \dfrac{\Delta V_{CB}}{\Delta I_E}$

※$I_{CBO}$ : 이미터를 개방하였을 때의 베이스-컬렉터 사이의 역 포화전류

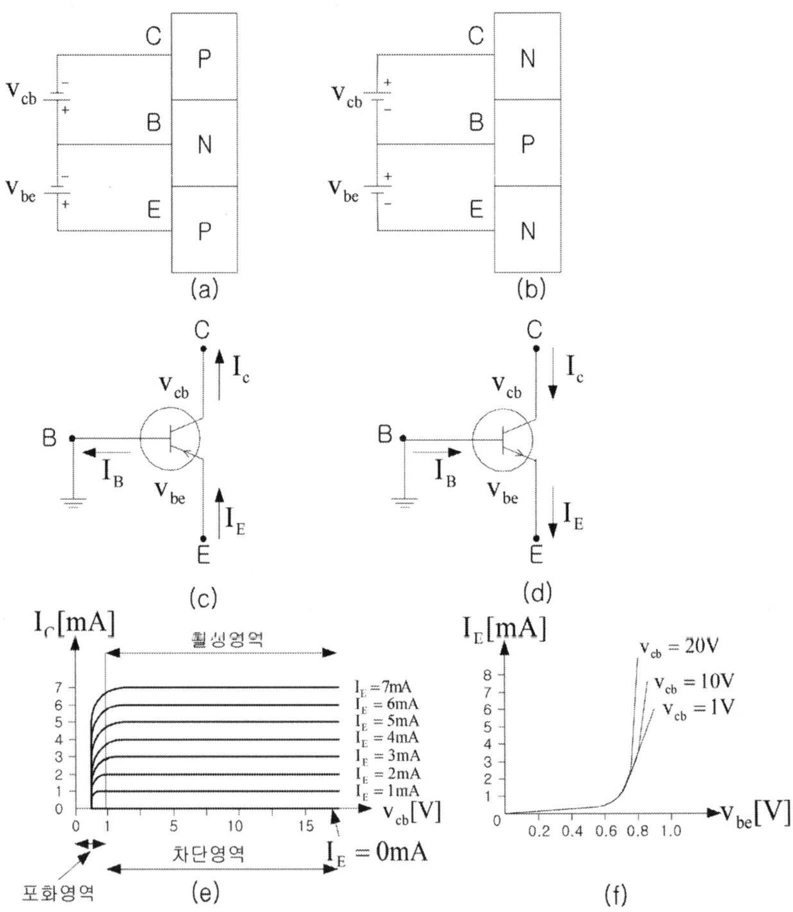


〈그림 2-28〉 공통 베이스 회로

(a) PNP형 트랜지스터 (b) NPN형 트랜지스터 (c) PNP형 기호 (d) NPN형 기호 (e) 컬렉터 특성곡선 (f) 이미터 특성곡선

### (3) 공통 이미터 회로(CE회로)

이미터가 접지(Ground)에 연결되어 있기 때문에 공통 이미터(Common Emitter) 회로라고 한다. 〈그림 2-29〉와 같은 공통 이미터 회로에서의 전류특성과 전류증폭률, 입력 임피던스와 출력 임피던스는 다음과 같다.

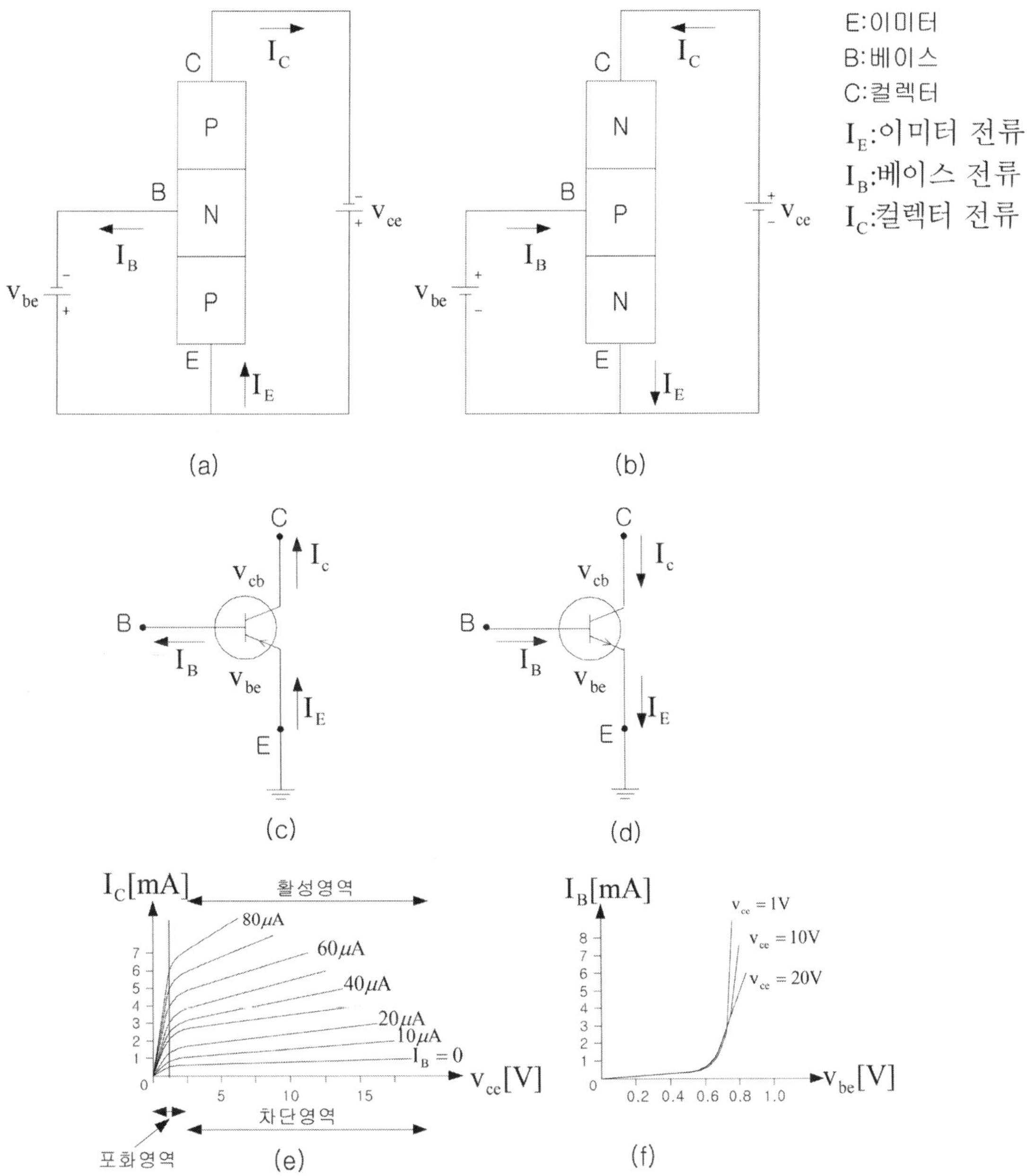


〈그림 2-29〉 공통 이미터 회로

(a) PNP형 트랜지스터 (b) NPN형 트랜지스터 (c) PNP형 기호 (d) NPN형 기호 (e) 컬렉터 특성곡선 (f) 베이스 특성곡선

① 이미터 전류($I_E$) : $I_E = I_B + I_C$

② 컬렉터 전류($I_C$) : $I_C = \beta I_B + I_{CEO} = \beta I_B + (1+\beta) I_{CBO}$

③ 베이스 전류($I_B$) : $I_B = I_E - I_C = I_E - \beta I_B - (1+\beta) I_{CBO}$

$$I_B(1+\beta) = I_E - (1+\beta) I_{CBO}$$

$$\therefore I_B = \frac{1}{(1+\beta)} I_E - I_{CBO}$$

④ 베이스-컬렉터 전류증폭률($\beta$) : $\beta = \left. \frac{\Delta I_C}{\Delta I_B} \right| (V_{CE} = \text{일정})$

⑤ 입력 임피던스($Z_i$) : $Z_i = \frac{\Delta V_{BE}}{\Delta I_B}$

⑥ 출력 임피던스($Z_0$) : $Z_0 = \frac{\Delta V_{CE}}{\Delta I_C}$

※ $I_{CEO}$ : 베이스를 개방하였을 때의 이미터-컬렉터 사이의 역 포화전류

$I_{CEO} = (1+\beta) I_{CBO}$

### (4) 공통 컬렉터 회로(CC회로)

컬렉터가 접지(Ground)에 연결되어 있기 때문에 공통 컬렉터(Common Collector) 회로라 한다. 공통 베이스와 공통 이미터 회로와는 반대로 고 입력임피던스와 저 출력임피던스를 갖는 임피던스 정합을 목적으로 사용된다.

〈표 2-3〉 트랜지스터의 특성

| 특성 | 공통 베이스 회로 | 공통 이미터 회로 | 공통 컬렉터 회로 |
|---|---|---|---|
| 입력 임피던스 | 수Ω~수십Ω | 수백Ω~수십kΩ | 수십kΩ 이상 |
| 출력 임피던스 | 수십kΩ~1MΩ | 수kΩ~수십kΩ | 수Ω~수십Ω |
| 입출력 위상 | 동상 | 위상반전 | 동상 |
| 전류 증폭율 | 낮다 | 높다 | 낮다 |
| 전압 증폭율 | 높다 | 높다 | 낮다 |
| 용도 | 전압증폭 | 전압증폭 | 임피던스 변환 |

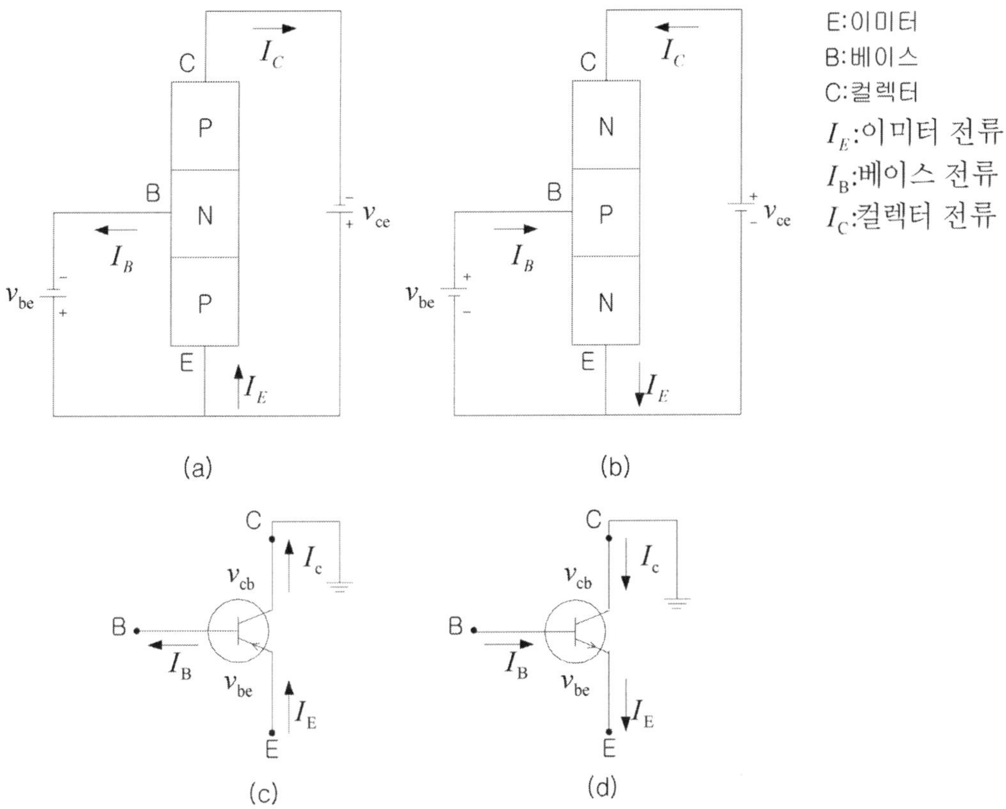


〈그림 2-30〉 공통 컬렉터 회로

(a) PNP형 트랜지스터 (b) NPN형 트랜지스터 (c) PNP형 기호 (d) NPN형 기호

## 2.4 전계효과 트랜지스터(FET)

### (1) 분류

FET(Field Effect Transistor)는 JFET와 MOSFET(Metal Oxide Semiconductor FET)로 구분된다.

- FET
  - JFET
  - MOSFET
    - 증가형 MOSFET
    - 공핍형 MOSFET

### (2) 특징

BJT는 입력전류에 의하여 제어되는 전류제어형 트랜지스터라면 FET는 인가된 전압에 의하여 제어되는 전압제어형 전계효과 트랜지스터이다.

① 전압제어형 소자이다.
② 입력 임피던스가 높다
③ 드레인 전류가 0일 때 off-set 전압이 없다
④ BJT보다 이득-대력폭적(積)이 작다
⑤ 열 안정성이 좋다
⑥ 저주파 특성이 좋다

따라서 FET는 입력임피던스가 큰 소신호 증폭기나 고주파회로, 인터페이스회로 등에 많이 사용된다.

### (3) 구조와 기호

FET는 3단자 전압제어형 소자로서 드레인(D : Drain), 게이트(G : Gate), 소스(S : Source)를 갖는 구조로서 일반적으로 게이트와 소스 사이에 역 바이어스를 걸고 드레인에 순 바이어스를 걸어 동작시킨다. FET의 P채널과 N채널의 구조와 기호를 <그림 2-31>에 나타내었다.

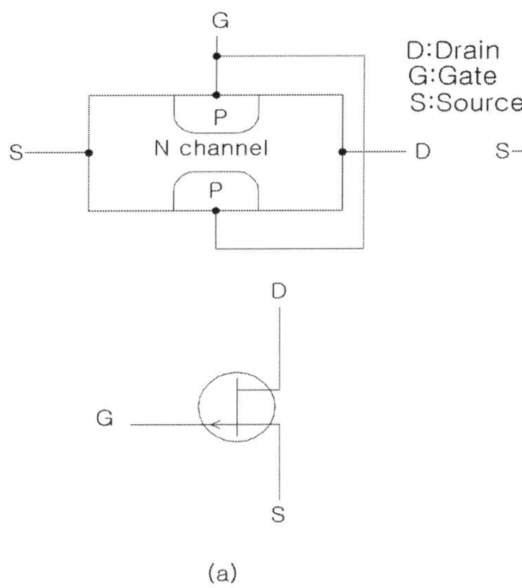


〈그림 2-31〉 FET의 구조와 기호 (a) P채널 (b) N채널

# 2.5 접합형 FET(JFET)

## (1) JFET의 구조와 기호

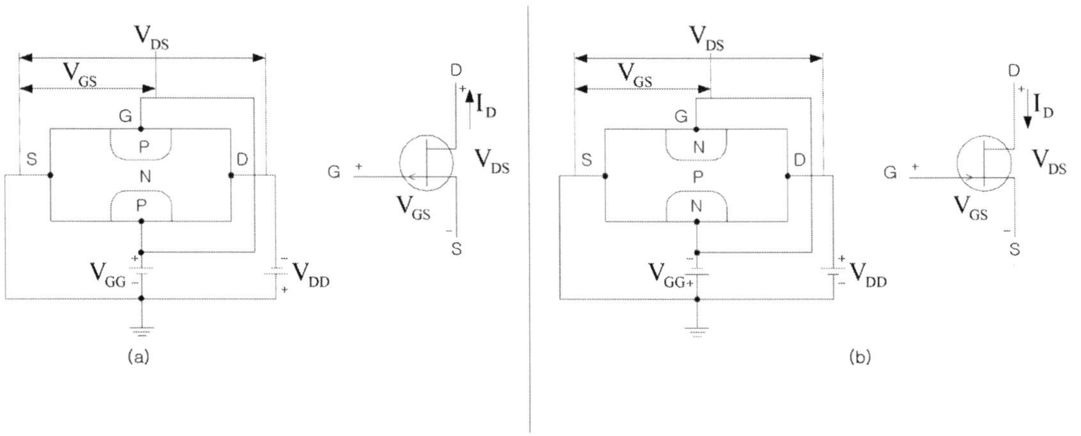

〈그림 2-32〉 JFET 구조와 기호 (a) P채널 (b) N채널

P채널과 N채널 JFET에 대한 구조와 기호를 〈그림 2-32〉에 나타내었다. N채널과 P채널에서 전류 $I_D$의 방향과 드레인 전압 $V_{DD}$와 게이트 전압 $V_{GG}$의 극성을 주의 깊게 살펴보기 바란다. 이때 게이트-소스 사이의 전압 $V_{GS}$와 드레인-소스 사이의 전압 $V_{DS}$가 발생한다.

$V_{DD}$는 드레인-소스 사이의 전압 $V_{DS}$를 발생시키고 드레인에서 소스로 드레인 전류 $I_D$가 흐르게 된다. 이때 $V_{GS} = -V_{GG}$와 같게 되며 게이트 전류는 $I_G = 0$이 된다.

## (2) 핀치오프(Pinch-Off) 현상

드레인에 (+)전위를 소스에 (−)전위를 인가하고 $V_{GS} = 0$이 되도록 즉, 게이트 전압 $V_{GG}$를 없애고 게이트를 소스에 직접 연결함으로서 게이트와 소스의 사이의 전위를 같게 한다. 드레인-소스 사이의 전압이 증가하면 양쪽 N채널의 공핍영역이 증가하여 채널 저항도 증가하게 되고, 결국에는 공핍영역이 증가하여 P채널층이 거의 없어지는 핀치오프(Pinch-Off)현상이 나타나게 된다.

핀치오프 현상에 도달하였을 때의 전압을 핀치오프 전압($V_P$)이라 한다. 이때 드레인 전류는 포화상태로 되고 이러한 전류를 드레인-소스 포화 전류(Drain-Source Saturation Current) $I_{DSS}$로 나타낸다. $V_P$ 이상에서는 드레인 전류 $I_D$가 더 이상 증가하지 않고 일정값을 유지하게 된다.

핀치오프 전압 $V_P$과 게이트-소스 사이의 전압 $V_{GS}$를 알면 드레인 전류 $I_D$의 근사값을

| 핀치오프 현상(Pinch-Off 현상)이 나타날 때의 드레인 전압을 핀치오프 전압($V_P$)이라 한다. |
|---|

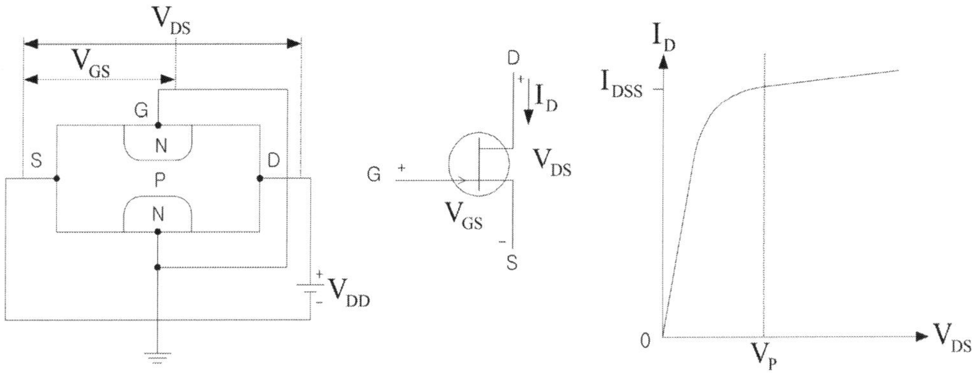


〈그림 2-33〉 $V_{GS}=0$일 경우의 JFET와 핀치오프(Pitch-Off) 특성곡선

Shokley 방정식으로 구할 수 있다.

$$I_D = I_{DSS}(1-\frac{V_{GS}}{V_P})^2$$

$I_{DSS}$ : $V_{GS}=0$, $V_{DS} > |V_P|$의 조건에서 발생하는 드레인-소스 포화 전류

$V_P$ : 핀치오프(Pinch-Off 현상) 전압

## (3) JFET와 BJT의 비교

BJT 회로를 해석할 때 $v_{be}=0.7V$임을 알고 있는 것이 중요한 단서가 되듯이 JFET 회로 해석에서는 $I_G=0A$의 조건을 시작으로 해석한다. 〈표 2-4〉는 N채널 JFET와 BJT를 비교한 것이다.

〈표 2-4〉 JFET와 BJT의 중요 방정식

| JFET | BJT |
|---|---|
| 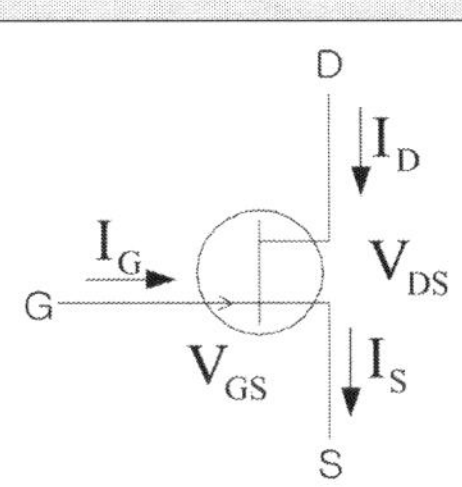  | 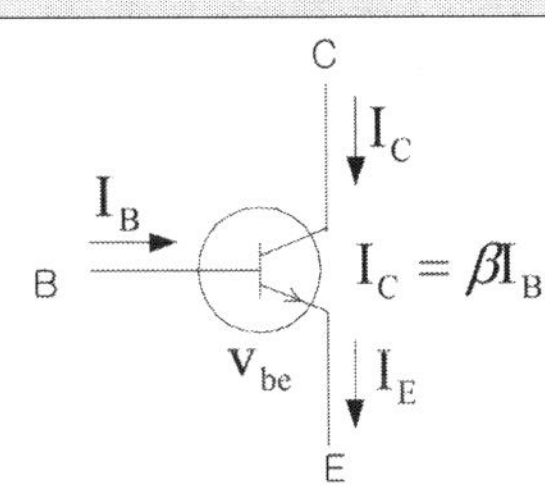  |
| $I_G=0A$ | $v_{be}=0.7V$ |
| $I_D=I_S$ | $I_C \approx I_E$ |
| $I_D=I_{DSS}(1-\frac{V_{GS}}{V_P})^2$ | $I_C=\beta I_B$ |

**예제 2-7**

JFET에서 $V_{GS}=4V$, $I_{DSS}=2mA$, $V_P=8V$일 때 드레인 전류 $I_D$를 구하라.

**풀이**

$I_D=I_{DSS}(1-\frac{V_{GS}}{V_P})^2$을 이용하여 풀면 된다.

$\therefore I_D=2mA\times(1-\frac{4V}{8V})^2=0.5mA$

# 2.6 MOSFET(Metal Oxide Semiconductor Field Effect Transistor)

## (1) 공핍형 MOSFET

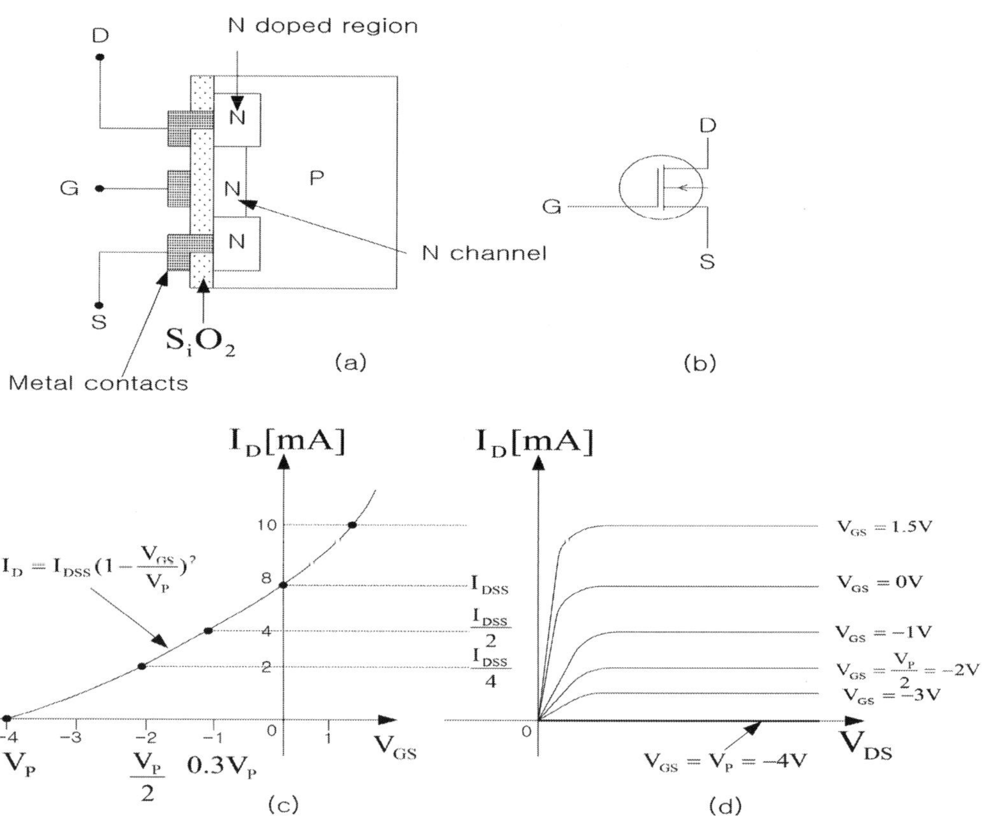


〈그림 2-34〉 N채널 공핍형 MOSFET (a) 구조 (b) 기호 (c) 전달특성 (d) 드레인 특성

MOSFET의 입력 임피던스는 JFET와 유사하며 충분히 높은 입력 임피던스 때문에 직류 바이어스 회로에서 게이트 전류는 거의 $I_G = 0A$이다.

MOSFET는 게이트와 채널 사이의 절연층이 있기 때문에 IGFET(Insulated Gate FET)로 불리기도 한다. 드레인-소스 사이의 전압($V_{DS}$)에 의하여 전류가 드레인에서 소스로 흐르게 되고, $V_{GS} < 0V$에서 $I_D$가 계속 증가하다가 드레인-소스 사이의 역 포화전류 $I_{DSS}$가 나타나게 되며, $V_{GS} > 0V$에서 $I_{DSS}$가 계속 증가하는 특성을 갖고 있다. 〈그림 2-34〉에 N채널 MOSFET의 구조와 기호, 전달특성, 드레인 특성을 각각 나타내었다.

| 공핍형 MOSFET는 $V_{GS} < 0$ 조건에서 동작한다. |
|---|

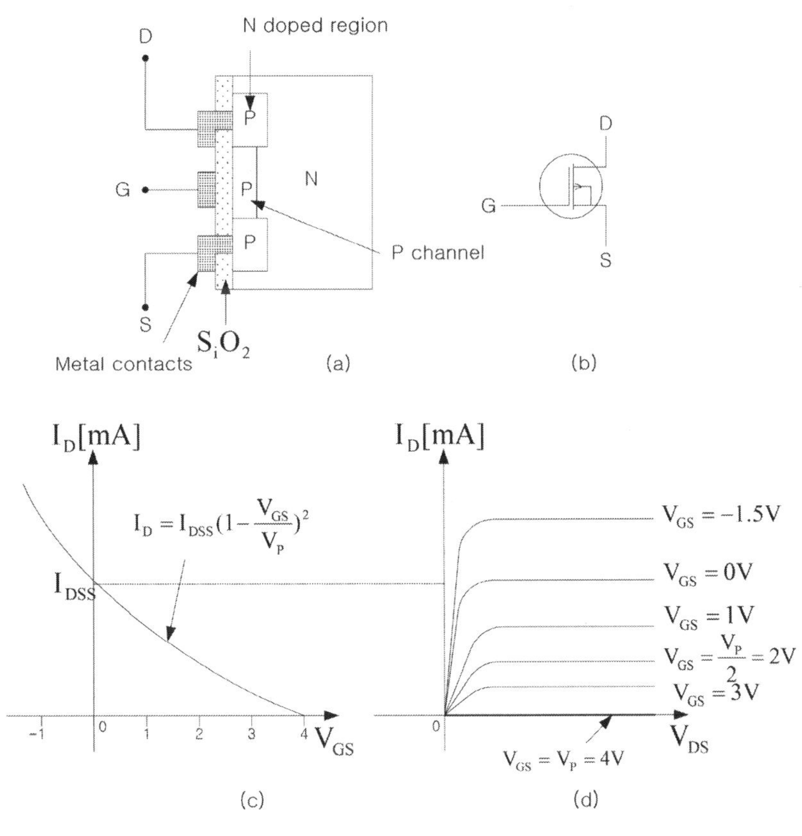


〈그림 2-35〉 P채널 공핍형 MOSFET (a) 구조 (b) 기호 (c) 전달특성 (d) 드레인 특성

## (2) 증가형 MOSFET

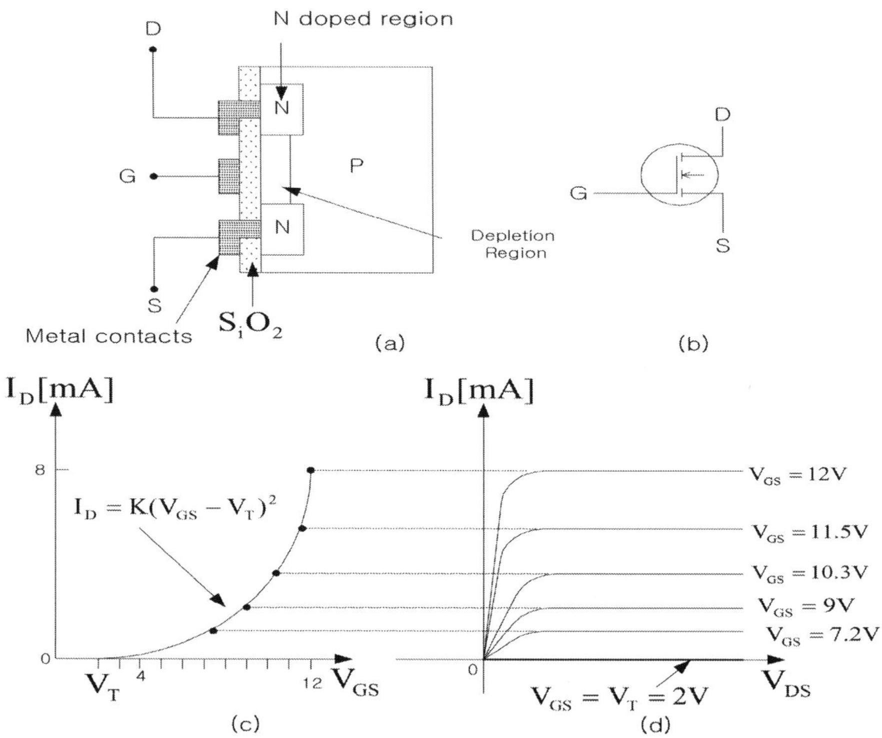


〈그림 2-36〉 N채널 증가형 MOSFET (a) 구조 (b) 기호 (c) 전달특성 (d) 드레인 특성

〈그림 2-36〉 증가형 MOSFET는 공핍형 MOSFET와 달리 N형 도핑영역 사이에 채널이 존재하지 않는다.

그러므로 $V_{GS}=0\,V$의 조건에서 드레인-소스사이에 전압 $V_{DS}$를 인가하면 채널이 없기 때문에 전류는0$A$가 된다. $V_{DS}$를 서서히 증가시키면 게이트 밑의 $S_i\ O_2$ 절연막에 공핍층이 형성되고 게이트에 인가된 (+)전위에 이끌린 전자들이 공핍층내에 모여들여 일종의 채널과 같은 띠를 형성한다. 이러한 전자띠를 통하여 드레인-소스 사이에 전류가 흐르게 되고, 전류가 흐르기 시작한 때의 전압을 문턱전압(Threshold Voltage) $V_T$이라 한다.

| 증가형 MOSFET는 $V_{GS}\ >\ 0$ 조건에서 동작한다. |
|---|

| $V_{GS}\ <\ V_T$에서 $I_D=0mA$이다. |
|---|

$V_{GS} >= V_T$의 조건에서 드레인에 흐르는 전류$I_D$는 다음 식으로 계산할 수 있다.

$$I_D = K(V_{GS} - V_T)^2$$

여기에서 상수$K$는 특성곡선상의 어떤점의 드레인전류$I_{D(on)}$와 게이트-소스 사이의 전압$V_{GS(on)}$에서 구할 수 있다.

$$K = \frac{I_{D(on)}}{(V_{GS(on)} - V_T)^2}$$

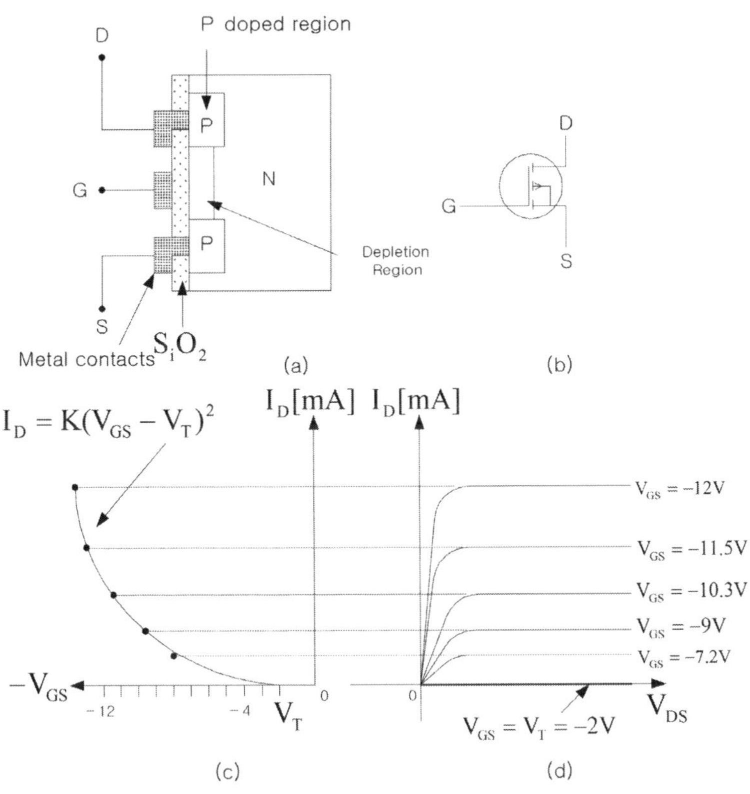


〈그림 2-37〉 P채널 증가형 MOSFET (a) 구조 (b) 기호 (c) 전달특성 (d) 드레인 특성

**예제 2-8**

증가형 MOSFET에서 $V_{GS}=12\,V$, $V_T=5\,V$에서 $I_{D(on)}=5mA$이였다. 그렇다면, $V_{GS}=10\,V$에서 드레인 전류 $I_D$를 구하라.

**풀이**

우선, 상수$K$를 구한다.

$$K=\frac{I_{D(on)}}{(V_{GS(on)}-V_T)^2}=\frac{5mA}{(12\,V-5\,V)^2}=0.1[mA/V^2]$$

상수$K$를 다음식에 대입하면 된다.

$$I_D=K(V_{GS}-V_T)^2=0.1[mA/V^2](10\,V-5\,V)^2=2.5mA$$

$$\therefore I_D=2.5mA$$

## 연습문제

1 전자의 비전하(e/kg)의 값은?

㉮ $1.759 \times 10^{11}$(c/kg) ㉯ $5.93 \times 10^{6}$(c/kg)

㉰ $9.11 \times 10^{-31}$(c/kg) ㉱ $1.602 \times 10^{-19}$(c/kg)

해설 $\text{비전하} = \frac{\text{전하}(e)}{\text{질량}(m)} = \frac{1.602 \times 10^{-19}}{9.109 \times 10^{-31}} = 1.759 \times 10^{11}(c/kg)$

2. 도체에 10(A)의 전류가 흐를 때 도체 단면을 통과하는 전자의 수는?

㉮ $1.602 \times 10^{18}$(개) ㉯ $1.602 \times 10^{19}$(개)

㉰ $6.24 \times 10^{18}$(개) ㉱ $6.24 \times 10^{19}$(개)

해설 $N = \frac{I}{e} = \frac{10}{1.602 \times 10^{-19}} = 6.24 \times 10^{19}(\text{개})$

3. 반도체 금지대의 에너지 갭(energy gap)은?

㉮ 가전자대 밑에 있다. ㉯ 전도대 위에 있다.

㉰ 전도대 밑에 있다. ㉱ 가전자대와 전도대 사이에 있다.

4. 다음의 반도체에 관한 설명 중 옳지 않은 것은?

㉮ 전도대의 전자는 비어 있는 에너지 준위가 있기 때문에 전계에 의해서 가속될 수 있다.

㉯ 금지대의 에너지 폭은 가전자의 구속에너지 정도를 나타낸다.

㉰ 금지대의 에너지 폭이 넓으면 열에 의한 영향을 그만큼 크게 받는다.

㉱ 과잉 소수 캐리어는 열평형 상태보다 과잉된 소수 캐리어이다.

5. 물질의 기저상태를 이루는 온도는?

㉮ 0(℃) ㉯ 0(°K)

㉰ 0(°A) ㉱ 0(°F)

정답 1. ㉮ 2. ㉯ 3. ㉱ 4. ㉰ 5. ㉯

6. 페르미 준위에 대한 설명으로 옳지 못한 것은?

㉮ 절대 온도 0(°K)에서 전자의 점유 확률이 1이다.

㉯ 절대 온도 100(°K)에서 전자의 점유 확률이 1/2이다.

㉰ 일함수의 기준으로 사용한다.

㉱ 온도에 무관하며 전자 점유 확률이 1인 에너지 준위이다.

7. 전자가 운동하고 있을 때 전자의 정지질량을 $m_0$, 전자의 속도를 $v$(m/s), 빛의 속도를 $3\times10^8$ (m/s)라고 하면 전자의 질량$m$은 어떤 식으로 표현되는가?

㉮ $m=\dfrac{m_0}{\sqrt{1-(\frac{v}{c})^2}}$

㉯ $m=\dfrac{m_0}{\sqrt{1-(\frac{c}{v})^2}}$

㉰ $m=\dfrac{m_0}{\sqrt{1-(vc)}}$

㉱ $m=\dfrac{\sqrt{1-(\frac{c}{v})^2}}{m_0}$

8. 전자의 정지 질량 $m_0$의 값은?

㉮ $9.107\times10^{-31}$(kg)

㉯ $1.602\times10^{-19}$(kg)

㉰ $1.759\times10^{-11}$(kg)

㉱ $8.601\times10^{-18}$(kg)

**해설** $m_0=(9.1066\pm0.0032)\times10^{-31}\approx9.107\times10^{-31}$ (kg)

9. 정지상태에 있는 전자가 2(kV)의 전압을 가하였을 때 가속된 전자의 운동에너지는?

㉮ $3.2\times10^{-16}$(J)

㉯ $3.2\times10^{-10}$(J)

㉰ $3.2\times10^{-19}$(J)

㉱ $3.2\times10^{-11}$(J)

**해설** 전자의 운동에너지

$$w=\frac{1}{2}mv^2=2\times10^3(e\,V)=1.602\times10^{-19}\times2\times10^3=3.2\times10^{-16}\text{ (J)}$$

10. 진성 반도체는 절대온도 0(°K)에서 어떤 상태에 있는가?

㉮ 도체

㉯ 절연체

㉰ 다수 전자를 갖는다.

㉱ 다수 정공을 갖는다.

**정답** 6. ㉱ 7. ㉮ 8. ㉮ 9. ㉮ 10. ㉯

**11.** 진성 반도체에서 페르미 준위(Fermi level)는 온도에 어떤 영향을 받는가?

㉮ 온도가 상승하면 도우너 준위에 접근한다.

㉯ 온도가 상승하면 전도대에 접근한다.

㉰ 온도가 하강하면 가전자대로 접근한다.

㉱ 온도에 관계없이 금지대 중앙에 위치한다.

**해설** 페르미 준위의 위치
(1) 진성 반도체 : 온도에 관계없이 금지대 중앙에 위치한다.
(2) n형, p형 반도체 : 온도가 상승하면 금지대 중앙에 위치한다.

**12.** 진성 반도체에서 캐리어 농도란?

㉮ 절대온도 0(°K)의 농도를 말한다. ㉯ 절대온도 100(°K)의 농도를 말한다.

㉰ 열평형 상태의 농도를 말한다. ㉱ 열교란 상태의 농도를 말한다.

**13.** 절대온도 0(°K)에서 진성 반도체의 모든 가전자는?

㉮ 금지대에 존재한다. ㉯ 전도대에 존재한다.

㉰ 가전자대에 존재한다. ㉱ 금지대와 전도대 사이에 존재한다.

**14.** 진성 반도체의 고유저항을 $\rho$, 전자 농도를 $n$이라 하면 다음 식에서 옳은 것은?

㉮ $\rho \propto \frac{1}{n}$ ㉯ $\rho \propto \frac{1}{n^2}$ ㉰ $\rho \propto n$ ㉱ $\rho \propto n^2$

**15.** 진성 반도체에 있어서 전도대의 전자 밀도 $n$과 에너지 갭 $E_g$에 관한 설명중 옳은 것은?

㉮ $n$은 $E_g$에 비례한다.

㉯ $n$은 $E_g$에 반비례한다.

㉰ $n$은 $E_g$의 증가에 따라 지수 함수적으로 증가한다.

㉱ $n$은 $E_g$의 증가에 따라 지수 함수적으로 감소한다.

**16.** P형 불순물 반도체에서 전자의 농도를 나타낸 식은?(단, $N_a$ : 억셉터 농도, $N_i$ : 진성 반도체의 캐리어 농도)

㉮ $N_a - n_i^2$ ㉯ $N_a + n_i$ ㉰ $\frac{n_i^2}{N_a}$ ㉱ $\frac{N_a}{n_i^2}$

**해설** P형 반도체의 개리어 농도 : (정공) $P_{po} \simeq N_a$ , (전자)$n_{po} \simeq \frac{n_i^2}{N_a}$

**정답** 11. ㉱ 12. ㉰ 13. ㉰ 14. ㉮ 15. ㉱ 16. ㉰

**17.** 정공은 다음의 어느 경우에 만들어지나?

㉮ 원자핵이 움직일 때
㉯ 전자가 공유결합을 이탈할 때
㉰ 전도대에서 가전자대로 이동할 때
㉱ 인가전압에 의하여 자유전자가 만들어질 때

**18.** 전자의 파동설을 가장 잘 나타낸 설명은?

㉮ 전자는 결정 격자에 의하여 회전한다.
㉯ 전자는 격자 원자와 충돌한다.
㉰ 전자는 물질을 구성하고 있는 입자이다.
㉱ 전자는 결정을 관통할 수 있다.

**19.** 다이오드에서 순방향 바이어스 전류는 다음 중 어느 캐리어에 의하여 운반되는가?

㉮ 전자　　㉯ 정공
㉰ 소수 반송자　　㉱ 다수 반송자

**20.** 반도체에 관한 설명 중 옳지 않은 것은?

㉮ 반도체에는 진성 반도체와 불순물 반도체가 있다.
㉯ 진성 반도체에는 P형 반도체와 N형 반도체가 있다.
㉰ N형 반도체를 만들기 위하여 첨가한 불순물을 도너라 한다.
㉱ P형 반도체를 만들기 위하여 첨가한 불순물을 억셉터라 한다.

**21.** 반도체에서 소수 반송자를 옳게 설명한 것은?

㉮ P형 : 정공, N형 : 전자　　㉯ P형 : 정공, N형 : 정공
㉰ P형 : 전자, N형 : 전자　　㉱ P형 : 전자, N형 : 정공

**22.** 도너(donor)를 옳게 설명한 것은?

㉮ N형 반도체를 만든다.　　㉯ P형 반도체를 만든다.
㉰ 가전자가 1개 모자라는 불순물　　㉱ 3가 원소

해설 5가 원소로 N형 반도체를 만든다.

정답 17. ㉯　18. ㉮　19. ㉱　20. ㉯　21. ㉱　22. ㉮

**23.** 억셉터(acceptor)는 몇 가의 원소인가?

㉮ 4가인 Ge ㉯ 4가인 Si

㉰ 3가인 In ㉱ 5가인 As

**24.** P형 반도체를 만드는 불순물이 아닌 것은?

㉮ 인듐(In) ㉯ 갈륨(Ga)

㉰ 비소(As) ㉱ 붕소(B)

**해설** P형 반도체를 만드는 불순물 : 인듐(In), 갈륨(Ga), 붕소(B)
N형 반도체를 만드는 불순물 : 안티몬(Sb), 비소(As), 인(P)

**25.** PN접합 다이오드의 접합부 정전용량은 역바이어스 전압과 어떤 관계를 갖는가?

㉮ 평방근에 비례한다. ㉯ 평방근에 반비례한다.

㉰ 비례한다. ㉱ 반비례한다.

**26.** 전위장벽(potential barrier)에 대한 설명 중 옳은 것은?

㉮ 다이오드에 인가한 최대 전압 ㉯ 다이오드에 인가한 최소 전압

㉰ PN접합 사이의 전위차의 값 ㉱ 다이오드 파괴 전압

**27.** PN접합에서 전류가 0일 때의 설명으로 가장 적합한 것은?

㉮ 접합면을 지나는 다수 반송자가 없다.

㉯ 접합면을 지나는 소수 반송자가 없다.

㉰ 접합면을 지나는 반송자의 농도가 적다.

㉱ 접합면을 지나는 소수 반송자와 다수 반송자가 같다.

**28.** 반도체 다이오드와 트랜지스터가 부성 온도 계수를 갖는 이유?

㉮ 온도 상승에 따라 반도체 내부의 결정격자 사이의 자유전자가 운동이 활발해지기 때문에

㉯ 온도 상승에 따라 인가 전압이 증가하기 때문에

㉰ 온도 상승에 따라 반도체의 체적이 팽창하기 때문에

㉱ 반도체 내부의 저항 온도계수가 변화하기 때문에

**정답** 23. ㉰ 24. ㉰ 25. ㉯ 26. ㉰ 27. ㉱ 28. ㉮

**29.** PN접합 다이오드에서 공핍층이 엷어지는 경우는?

㉮ 순방향 전압이 걸릴 때　　㉯ 역방향 전압이 걸릴 때

㉰ 공핍층에 빛을 가할 때　　㉱ 전압을 걸지 않을 때

**해설** PN접합 다이오드에 순방향 바이어스 전압을 걸면 다음과 같은 현상이 나타난다.
(1) 공간전하 영역의 폭이 좁아진다.
(2) 전위장벽이 낮아진다.
(3) 전장이 약해진다.
(4) 전류는 전압에 따라 지수함수 적으로 증가한다.

**30.** PN접합에 순방향 바이어스를 걸 때 나타나는 현상이 아닌 것은?

㉮ 공간전하 영역의 폭이 좁아진다.

㉯ 공간전하 영역의 폭이 열평형상태 때와 같다.

㉰ 전류는 전압에 따라 지수함수 적으로 증가한다.

㉱ 전위장벽이 낮아진다.

**31.** 다이오드의 온도가 10(℃) 증가하였을 경우에 순방향 전류를 일정하게 유지하기 위하여 순방향 전압을 어느 정도 변화시켜야 하는가?

㉮ 0.25(mV) 낮춘다.　　㉯ 2.5(mV) 낮춘다.

㉰ 25(mV) 낮춘다.　　㉱ 2.5(mV) 높인다.

**해설** $\dfrac{dV}{dT} = -2.5$ (mV/℃)에서 $\dfrac{dV}{10} = -2.5$(mV/℃) 이므로 $dV = -25$(mV)이 된다.

**32.** PN접합 다이오드의 전류$I$와 전압$V$와의 관계를 옳게 나타낸 식은?

㉮ $I = I_0(e^{eV/kT} - 1)$　　㉯ $I = I_0(e^{kT/eV} - 1)$

㉰ $I = I_0(1 - e^{eV/kT})$　　㉱ $I = I_0(1 - e^{kT/eV})$

**해설** 이상적인 PN접합 다이오드에서
(1) $V = 0$ : $e^{eV/kT} = 1$이 되어 $I = 0$ 열평형 상태가 된다.
(2) $V > 0$ : $e^{eV/kT} > 1$이 되어 $I$는 지수함수 적으로 증가한다.
(3) $V < 0$ : $e^{eV/kT} \approx 1$이 되어 $I = -I_0$로 역 포화전류가 흐른다.

정답 29. ㉮　30. ㉯　31. ㉰　32. ㉮

**33.** 확산 계수와 이동도 사이에 존재하는 관계를 옳게 표시한 것은?

㉮ $\dfrac{D_p}{D_n} = \dfrac{\mu_n}{\mu_p}$ ㉯ $\dfrac{D_p}{\mu_p} = \dfrac{kT}{e}$ ㉰ $\dfrac{D_n}{\mu_p} = \dfrac{kT}{e}$ ㉱ $\dfrac{D_p}{\mu_p} = \dfrac{e}{kT}$

**해설** $\dfrac{D_p}{\mu_p} = \dfrac{D_n}{\mu_n} = \dfrac{kT}{e}$

**34.** 다음 다이오드 중 부성저항의 특성을 갖는 것은?

㉮ 발광 다이오드(light emitting diode) ㉯ 제너 다이오드(zener diode)
㉰ 쇼트키 다이오드(schottky diode) ㉱ 터널 다이오드(Tunnel diode)

**해설** 부성저항 특성=터널 효과
PN접합에서 공간 전하층의 폭이 좁아서 역방향의 전압이 증가하고, 이에 전계가 커지면 가전자대의 가전자가 금지대를 통과하여 N형 반도체의 전도대로 들어오는 현상을 터널효과 또는 부성 저항 특성이라 한다.

**35.** PN접합 다이오드에서 순방향 바이어스 전류는 어느 캐리어(carrier)에 의하여 운반되는가?

㉮ 소수 반송자 ㉯ 다수 반송자 ㉰ 전자 ㉱ 정공

**36.** PN접합에 역 바이어스 전압을 인가할 때 접합면에 생기는 공핍층을 이용한 다이오드는?

㉮ 광 다이오드(photo diode) ㉯ 바랙터 다이오드(varactor diode)
㉰ 터널 다이오드(tunnel diode) ㉱ 제너 다이오드(zener diode)

**37.** 역방향 바이어스 전압에 따라 접합 정전 용량이 가변 되는 성질을 이용한 다이오드는?

㉮ 터널 다이오드 ㉯ 제너 다이오드
㉰ 광 다이오드 ㉱ 바랙터 다이오드

**해설** 바랙터 다이오드는 가변 용량 다이오드라 하며 PN접합 다이오드의 등가 용량($C$)이 인가 전압($V$)에 의해 비직선적으로 변화하는 특성을 이용한 다이오드이다.

$$C = k\frac{1}{\sqrt{V}}$$

**38.** 바랙터 다이오드의 용량을 가변 시키는 요소는?

㉮ 역방향 전압 ㉯ 확산 전압
㉰ 순방향 전류 ㉱ 역방향 전압이 인가될 때 흐르는 전류

**정답** 33. ㉯ 34. ㉱ 35. ㉯ 36. ㉰ 37. ㉱ 38. ㉮

**39.** 다음은 터널 다이오드에 관한 설명이다. 옳지 않은 것은?

㉮ 부성저항 특성을 갖는다.

㉯ 펄스 및 계수회로에 사용된다.

㉰ 역 바이어스 상태에서 도체가 된다.

㉱ 작은 순방향 바이어스 상태에서 큰 저항 값을 갖는다.

**해설** 터널 다이오드(tunnel diode)

(1) 부성저항 특성을 갖는다.
피크 전류 값 $I_p$ 상태에 이르렀을 때 전압이 증가함에 따라 전류가 감소하는 특성(부성저항 특성)을 나타낸다.

(2) 펄스 및 계수회로에 사용된다.

(3) $\dfrac{dV}{dI}=0$인 동작점을 지나면 전압에 따라 전류가 급격히 증가한다.

(4) 역 바이어스 상태에서 도체가 된다.

(5) 작은 순 바이어스 상태에서 저항 값은 대단히 작다.(약 5Ω 정도)

**40.** 다음 중 터널 다이오드의 전압-전류 특성을 나타낸 것은?

㉮
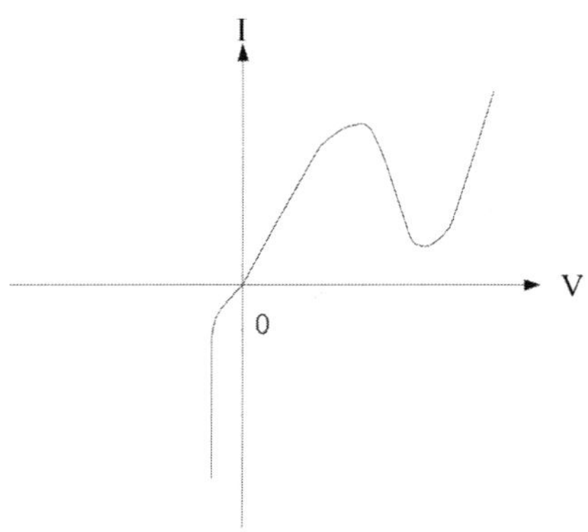


㉯
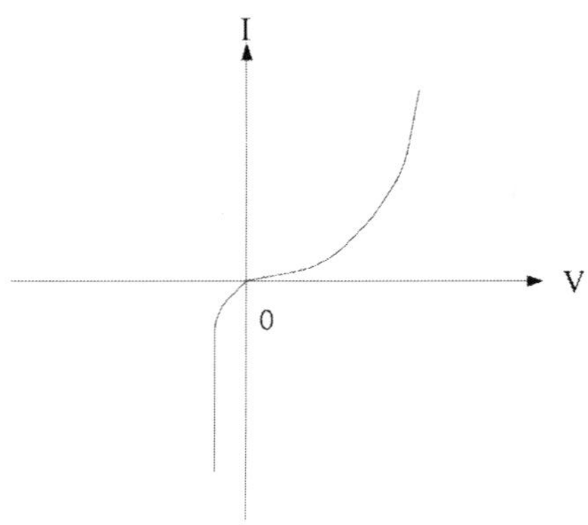


㉰
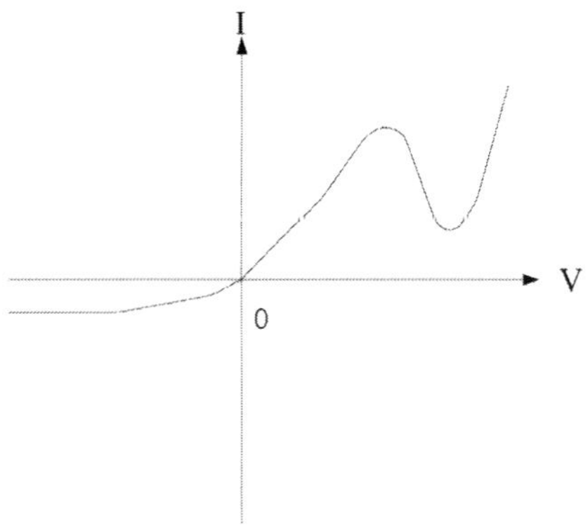


㉱
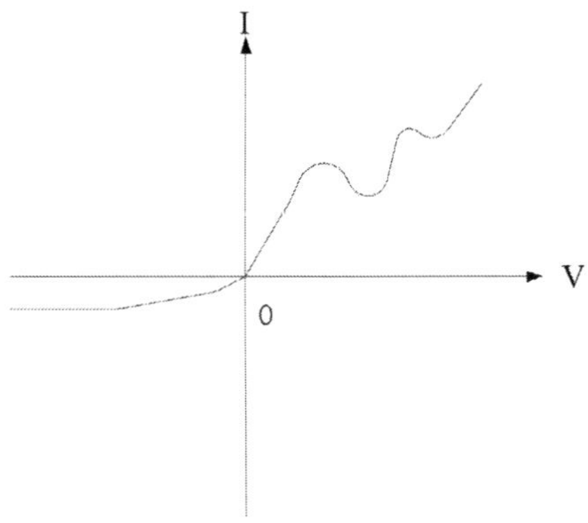


**정답** 39. ㉱ 40. ㉮

**41.** 다음 그림은 터널 다이오드의 전류-전압 특성 곡선이다. 발진이 일어날 수 있는 영역은 어느 구간인가?

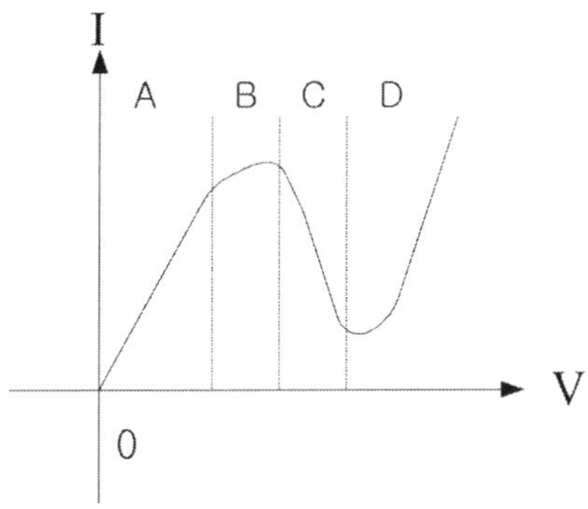


㉮ A　　㉯ B　　㉰ C　　㉱ D

**42.** 제너 다이오드의 용도 중 맞는 것은?

㉮ 고압 전류용　　㉯ 검파용
㉰ 전압 안전 회로　　㉱ 전파 정류용

**해설** 제너 다이오드는 역방향 전류가 비교적 큰 다이오드로서 주로 전압 안정 회로에 사용한다.

**43.** 제너 다이오드가 활용되는 곳에 대한 설명이다. 옳은 것은?

㉮ 고속 펄스 발생회로의 발진 소자로 사용된다.
㉯ 정류회로에서 정전압 다이오드로서 사용된다.
㉰ 증폭소자로 사용된다.
㉱ 신호변조 소자로 사용된다.

**44.** 다음 소자에서 스위칭 소자가 아닌 것은?

㉮ UJT　　㉯ SCR　　㉰ FET　　㉱ zenner diode

**해설** 제너 다이오드(zenner diode)는 전압을 일정하게 유지시키기 위한 전압 제어 소자이다.

**45.** 다음 다이오드 중 전원 전압을 일정하게 유지시키기 위해 사용하는 다이오드는?

㉮ 터널 다이오드　　㉯ 제너 다이오드
㉰ 광 다이오드　　㉱ 바랙터 다이오드

**정답** 41. ㉰　42. ㉰　43. ㉯　44. ㉱　45. ㉯

**46.** 다음 소자중 불순물 농도가 가장 높은 것은?

㉮ 터널 다이오드　　㉯ 제너 다이오드　　㉰ FET　　㉱ TR

**해설** 터널 다이오드에서 터널효과는 불순물 농도를 크게 함으로서 공간전하 영역의 폭이 좁아져 발생하는 효과이다.

**47.** 제너 다이오드를 사용한 다음 회로의 출력 파형으로 옳은 것은? (제너 다이오드의 순방향 바이어스 전압은 0.7V이다.)

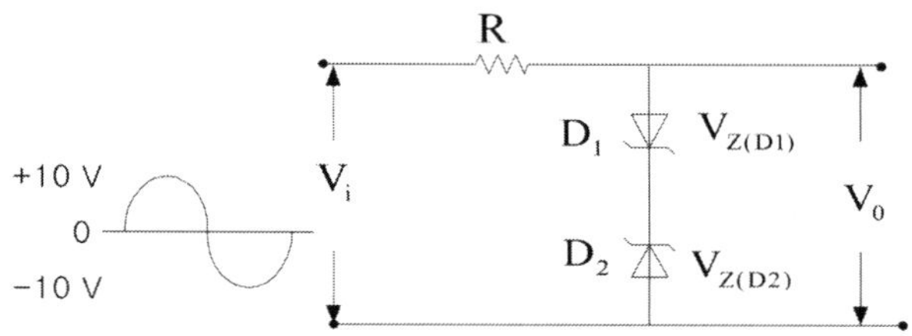


$V_{Z(D1)} = 3V$
$V_{Z(D2)} = 5V$

**해설** 입력된 파형의 정(+)의 주기 동안

$V_i < V_{Z(D2)}$일 때 $D_2$는 차단상태가 되고 $V_0 = V_i$가 된다.

$V_i > V_{Z(D2)}$일 때 $D_2$가 도통되어 $V_0 = V_{Z(D2)}$가 된다.

입력된 파형의 부(−)의 주기 동안

$V_i < V_{Z(D1)}$일 때 $D_1$은 차단상태가 되고 $V_0 = V_i$가 된다.

$V_i > V_{Z(D1)}$일 때 $D_1$이 도통되어 $V_0 = -V_{Z(D1)}$가 된다.

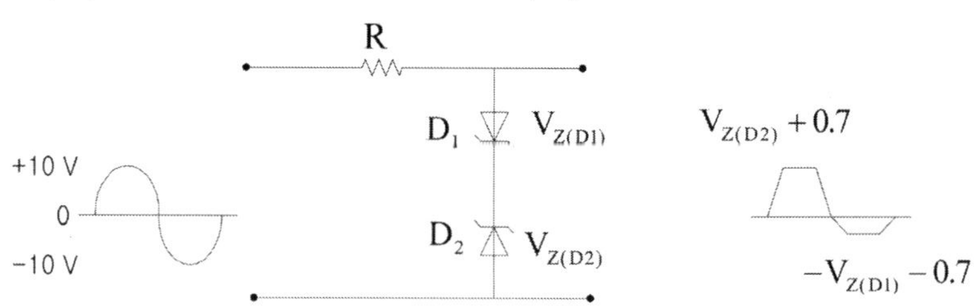


$V_{Z(D1)} = 3V$
$V_{Z(D2)} = 5V$

**정답** 46. ㉮　47. ㉮

**48.** 다음 소자중 부성저항 특성을 갖지 않는 것은?

㉮ SCR(silicon controlled rectifier)　　㉯ 다이리스터(thyristor)

㉰ UJT(uni-junction transistor)　　㉱ 써미스터(thermistor)

**해설** 부성저항 소자(터널 다이오드, SCR, SCS, UJT, 다이리스터, 에벌란치 트랜지스터)

**49.** 다음 중 부성저항 특성을 갖는 것은?

㉮ 바리스터　　㉯ 터널 다이오드

㉰ 광 다이오드　　㉱ 트라이액(triac)

**해설** 바리스터 : 낮은 전압에서 큰 저항값, 높은 전압에서 낮은 저항 값을 갖는다(비직선적인 특성을 갖는다).
광다이오드 : 역방향 바이어스에서 동작하는 PN접합 소자로서 빛의 세기에 따라서 전류가 증가한다.
트라이액 : 5층의 PN접합으로 구성되어 있으며, 쌍방향 전력용 소자로 사용된다.

**50.** 트랜지스터에 대한 설명중 틀린 것은?

㉮ 트랜지스터는 컬렉터-베이스가 역방향 바이어스 상태에서 정상적으로 동작한다.

㉯ 트랜지스터는 이미터-베이스가 순방향 바이어스 상태에서 정상적으로 동작한다.

㉰ 이미터-베이스, 컬렉터-베이스에 순방향 바이어스를 가하면 포화영역이 된다.

㉱ 이미터-베이스 전압이 컬렉터 출력 전류를 제어하는 전압제어 소자이다.

**해설** 트랜지스터는 전류제어형 소자이며, FET가 전압제어형 소자이다.

**51.** PNP 트랜지스터에 관한 설명중 옳은 것은?

㉮ 컬렉터는 베이스 전극에 비해 높은 전위를 가한다.

㉯ 다수 반송자는 전자이다.

㉰ 소수 반송자는 정공이다.

㉱ 이미터-베이스 사이에 순방향 전압을 가한다.

**해설** PNP 트랜지스터
(1) 다수 반송자(정공), 소수 반송자(전자)
(2) PNP형, NPN형 모두 이미터-베이스에는 순방향 바이어스를 가한다.

**정답** 48. ㉱　49. ㉯　50. ㉱　51. ㉱

**52.** NPN 트랜지스터에 관한 설명중 옳지 않은 것은?

㉮ 이미터와 베이스 사이에는 순방향 전압을 가한다.

㉯ 컬렉터와 베이스 사이에는 순방향 전압을 가한다.

㉰ 베이스 전극은 N형 반도체이다.

㉱ 다수 반송자는 전자이다.

**해설** NPN형 트랜지스터의 베이스 전극은 P형 반도체이다.
PNP형 트랜지스터의 베이스 전극은 N형 반도체이다.

**53.** 이상적인 트랜지스터인 경우 $\alpha$값은?

㉮ 0 ㉯ 1 ㉰ 10 ㉱ 100

**54.** 트랜지스터 EB접합과 CB접합 모두에 순방향 바이어스시 트랜지스터의 동작영역은?

㉮ 차단 영역 ㉯ 활성 영역

㉰ 역 활성 영역 ㉱ 포화 영역

**해설** 트랜지스터의 동작영역

(1) 차단 영역 : EB(역 바이어스), CB(역 바이어스)

(2) 활성 영역 : EB(순 바이어스), CB(역 바이어스)

(3) 포화 영역 : EB(순 바이어스), CB(순 바이어스)

**55.** 이미터 전류($I_E$)를 1(mA) 변화시켰더니 컬렉터 전류($I_C$)는 0.94(mA)였다. 이때 트랜지스터의 이미터 접지시의 전류 증폭률($\beta$)은?

㉮ 8 ㉯ 16 ㉰ 32 ㉱ 64

**해설** 베이스 접지시의 전류 증폭률($\alpha$)과 이미터 접지시의 전류 증폭률($\beta$)과의 관계식

$$\alpha = \frac{\Delta I_C}{\Delta I_E} = \frac{0.94 \times 10^{-3}}{1 \times 10^{-3}} = 0.94$$

$$\beta = \frac{\alpha}{1-\alpha} = \frac{0.94}{1-0.94} \approx 16$$

**56.** 이미터 접지시의 전류 증폭률$\beta = 95$ 일 때 베이스 접지시의 전류 증폭률 $\alpha$값은?

㉮ 0.90 ㉯ 0.93 ㉰ 0.96 ㉱ 0.99

**해설** $\alpha = \dfrac{\beta}{1+\beta} = \dfrac{0.95}{1+0.95} \approx 0.99$

**정답** 52. ㉰ 53. ㉯ 54. ㉱ 55. ㉯ 56. ㉱

**57.** 베이스 접지시의 트랜지스터에서 $I_B=0.4(mA)$, $I_{CO}=0.2(mA)$ , $\alpha=0.9$ 일 때 컬렉터 전류 $I_C$ 값은?

㉮ 0.9(mA) ㉯ 1.52(mA) ㉰ 2.36(mA) ㉱ 5.6(mA)

**해설** $\beta=\frac{\alpha}{1-\alpha}=\frac{0.9}{1-0.9}=9$

$I_C=\beta I_B+(1+\beta)I_{CO}=9\times0.4(mA)+(1+9)\times0.2(mA)=5.6(mA)$

**58.** 이미터 접지 증폭기에서 $\alpha=0.9$, $I_E=10(mA)$, $I_{CBO}=0.1(mA)$일 때 컬렉터 전류 $I_C$값은?

㉮ 10(mA) ㉯ 9.1(mA) ㉰ 8(mA) ㉱ 7(mA)

**해설** $\beta=\frac{\alpha}{1-\alpha}=\frac{0.9}{1-0.9}=9$

$I_{CEO}=(1+\beta)I_{CBO}$

$I_C=\beta I_B+I_{CEO}=\beta I_B+(1+\beta)I_{CBO}$

$I_E-I_B=\beta I_B+(1+\beta)I_{CBO}$

$I_E-(1+\beta)I_{CBO}=(1+\beta)I_B$

$I_B=\frac{1}{1+\beta}I_E-I_{CBO}=\frac{1}{1+9}\times10(mA)-0.1(mA)=0.9(mA)$

(5)식을 (2)식에 대입하면

$I_C=\beta I_B+(1+\beta)I_{CBO}=9\times0.9+(1+9)\times0.1=9.1(mA)$

**59.** 다음 그림에서 컬렉터 전류 $I_C$값은?

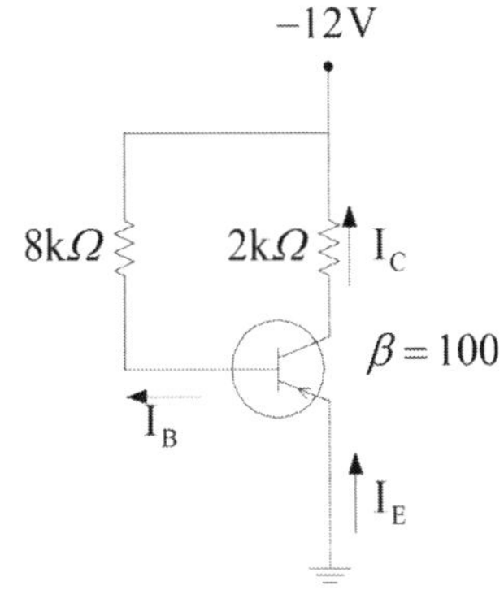


㉮ 100(mA) ㉯ 120(mA) ㉰ 150(mA) ㉱ 180(mA)

**해설** $I_B=\frac{12}{8\times10^3}=1.5(mA)$ $I_C=\beta I_B=100\times1.5(mA)=150(mA)$

**정답** 57. ㉱ 58. ㉯ 59. ㉰

**60.** 다음 그림에서 컬렉터 전류 $I_E$값은? (단, $\beta = 100$, $I_{CBO} = 10\mu A$, $V_{be} = 0.7V$)

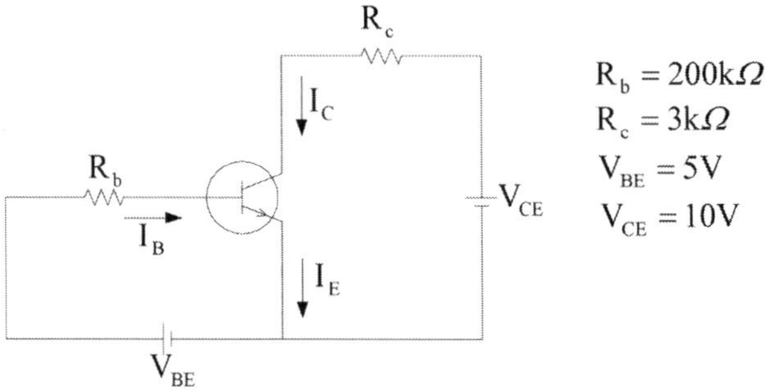


㉮ 2.65(mA) ㉯ 2.98(mA)
㉰ 3.18(mA) ㉱ 4.56(mA)

**해설** 이미터 접지 트랜지스터 회로에서 베이스-이미터 사이의 전압 $V_{be} = 0.7V$를 고려한 베이스 전류 $I_B$는

$I_B = \dfrac{V_{BE} - V_{be}}{R_b} = \dfrac{5 - 0.7}{200 \times 10^3} = 21.5\mu A$에서 컬렉터 전류 $I_C$를 구하면

$$I_C = \beta I_B + (1+\beta)I_{CBO} = 100(21.5 \times 10^{-6}) + (1+100)(10 \times 10^{-6}) = 3.16(mA)$$

$$I_E = I_B + I_C = 21.5 \times 10^{-6} + 3.16 \times 10^{-3} \approx 3.18(mA)$$

**61.** 다음 그림에서 컬렉터 전류 $I_C$값은? (단, $\beta = 100$, $I_{CBO} = 10\mu A$, $V_{be} = 0.7V$)

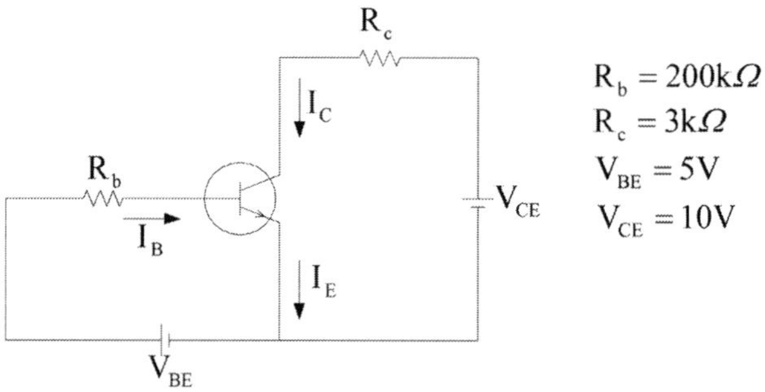


㉮ 3.16(mA) ㉯ 3.52(mA)
㉰ 3.86(mA) ㉱ 3.96(mA)

**해설** 이미터 접지 트랜지스터 회로에서 베이스-이미터 사이의 전압 $V_{be} = 0.7V$를 고려한 베이스 전류 $I_B$는

$I_B = \dfrac{V_{BE} - V_{be}}{R_b} = \dfrac{5 - 0.7}{200 \times 10^3} = 21.5\mu A$에서 컬렉터 전류 $I_C$를 구하면

$$I_C = \beta I_B + (1+\beta)I_{CBO} = 100(21.5 \times 10^{-6}) + (1+100)(10 \times 10^{-6}) = 3.16(mA)$$

**정답** 60. ㉰ 61. ㉮

**62.** 이미터 접지 트랜지스터에서 컬렉터 전류 $I_C$값은?
(단, $\alpha = 0.9$, $I_E = 10(mA)$, $I_{CO} = 0.1(mA)$)

㉮ 9.0(mA) ㉯ 9.1(mA)
㉰ 9.4(mA) ㉱ 9.9(mA)

**해설** $I_C = \alpha I_E + I_{CO}$

**63.** 다음 그림에서 컬렉터 전류 $I_C$값은? (단, $I_{CBO} = 1(\mu A)$)

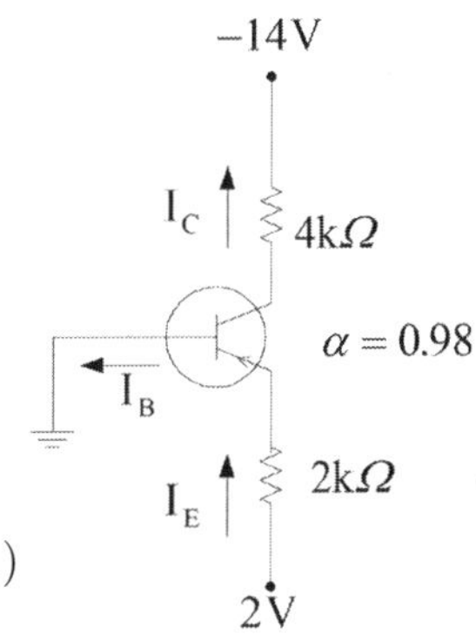


㉮ 638(μA) ㉯ 738(μA)
㉰ 838(μA) ㉱ 938(μA)

**해설** 베이스-이미터 사이의 전압 $V_{be} = 0.7V$를 고려하면

$$I_E = \frac{2V - 0.7V}{2k\Omega} = 0.65(mA)$$

$$I_C = \alpha I_E + I_{CBO} = 0.98 \times 0.65 \times 10^{-3} + 1 \times 10^{-6} = 638(\mu A)$$

**64.** 전장 효과 트랜지스터(FET)의 설명으로 옳지 않은 것은?

㉮ 전압제어형 소자이다.
㉯ 미소 전력으로 동작시키기 곤란하다.
㉰ 게이트 전압으로 드레인 전류를 제어한다.
㉱ 고속 스위칭 소자로 사용하기 곤란하다.

**해설** FET는 미소 전력으로 동작시킬 수 있다.

**65.** FET에 관한 설명중 옳지 않은 것은?

㉮ 게이트-소스에 순방향 바이어스를 건다.
㉯ 접합형과 MOS형이 있다.
㉰ 입력임피던스가 높다.
㉱ 다수 반송자에 의하여 전류가 흐른다.

**해설** 게이트-소스에는 역방향 바이어스를 건다.

**정답** 61. ㉰ 62. ㉯ 63. ㉮ 64. ㉯ 65. ㉮

66. FET에서 핀치 오프(pinch off)전압에 관한 설명중 옳은 것은?

㉮ 드레인-소스에 최대전압이 걸렸을 경우에 발생한다.

㉯ 애벌런치(Aavalanche) 전압이라 한다.

㉰ 게이트에 역방향 전압을 가하였을 때 채널 폭이 최대인 상태

㉱ 게이트에 역방향 전압을 가하였을 때 채널 폭이 최소인 상태

67. FET에 관한 설명중 옳지 않은 것은?

㉮ 소수 반송자에 의한 증폭 소자이다. ㉯ 전압 제어용 소자이다.

㉰ MOS형과 접합형이 있다. ㉱ 접합형의 입력저항은 MOS형 보다 낮다.

**해설** FET는 다수 반송자에 의한 증폭 소자이다.

68. 트랜지스터에 비교한 FET의 특징으로 옳지 않은 것은?

㉮ 입력 임피던스가 매우 높다. ㉯ 잡음이 적다.

㉰ 이득 대역폭이 매우 크다. ㉱ 열에 대하여 동작이 안정하다.

**해설** FET는 이득 대역폭이 매우 적다.

69. FET 드레인 전류($I_{DS}$)를 옳게 표현한 식은?

㉮ $I_{DS}=I_{DSS}(1-\frac{V_P}{V_{GS}})^2$ ㉯ $I_{DS}=I_{DSS}(1-\frac{V_{GS}}{V_P})^2$

㉰ $I_{DS}=I_{DSS}(1-\frac{V_P}{V_{GS}})$ ㉱ $I_{DS}=I_{DSS}(1-\frac{V_{GS}}{V_P})$

**정답** 66. ㉱ 67. ㉮ 68. ㉰ 69. ㉯

CHAPTER 3

# 전원회로

# 3.1 전원 변압기회로

## (1) 전원

많은 전자 장비의 내부회로는 직류전압인 DC 전압으로 동작되기 때문에 교류전압인 AC 전압을 DC전압으로 변환할 필요가 있다. 전원의 기본블록도 〈그림 3-1〉은 입력된 높은 전압을 낮은 전압으로 낮추기 위한 전원변압기, 교류를 정류해서 맥류성분을 얻는 정류회로, 맥류성분에서 직류분을 취하는 평활회로, 일정한 출력전압을 얻기 위한 전압안정화 회로로 구성되어 있다.

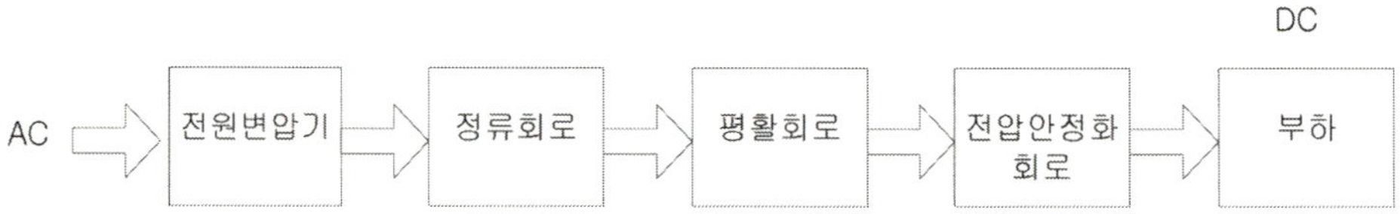


〈그림 3-1〉 전원의 기본 블록도

## (2) 평균값, 실효값

AC의 정현파는 피크전압 또는 피크전류 값을 갖는다. 이 피크전압 또는 피크전류로부터 정현파의 평균값과 실효값(root-mean-square : rms)을 구할 수 있다.

$$\text{평균값} = 0.637 \times \text{피크값}(\text{평균전압 or 평균전류} = 0.637 \times \text{피크전압 or 피크전류})$$
$$\text{실효값} = 0.707 \times \text{피크값}(\text{실효전압 or 실효전류} = 0.707 \times \text{피크전압 or 피크전류})$$

## (3) 변압기

변압기는 전압을 상승시키거나 하강시킬 때 사용하며, 전압이 상승 또는 하강하는 정도는 권선비(Turns Ratio)$\eta$에 의하여 결정된다. 즉, 권선비는 1차 코일의 감은수($N_1$)와 2차 코일의 감은수($N_2$)의 비로 나타낸다.

$$\eta = \frac{N_2}{N_1} = \frac{V_2}{V_1}$$

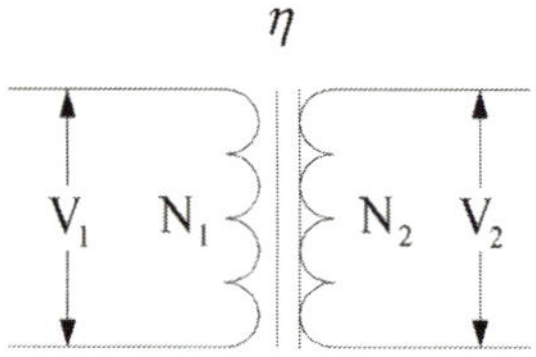

### 예제 3-1

**변압기에서 1차 코일의 $N_1 = 100$이고 2차 코일의 $N_2 = 50$일 때의 전류 $I$를 구하라.**

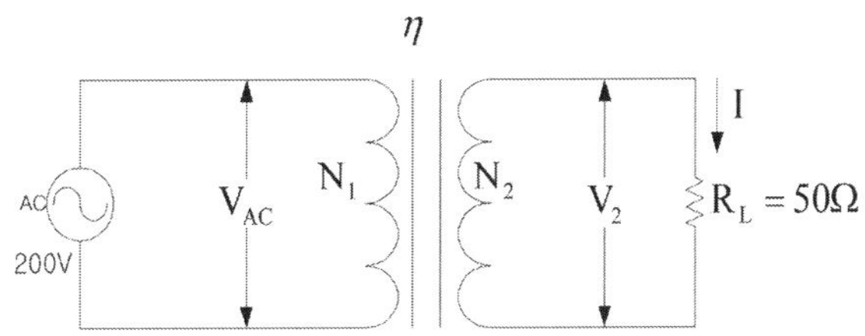


〈그림 3-2〉

풀이

우선, 코일의 권선비를 계산하고

$$\eta = \frac{N_2}{N_1} = \frac{50}{100} = 0.5$$

다음으로, 2차 코일에 걸리는 전압을 계산하고

$$V_2 = \eta \times V_1 = 0.5 \times 200\,V = 100\,V$$

부하저항($R_L$)에 흐르는 전류를 계산하면 된다.

$$I = \frac{V_2}{R_L} = \frac{100\,V}{50\Omega} = 2A$$

$$\therefore I = 2A$$

## 3.2 정류회로

### (1) 정류회로의 파라메터

① 리플률($\gamma$) : $\gamma = \dfrac{\text{리플전압의피크값}}{\text{직류전압}} \times 100\% = \dfrac{V_P}{V_{DC}} \times 100\%$

리플전압의 피크값($V_P$)과 직류전압($V_{DC}$)의 비로 정의한다. 이때 리플전압은 맥동전압의 최대치와 최소치의 차를 말한다.

② 정류효율($\eta$) : $\eta = \dfrac{\text{직류출력전력}}{\text{교류입력전력}} \times 100\% = \dfrac{P_{DC}}{P_{AC}} \times 100\%$

교류 입력전력($P_{AC}$)에 대한 직류 출력전력($P_{DC}$)의 비를 정류효율이라고 한다.

③ 전압변동률($\Delta V$) : $\Delta V = \dfrac{\text{무부하출력전압} - \text{부하출력전압}}{\text{부하출력전압}} \times 100\% = \dfrac{V_n - V_y}{V_y} \times 100\%$

무부하시의 출력전압($V_n$)과 부하시의 출력전압($V_y$)의 비로 정의한다.

**예제 3-2**

① 정류기의 리플전압의 피크값이 10V이고 직류전압이 50V일 때 리플률($\gamma$)을 구하라.

② 교류 입력전력이 100W이고, 직류 출력전력이 10W일 때 정류효율($\eta$)을 구하라.

③ 정류기 회로에서 무부하 출력전압이 15V, 부하 출력전압이 10V일 때 전압변동률

**풀이**

$$\gamma = \frac{10\,V}{50\,V} \times 100\% = 20\%$$

$$\eta = \frac{10\,W}{100\,W} \times 100\% = 10\%$$

$$\Delta V = \frac{15\,V - 10\,V}{10\,V} \times 100\% = 50\%$$

### (2) 반파 정류회로

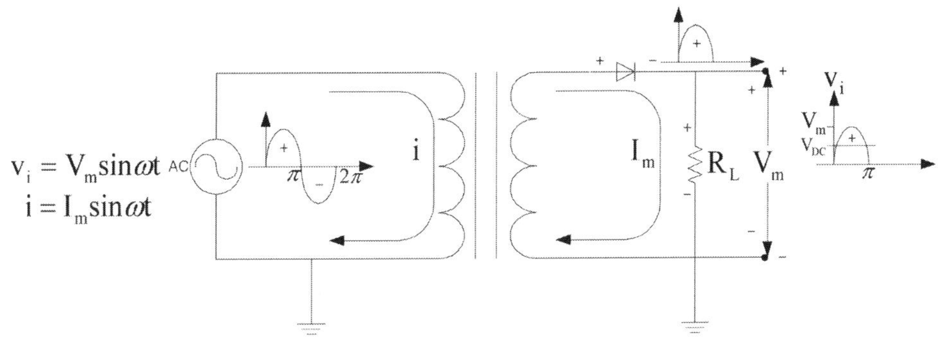

〈그림 3-3〉 반파 정류회로

〈그림 3-3〉의 반파 정류회로에 교류의 정현파 입력신호($i$, $v_i$)를 인가하면 다이오드의 순방향 특성에 의하여 양전위(+) 파형만 다이오드를 통과하여 출력측에 양전위 파형이 나타나게 된다. 즉, 입력 교류 정현파의 반주기를 정류하는 회로이다.

① 직류출력(평균값) :

$$(\text{전류})\ I_{DC} = \frac{1}{2\pi}\int_0^{\pi} id(\omega t) = \frac{1}{2\pi}\int_0^{\pi} I_m \sin\omega t d(\omega t) = \frac{I_m}{2\pi}[-\cos\omega t]_0^{\pi}$$

$$= \frac{I_m}{2\pi}[-\cos\pi + \cos 0] = \frac{I_m}{2\pi}[1+1] = \frac{I_m}{\pi}$$

**참 고**

적분 con=sin, sin=-cos, $\cos\pi = -1$, $\cos 0 = 1$

$$(\text{전압})\ V_{DC} = I_{DC}R_L = \frac{I_m}{\pi}R_L = \frac{V_m R_L}{\pi(R_d + R_L)}$$

$$I_m = \frac{V_m}{(R_d + R_L)}$$

※$R_d$ : 다이오드 내부저항

$$(\text{전력})\ P_{DC} = V_{DC}I_{DC} = \frac{V_m R_L}{\pi(R_d + R_L)} \cdot \frac{I_m}{\pi}$$

$$= \frac{V_m R_L}{\pi(R_d + R_L)} \cdot \frac{V_m}{\pi(R_d + R_L)} = \frac{{V_m}^2 \cdot R_L}{\pi^2(R_d + R_L)^2}$$

참고

공식 $[x]_a^b = b - a$

② 직류출력(실효값) : $I_r = \dfrac{I_m}{2} = \dfrac{V_m}{2(R_d + R_L)}$

③ 리플률($\gamma$) : $\gamma = \dfrac{V_r}{V_{DC}} = \dfrac{I_r}{I_{DC}} = \sqrt{(\dfrac{I_r}{I_{DC}})^2 - 1} = \sqrt{(\dfrac{I_m/2}{I_m/\pi})^2 - 1} = \sqrt{(\dfrac{\pi}{2})^2 - 1} = 1.21$

④ 정류효율($\eta$) : $\eta = \dfrac{P_{DC}}{P_{AC}} \times 100\% = \dfrac{I_{DC}^2 R_L}{I_r^2(R_d + R_L)} \times 100\% = \dfrac{0.406}{1 + R_d/R_L} \times 100\%$

$$P_{DC} = V_{DC} \cdot I_{DC} = I_{DC}R_L \cdot I_{DC} = I_{DC}^2 R_L$$

$$\frac{I_{DC}^2}{I_r^2} = 0.406, \ \frac{R_L}{(R_d + R_L)} = \frac{1}{1 + \dfrac{R_d}{R_L}}$$

참고

$\dfrac{I_{DC}^2}{I_r^2} = 0.406, \ P_{DC} = V_{DC} \cdot I_{DC} = I_{DC}R_L \cdot I_{DC} = I_{DC}^2 R_L$

반파 정류회로의 정류효율($\eta$)은 전파 정류회로의 1/2배이다.

⑤ 최대 역전압(PIV : Peak Inverse Voltage) : PIV = $V_m$

### 예제 3-3

반파 정류기의 내부저항이 $R_d = 10\Omega$, 부하저항이 $R_L = 500\Omega$, 입력전압의 최대값이 $V_m = 220\,V$ 일 때 다음을 구하라.

① 직류 부하전류의 최대값 $I_m$ ② 직류 부하전류의 평균값 $I_{DC}$
③ 교부 부하전류의 실효값 $I_r$ ④ 입력 전력 $P_{AC}$
⑤ 출력 전력 $P_{DC}$ ⑥ 리플률 $\gamma$ ⑦ 정류효율 $\eta$

풀이

① 직류 부하전류의 최대값 $I_m$

$$I_m = \frac{V_m}{(R_d + R_L)} = \frac{220\,V}{(10\Omega + 500\Omega)} = 0.431A$$

② 직류 부하전류의 평균값 $I_{DC}$

$$I_{DC} = \frac{I_m}{\pi} = \frac{0.431A}{\pi} = 0.137A$$

③ 교부 부하전류의 실효값 $I_r$

$$I_r = \frac{I_m}{2} = 0.215A$$

④ 입력 전력 $P_{AC}$

$$P_{AC} = I_r^2(R_d + R_L) = (0.215A)^2(10\Omega + 500\Omega) = 23.6\,W$$

⑤ 출력 전력 $P_{DC}$

$$P_{DC} = I_{DC}^2 R_L = 0.137A^2 \times 500\Omega = 9.38\,W$$

⑥ 리플률 $\gamma$

$$\gamma = \frac{I_r}{I_{DC}} = \frac{0.215A}{0.137A} = 1.57$$

⑦ 정류효율 $\eta$

$$\eta = \frac{P_{DC}}{P_{AC}} \times 100\% = \frac{9.38\,W}{23.6\,W} \times 100\% = 39.7\%$$

### (3) 전파 정류회로(양파 정류회로)

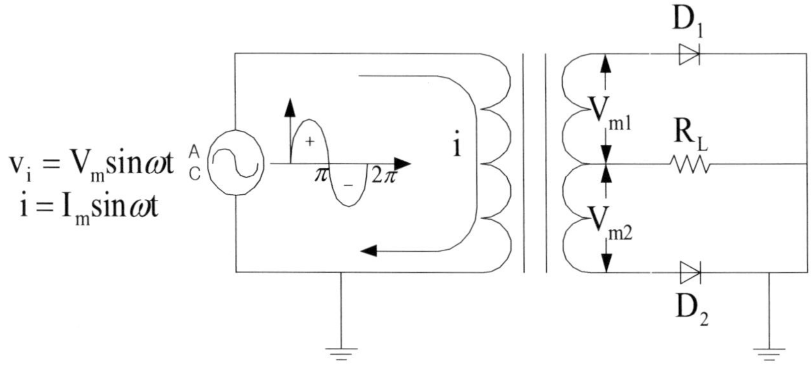


〈그림 3-4〉 전파 정류회로

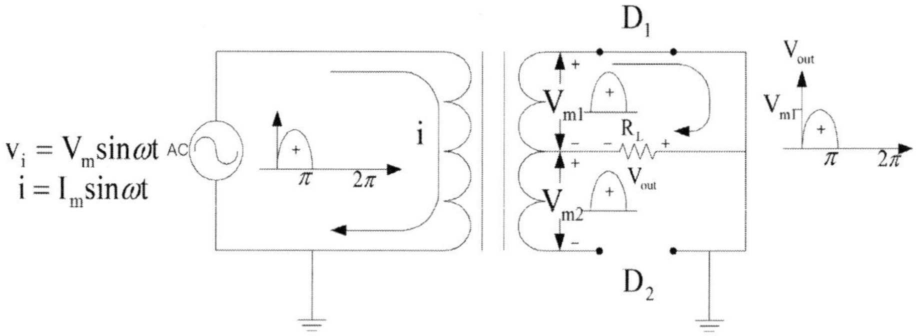


〈그림 3-5〉 $v_i$가 양전위(+) 파형일 때의 정류회로

중심탭을 갖는 전파 정류회로는 〈그림 3-4〉와 같이 정류 다이오드 $D_1$과 정류 다이오드$D_2$를 교대로 사용하여 입력 교류 정현파의 전주기 정류하는 전파 정류회로(양파 정류회로)이다.

**참고**

1) 다이오드 $D_1$ 지점에서의 반파 확인(다이오드 $D_1$에 +연결, $R_L$에 −연결. 이때 $R_L$과 $D_2$는 쇼트시킨다)
2) 다이오드 $D_2$ 지점에서의 반파 확인(다이오드 $D_2$에 +연결, $R_L$에 −연결. 이때 $R_L$과 $D_1$는 쇼트시킨다)
3) 다이오드의 방향을 바꾸면 반파의 극성이 바뀜.

입력 정현파의 양전위(+) 파형이 2차측 변압기에 입력된 경우에 〈그림 3-5〉와 같이 다이오드 $D_1$은 단락상태로 되고, 다이오드 $D_2$는 개방상태로 된다. 따라서 단락상태인 다이오드 $D_1$을 통하여 입력된 정현파의 양전위(+) 파형이 출력파형으로 나타나게 된다.

한편, 입력 정현파의 음전위(−) 파형이 2차측 변압기에 입력된 경우에는 〈그림 3-6〉과 같이 다이오드 $D_1$은 개방상태로 되고, 다이오드 $D_2$는 단락상태로 된다. 단락상태인 다이오드 $D_1$을 통하여 입력된 정현파의 음전위(−) 파형이 출력파형으로 나타나게 된다.

전파 정류회로는 입력된 정현파가 양전위(+) 파형일 경우는 정류 다이오드 $D_1$이 도통상태가 되고, 음전위(−) 파형일 경우는 정류 다이오드 $D_2$가 도통상태가 되어 〈그림 3-7〉과 같은 전파(양파)의 형태의 출력파형을 얻는다.

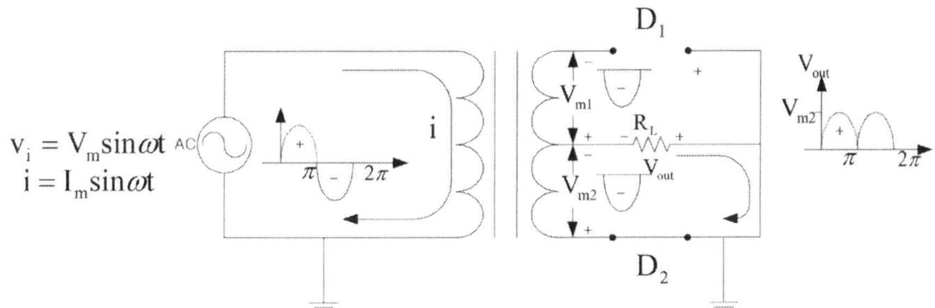


〈그림 3-6〉 $v_i$가 음전위(−) 파형일 때의 정류회로

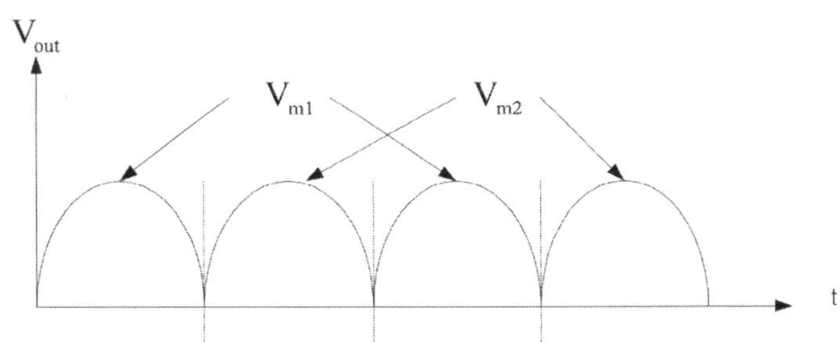


〈그림 3-7〉 전파 정류회로의 출력파형

① 직류출력(평균값) : (전류) $I_{DC} = 2\frac{I_m}{\pi} = \frac{2}{\pi}\frac{V_m}{(R_d + R_L)}$

(전압) $V_{DC} = I_{DC}R_L = \frac{2V_mR_L}{\pi(R_d + R_L)}$

(전력) $P_{DC} = V_{DC}I_{DC} = \frac{4V_m^2 \cdot R_L}{\pi^2(R_d + R_L)^2}$

$I_m = \frac{V_m}{(R_d + R_L)}$

② 직류출력(실효값) : $I_r = \dfrac{I_m}{\sqrt{2}} = \dfrac{V_m}{\sqrt{2}(R_d + R_L)}$

③ 리플률($\gamma$) : $\gamma = \dfrac{V_r}{V_{DC}} = \dfrac{I_r}{I_{DC}} = \sqrt{(\dfrac{I_r}{I_{DC}})^2 - 1} = \sqrt{(\dfrac{1/\sqrt{2}}{2/\pi})^2 - 1} = 0.482$

④ 정류효율($\eta$) : $\eta = \dfrac{P_{DC}}{P_{AC}} \times 100\% = \dfrac{I_{DC}^2 R_L}{I_r^2(R_d + R_L)} \times 100\% = \dfrac{0.812}{1 + R_d/R_L} \times 100\%$

$$P_{DC} = V_{DC} \cdot I_{DC} = I_{DC} R_L \cdot I_{DC} = I_{DC}^2 R_L$$

$$\frac{I_{DC}^2}{I_r^2} = 0.812, \quad \frac{R_L}{(R_d + R_L)} = \frac{1}{1 + \dfrac{R_d}{R_L}}$$

**참고**

$$P_{DC} = V_{DC} \cdot I_{DC} = I_{DC}^2 R_L, \quad \frac{I_{DC}^2}{I_r^2} = 0.812$$

전파 정류회로의 정류효율($\eta$)은 반파 정류회로의 2배이다.

⑤ 최대 역전압(PIV : Peak Inverse Voltage) : PIV = 2$V_m$

**예제 3-4**

전파 정류기의 내부저항이 $R_d = 20\Omega$, 부하저항이 $R_L = 100\Omega$, 입력전압의 최대값이 $V_m = 220\,V$인 때 다음을 구하라.

① 직류 부하전류의 최대값 $I_m$

② 직류 부하전류의 평균값 $I_{DC}$

③ 교부 부하전류의 실효값 $I_r$

④ 입력 전력 $P_{AC}$

⑤ 출력 전력 $P_{DC}$

⑥ 리플률 $\gamma$

⑦ 정류효율 $\eta$

풀이

① 직류 부하전류의 최대값 $I_m$

$$I_m = \frac{V_m}{(R_d + R_L)} = \frac{220\,V}{(20\Omega + 100\Omega)} = 1.833A$$

② 직류 부하전류의 평균값 $I_{DC}$

$$I_{DC} = \frac{2I_m}{\pi} = \frac{2 \times 1.833A}{\pi} = 1.167A$$

③ 교부 부하전류의 실효값 $I_r$

$$I_r = \frac{I_m}{\sqrt{2}} = 1.296A$$

④ 입력 전력 $P_{AC}$

$$P_{AC} = I_r^2(R_d + R_L) = (1.296A)^2(20\Omega + 100\Omega) = 201.55\,W$$

⑤ 출력 전력 $P_{DC}$

$$P_{DC} = I_{DC}^2 R_L = 1.167A^{\,2} \times 100\Omega = 136.19\,W$$

⑥ 리플률 $\gamma$

$$\gamma = \frac{I_r}{I_{DC}} = \frac{1.296A}{1.167A} = 1.11$$

⑦ 정류효율 $\eta$

$$\eta = \frac{P_{DC}}{P_{AC}} \times 100\% = \frac{136.19\,W}{201.55\,W} \times 100\% = 67.57\%$$

### (4) 브릿지 정류회로

브릿지 정류회로는 4개의 다이오드를 〈그림 3-8〉과 같이 연결하여 교류 정현파를 전파 정류하는 회로이다.

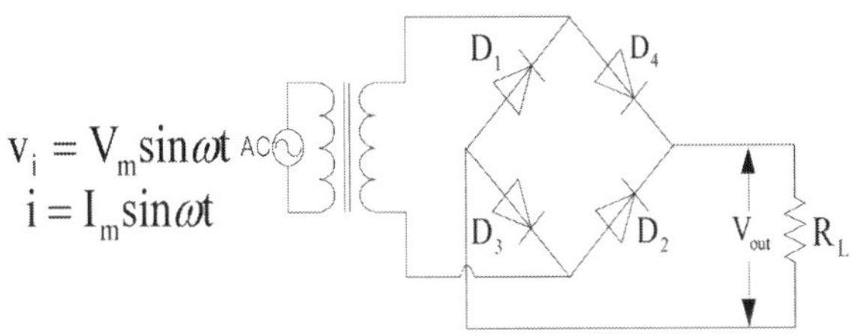


〈그림 3-8〉 브릿지 정류회로

① 양전위(+) 파형이 입력된 경우의 회로동작

$0 \sim \pi$의 반주기에 해당하는 양전위(+) 파형이 입력되면 역방향 바이어스된 $D_1$과 $D_2$는 개방 상태가 되고, 순방향 바이어스된 $D_3$과 $D_4$는 단락상태로 된다. 양전위(+) 파형 때의 교류 전류는 ①~⑦ 순으로 전류가 흐르게 된다.

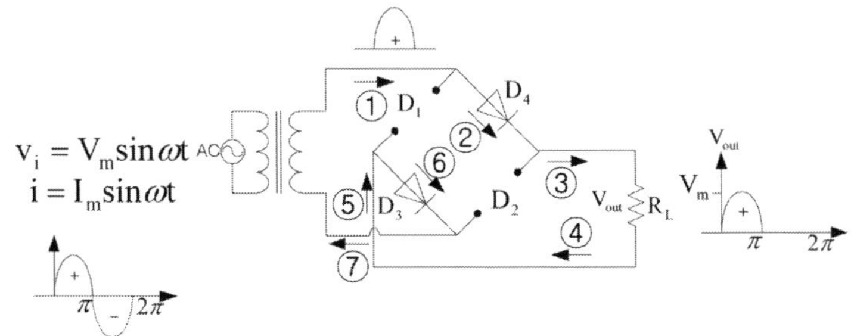

〈그림 3-9〉 $v_i$가 양전위(+) 파형일 때의 정류회로

② 음전위(-) 파형이 입력된 경우의 회로동작

$\pi \sim 2\pi$의 반주기에 해당하는 음전위(-) 파형이 입력되면 역방향 바이어스된 $D_3$과 $D_4$는 개방 상태가 되고, 순방향 바이어스된 $D_1$과 $D_2$는 단락상태로 된다. 음전위(-) 파형때의 교류 전류는 ①~⑦ 순으로 전류가 흐르게 된다.

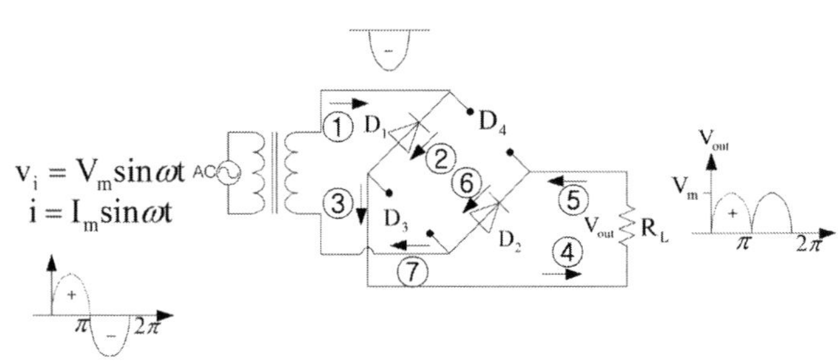

〈그림 3-10〉 $v_i$가 음전위(-) 파형일 때의 정류회로

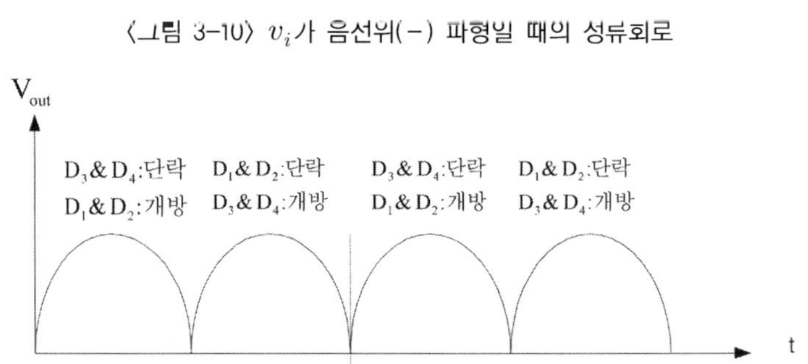


〈그림 3-11〉 브릿지 정류회로의 출력파형

브릿지 정류회로의 특징

① 고압정류회로에 적합하다.
② 중간탭이 없기 때문에 소형 변압기로 사용할 수 있다.
③ PIV= $V_m$
④ 정류효율 $\eta = 96.5\%$ 정도이다.

### 예제 3-5

〈그림 3-12〉의 브릿지 정류회로의 부하저항이 $R_L = 10k\Omega$, 입력전압의 최대값이 $V_m = 220\,V$일 때 다음을 구하라. (단, 다이오드의 내부저항은 무시하여라)

① 부하저항 $R_L$에 흐르는 직류 출력전류(평균값) $I_{DC}$
② 직류 출력전압(평균값) $V_{DC}$

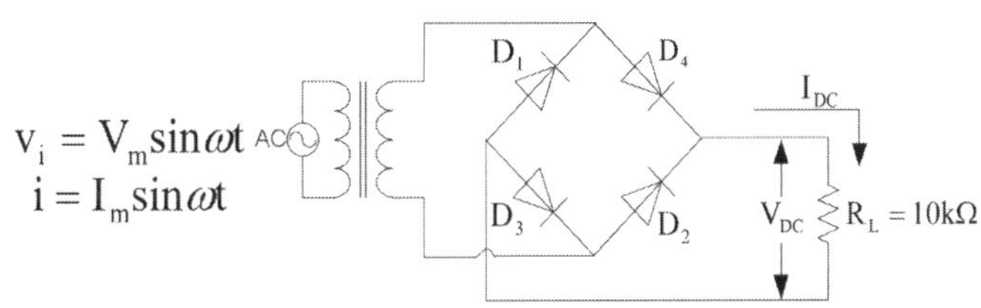


〈그림 3-12〉 브릿지 정류회로

풀이

브릿지 정류회로는 전파 정류회로이므로 다음과 같이 구하면 된다.

① 부하저항 $R_L$에 흐르는 직류 출력전류(평균값) $I_{DC}$

부하정항 $R_L$에 흐르는 직류 출력전류의 최대값 $I_m$을 구한 다음, $I_{DC}$를 구하면 된다.

$$I_m = \frac{V_m}{R_L} = \frac{220\,V}{10k\Omega} = 22mA$$

$$I_{DC} = \frac{2}{\pi} I_m = \frac{2}{\pi} \times 22mA = 14mA$$

$$\therefore I_{DC} = 14mA$$

② 직류 출력전압(평균값) $V_{DC}$

$$V_{DC} = I_{DC} R_L = 14mA \times 10k\Omega = 140\,V$$

$$\therefore V_{DC} = 140\,V$$

### (5) 반파 배전압 정류회로

반파 배전압 정류회로는 〈그림 3-13〉과 같이 두 개의 다이오드와 두 개의 커패시터를 직병렬로 연결하여 입력 교류전압의 2배에 해당하는 출력 직류전압을 얻는 정류회로이다.

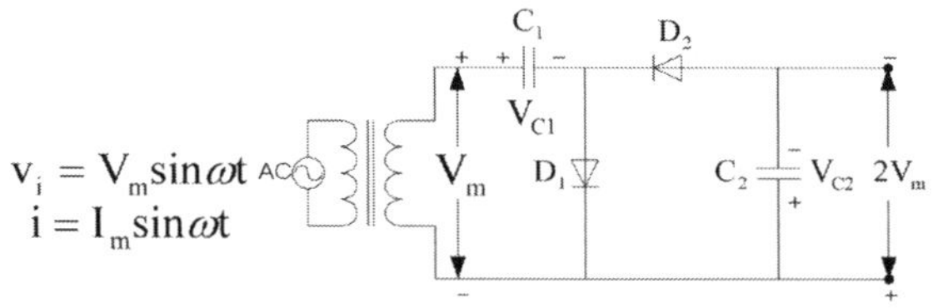


〈그림 3-13〉 반파 배전압 정류회로

① 양전위(+) 파형이 입력된 경우의 회로동작

$0 \sim \pi$의 양전위(+) 파형이 입력되면 순방향 바이어스된 $D_1$은 단락상태가 되고, 역방향 바이어스된 $D_2$는 개방상태가 된다. 따라서 전류는 커패시터 $C_1$과 $D_1$을 통하여 흐르게 되고(①번 흐름), $C_1$에 입력 교류전압의 최대치($V_m$)가 충전된다.

② 음전위(-) 파형이 입력된 경우의 회로동작

$\pi \sim 2\pi$의 음전위(-) 파형이 입력되면 순방향 바이어스된 $D_2$은 단락상태가 되고,역방향 바이어스된 $D_1$은 개방상태가 된다. 따라서 전류는 커패시터 $C_1$, $D_2$, $C_2$를 통하여 흐르게 되고(②번 흐름), $C_2$에 충전되는 교류 전압의 최대값은 폐회로에 키르히호프의 전압법칙을 적용하여 구한다.

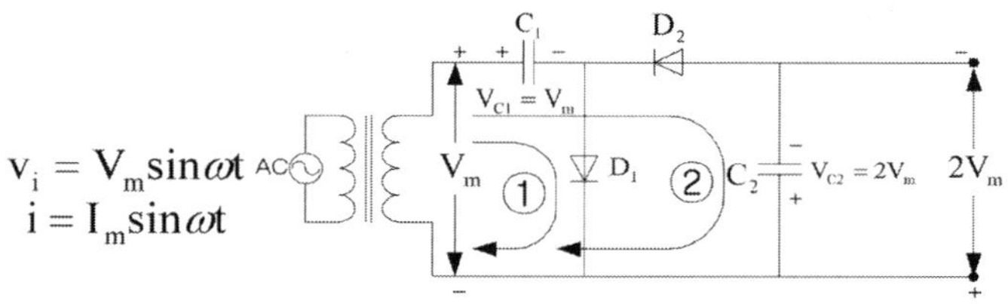


〈그림 3-14〉 $v_i$가 양전위(+) 파형과 음전위(-) 파형일때의 정류회로

### (6) 전파 배전압 정류회로

전파 배전압 정류회로는 2개의 다이오드와 2개의 커패시터를 브릿지 형태로 연결하여 입력 교류전압의 2배에 해당하는 출력 직류전압을 얻는 정류회로이다.

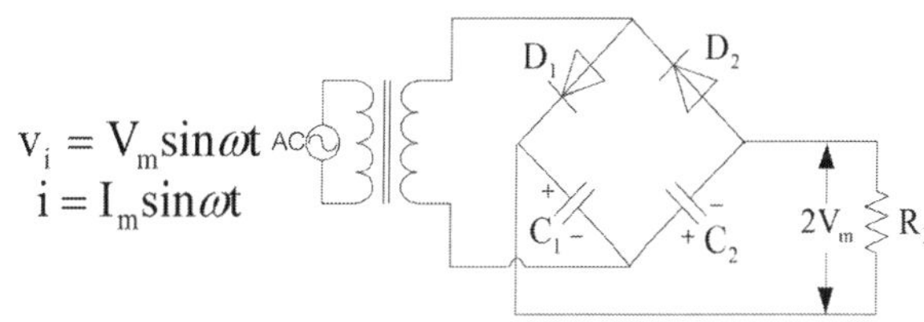


〈그림 3-15〉 전파 배전압 정류회로

### (7) N배 전압 정류회로

N배 전압 정류회로는 다이오드를 N개 연결하여 입력 교류전압의 $n V_m$ 출력 직류전압을 얻는 정류회로이다. 즉, 연결하는 다이오드의 숫자만큼 출력 직류전압이 증가하는 특징을 갖고 있다. 〈그림 3-16〉은 다이오드가 6개 연결되어 있으므로 출력 직류전압은 $6 V_m$이 된다.

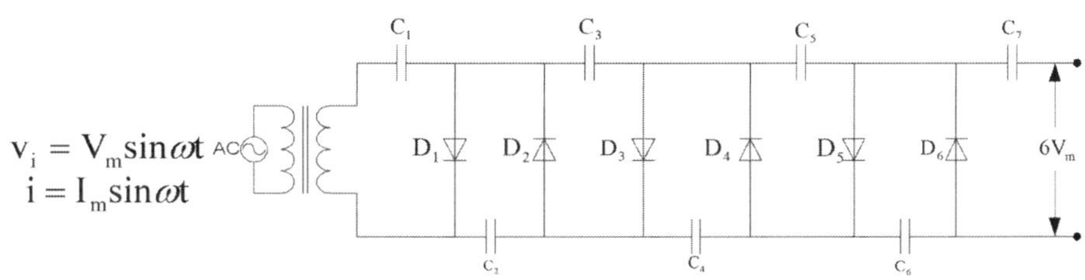


〈그림 3-16〉 N배 전압 정류회로(예 : 6배 전압 정류회로)

## 3.3 평활회로

### (1) 평활회로의 개념

정류회로에서 교류를 직류로 변환시킨 후에 남아 있는 리플잡음을 제거하기 위하여 평활회로를 사용한다. 평활회로에는 인덕터 $L$를 사용한 인덕터 평활회로와 커패시터 $C$를 사용한 커패시터 평활회로가 있다.

### (2) 인덕터 평활회로

정류회로에 의하여 교류를 직류로 변환한 후 직류 전류의 리플률 $\gamma$을 낮추기 위하여 정류회로에 인덕터를 사용한다. 정류회로에 있는 부하저항 $R_L$과 인덕터 $L$을 직렬로 연결하여 인덕터 평활회로를 만든다. 이때 인덕터 평활회로에서의 리플률은 인덕터 $L$이 클수록 또는 부하저항 $R_L$이 적을수록 적어진다. 결국, 부하저항 $R_L$에 흐르는 전류가 클수록 리플률은 적어지는 특징을 갖는다.

$$\gamma = \frac{1}{3\sqrt{2}} \frac{R_L}{\omega L}$$

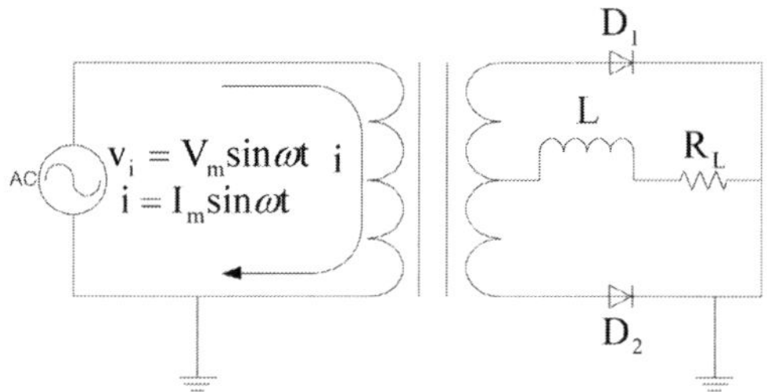


〈그림 3-17〉 인덕터 평활회로(예 : 전파 정류회로)

### (3) 커패시터 평활회로

정류회로에 있는 부하저항 $R_L$에 커패시터 $C$를 병렬로 연결하여 커패시터 평활회로를 만든다. 이때 커패시터 평활회로의 리플률 $\gamma$는 부하저항 $R_L$과 커패시터 $C$가 클수록 적어지는 특징을 갖는다.

$$\gamma = \frac{1}{4\sqrt{3}} \frac{1}{f_c R_L}$$

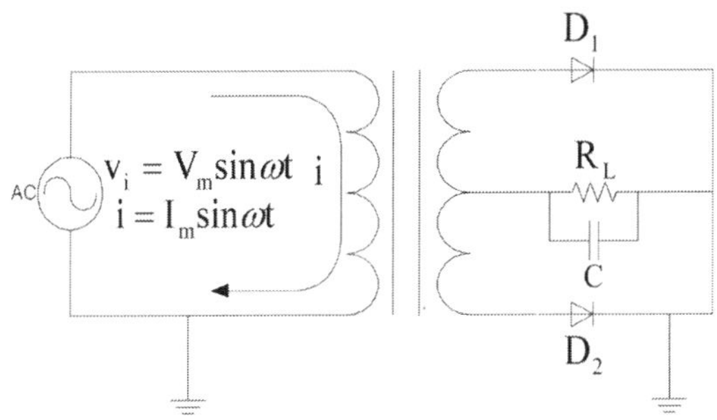


〈그림 3-18〉 커패시터 평활회로(예 : 전파 정류회로)

### (4) $\pi$형 평활회로

정류회로에 인덕터 $L$과 커패시터 $C$를 $\pi$형태로 연결하거나, 저항 $R$과 커패시터 $C$를 $\pi$형태로 연결한 평활회로이다. $\pi$형 평활회로의 리플률 $\gamma$는 $RLC$에 반비례하기 때문에 $\gamma$를 감소시키기 위해서는 $RLC$ 모두 큰 값을 사용하면 된다.

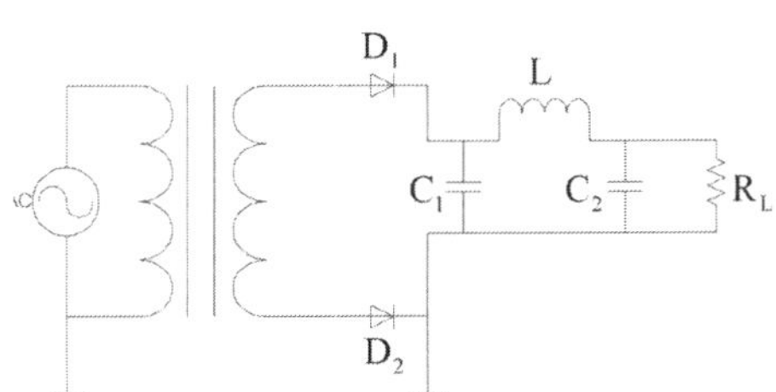


$$\gamma = \sqrt{2}\frac{X_{C1}}{R_L}\frac{X_{C2}}{X_L}$$

(a)

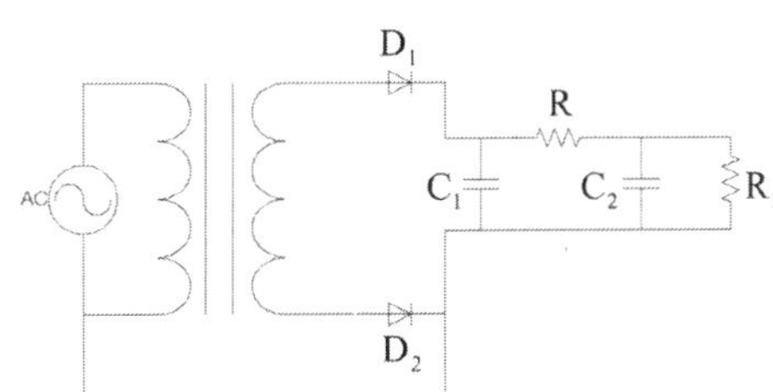


$$\gamma = \sqrt{2}\frac{X_{C1}}{R_L}\frac{X_{C2}}{R}$$

(b)

〈그림 3-19〉 $\pi$ 형 평활회로 (a) LC형 (b) RC형

## 3.4 전원 안정화 회로

### (1) 전압 안정화 회로의 개념

전원회로 내부에 있는 회로소자와 리플등의 영향으로 출력 직류전압이 불안정하게 변화하게 되는데, 이때 규정된 일정한 출력 직류전압을 얻기 위하여 전원 안정화 회로를 사용한다. 전원 안정화 회로에 사용하는 소자로는 SCR과 제너다이오드를 주로 사용하는데, 전원 안정화 회로의 형태로는 직렬형과 병렬형 두 가지 형태가 있다.

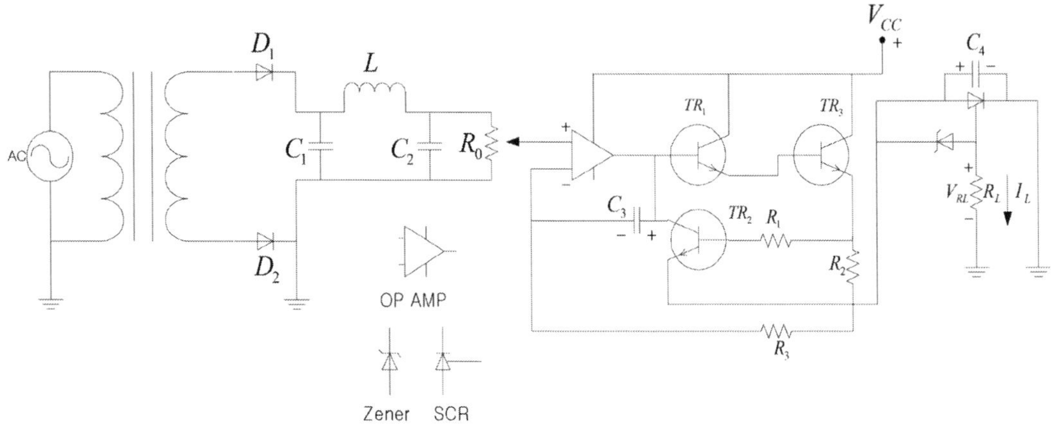


〈그림 3-20〉 전압 안정화 회로

연산증폭기 회로에 SCR과 제너다이오드를 사용한 과전압 방지용 전원 안정화 회로를 〈그림 3-20〉에 나타내었다. 안정화 회로의 규정된 전압 이상으로 높은 전압에서는 SCR이 개방 상태로 되어 출력을 단락 시키고, 제너다이오드에 의하여 전류를 제어한다.

> SCR(Silicon Controlled Rectifier)
>
> 다이오드는 순방향 디바이스 또는 역방향 디바이스에 의하여 스윗칭 작용을 하지만 SCR은 제3의 단자인 게이트(Gate)에 흐르는 전류$I_G$에 의하여 SCR의 ON/OFF를 결정한다.
>
> 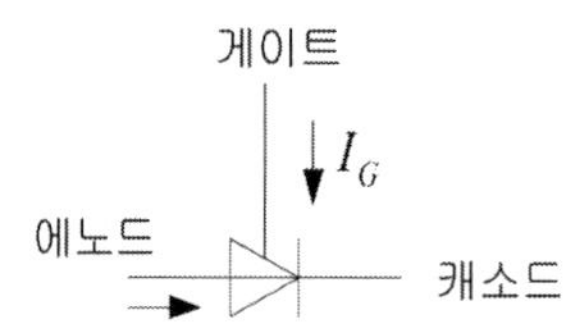
> 

■ 전압 안정화 회로의 안정화 계수($S_V$)

전압 안정화 회로의 안정화 계수$S_V$는 공급전압원의 변동율과 부하저항에 걸리는 부하전압의 변동율의 비로서 정의된다.

$$S_V = \left.\frac{\Delta V_{RL}}{\Delta V_{CC}}\right| (\Delta I_L = 0)$$

### (2) 직렬 전압 안정화 회로

제어용 트랜지스터와 제너다이오드를 직렬로 연결한 전압 안정화 회로로서 역 바이어스때의 다이오드의 정전압 특성을 이용한다.

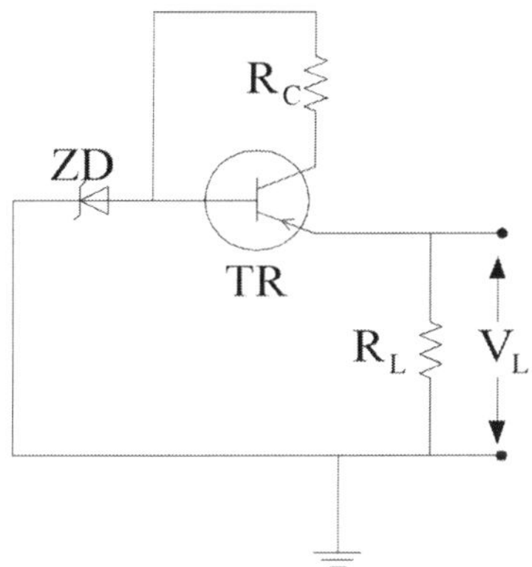


〈그림 3-21〉 직렬 전압 안정화 회로

(3) 병렬 전압 안정화 회로

제어용 트랜지스터와 제너다이오드를 병렬로 연결한 전압 안정화 회로로서 역 바이어스 때의 다이오드의 정전압 특성을 이용하며, 직렬 전압 안정화 회로에 비하여 소비전력이 크고 효율이 좋지 않다.

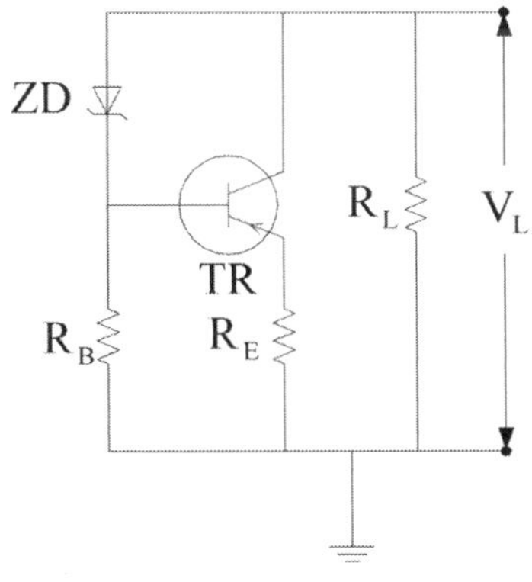


〈그림 3-22〉 병렬 전압 안정화 회로

# 연습문제

**1.** 정류회로의 설명 중 옳지 않은 것은?

㉮ 단상 반파 정류회로의 정류 효율은 40.6[%]이다.

㉯ 단상 전파 정류회로의 정류 효율은 81.2[%]이다.

㉰ 단상 반파 정류회로의 맥동률은 1.21이다.

㉱ 단상 전파 정류회로의 맥동률은 2.42이다.

해설 단상 전파 정류회로의 맥동률은 0.482이다.

**2.** 리플 전압에 관한 설명이다 옳은 것은?

㉮ 무부하 전압　　㉯ 정류된 전압의 직류분

㉰ 정류된 전압의 교류분　　㉱ 정류된 전압의 직류와 교류분

**3.** 정류회로의 직류 전압이 400[V]이고 리플전압이 2[V]였다. 이 회로의 리플률은 몇 [%]인가?

㉮ 0.5[%]　　㉯ 1.5[%]

㉰ 2.0[%]　　㉱ 2.5[%]

해설 $r=\frac{\Delta V}{V_d}\times 100[\%]$, $\Delta V$ : 리퓰전압, $V_d$ : 정류회로의 직류전압

**4.** 정류회로의 리플률이 2[%]이고 직류전압이 200[V]일 때 리플전압은?

㉮ 2[V]　　㉯ 4[V]

㉰ 6[V]　　㉱ 8[V]

해설 $\Delta V=r\times V_d$

**5.** 단상 전파 정류기의 직류 출력 전력은 반파 정류기의 몇 배인가?

㉮ 2배　　㉯ 3배

㉰ 4배　　㉱ 5배

정답 1. ㉱　2. ㉰　3. ㉮　4. ㉯　5. ㉰

6. 전원 주파수가 60[Hz]인 정류회로에서 출력에 120[Hz]의 리플 주파수를 나타내는 회로 방식은?

㉮ 단상 반파 정류회로 ㉯ 단상 전파 정류회로

㉰ 3상 반파 정류회로 ㉱ 3상 전파 정류회로

7. 다음 정류회로에서 출력전류가 흐르지 않는 범위는? (단, $v_i = V_m \cos\omega t$)

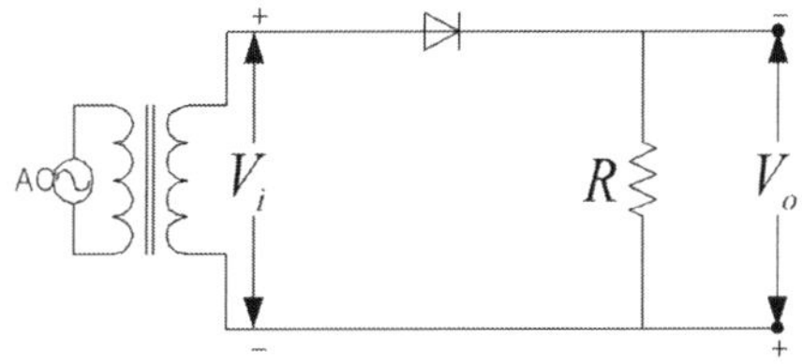


㉮ $0 < \omega t < \frac{\pi}{2}$ ㉯ $\frac{\pi}{2} < \omega t < 2\pi$

㉰ $\frac{\pi}{2} < \omega t < \pi$ ㉱ $\frac{\pi}{2} < \omega t < \frac{3\pi}{2}$

8. 다음의 반파정류회로에서 부하저항에서 소비되는 전력으로 옳은 것은?

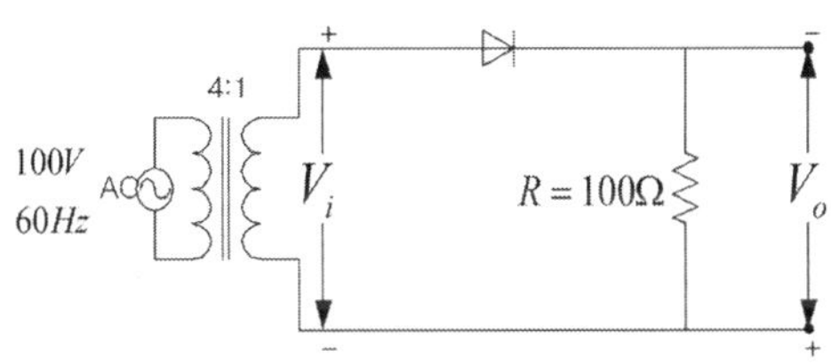


㉮ 0.5[W] ㉯ 1[W] ㉰ 1.277[W] ㉱ 1.55[W]

**해설** 트랜스의 4 : 1 권선비를 고려하면 2차측의 최대전압은

$$V_m = 25[V] \times \sqrt{2} \approx 35.35[V]$$

옴의 법칙을 고려하여 부하저항에 흐르는 전류를 구하면

$$I_m = \frac{V_m}{R} = \frac{35.35[V]}{100\Omega} = 0.354[A]$$

반파정류회로인 것을 고려하여 부하의 평균 전류값을 구하면

$$I_{dc} = \frac{I_m}{\pi} = \frac{0.354}{\pi} \approx 0.113[A]$$

부하에 걸리는 평균 전력은

$$P = I_{dc}^2 \cdot R = 0.113^2 \times 100 \approx 1.277[W]$$

**정답** 6. ㉯ 7. ㉱ 8. ㉰

**9.** 정류회로에서 맥동률 $\gamma$의 식으로 옳은 것은? (단, $I_{dc}$ : 직류출력전류, $I_{rms}$ : 출력전류의 실효치)

㉮ $\gamma = \sqrt{\dfrac{I_{rms}}{I_{dc}} - 1}$ ㉯ $\gamma = \sqrt{(\dfrac{I_{rms}}{I_{dc}})^2 - 1}$

㉰ $\gamma = \sqrt{\dfrac{I_{dc}}{I_{rms}} - 1}$ ㉱ $\gamma = \sqrt{(\dfrac{I_{dc}}{I_{rms}})^2 - 1}$

**10.** 무부하시 출력 전압이 300[V]이고 부하시 출력 전압이 250[V]이면 전압 변동률은?

㉮ 10[%] ㉯ 20[%]

㉰ 30[%] ㉱ 40[%]

해설 $\Delta V = \dfrac{V - V_R}{V_R} \times 100[\%]$

$\Delta V$ : 전압변동률, $V$ : 무부하시 출력전압, $V_R$ : 부하시 출력전압

**11.** 다음 정류회로의 맥동률은?

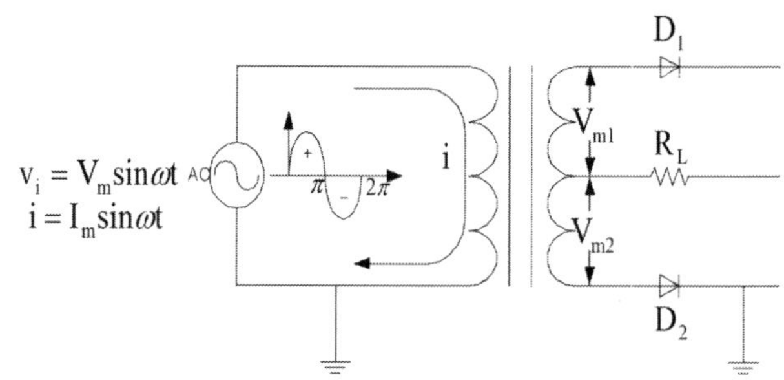


㉮ 0.241 ㉯ 0.482

㉰ 0.964 ㉱ 1.928

해설 정류회로에 있어서 전류의 평균값에 대한 실효값의 비로서 정의되는 회로계수($F$)는

$F = \dfrac{I_{rms}}{I_{dc}} = (\dfrac{I_m}{\sqrt{2}})(\dfrac{\pi}{2I_m}) = 1.11$이고 회로계수를 고려한 맥동률 $\gamma$는

$\gamma = \sqrt{F^2 - 1} = \sqrt{(1.11)^2 - 1} = 0.482$

**12.** 고전압 고전류를 얻을 수 있는 정류회로는 다음 중 어느 것인가?

㉮ 반파 정류회로 ㉯ 전파 정류 회로

㉰ 3상 전파 정류회로 ㉱ 브릿지 정류회로

정답 9. ㉯ 10. ㉯ 11. ㉯ 12. ㉱

13. 다음과 같은 파형을 얻고자할 때 사용하는 정류회로는?

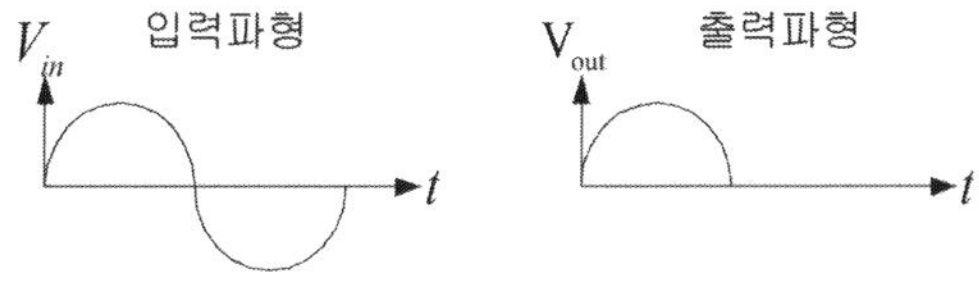


㉮ 반파 정류회로　　　㉯ 전파 정류회로
㉰ 3상 반파 정류회로　　　㉱ 3상 전파 정류회로

14. 다음과 같은 파형을 얻고자할 때 사용하는 정류회로는?

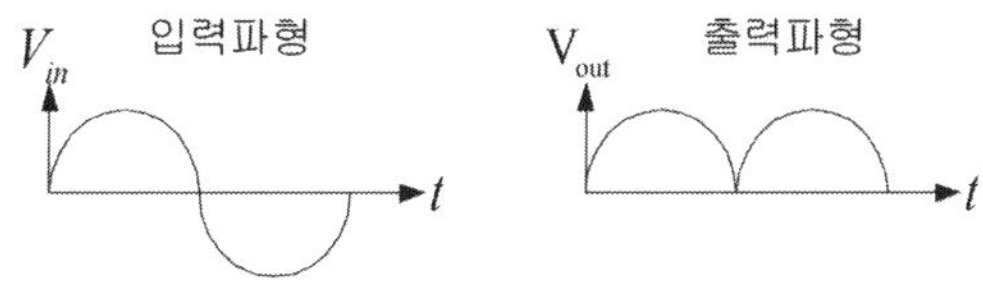


㉮ 반파 정류회로　　　㉯ 전파 정류회로
㉰ 3상 반파 정류회로　　　㉱ 3상 전파 정류회로

15. 전파 정류기가 반파 정류기 보다 좋은 점으로 옳지 못한 것은?

㉮ 맥동률이 작다.
㉯ 직류 출력 전압이 크다.
㉰ 전원 변압기의 포화가 일어나지 않는다.
㉱ 평활 회로이 L 및 C가 커야 한다.

16. 다음회로에서 최대 역전압(PIV)의 값으로 옳은 것은?

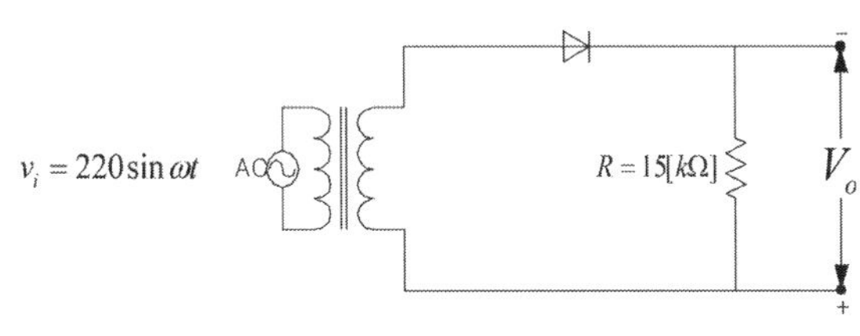


㉮ 100[V]　　　㉯ 120[V]
㉰ 220[V]　　　㉱ 330[V]

정답 13. ㉮ 14. ㉮ 15. ㉱ 16. ㉰

**17.** 전파 정류회로의 정류효율 $\eta$로 옳은 것은?

㉮ 41.5[%] ㉯ 67.3[%] ㉰ 78.5[%] ㉱ 81.2[%]

**18.** 다음의 브릿지 정류회로 직류출력 전압이 10[V]일 때 각 정류 소자에 흐르는 최대전류(첨두전류)값으로 옳은 것은?

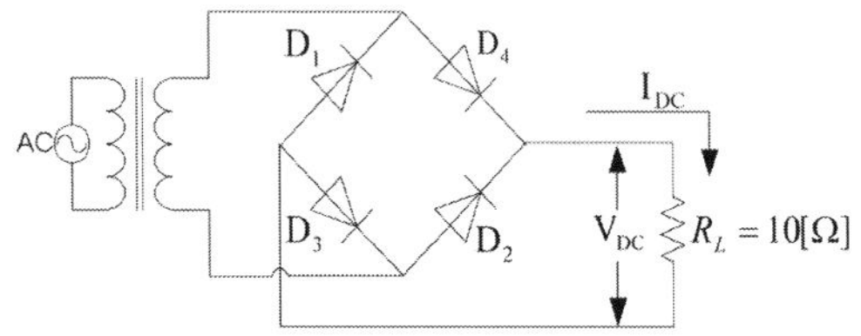


㉮ 0.5π ㉯ 1π ㉰ 2π ㉱ 3π

**해설** 직류 출력 전압 $V_{dc}=\dfrac{2V_m}{\pi}$에서 최대 전압(첨두 전압)은 $V_m=\dfrac{\pi}{2}V_{dc}=\dfrac{\pi}{2}\times 10=5\pi$이고,

최대 전류(첨두 전류)는 $I_m=\dfrac{V_m}{R_L}=\dfrac{5\pi}{10}=0.5\pi$

**19.** 다음과 같은 회로에서 부하저항 값으로 옳은 것은?

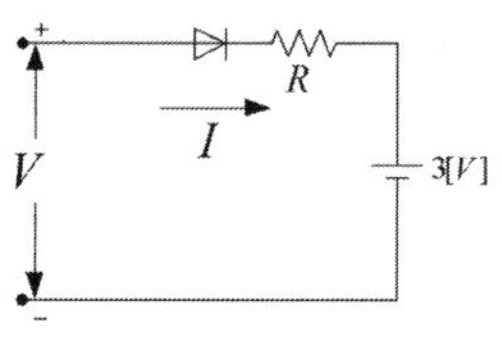


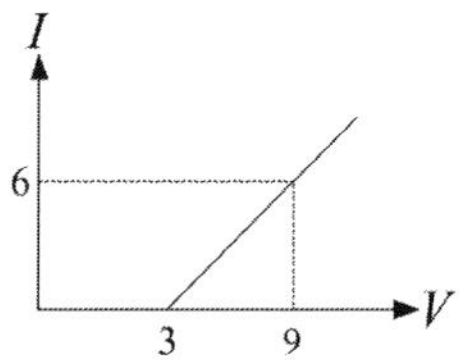


㉮ 1[Ω] ㉯ 2[Ω] ㉰ 3[Ω] ㉱ 6[Ω]

＊ $V=IR+3$ 관계에서 $R=\dfrac{V-3}{I}=\dfrac{9-3}{6}=1[\Omega]$

**20.** 다음 정류회로의 명칭으로 옳은 것은?

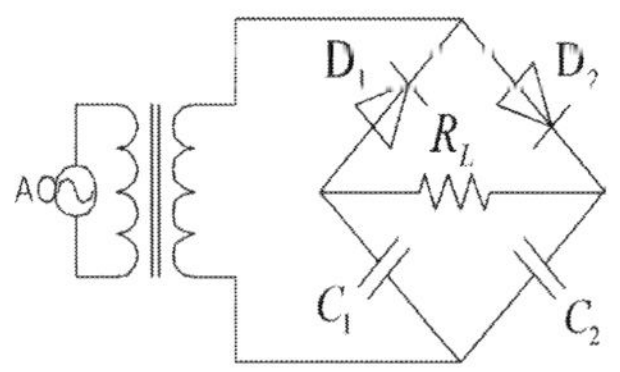


㉮ 반파 정류회로 ㉯ 전파 정류회로
㉰ 반파 배전압 정류회로 ㉱ 전파 배전압 정류회로

**정답** 17. ㉱ 18. ㉮ 19. ㉮ 20. ㉱

**21.** 다음 그림과 같은 회로의 명칭은?

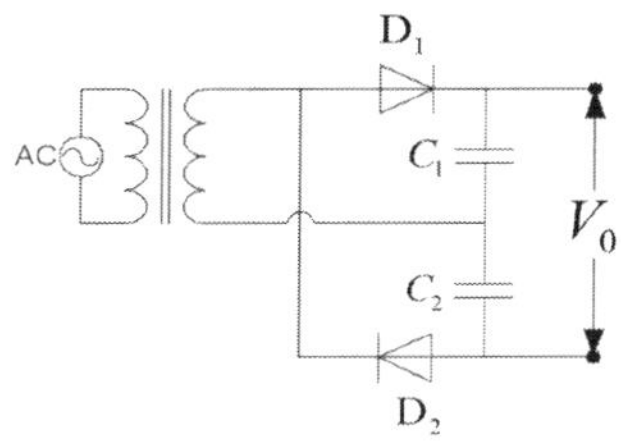


㉮ 단상 반파 정류회로　　㉯ 단상 전파 정류회로
㉰ 2배압 정류회로　　㉱ 3배압 정류회로

**22.** 정류기에서 평활회로는 다음중 어떤 회로를 이용한 것인가?

㉮ 저역 여파기　　㉯ 중역 여파기　　㉰ 고역 여파기　　㉱ 대역 여파기

**23.** 3상 브릿지 정류회로에서 최대 역전압으로 옳은 것은? (단, $V_m$ : 입력전압의 최대값)

㉮ $2V_m$　　㉯ $3V_m$　　㉰ $\sqrt{2}\,V_m$　　㉱ $\sqrt{3}\,V_m$

**24.** 다음 회로에서 a, b 양단에 걸리는 전압으로 옳은 것은?

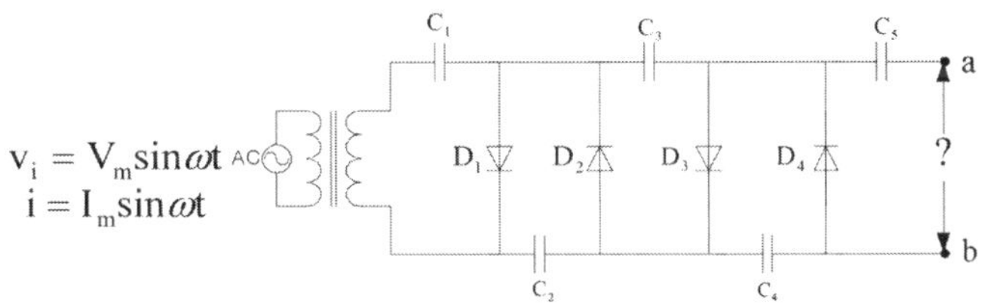


㉮ $3V_m$　　㉯ $4V_m$　　㉰ $5V_m$　　㉱ $6V_m$

**25.** 다음 그림은 쵸크 입력형 평활회로이다. 이 회로에서 출력의 맥동률(ripple 함유율)을 최소화하기 위한 방법으로 옳은 것은?

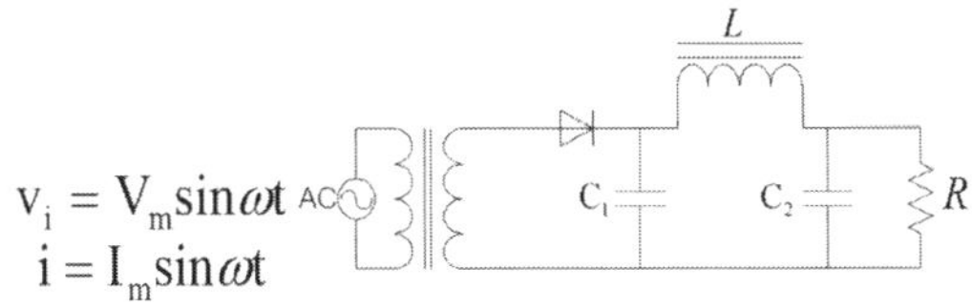


㉮ L=크게, C=작게　　㉯ L=작게, C=크게
㉰ L=C=크게　　㉱ L=C=작게

정답 21. ㉰ 22. ㉮ 23. ㉱ 24. ㉯ 25. ㉰

**26.** 다음 그림은 RC필터 회로이다. 이 회로에서 출력의 맥동률(ripple함유율)을 최소화하기 위한 방법으로 옳은 것은?

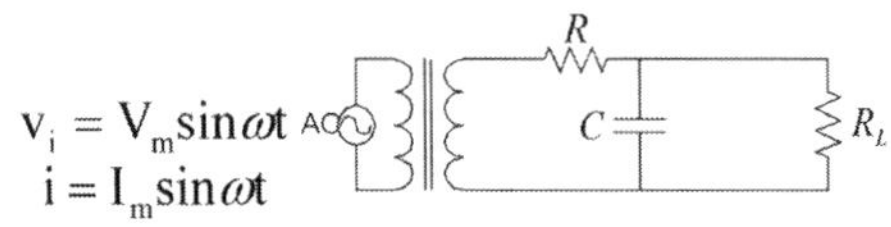


㉮ R을 크게 한다.
㉯ C를 크게 한다.
㉰ C를 작게 한다.
㉱ R과 C를 크게 한다.

**27.** 다이오드를 병렬로 연결하여 사용하였을 경우의 설명으로 옳은 것은?

㉮ 역전압을 크게 할 수 있다.
㉯ 역방향 전류가 감소 한다.
㉰ 순방향 전류를 증가시킬 수 있다.
㉱ 출력의 맥동률을 감소시킬 수 있다.

**28.** 다이오드를 직렬로 연결하여 사용하였을 경우의 설명으로 옳은 것은?

㉮ 다이오드를 과전류로부터 보호할 수 있다.
㉯ 다이오드를 과전압으로부터 보호할 수 있다.
㉰ 출력 맥동률을 감소시킬 수 있다.
㉱ 낮은 전압의 정류회로에 적합하다.

**29.** 그림의 정전압회로에서 $V$가 ±10의 범위에서 변동한다고 할 때, 출력전압의 변화는? (단, 제너다이오드의 내부저항$r_d = 2[\Omega]$, $R_s = 600[\Omega]$, $R_L = 1k[\Omega]$)

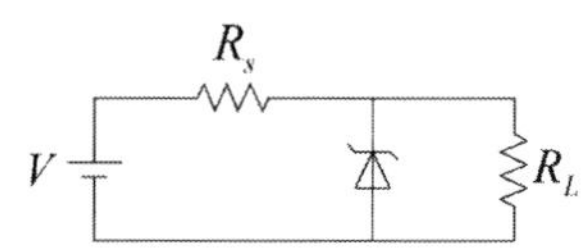


㉮ ±15[mV]
㉯ ±27[mV]
㉰ ±33[mV]
㉱ ±45[mV]

**해설** 전압안정계수 $S_V = \frac{r_d}{R_s} = \frac{2}{600} = 3.3 \times 10^{-3}$, $\Delta V_{out} = 3.3 \times 10^{-3} \times (\pm 10) = \pm 33 \times 10^{-3} [mV]$

**31.** SCR에 대한 설명 중에서 옳은 것은 ?

㉮ 게이트 전류로 단락 전류를 제어할 수 있다.
㉯ 게이트 전류가 없으면 단락상태가 차단된다.
㉰ 단락상태에서 전원전압이 감소하면 전류가 차단된다.
㉱ 단락상태에서 애노드 전압의 극성을 반대로 하면 전류는 차단된다.

**정답** 26. ㉱ 27. ㉯ 28. ㉯ 29. ㉰ 30. ㉱ 31. ㉱

32. 실리콘 제어 정류소자(SCR)의 전류-전압 특성 곡선으로 옳은 것은?

㉮
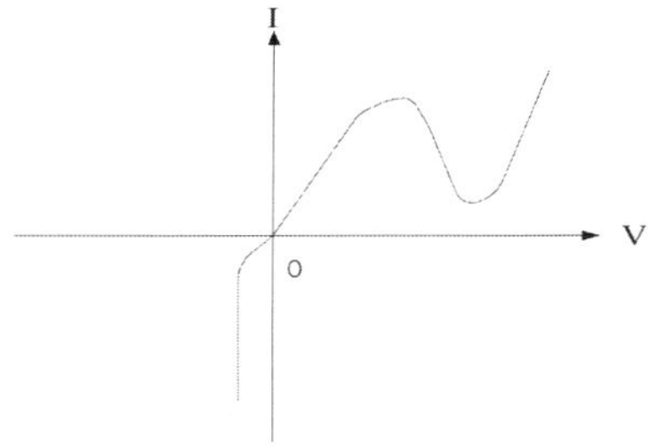


㉯
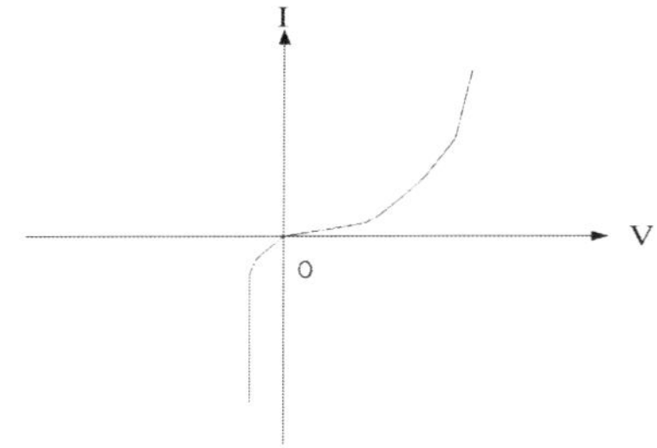


㉰
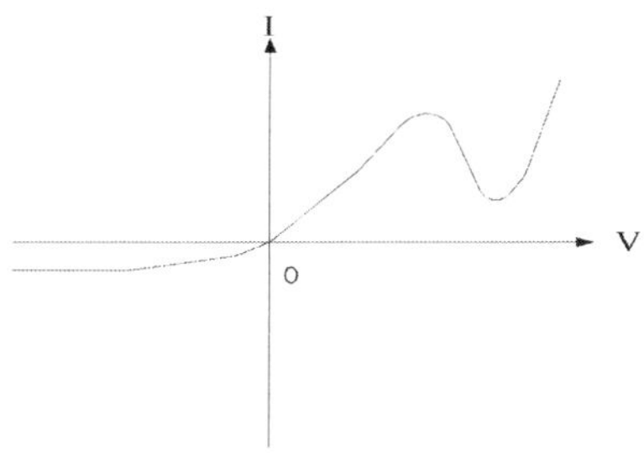


㉱
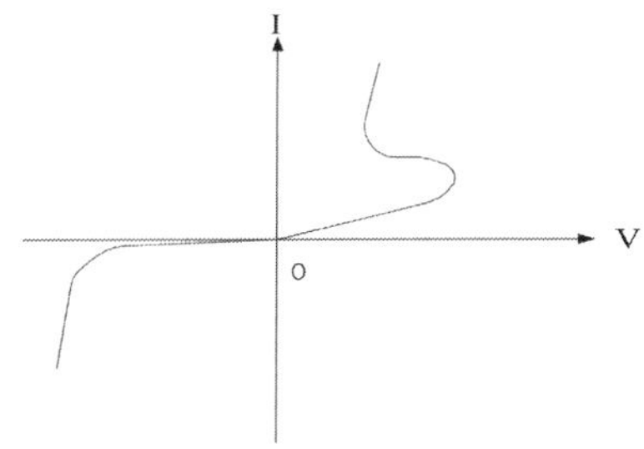


33. SCR 등가회로로 옳은 것은?

㉮
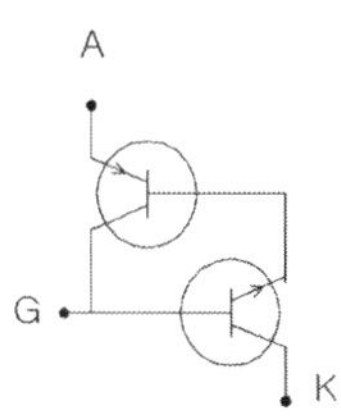


㉯
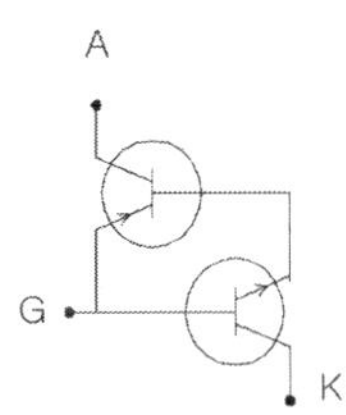


㉰
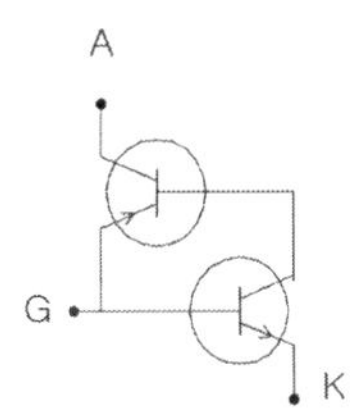


㉱
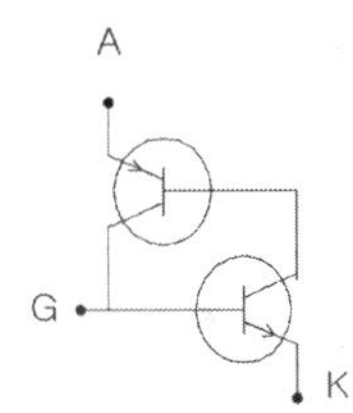


34. 트라이액(TRIAC)에 관한 설명 중 옳지 않은 것은?

㉮ 단방향성 소자이다.
㉯ 게이트 전류에 의하여 트리거 시킬 수 있다.
㉰ 전류 제어 소자이다.
㉱ 사이리스터 2개를 병렬로 연결한 것 같은 기능을 갖는다.

해설 트라이액(TRIAC)은 쌍방향성 소자이다.

35. 트라이액(TRIAC)에 관한 설명으로 옳지 않은 것은?

㉮ 쌍방향성 소자이다.
㉯ (+) 또는 (−) 전류를 흐르게 할 수 있다.
㉰ 게이트 전압으로 부하전류를 제어한다.
㉱ 교류 위상제어에 사용한다.

해설 트라이액(TRIAC)은 약한 전력으로도 동작시킬 수 있는 소자이며, 교류 위상제어에 사용된다.

정답 32. ㉱ 33. ㉮ 34. ㉮ 35. ㉰

CHAPTER 4

# 신호 증폭회로

# 4.1 트랜지스터 소신호 등가회로(하이브리드 등가회로)

트랜지스터의 회로를 보다 쉽게 해석하기 위하여 하이브리드(Hybrid)등가회로를 종종 이용한다. 하이브리드 등가회로는 〈그림 4-1〉과 같은 2포트회로의 $h$파라미터에 의하여 동작특성이 결정된다.

| $h$등가회로의 특성방정식<br>$V_i = h_i I_i + h_r V_o$<br>$I_o = h_f I_i + h_o V_o$ |
|---|

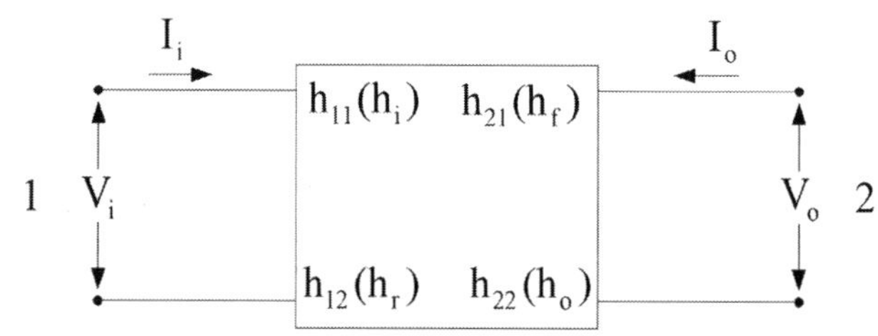


〈그림 4-1〉 2포트회로

2포트회로의 특성방정식은 4개의 정수($h_{11}, h_{12}, h_{21}, h_{22}$)를 $h$파라미터라 하며, 한 방정식 내에 전압과 전류의 변수가 혼합되어 있다고 하여 "하이브리드"라고 한다.

〈표 4-1〉 하이브리드 등가회로의 $h$파라미터

| $h$파라메터 | 특성방정식 | 단위 | 의 미 |
|---|---|---|---|
| $h_{11}$ or$h_i$ | $h_{11}, h_i = \frac{V_i}{I_i}\Big\vert (V_o = 0)$ | $\Omega$ | 출력단락 입력 임피던스 |
| $h_{12}$ or$h_r$ | $h_{12}, h_r - \frac{V_i}{V_o}\Big\vert (I_i = 0)$ | 없음 | 입력개방 역방향 전압비 |
| $h_{21}$ or$h_f$ | $h_{21}, h_f = \frac{I_o}{I_i}\Big\vert (V_o = 0)$ | 없음 | 출력단락 순방향 전류비 |
| $h_{22}$ or$h_o$ | $h_{22}, h_o = \frac{I_o}{V_o}\Big\vert (I_i = 0)$ | siemens | 입력개방 출력 어드미턴스 |

2포트회로의 특성방정식으로부터 구한 4개의 $h$파라미터를 〈표 4-1〉에 나타내었다. 2포트회로의 능동소자에 트랜지스터를 적용한 교류등가회로에서의 $h$파라미터는$h_i,h_r,h_f,h_o$로 나타낸다. 2포트회로에 트랜지스터를 적용하였을 경우의 하이브리드 입력 등가회로와 출력 등가회로는 〈그림 4-2〉, 〈그림 4-3〉과 같이 나타낼 수 있으며, 트랜지스터의 접지회로에 따른 $h$파라미터($h_i$, $h_r$, $h_f$, $h_o$)는 $h$파라미터에 첨자를 붙여 구분한다.

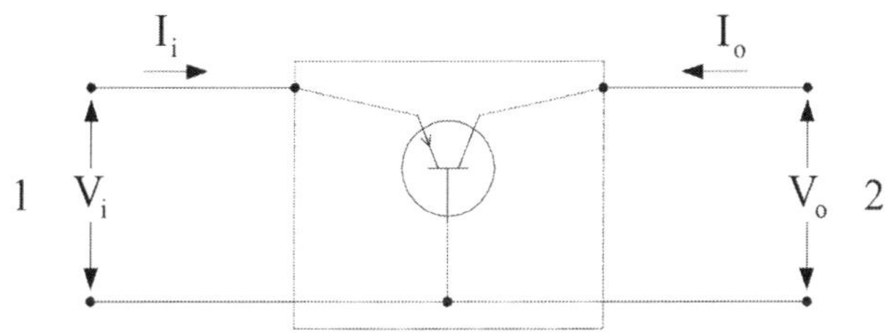


〈그림 4-2〉 2포트회로에 트랜지스터를 적용한 등가회로

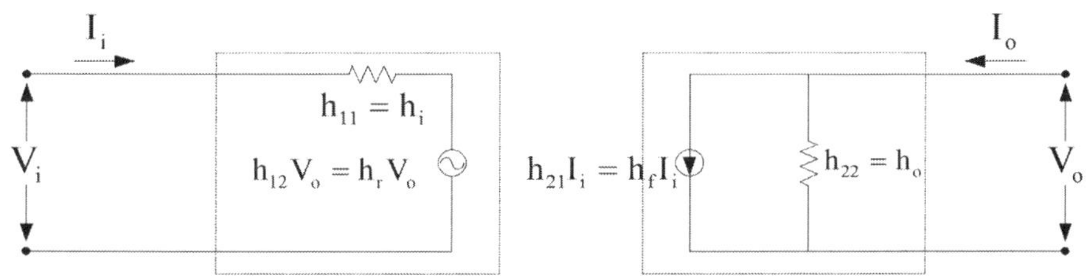


〈그림 4-3〉 하이브리드 등가회로 (a) 입력 등가회로 (b) 출력 등가회로

| | | |
|---|---|---|
| $h_{ie}$(공통이미터회로) | $h_{re}$(공통이미터회로) | $h_{oe}$(공통이미터회로) |
| $h_{ib}$(공통베이스회로) | $h_{rb}$(공통베이스회로) | $h_{ob}$(공통베이스회로) |
| $h_{ic}$(공통컬렉터회로) | $h_{rc}$(공통컬렉터회로) | $h_{oc}$(공통컬렉터회로) |

〈표 4-2〉 접지회로에 따른 $h$등가회로와 특성 방정식

| 접지형태와 특성방정식 | 접지회로 | $h$등가회로 |
|---|---|---|
| 공통 이미터(CE)<br>$V_b = h_{ie}I_b + h_{re}V_c$<br>$I_c = h_{fe}I_b + h_{oe}V_c$ | CE회로<br>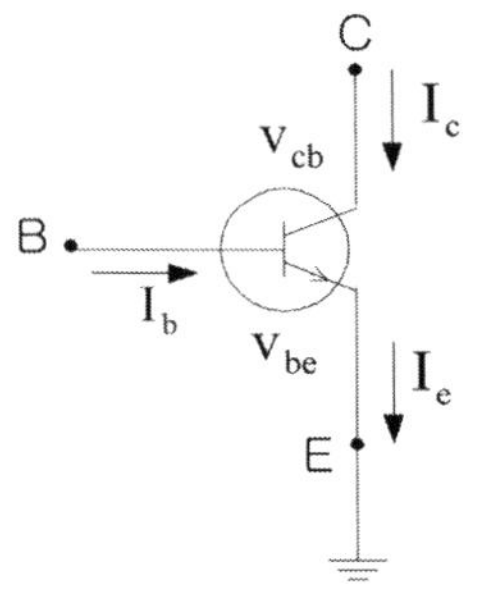 | 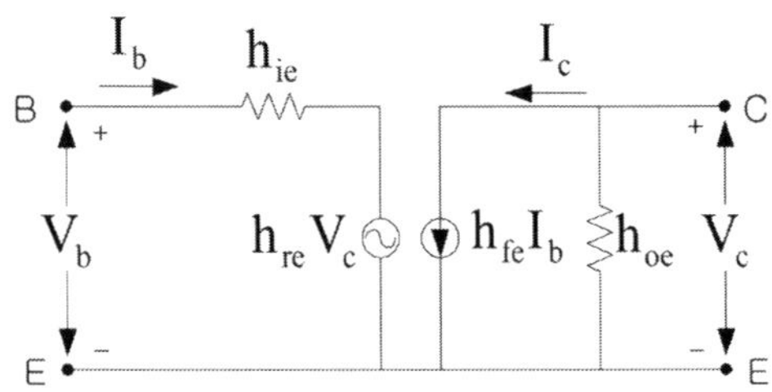 |
| 공통 베이스(CB)<br>$V_e = h_{ib}I_e + h_{rb}V_c$<br>$I_c = h_{fb}I_e + h_{ob}V_c$ | CB회로<br>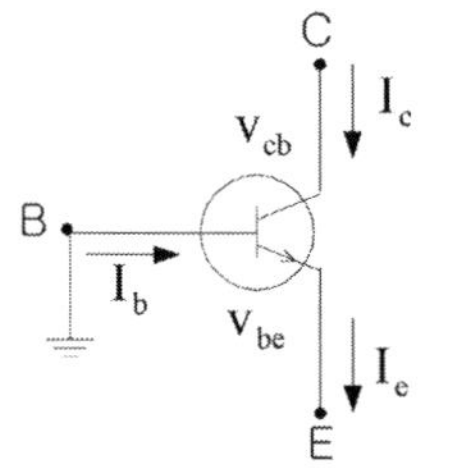 | 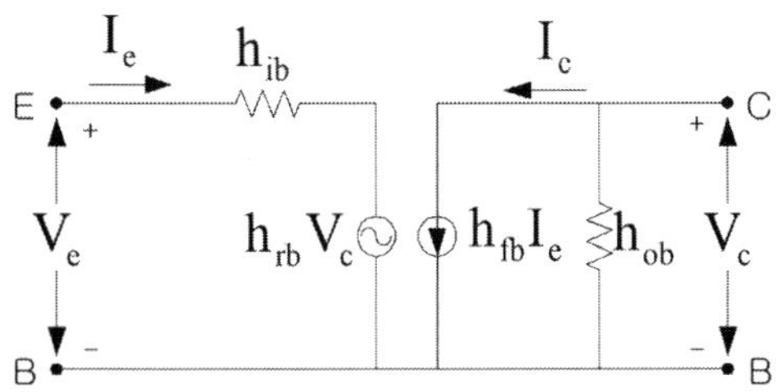 |
| 공통 컬렉터(CC)<br>$V_b = h_{ic}I_b + h_{rc}V_e$<br>$I_e = h_{fc}I_b + h_{oc}V_e$ | CC회로<br>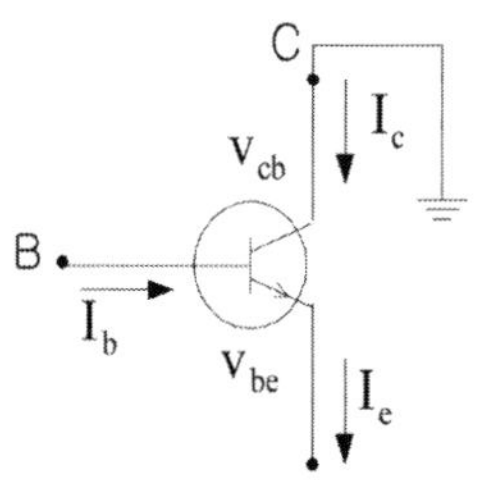 | 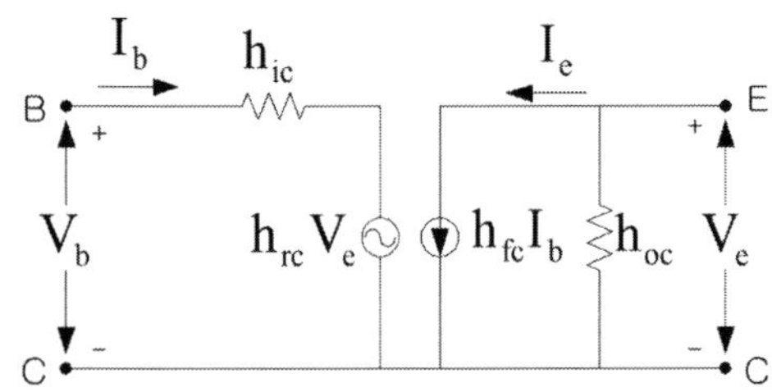 |

## 4.2 $r_e$ 등가회로

2포트회로의 해석에 하이브리드 등가회로를 자주 이용하였으나, 최근에는 $r_e$ 등가회로를 선호하는 경향이 있어 종종 사용된다. 일반적으로 공통 이미터회로(CE회로)나 공통 베이스회로(CB회로)의 하이브리드 등가회로나 $r_e$ 등가회로에 있어서 $h$ 파라미터의 $h_r$은 단락회로로 대치하고 $h_o$는 개방회로로 대치하여 근사화 할 수 있다. 즉, $h_r \approx 0$, $h_o \approx 0$로 한다.

〈표 4-3〉 간략화한 $h$ 파라미터와 $r_e$ 파라미터와의 관계

| $h$ 파라미터 | $r_e$ 파라미터 | | 단위 | 의 미 |
|---|---|---|---|---|
| | 공통 이미터회로(CE회로) | 공통 베이스회로 (CB회로) | | |
| $h_i$ | $h_{ie} = \beta r_e$ | $h_{ib} = r_e$ | $\Omega$ | 출력단락 입력 임피던스 |
| $h_f$ | $h_{fe} = \beta$ | $h_{fb} = -\alpha$ | 없음 | 출력단락 순방향 전류비 |

〈표 4-4〉 간략화한 $h$ 등가회로와 $r_e$ 등가회로

| 접지회로 | $h$ 등가회로 | $r_e$ 등가회로 |
|---|---|---|
| CE회로 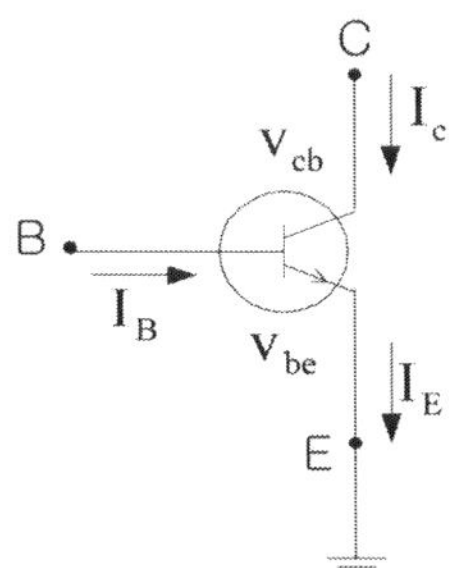 | 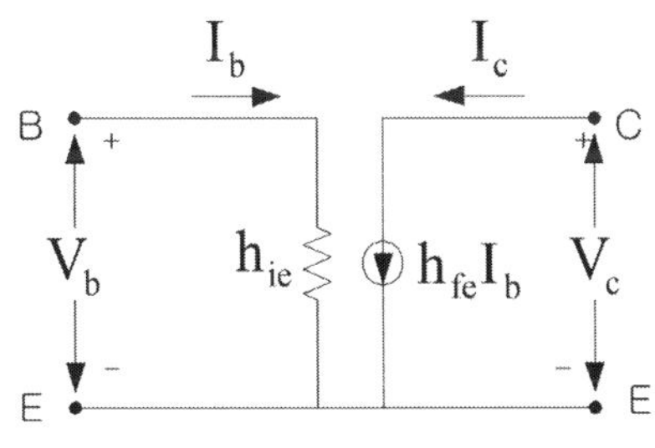 | 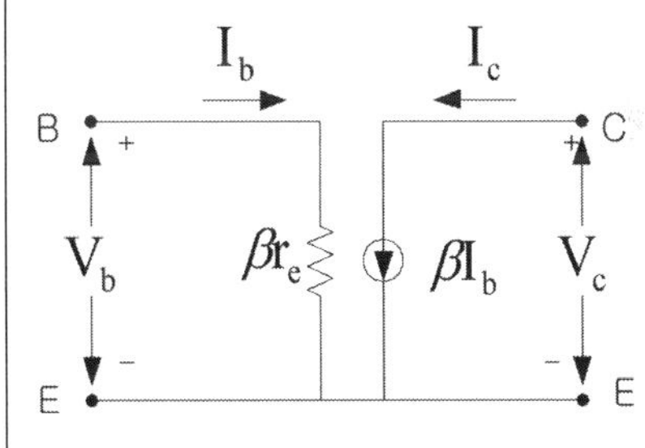 |
| CB회로 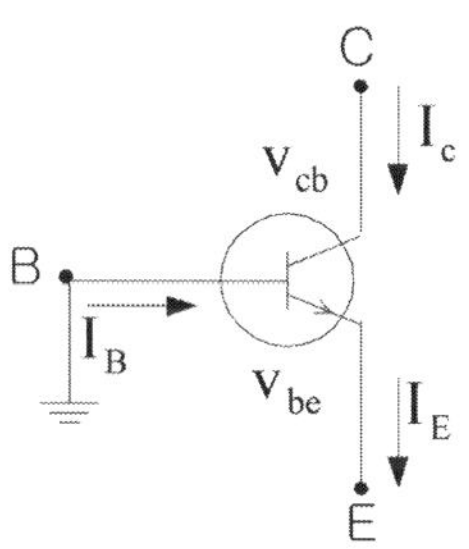 | 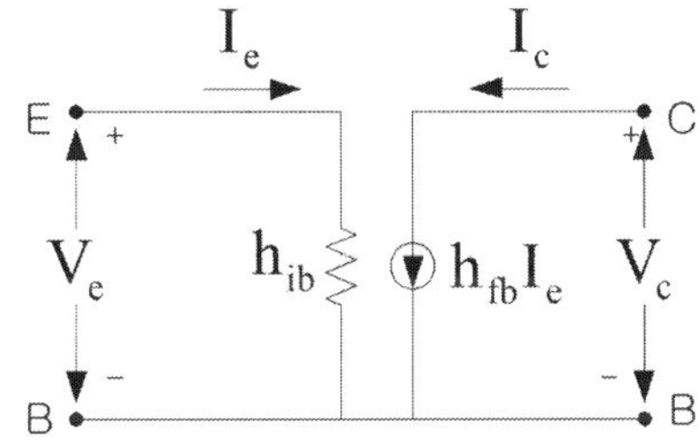 | 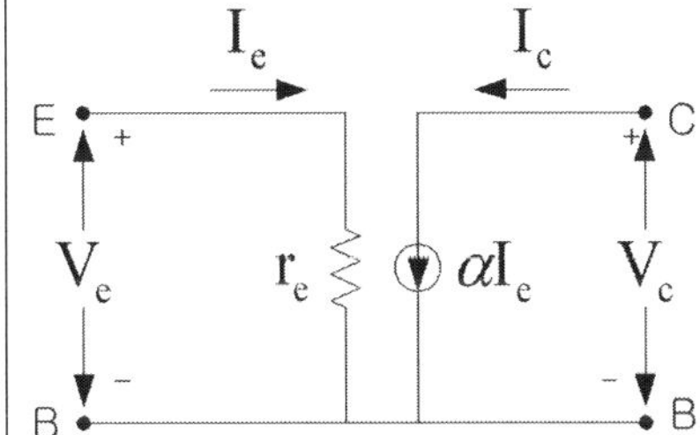 |

# 4.3 $y$ 등가회로

$y$ 등가회로는 $h$등가회로에 비하여 자주 이용되지는 않으나 증폭회로를 해석하는 또 하나의 방법으로서 반드시 알아두어야 한다. $y$등가회로는 〈그림 4-4〉와 같은 2포트회로의 $y$파라미터에 의하여 동작특성이 결정된다.

| $y$ 등가회로의 특성방정식 |
|---|
| $I_i = y_i V_i + y_r V_o$ |
| $I_o = y_f V_i + y_o V_o$ |

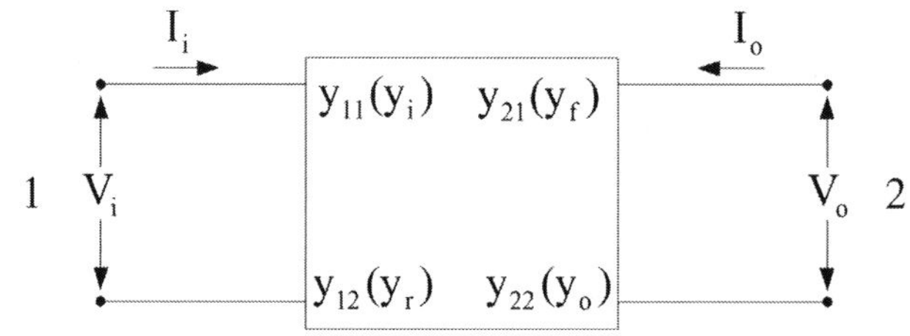


〈그림 4-4〉 $y$등가회로의 2포트회로

$y$등가회로의 특성방정식으로부터 유추한 $y$파라미터를 〈표 4-5〉에 나타내었다.

〈표 4-5〉 $y$파라미터

| $y$파라미터 | 특성방정식 | 단위 | 의 미 |
|---|---|---|---|
| $y_{11}$, $y_i$ | $y_{11}, y_i = \left.\frac{I_i}{V_i}\right\|(V_o = 0)$ | ℧ (mho) | 출력단락 입력 어드미턴스 |
| $y_{12}$, $y_r$ | $y_{12}, y_r = \left.\frac{I_i}{V_o}\right\|(V_i = 0)$ | ℧ | 입력단락 역방향 전달 어드미턴스 |
| $y_{21}$, $y_f$ | $y_{21}, y_f = \left.\frac{I_o}{V_i}\right\|(V_o = 0)$ | ℧ | 출력단락 순방향 전달 어드미턴스 |
| $y_{22}$, $y_o$ | $y_{22}, y_o = \left.\frac{I_o}{V_o}\right\|(V_i = 0)$ | ℧ | 입력단락 출력 어드미턴스 |

## 4.4 $h$ 파라미터의 환산

### (1) 특성방정식 → $h$ 파라미터

접지형태와 동작 특성을 달리하는 공통 이미터회로, 공통 베이스회로, 공통 컬렉터회로에 대한 $h$ 파라미터는 각 회로의 특성 방정식으로부터 구할 수 있다. 예를 들어, 공통 이미터회로에 대한 $h$ 파라미터는 다음 식을 이용하여 구할 수 있는데, 우선 공통 이미터회로의 특성 방정식에서

$$V_b = h_{ie}I_b + h_{re}V_c, \quad I_c = h_{fe}I_b + h_{oe}V_c$$

다음과 같이 $h$파라미터를 구할 수 있다.

$$h_{ie} = \frac{V_b}{I_b}\bigg|(V_c = 0) \text{ (단위 : } \Omega)$$

$$h_{re} = \frac{V_b}{V_c}\bigg|(I_b = 0) \text{ (단위 : 없음)}$$

$$h_{fe} = \frac{I_c}{I_b}\bigg|(V_c = 0) \text{ (단위 : 없음)}$$

$$h_{oe} = \frac{I_c}{V_c}\bigg|(I_b = 0) \text{ (단위 : siemens)}$$

### (2) $h$ 파라미터 → $y$ 파라미터

$h$파라미터를 $y$파라미터로 환산하기 위해서는 $h$등가회로의 특성방정식을 $y$등가회로의 특성방정식으로 변환하여야 한다. 우선,$h$등가회로의 특성방정식($V_i = h_iI_i + h_rV_o$)으로부터 입력전류$I_i$를 구한다.

$$I_i = \frac{1}{h_i}V_i - \frac{h_r}{h_i}V_o$$

이 식을 $h$등가회로의 특성방정식($I_o = h_fI_i + h_oV_o$)에 재 대입하면 출력전류 $I_o$를 구할 수 있다.

$$I_o = \frac{h_f}{h_i}V_i + (h_o - \frac{h_rh_f}{h_i})V_o$$

$h$파라미터를 사용한 $y$등가회로의 특성방정식

$$I_i = \frac{1}{h_i} V_i - \frac{h_r}{h_i} V_o$$
$$I_o = \frac{h_f}{h_i} V_i + (h_o - \frac{h_r h_f}{h_i}) V_o$$

따라서, 입력전류 $I_i$와 출력전류 $I_o$로부터 $h$파라미터와 $y$파라미터의 환산식을 구할 수 있다.

$$y_i = \frac{1}{h_i}, y_r = -\frac{h_r}{h_i}, y_f = \frac{h_f}{h_i}, y_o = h_o - \frac{h_r h_f}{h_i}$$

### (3) $y$ 파라미터 → $h$ 파라미터

$$h_i = \frac{1}{y_i}, h_r = -\frac{y_r}{y_i}, h_f = \frac{y_f}{y_i}, h_o = y_o - \frac{y_r y_f}{y_i}$$

### (4) $h$ 파라미터 → $y$ 파라미터

트랜지스터의 공통 이미터회로(CE회로), 공통 베이스회로(CB회로), 공통 컬렉터회로(CC회로)의 $h$파라미터($h_i$, $h_r$, $h_f$, $h_o$) 환산식을 〈표 4-6〉에 나타내었다.

〈표 4-6〉 접지회로에 따른 $h$파라미터의 환산식

| $h$파라미터 | 공통 이미터회로 (CE회로) | 공통 베이스회로 (CB회로) | 공통 컬렉터회로 (CC회로) |
|---|---|---|---|
| $h_i$ | $h_{ie} = \frac{h_{ib}}{1+h_{fb}}$ | $h_{ib} = \frac{h_{ie}}{1+h_{fe}}$ | $h_{ic} = h_{ie}$ |
| $h_r$ | $h_{re} = \frac{h_{rb}h_{ob}}{1+h_{fb}} - h_{rb}$ | $h_{rb} = \frac{h_{ie}h_{oe} - h_{re}h_{fe} - h_{re}}{1+h_{fe}}$ | $h_{rc} = 1 - h_{re} \approx 1$ |
| $h_f$ | $h_{fe} = \frac{-h_{fb}}{1+h_{fb}}$ | $h_{fb} = \frac{-h_{fe}}{1+h_{fe}}$ | $h_{fc} = -(1+h_{fe})$ |
| $h_o$ | $h_{oe} = \frac{h_{ob}}{1+h_{fb}}$ | $h_{ob} = \frac{h_{oe}}{1+h_{fe}}$ | $h_{oc} = h_{oe}$ |

# 4.5 $h$ 파라미터를 사용한 회로해석

〈그림 4-5〉와 같은 $h$등가회로를 사용하여 CE회로, CB회로, CC회로의 전류이득($A_i$), 전압이득($A_v$), 종합전류이득($A_{is}$), 종합전압이득($A_{vs}$), 입력 임피던스($Z_i$), 출력 임피던스($Z_o$)를 알 수 있다.

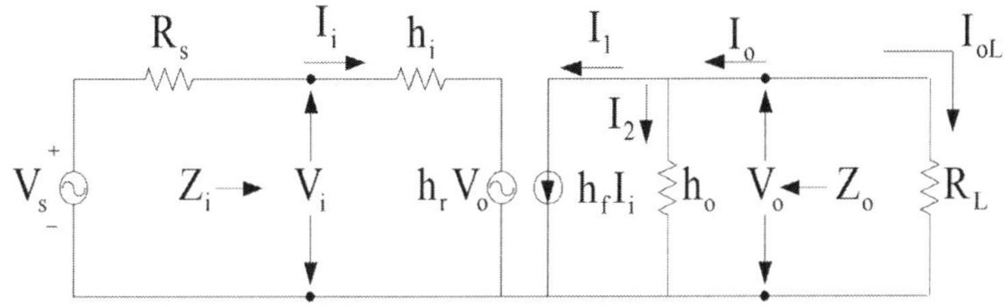


〈그림 4-5〉 회로해석용 $h$등가회로

① 전류 이득($A_i$)

입력전류와 부하전류의 비($\frac{I_{oL}}{I_i}$)로 정의되며, 부하저항에 걸리는 출력전압 $V_o$와 출력전류 $I_o$로부터 구할 수 있다. 출력전압 $V_o$는 다음과 같고,

$V_o = I_{oL}R_L = -I_oR_L$

출력전류 $I_o$는 키로히호프의 전류법칙에 의하여 전류 $I_1$과 $I_2$의 합으로 구한다.

$$I_o = I_1 + I_2 = h_fI_i + \frac{V_o}{\frac{1}{h_o}} = h_fI_i - I_oR_Lh_o$$

$(1 + h_oR_L)I_o = h_fI_i$

$$A_i = \frac{I_{oL}}{I_i} = -\frac{I_o}{I_i} = -\frac{h_f}{1 + h_oR_L}$$

② 전압 이득($A_v$)

입력전압과 출력전압의 비($\frac{V_o}{V_i}$)로 정의되며, 출력전압 $V_o$는 부하저항 $R_L$에 걸리는 전압이므로 부하저항 $R_L$에 흐르는 전류 $I_{oL}$의 곱으로 구한다.

$$V_o = I_{oL}R_L = A_iI_iR_L = A_i(\frac{V_i}{Z_i})R_L = \frac{R_L}{Z_i}A_iV_i$$

$$A_v = \frac{V_o}{V_i} = \frac{R_L}{Z_i}A_i$$

③ 총 전류 이득($A_{is}$ )

총 전류 이득($A_{is}$)은 교류 입력전류와 부하전류의 비($\frac{I_{oL}}{I_s}$)로 정의된다.

$$A_{is} = \frac{I_{oL}}{I_s} = -\frac{I_o}{I_s} = -\frac{I_i}{I_s} \cdot \frac{I_o}{I_i} = \frac{R_s}{R_s + Z_i} \cdot A_i$$

$-\frac{I_o}{I_i} = A_i$ , $V_i = I_i(R_s + Z_i)$, $V_s = I_s R_s$

④ 총 전압 이득($A_{vs}$ )

총 전압 이득($A_{vs}$)은 교류 입력전압과 출력전압의 비($\frac{V_o}{V_s}$)로 정의된다.

$$A_{vs} = \frac{V_o}{V_s} = \frac{V_i}{V_s} \cdot \frac{V_o}{V_i} = \frac{Z_i}{R_s + Z_i} \cdot A_v$$

$$V_i = I_i Z = I_s Z = (\frac{V_s}{R_s}) Z = (\frac{V_s}{R_s}) \frac{R_s \cdot Z_i}{R_s + Z_i} = \frac{Z_i}{R_s + Z_i} V_s$$

⑤ 입력 임피던스($Z_i$ )

입력 임피던스($Z_i$)는 입력전류와 입력전압의 비($\frac{V_i}{I_i}$)로 정의되며, 교류 입력전압 $V_s$와 교류 부하저항 $R_s$를 단락상태로 하고, 키르히호프의 전압법칙에 의하여 입력전압 $V_i$를 구한다.

$$V_i = h_i I_i + h_r V_o = h_i I_i - h_r I_o R_L = h_i I_i + h_r R_L A_i I_i = (h_i + h_r R_L A_i) I_i$$

여기에서, $V_o = I_{oL} R_L = -I_o R_L$, $A_i = -\frac{I_o}{I_i}$, $I_o = -A_i I_i$

$$Z_i = \frac{V_i}{I_i} = h_i + h_r R_L A_i$$

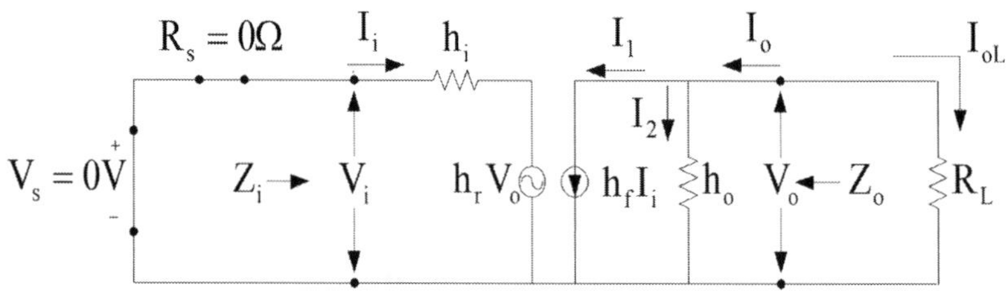


〈그림 4-6〉 입력임피던스를 구하기 위한 등가회로

⑥ 출력 임피던스($Z_o$)

출력 임피던스($Z_o$)는 출력전류와 출력전압의 비($\frac{V_o}{I_o}$)로 정의되며, 교류 입력전압 $V_s$를 단락 상태로 하고, 키르히호프의 전압법칙에 의한 회로방정식을 세우면 다음과 같다.

$$R_s I_i + h_i I_i + h_r V_o = 0 \quad \cdots\cdots ①$$

$$h_f I_i = I_o - h_o V_o \quad \cdots\cdots ②$$

여기에서, 출력전류 $I_o = I_1 + I_2$ 이고, $I_1 = h_f I_i$인 것을 고려하면 $I_1 = h_f I_i = I_o - I_2 = I_o - h_o V_o$가 되는 것을 알 수 있다.

위의 ①식에서

$$(R_s + h_i) I_i + h_r V_o = 0$$

을 얻고, 다음 식을 얻는다.

$$(R_s + h_i) I_i = - h_r V_o$$

$$I_i = - \frac{h_r}{R_s + h_i} V_o \quad \cdots\cdots ③$$

③식을 ②식에 대입하여 $Z_o$를 구한다.

$$h_f \left(- \frac{h_r}{R_s + h_i} V_o\right) = I_o - h_o V_o$$

$$- \frac{h_f h_r}{R_s + h_i} V_o = I_o - h_o V_o$$

$$h_o V_o - \frac{h_f h_r}{R_s + h_i} V_o = I_o$$

$$\left(h_o - \frac{h_f h_r}{R_s + h_i}\right) V_o = I_o$$

$$Z_o = \frac{V_o}{I_o} = \frac{1}{h_o - \dfrac{h_f h_r}{h_i + R_s}}$$

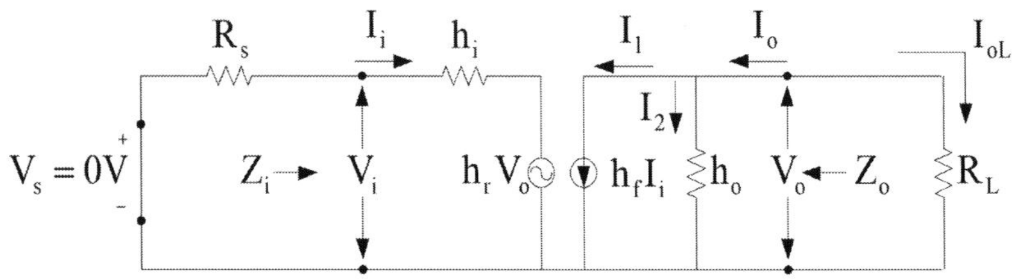


〈그림 4-7〉 출력 임피던스를 구하기 위한 등가회로

# 4.6 공통 이미터(CE) 증폭회로

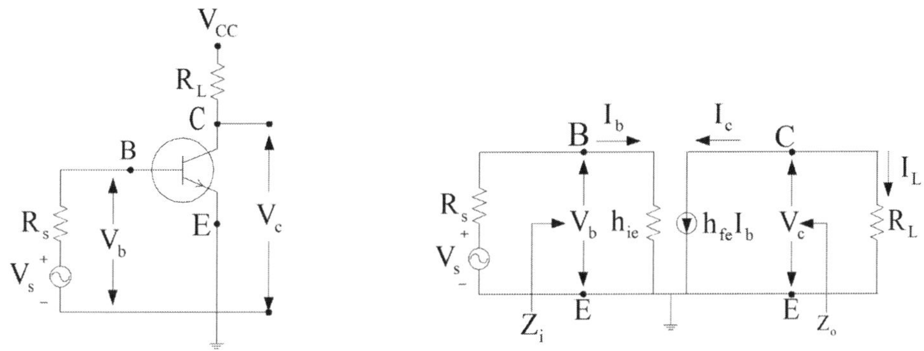


〈그림 4-8〉 공통 이미터(CE) 증폭회로 (a) 증폭회로 (b) 등가회로

트랜지스터의 이미터가 접지상태인 공통 이미터회로는 다음과 같은 특징을 갖고 있다.

① 전류 이득($A_i$) : $A_i = \dfrac{I_L}{I_b} = -\dfrac{I_c}{I_b} = \dfrac{-h_{fe}I_b}{I_b} = -h_{fe}$

② 전압 이득($A_v$) : $A_v = \dfrac{V_c}{V_b} = \dfrac{I_L R_L}{I_b Z_i} = A_i \dfrac{R_L}{Z_i} = -\dfrac{h_{fe}}{h_{ie}} R_L$

**참고**

$Z_i = h_{ie}$, $A_i = -h_{fe}$

③ 총 전압 이득($A_{vs}$) : $A_{vs} = \dfrac{V_c}{V_s} = \dfrac{V_b}{V_s}\dfrac{V_c}{V_b} = \dfrac{V_b}{V_s}A_v = \dfrac{h_{ie}}{h_{ie}+R_s}\left(\dfrac{-h_{fe}R_L}{h_{ie}}\right) = \dfrac{A_i R_L}{h_{ie}+R_s}$

※ $V_s = I_b(h_{ie}+R_s) = \dfrac{V_b}{h_{ie}}(h_{ie}+R_s)$

$\dfrac{V_b}{V_s} = \dfrac{h_{ie}}{h_{ie}+R_s}$

④ 전력 이득($A_p$) : $A_p = A_i A_v = h_{fe}^2 \dfrac{R_L}{h_{ie}}$

⑤ 입력 임피던스($Z_i$) : $Z_i = h_{ie}$

⑥ 출력 임피던스($Z_o$) : $Z_o = \infty$

⑦ CE 증폭회로의 특징 :

- 가장 많이 사용하는 증폭기이다.
- 전류이득($A_i$)과 전압이득($A_v$)이 모두 크다.
- $Z_i$와 $Z_o$의 값은 CB 증폭회로와 CC 증폭회로의 중간이다.
- 입력위상과 출력위상은 역상이다.

**예제 4-1**

〈그림 4-9〉의 CE 증폭회로에서 $h_{ie} = 5k\Omega$, $h_{fe} = 100$일 때 다음을 구하여라.

① 전류이득($A_i$), ② 전압이득($A_v$), ③ 입력 임피던스($Z_i$)

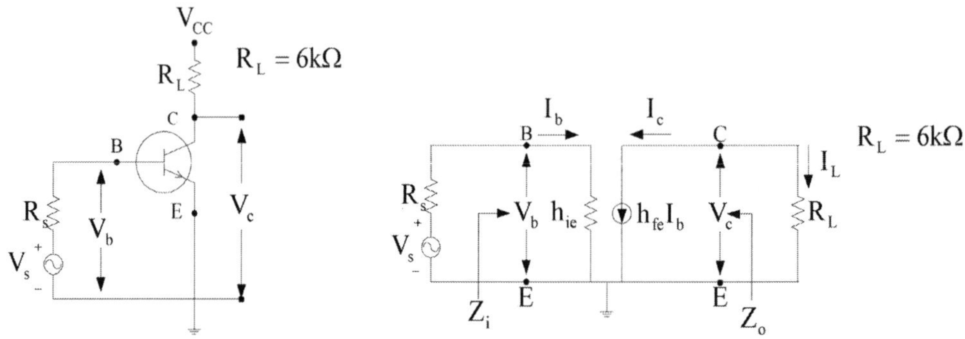


〈그림 4-9〉 예제 4.1

풀이

① $A_i = -h_{fe} = -100$

② $A_v = -\dfrac{h_{fe}}{h_{ie}}R_L = -\dfrac{100}{5k\Omega}\times 6k\Omega = -120$

③ $Z_i = h_{ie} = 5k\Omega$

## 4.7 $R_E$를 포함한 공통 이미터(CE) 증폭회로

CE 증폭회로의 이미터에 저항 $R_E$를 포함한 증폭회로이다. CE 증폭회로에 이미터 저항 $R_E$를 넣음으로서 다음과 같은 특징을 갖는다.

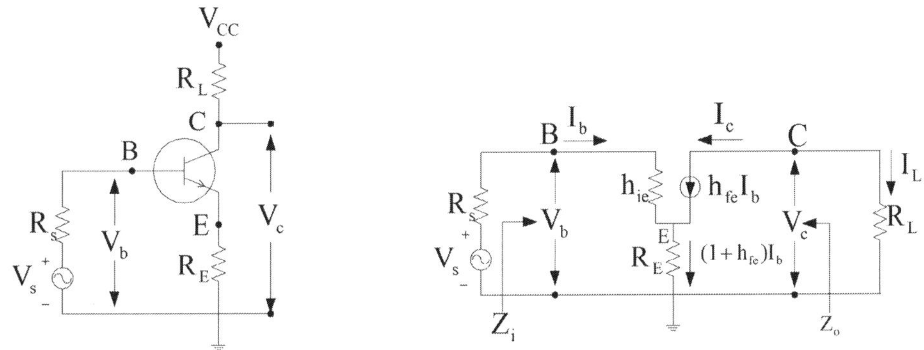


〈그림 4-10〉 $R_E$를 포함한 공통 이미터(CE) 증폭회로 (a) 증폭회로 (b) 등가회로

① 전류 이득($A_i$) : $A_i = \dfrac{I_L}{I_b} = -\dfrac{I_c}{I_b} = \dfrac{-h_{fe}I_b}{I_b} = -h_{fe}$

② 전압 이득($A_v$) : $A_v = \dfrac{V_c}{V_b} = \dfrac{I_L R_L}{I_b Z_i} = A_i \dfrac{R_L}{Z_i} = \dfrac{-h_{fe}R_L}{h_{ie} + (1+h_{fe})R_E}$

단,$(1+h_{fe})R_E \gg h_{ie}$이고, $h_{fe} \gg 1$이면 다음과 같이 간략화 할 수 있다.

$$A_v \approx \frac{-h_{fe}R_L}{(1+h_{fe})R_E} \approx -\frac{R_L}{R_E}$$

**참고**

$$Z_i = \frac{V_b}{I_b} = h_{ie} + (1+h_{fe})R_E,\ A_i = -h_{fe}$$

③ 입력 임피던스($Z_i$) : $Z_i = \dfrac{V_b}{I_b} = h_{ie} + (1+h_{fe})R_E$

**참 고** **B지점과 그라운드(-)지점 사이에 걸리는 전압**

$$V_b = I_b h_{ie} + (1+h_{fe})I_b \cdot R_E = [h_{ie} + (1+h_{fe})R_E]I_b$$

$$Z_i = \frac{V_b}{I_b} = h_{ie} + (1+h_{fe})R_E$$

④ 출력 임피던스($Z_o$) : $Z_o = \dfrac{1}{h_{ob}} = \dfrac{1+h_{fe}}{h_{oe}}$

⑤ $R_E$를 포함한 CE 증폭회로의 특징 :

- 입출력 임피던스($Z_i$, $Z_o$)가 증가한다.
- $R_E$에 의해 CE 증폭회로의 전류이득($A_i$)에는 아무런 영향을 주지 못한다.
- 전압이득($A_v$)을 크게 감소시킨다.

**예제 4-2**

〈그림 4-11〉의 $R_E$를 포함한 CE 증폭회로에서 $h_{ie} = 5k\Omega$, $h_{fe} = 100$일 때 다음을 구하여라.

① 전류이득($A_i$), ② 전압이득($A_v$ ), ③ 입력 임피던스($Z_i$)

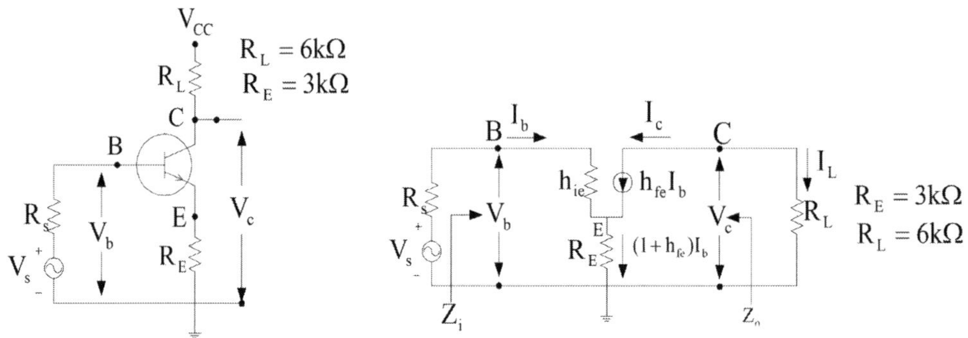


〈그림 4-11〉 예제 4.2

**풀이**

① $A_i = -h_{fe} = -100$

② $(1+h_{fe})R_E \gg h_{ie}$이고, $h_{fe} \gg 1$인 조건을 만족함으로 다음 식으로 전압이득을 구할 수 있다.

$$A_v \approx -\frac{R_L}{R_E} = -\frac{6k\Omega}{3k\Omega} = -2$$

③ $Z_i = h_{ie} + (1+h_{fe})R_E = 5k\Omega + (1+100) \times 3k\Omega = 308k\Omega$

**$R_E$에 의한 공통 이미터(CE) 증폭회로의 특성변화**

$R_E$를 포함하지 않는 경우와 포함한 경우의 전류이득, 전압이득, 입출력 임피던스의 변화를 비교하여 보자. 예제 4.2의 결과와 비교해 보면, 다음과 같은 결과를 얻었다.

$A_i$ : −100 → −100 : 영향없음
$A_v$ : −120 → −2 : 크게 감소
$Z_i$ : 5k$\Omega$ → 308k$\Omega$ : 크게 증가

따라서, CE 등가회로에 $R_E$를 넣음으로서 다음과 같은 특성이 나타남을 확인 할 수 있다.

① 입출력 임피던스($Z_i$, $Z_o$)가 증가한다.
② $R_E$에 의해 CE 증폭회로의 전류이득($A_i$)에는 아무런 영향을 주지 못한다.
③ 전압이득($A_v$)을 크게 감소시킨다.

## 4.8 공통 베이스(CB) 증폭회로

트랜지스터의 베이스가 접지상태인 공통 베이스(CB)회로는 다음과 같은 특징을 갖고 있다.

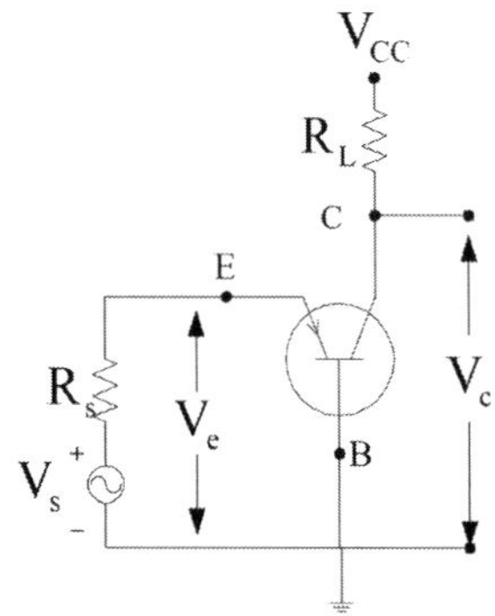


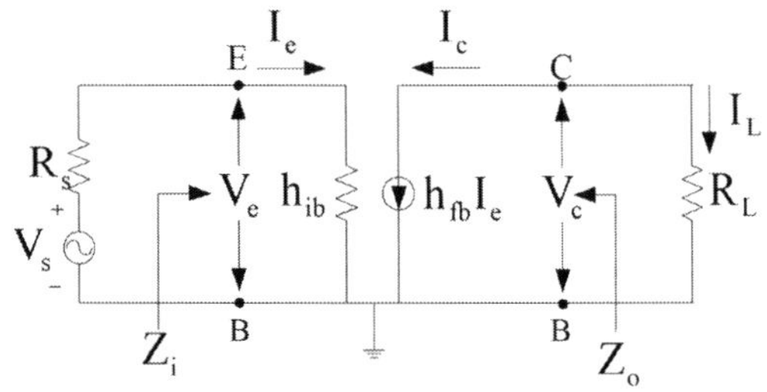


〈그림 4-12〉 CB 증폭회로 (a) 증폭회로 (b) 등가회로

① 전류 이득($A_i$) : $A_i = \dfrac{I_L}{I_e} = -\dfrac{I_c}{I_e} = \dfrac{-h_{fe}I_b}{(1+h_{fe})I_b} = -\dfrac{h_{fe}}{1+h_{fe}} \approx h_{fb}$

> **참고**
>
> $I_c = \alpha I_E = \beta I_B \simeq h_{fe} I_b$

② 전압 이득($A_v$) : $A_v = \dfrac{V_c}{V_e} = \dfrac{I_L R_L}{I_e Z_i} = A_i \dfrac{R_L}{Z_i}$

③ 입력 임피던스($Z_i$) : $Z_i = \dfrac{V_e}{I_e} = \dfrac{h_{ie} I_b}{(1+h_{fe})I_b} = \dfrac{h_{ie}}{(1+h_{fe})} \approx -h_{ib}$

> **참고**
>
> $V_e = I_e h_{ib} = I_e\left(\dfrac{h_{ie}}{1+h)fe}\right)$
>
> $I_b = I_e + I_c$
>
> $I_e = I_b - I_c \approx -I_c$

④ 출력 임피던스($Z_o$) : $Z_o = \dfrac{1}{h_{ob}} = \dfrac{1+h_{fe}}{h_{oe}}$

⑤ CB 증폭회로의 특징 :

- 입력 임피던스($Z_i$)가 작다.
- 출력 임피던스($Z_o$)가 크다.
- 전류이득($A_i$)이 1보다 작다.
- 전압이득($A_v$)이 상당히 크다.
- 입력위상과 출력위상은 동상이다.

## 4.9 공통 컬렉터(CC) 증폭회로(이미터 플로워 증폭회로)

트랜지스터의 컬렉터가 접지상태인 공통 컬렉터(CC) 회로를 이미터 플로워(Emitter Follower) 증폭회로라고 하며 다음과 같은 특징을 갖고 있다.

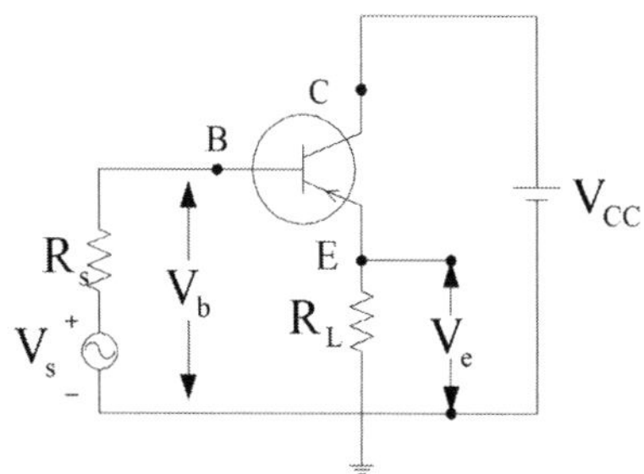


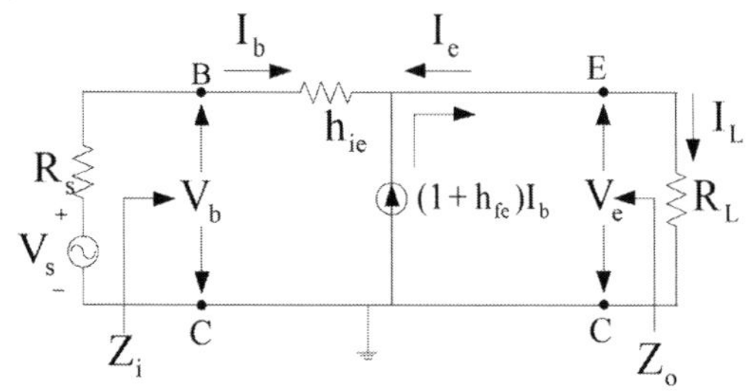


〈그림 4-13〉 CC 증폭회로 (a) 증폭회로 (b) 등가회로

① 전류 이득($A_i$) : $A_i = \dfrac{I_L}{I_b} = \dfrac{-I_e}{I_b} = 1 + h_{fe} \approx h_{fe}$

**참고**

$I_L = -I_e = (1+h_{fe})I_b$

② 전압 이득($A_v$) : $A_v = \dfrac{V_e}{V_b} = \dfrac{I_L R_L}{I_b Z_i} = A_i \dfrac{R_L}{Z_i} = (1+h_{fe})\dfrac{R_L}{Z_i}$

$$= (1+h_{fe})\frac{R_L}{h_{ie} + (1+h_{fe})R_L}$$

$$= \frac{R_L}{\dfrac{h_{ie}}{1+h_{fe}} + R_L} \quad \text{(분모와 분자를 } R_L\text{로 나눈다)}$$

$$= \frac{1}{1 + \dfrac{1}{1+h_{fe}} \cdot \dfrac{h_{ie}}{R_L}}$$

③ 입력 임피던스($Z_i$) : $Z_i = \dfrac{V_b}{I_b} = h_{ie} + (1+h_{fe})R_L$

**참고**

$$V_b = h_{ie}I_b + R_L(1+h_{fe})I_b = (h_{ie} + (1+h_{fe})R_L)I_b$$

④ 출력 임피던스($Z_o$) : $Z_o = \dfrac{V_e}{I_e} = -\dfrac{R_s + h_{ie}}{1+h_{fe}}$

**참고**

$$V_e = V_b = (R_S + h_{ie})I_b = -(R_S + h_{ie})\frac{I_e}{1+h_{ie}}$$

⑤ C.C 증폭회로의 특징 :

- 입력 임피던스($Z_i$)가 상당히 크다.
- 출력 임피던스($Z_o$)가 가장 작다.
- 전류이득($A_i$)은 CB나 CE 증폭회로에 비하여 가장 크다.
- 전압이득($A_v$)이 거의 1에 가깝다.
- 입력위상과 출력위상은 동상이다.
- 버퍼회로나 전력 증폭회로로 사용된다.

BJT 증폭기에서 CE 증폭회로, CB 증폭회로, CC 증폭회로의 특성을 〈표 4-7〉에서 비교하였다.

〈표 4-7〉 BJT 증폭기의 특성 비교

| 특성 파라미터 | CE 증폭회로 | CB 증폭회로 | CC 증폭회로 |
|---|---|---|---|
| $A_i$ | 크다 | 작다 | 크다 |
| $A_v$ | 크다 | 크다 | 작다 |
| $Z_i$ | 중간 | 작다 | 크다 |
| $Z_o$ | 중간 | 크다 | 작다 |

**예제 4-3**

〈그림 2-27〉에서 알파와 베타를 계산하여라.

① 전류이득($A_i$), ② 전압이득($A_v$), ③ 입력 임피던스($Z_i$)

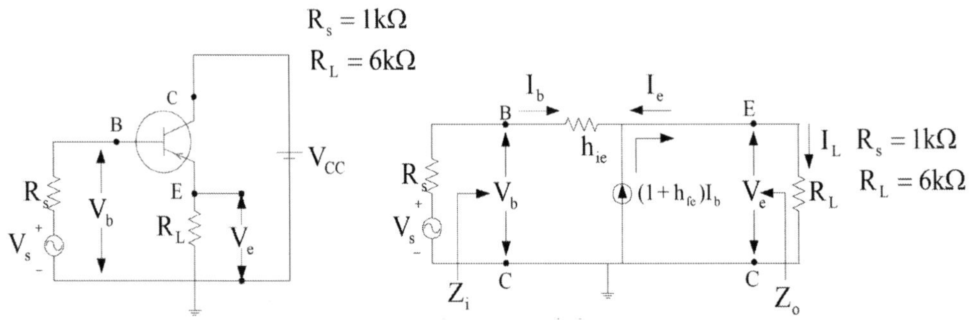


〈그림 4-14〉 예제 4.3

풀이

① $A_i \approx h_{fe} = 100$

② $A_v = A_i \dfrac{R_L}{Z_i} = 100 \times \dfrac{6k\Omega}{611k\Omega} = 0.98$

③ $Z_i = h_{ie} + (1 + h_{fe})R_L = 5k\Omega + (1 + 100) \times 6k\Omega = 611k\Omega$

# 4.10 바이어스 회로

## (1) 고정 바이어스 회로

> 교류전압원을 제거하고 커패시턴스를 단락회로로 하면 직류 등가회로가 된다.

직류 등가회로에서 ①번 루프와 ②번 루프의 전류 폐회로를 얻을 수 있다.

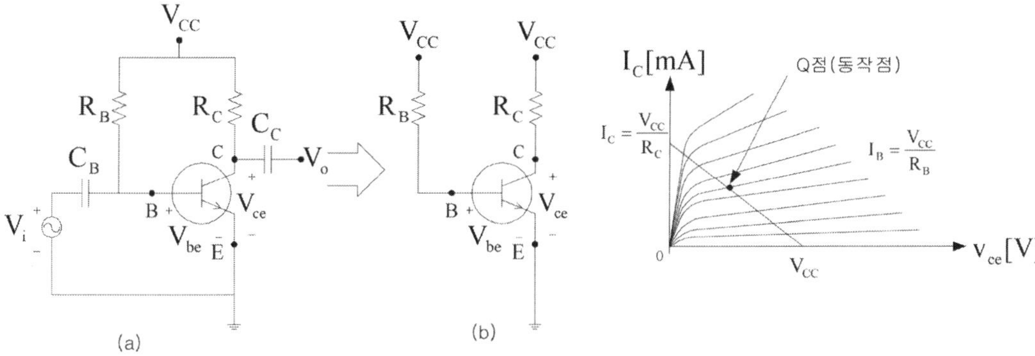


〈그림 4-15〉 (a) 고정 바이어스 회로 (b) 직류 등가회로

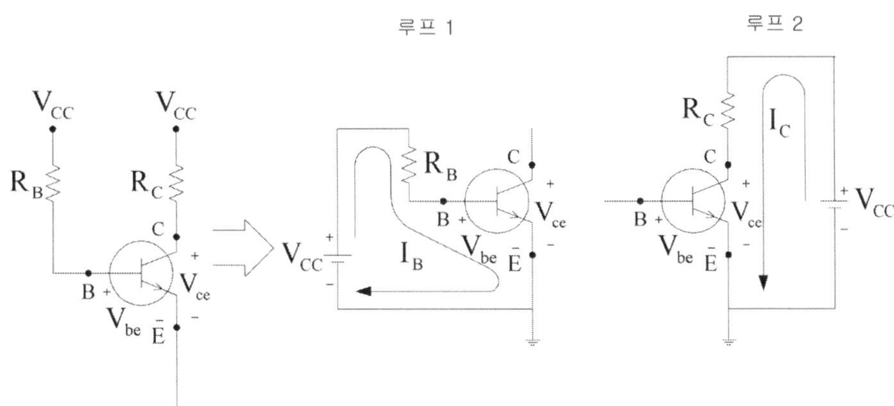


〈그림 4-16〉 고정 바이어스 직류 등가회로의 전류 폐회로

① 루프 1에 키르히호프의 전압법칙을 적용

$$V_{CC} - I_B R_B - V_{be} = 0$$

$$I_B = \frac{V_{CC} - V_{be}}{R_B}$$

$$V_{be} \approx 0.7\,V$$

② 루프 2에 키르히호프의 전압법칙을 적용

$$V_{ce} + I_C R_C - V_{CC} = 0$$

$$V_{ce} = V_{CC} - I_C R_C$$

$$I_C = \frac{V_{CC} - V_{ce}}{R_C}$$

$$I_C = \alpha I_E + I_{CO} \approx \alpha I_E \approx I_E = \beta I_B + (1+\beta) I_{CO} \approx \beta I_B$$

**참고**

$I_{CO}$는 컬렉터에 흐르는 역포화 전류를 나타낸다.

③ 회로의 안정계수

$$S = (1+\beta)$$

## (2) 이미터 안정화 바이어스 회로

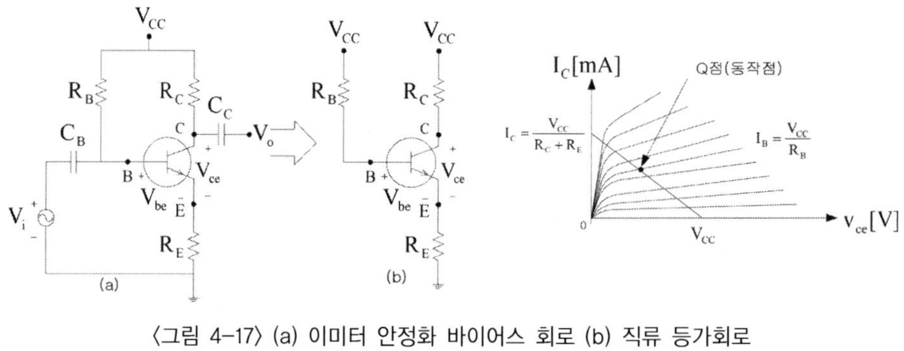

〈그림 4-17〉 (a) 이미터 안정화 바이어스 회로 (b) 직류 등가회로

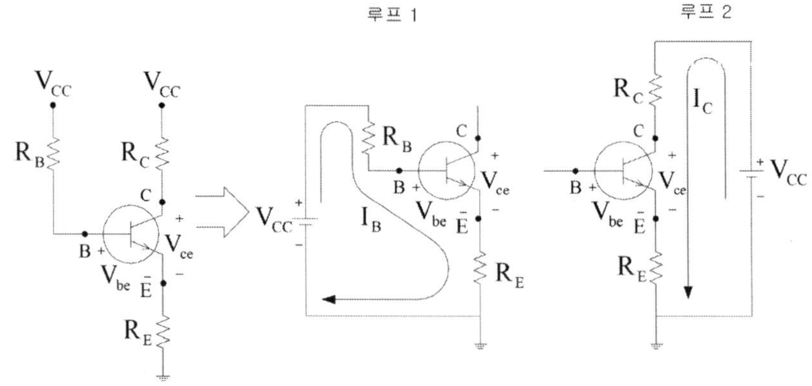

〈그림 4-18〉 이미터 안정화 바이어스의 전류 폐회로

① 루프 1에 키르히호프의 전압법칙을 적용

$$V_{CC} - I_B R_B - V_{be} - I_E R_E = 0$$

$$I_E = (\beta + 1) I_B$$

$$I_B = \frac{V_{CC} - V_{be}}{R_B + (\beta+1) R_E} \quad V_{be} \approx 0.7\,V$$

**참고**

$$I_E = I_B + I_C \simeq I_C \simeq (1+\beta) I_B \simeq \beta$$

$$1 \ll \beta$$

② 루프 2에 키르히호프의 전압법칙을 적용

$$V_{ce} + I_C R_C + I_E R_E - V_{CC} = 0$$

$$V_{ce} = V_{CC} - I_C (R_E + R_C)$$

$$I_C = \frac{V_{CC} - V_{ce}}{R_E + R_C} = \beta I_B$$

동작점Q를 결정하는 $I_C$전류의 변위를 $R_E$가 추가되어 보다 미세하게 $I_C$값을 제어하고 급격하게 동작점Q가 변위되는 것을 방지한다.

### (3) 전압 배분기 바이어스 회로

① 테브낭의 등가저항 : $R_{TH} = R_1 \parallel R_2$

② 전압 분배법칙을 적용한 테브낭의 등가전압 : $V_{TH} = \dfrac{R_2}{R_1 + R_2} V_{CC}$

**참고**

전압분배법칙 : $V_n = \dfrac{R_n}{R_T} \cdot V$

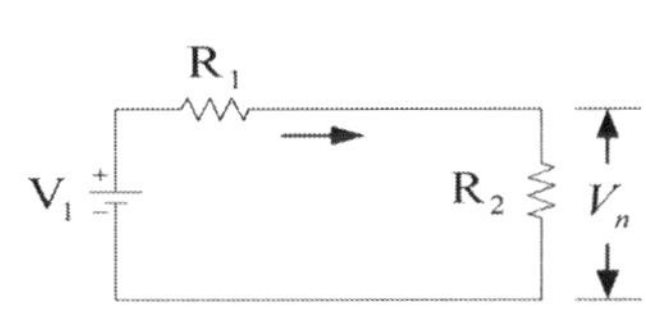


$R_T = R_1 + R_2$

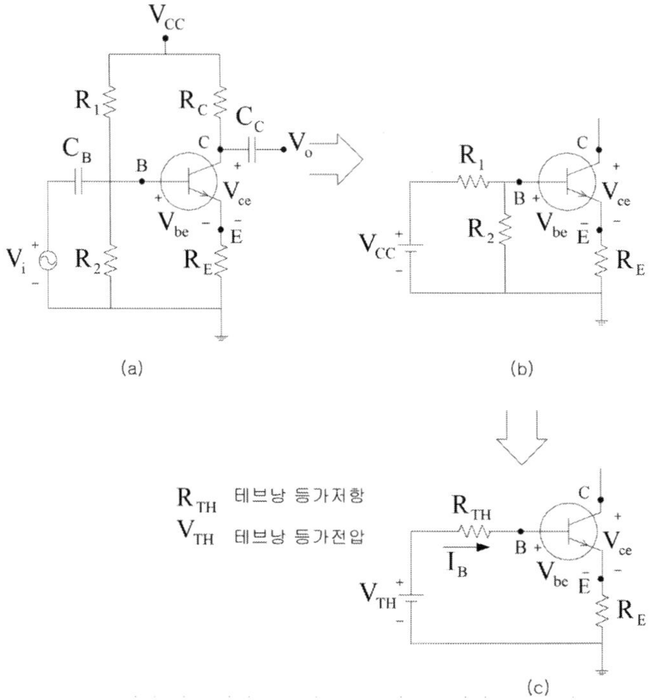


〈그림 4-19〉 (a) 전압 배분 바이어스 회로 (b) 직류 등가회로 (c) 테브낭 등가회로

**참고**

$R_1$과 $R_2$에 걸리는 전압을 배분시켜서 베이스의 바이어스 전압을 안정화시킨다.

③ 키르히호프의 전압법칙을 적용

$$V_{TH} - I_B R_{TH} - V_{be} - I_E R_E = 0 \qquad I_B = \frac{V_{TH} - V_{be}}{R_{TH} + (\beta + 1) R_E}$$

**참고**

$I_E = (1+\beta) I_B$

④ 회로의 안정계수 : $S = \dfrac{1+\beta}{1+\beta \dfrac{R_E}{R_{TH}+R_E}}$

## (4) 전류 궤환 바이어스 회로

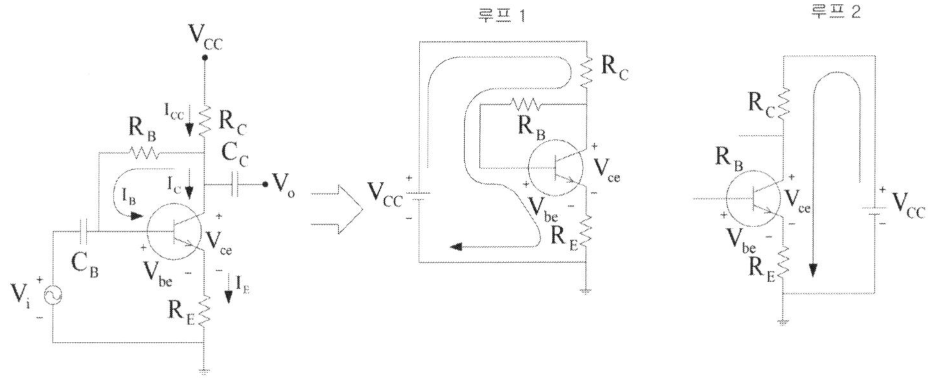


〈그림 4-20〉 전류 궤환 바이어스 회로의 전류 폐회로

① 루프 1에 키르히호프의 전압법칙을 적용

$$V_{CC} - I_C R_C - I_B R_B - V_{be} - I_E R_E = 0 \qquad I_B = \frac{V_{CC} - V_{be}}{R_B + \beta(R_E + R_C)}$$

**참 고** **루프에 키르히호프의 전압법칙을 적용하면**

$$V_{CC} - \beta I_B R_C - I_B R_B - V_{be} - (1+\beta) I_B R_E = 0$$
$$I_B[\beta R_C + R_B + (1+\beta) R_E] = V_{CC} - V_{be}$$
$$I_B[R_B + \beta(R_E + R_C)] = V_{CC} - V_{be}$$
$$1 \ll \beta, I_C = \beta I_E,\ I_E = (1+\beta) I_B$$

② 루프 2에 키르히호프의 전압법칙을 적용

$$V_{ce} + I_C R_C + I_E R_E - V_{CC} = 0 \quad V_{ce} = V_{CC} - I_C(R_E + R_C)$$

$$I_C = \frac{V_{CC} - V_{ce}}{R_E + R_C}$$

**참 고** **루프에 키르히호프의 전압법칙을 적용하면**

$$V_{CC} - I_C R_C - V_{cc} - I_E R_E = 0$$
$$I_C(R_E + R_C) = V_{CC} - V_{ce}$$
$$I_E = (1+\beta) I_B$$

③ 회로의 안정계수 : $S = \dfrac{1+\beta}{1+\beta\dfrac{R_C}{R_B + R_C}}$

# 4.11 기타 회로

## (1) 종속접속 회로

트랜지스터를 종속 접속함으로서 증폭기의 전체 전압이득이 증가한다.

① 입력 임피던스 : $Z_i = R_1 \parallel R_2 \parallel h_{ie}$

② 출력 임피던스 : $Z_o = R_C \parallel \dfrac{1}{h_{oe}}$

③ 전압이득 : $A_v = A_{v1}A_{v2}(A_{v1}$ : $TR_1$의 전압이득, $A_{v2}$ : $TR_2$의 전압이득)

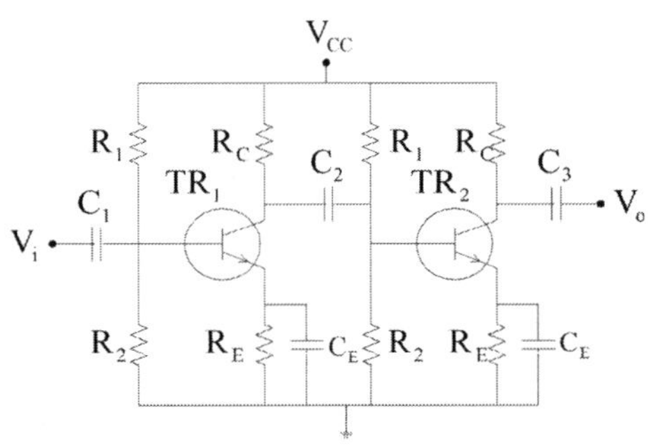


$R_1$ : $TR_1$ 베이스에 바이어스 전류를 흐르게 하기 위한 저항

$R_2$ : 베이스에 흐르는 전류를 분배시켜 베이스 전압을 안정시키기 위한 저항

$R_C$ : 출력전압을 얻기 위한 저항

$R_E$ : 이미터 전류를 제어하여 트랜지스터를 이득을 안정화시킴

$C_E$ : 이미터 바이패스 콘덴서로서 신호이득의 감쇠를 방지함

$C_1C_3$ : 증폭기를 결합시키는 결합 콘덴서로서 교류신호만을 통과시킴

〈그림 4-21〉 트랜지스터 종속접속 회로

## (2) 캐스코드(Cascode) 회로

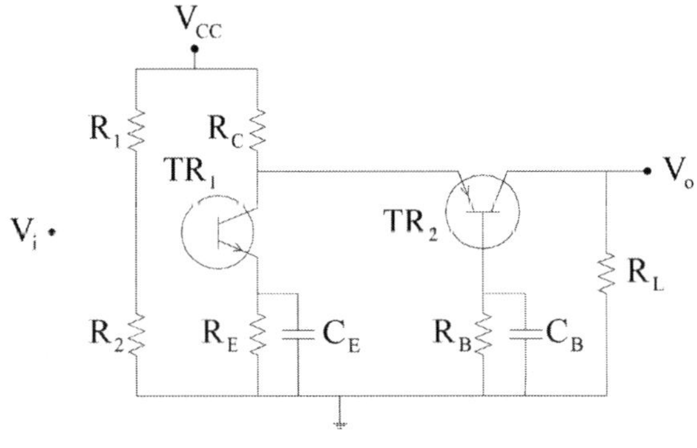


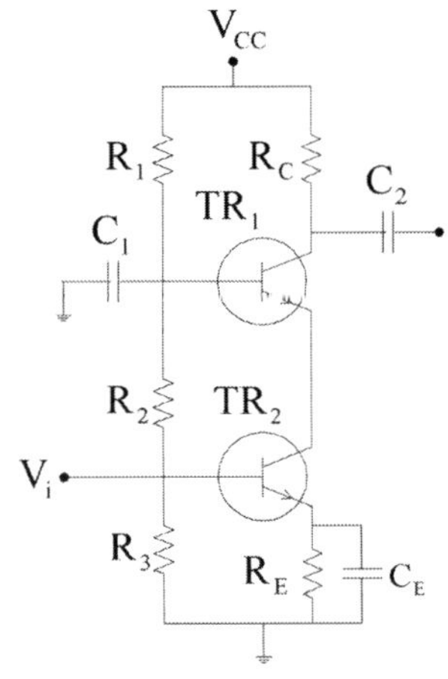


〈그림 4-22〉 캐스코드 회로

■ 캐스코드 회로의 특징

- $TR_2$의 낮은 임피던스를 개선한다.
- CE 증폭기의 고주파영역 특성이 개선된다.
- 발진에 강해 공진회로에 응용된다.

참고

공진주파수 $f_0 = \frac{1}{2\pi RC} = \frac{1}{2\pi\sqrt{LC}}$

### (3) 다알링턴(Darlington) 회로

CE 증폭기 2개를 종속으로 접속한 회로를 다알링턴 회로라고 한다. 실제로, 두 개의 트랜지스터를 한 개의 트랜지스터 내에 내장한 다알링턴 전용 소자를 사용하기도 한다.

① $I_{C1} = (1+\beta_1)I_{B1} \approx \beta_1 I_{B1}$

② $I_{C2} = (1+\beta_2)I_{B2} \approx \beta_2 I_{B2}$

③ $I_B = I_{B1}$

④ $I_C = I_{C1} + I_{C2} = (1+\beta_1)I_{B1} + (1+\beta_2)I_{B2}$

$= (1+\beta_1)I_{B1} + (1+\beta_2)I_{C1}$

$= (1+\beta_1)I_{B1} + (1+\beta_2)(1+\beta_1)I_{B1}$

$= (1+\beta_1+1+\beta_1+\beta_2+\beta_1\beta_2)I_{B1}$

$= (1+\beta_1+1+\beta_1+\beta_2+\beta_1\beta_2)I_B$

⑤ $I_{E1} = I_{B2} = (1+\beta_1)I_{B1}$

⑥ $I_{E2} = I_{B2} + I_{C2} = (1+\beta_1)I_{B1} + I_{C2} = (1+\beta_1)I_{B1} + (1+\beta_2)I_{B2}$

$= (1+\beta_1)I_{B1} + (1+\beta_2)(1+\beta_1)I_{B1} = (1+\beta_1+1+\beta_1+\beta_2+\beta_1\beta_2)I_{B1}$

⑦ $TR_1$과 $TR_2$의 총 전류증폭율($\beta$) : $\beta = \frac{I_C}{I_B} = \beta_1 + \beta_2 + \beta_1\beta_2 \approx \beta_1\beta_2$

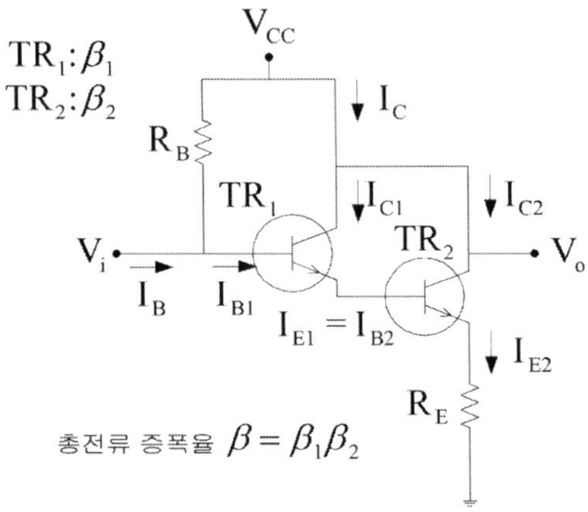


〈그림 4-23〉 다알링턴 회로

**참 고**

$I_{BI}=I_B$ , $I_{B2}=I_{C1}=(1+\beta_1)I_{B1}$

■ 다알링턴 회로의 특징

- 고입력 임피던스회로이다.
- 큰 전류이득을 얻는다.
- 1에 가까운 전압이득을 얻는다.
- 출력 임피던스가 작다.

### (4) 부트스트래핑(Bootstrapping)

① $R_3$ 양단에 걸리는 전압 : $V_{R3}=V_i-A_VV_i$

■ 부트스트래핑 회로의 특징

- 고입력 임피던스 회로이다.
- 전압이득($A_V$)은 $A_V$ < = 1이다.
- 출력 임피던스가 작다.

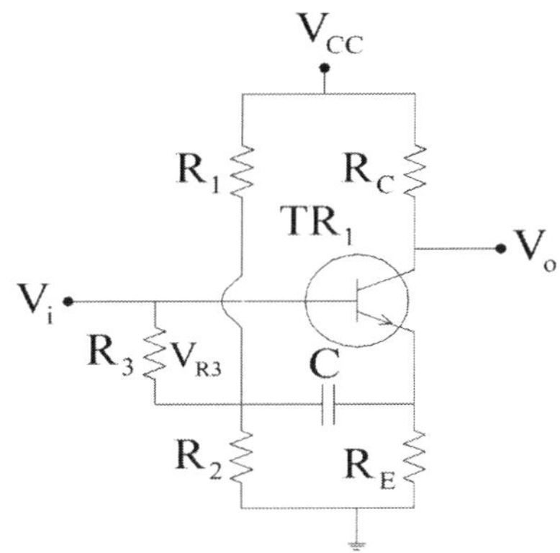


〈그림 4-24〉 부트스트래핑 회로

### (5) 귀환쌍 회로

NPN 트랜지스터와 PNP 트랜지스터를 종속 접속하여 전류가 순환하도록 만든 회로를 귀환쌍 회로라고 한다.

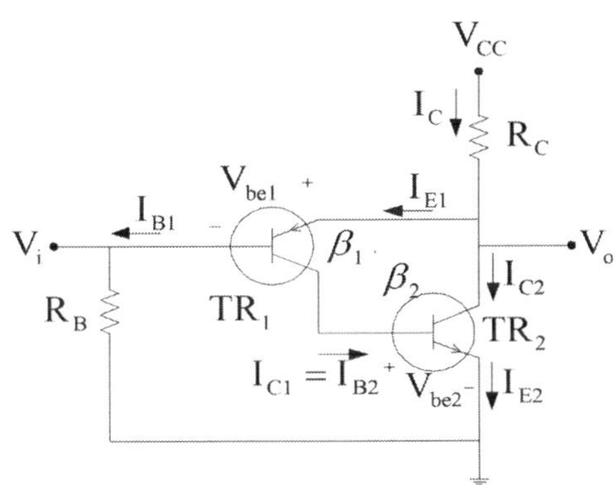


〈그림 4-25〉 귀환쌍 회로

① $V_{CC} - I_C R_C - V_{be1} - I_{B1} R_B = 0$

$V_{CC} - \beta_1 \beta_2 I_{B1} R_C - V_{be1} - I_{B1} R_B = 0$

② $I_{B1} = \dfrac{V_{CC} - V_{be1}}{R_B + \beta_1 \beta_2 R_C}$

③ $I_{C1} = \beta_1 I_{B1} = I_{B2} \approx I_{E1}$

④ $I_{C2} = \beta_2 I_{B2} \approx I_{E2}$

⑤ $I_C = I_{E1} + I_{C2} \approx I_{C1} + I_{C2} \approx I_{E2} \approx I_{C2} = \beta_2 I_{B2} = \beta_2 \beta_1 I_{B1}$

- 귀환쌍회로의 특징
  - 큰 전류이득을 얻는다.
  - 1에 가까운 전압이득을 얻는다.
  - 큰 입력 임피던스
  - 작은 출력 임피던스

### (6) 상보대칭(Complementary)회로

NPN 트랜지스터와 PNP 트랜지스터를 종속 접속한 형태로 귀환쌍 회로와 형태는 같으나 전류의 흐름을 제어하는 방법을 달리한다. 귀환쌍 회로에서는 $TR_1$과 $TR_2$의 스윗칭 작용 없이 전류가 순환하도록 되어있다. 반면, 상보대칭 회로에서는 콘덴서 $C$가 충전과 방전을 반복하면서 $TR_1$과 $TR_2$를 $ON/OFF$하여 전류의 흐름을 제어하여 출력 전압을 얻는다.

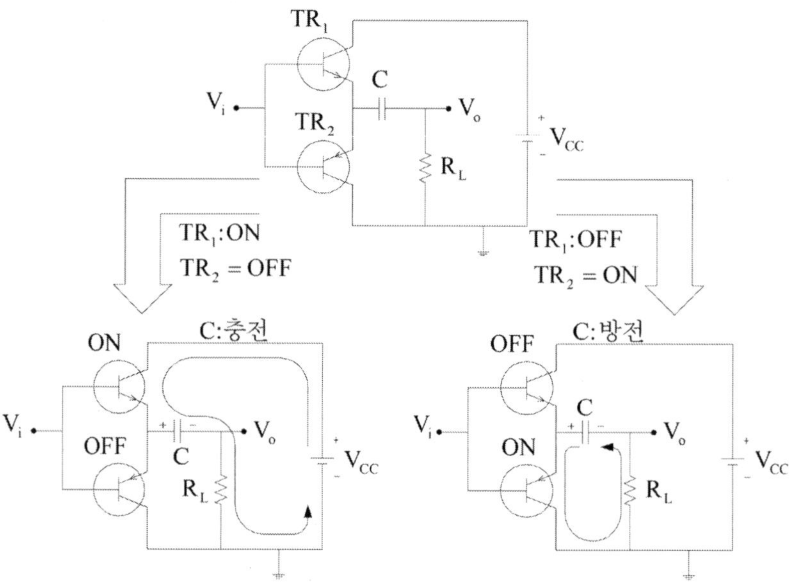


〈그림 4-26〉 상보대칭 회로

### (7) 하이브리드-T형, 하이브리드-$\pi$형 등가회로

① 고주파 전류이득($\beta$) : $\beta = \dfrac{-\beta_0}{1+j(f/f_\beta)}$ (단, $\beta_0 = \dfrac{\alpha_0}{1-\alpha_0}$)

② $\alpha$ 차단 주파수($f_\alpha$) : $f_\alpha = \dfrac{w_\alpha}{2\pi} = \dfrac{(1/t_B)}{2\pi} = \dfrac{D_P}{\pi W_b^2}$

(단, $W_b^2$ : 베이스폭, $t_B$ : 전자 주행시간)

③ $\beta$ 차단 주파수($f_\beta$) : $f_\beta = f_\alpha(1-\alpha_0) = \dfrac{\alpha_0}{\beta_0} f_\alpha$

$$f_\beta \cong \frac{1}{h_{fe_{mid}}} \frac{g_m}{2\pi(C_{B'E} + C_{B'C})}$$

④ 베이스 분포저항($r_{B'B}$) : $r_{B'B} = h_{ie} - r_{B'E}$

⑤ 상호 콘덕턴스($g_m$) : $g_m = \dfrac{|I_C|}{V_T}$ (단, $V_T = \dfrac{KT}{q}$)

$K$ : 볼츠만 상수($1.38 \times 10^{-23}$) [j/ °K]

$T = T_C + 273°$ ($T$는 절대온도, $T_C$는 상온에서의 온도)

$q$ : 전하($1.602 \times 10^{-19}$ [C])

⑥ 이득 대역폭곱($f_T$) : $f_T \cong h_{fe} f_\beta$

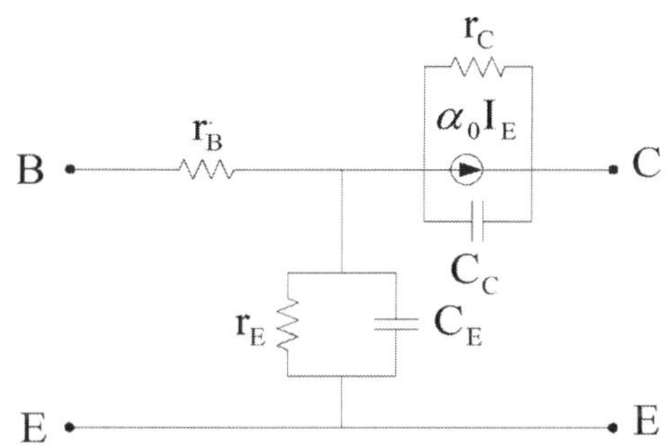


〈그림 4-27〉 하이브리드-T형 등가회로

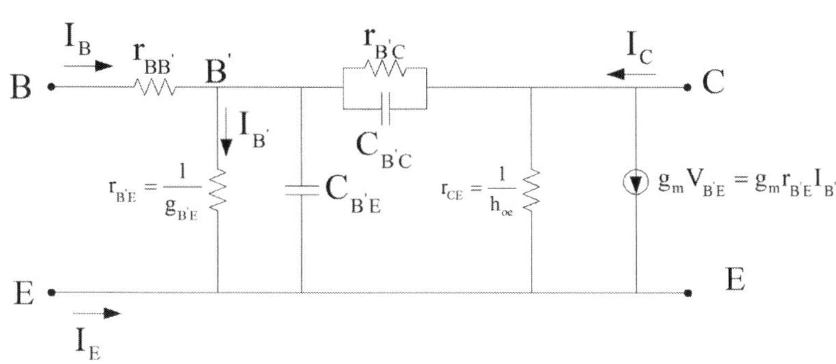


〈그림 4-28〉 하이브리드-$\pi$ 형 등가회로

〈표 4-8〉 하이브리드-$\pi$ 형 등가회로의 콘덕턴스

| 구 분 | 정의 |
|---|---|
| 상호 콘덕턴스 | $g_m = \dfrac{\lvert I_C \rvert}{V_T}$ |
| 궤환 콘덕턴스 | $g_{b'c} = \dfrac{h_{re}}{r_{B'E}}$ |
| 입력 콘덕턴스 | $g_{b'e} = \dfrac{g_m}{h_{fe}}$ |
| 출력 콘덕턴스 | $g_{ce} = h_{oe} - (1 + h_{fe}) g_{b'c} = \dfrac{1}{r_{ce}}$ |

## (8) 보상회로(Compensation Circuit)

### ① 다이오드 보상회로

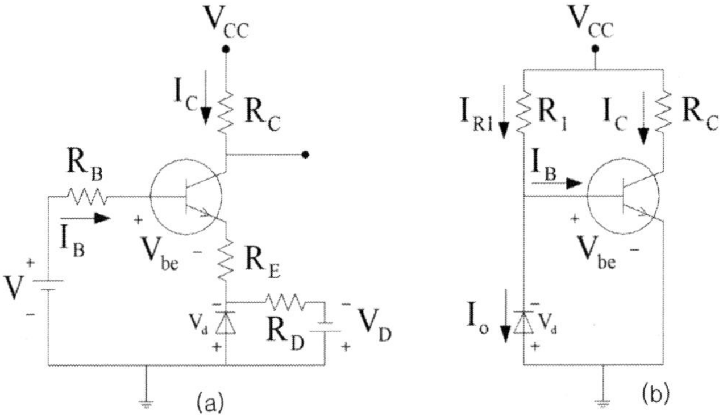


〈그림 4-29〉 다이오드 보상회로 (a) $V_{be}$ 보상 (b) $I_{CO}$ 보상

- (a) 회로

$$V - I_B R_B - V_{be} - R_E(I_B + I_C) + V_d = 0$$

**참 고**

$$R_E(I_B + C_C) \simeq (R_E + R_D)(I_B + I_C)$$

$$I_B = \frac{V - I_C R_E + V_d - V_{be}}{R_B + R_E}$$

$$I_C = \beta I_B + (1 + \beta) I_{CO}$$

$V_d$에 의하여 $V_{be}$를 보상하고 $I_B$와 $I_C$을 제어한다. 즉, 전류증폭율($\beta = \frac{I_C}{I_B}$)를 제어한다.

• (b)회로

$$V_{CC} - I_{R1}R_1 - V_{be} = 0$$

$$I_{R1} = \frac{V_{CC} - V_{be}}{R_1}$$

$$I_C = \beta I_B + (1+\beta)I_{CO} = \beta(I_{R1} - I_o) + (1+\beta)I_{CO} \approx \beta I_{R1} + \beta(I_{CO} - I_o)$$

결국,$I_{CO} = I_o$의 조건에서$I_C$는$I_{CO}$의 영향을 받지 않는다.

② 트랜지스터 보상회로

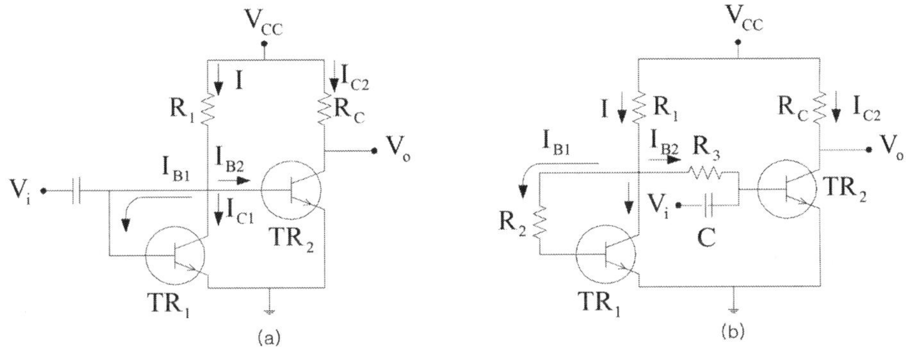


〈그림 4-30〉 트랜지스터 보상회로

# 4.12 증폭회로의 주사수 응답

## (1) 로그

값이 큰 변수를 비교하거나 회로를 설계, 해석할 때 로그함수를 이용한다.

$$a=b^x,\quad x=\log_b a \qquad \log_{10}1=0$$

$$\log_{10}\frac{1}{b}=-\log_{10}b \qquad \log_{10}\frac{a}{b}=\log_{10}a-\log_{10}b$$

$$\log_{10}ab=\log_{10}a+\log_{10}b$$

로그단위를 사용하면 그래프에 나타낼 수 있는 변수의 범위를 확장할 수 있다.

## (2) 데시벨(디비), 디비엠

① $dB$

통신장치에 사용되는 증폭기의 전압이득, 전력이득 또는 감쇄량을 표시하는 단위로 데시벨(dB)을 사용한다. 〈그림 4-31〉과 같은 증폭기의 전압이득($G_V$)은 다음 식으로 정의된다.

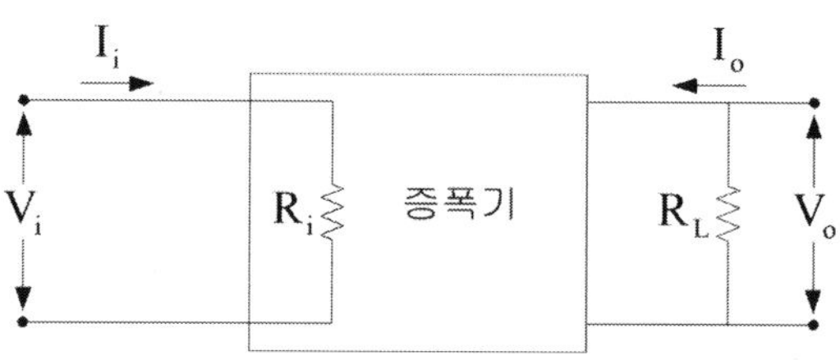


$$G_V=20\log_{10}\frac{V_o}{V_i}[dB]$$
$$=20\log_{10}A_v[dB]$$

〈그림 4-31〉 2포트 증폭기

전압이득이 다른 증폭기가 종속으로 접속된 경우의 전압이득($G_V$)은 다음 식으로 정의된다.

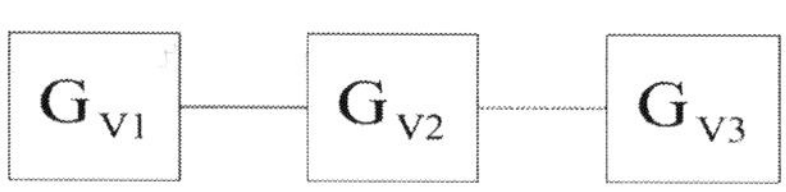


$$G_V=G_{V1}+G_{V2}+G_{V3}[dB]$$

〈그림 4-32〉 종속 증폭기

전력이득($G_P$)은 입력전력($P_i$)과 출력전력($P_o$)의 비로 정의된다.

$$
\begin{aligned}
G_P &= 10\ \log_{10}\frac{P_o}{P_i}[dB] \\
&= 10\ \log_{10}\frac{V_o^2/R_L}{V_i^2/R_i}[dB] = 10\ \log_{10}[(\frac{V_o}{V_i})^2\frac{R_i}{R_L}][dB] \\
&= 20\ \log_{10}\frac{V_o}{V_i}[dB] + 10\ \log_{10}\frac{R_i}{R_L}[dB]
\end{aligned}
$$

② $dB_m$

증폭기의 출력전력을 측정하기 위해서는 기준전력이 필요하며, 1mW 기준전력($P_i = 1m\,W$)을 사용하여 증폭도나 전력이득을 표시하는 단위로 디비엠($dB_m$)을 사용한다. 이때 표준 전송로의 특성임피던스와 같도록 $R_i = 600\Omega$으로 하여야 한다.

$$G_{dBm} = 10\ \log_{10}\frac{P_o}{1m\,W}\Bigg|_{R_i = 600\Omega}[dB_m]$$

### (3) 주파수특성-보드선도

증폭기의 주파수 특성곡선을 여러 개의 점근선 또는 절점으로 표시하여 얻은 곡선을 보드(Bode)선도라 한다.

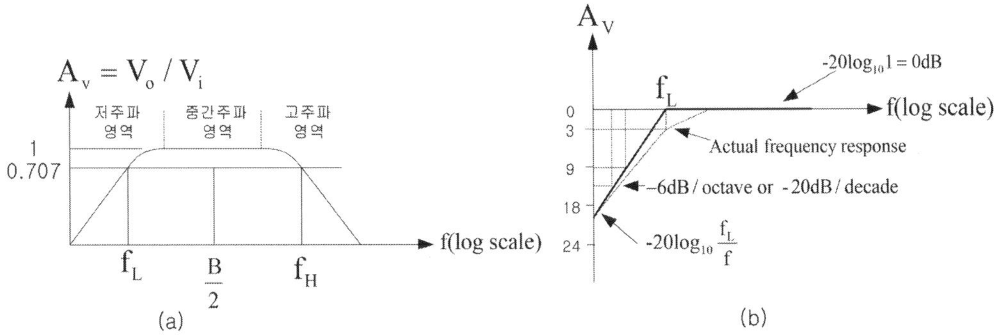


〈그림 4-33〉 주파수특성-보드(Bode)선도

(a) 주파수특성 이득 (b) 저주파 응답의 보드(Bode)선도

$$(대역폭)B = f_H - f_L$$

### (4) 저주파 응답

출력전압이 최대값의 0.707로 떨어지는 주파수에서 저주파 영역에서의 차단 주파수($f_L$)가 결정된다.

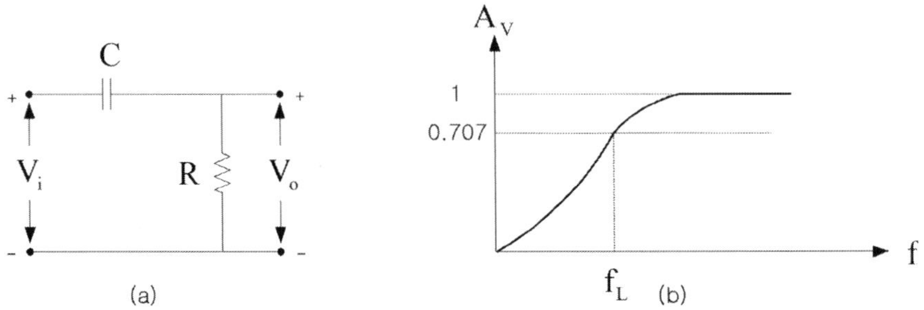


〈그림 4-34〉 (a) 저주파 응답용 CR회로 (b) CR회로의 주파수 응답

① 용량성 리액턴스($X_C$) : $X_C = \dfrac{1}{2\pi f C}$

$f$ = 높은 주파수 $\rightarrow X_C = 0\Omega$ ,

$f = 0Hz$ $\rightarrow X_C = \infty\Omega$

② 차단 주파수($f_L$) : $f_L = \dfrac{1}{2\pi RC}$

$X_C = \dfrac{1}{2\pi f_L C} = R$과 $f = f_L$ 의 조건에서 차단 주파수를 결정할 수 있다.

증폭회로를 종속으로 $n$개 접속한 경우, $n$단의 차단 주파수($f_{L(n)}$)

$$f_{L(n)} = f_L \frac{1}{\sqrt{2^{\frac{1}{n}} - 1}}$$

전압 증폭도($A_V$)는

$$A_V = \frac{1}{1 - j(f_L/f)}$$

$X_C = R$ 의 조건에서 전압 증폭도($A_V$)은

$$A_V = \frac{V_o}{V_i} = \frac{1}{\sqrt{2}} = 0.707 \Big|_{X_C = R}$$

③ 3[dB] 이득 : $G_V = 20\log_{10} A_V = 20\log_{10}\frac{1}{\sqrt{2}} = 20\log_{10} \times 0.707 = -3[dB]$

$f = f_L$에서 전압이득($G_V$)은 3[dB] 만큼 감소된다.

④ 위상각($\theta$) : $\theta = \tan^{-1}\frac{f_L}{f}$

### 예제 4-4

〈그림 4-35〉의 CR회로에서 차단 주파수($f_L$)를 구하고, 주파수 특성곡선을 그려라.

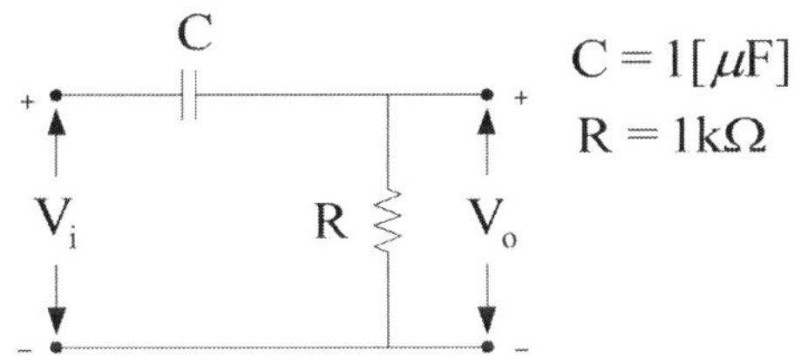


〈그림 4-35〉 예제 4.4

풀이

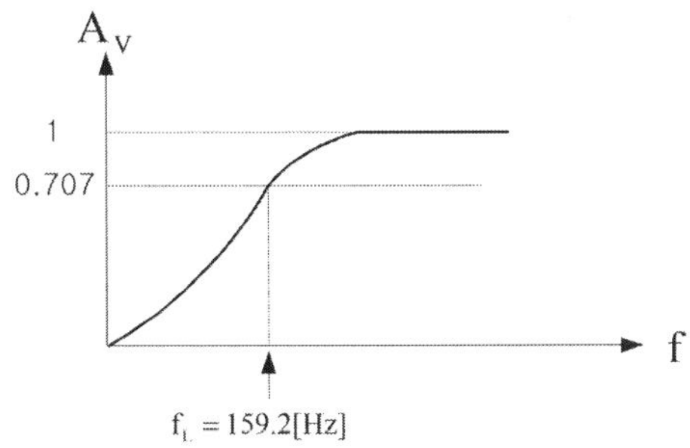


$$f_L = \frac{1}{2\pi RC} = \frac{1}{2 \times 3.14 \times 1k\Omega \times 1\mu F} = 159.2[Hz]$$

### (5) 고주파 응답

① 용량성 리액턴스($X_C$) : $X_C = \dfrac{1}{2\pi f C}$

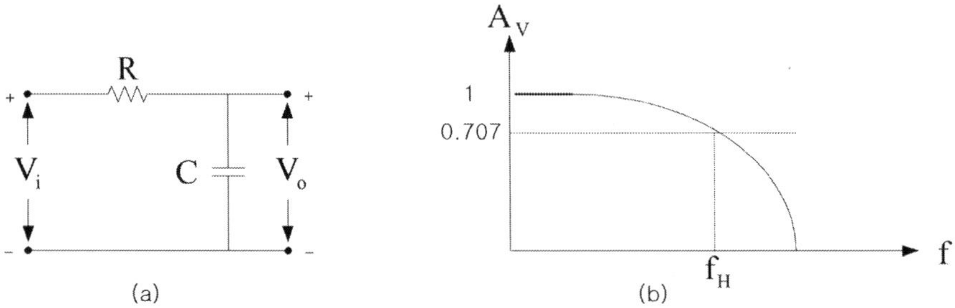


〈그림 4-36〉 (a) 고주파 응답용 RC회로 (b) RC회로의 주파수 응답

② 차단 주파수($f_H$) : $f_H = \dfrac{1}{2\pi RC}$

증폭회로를 종속으로 $n$개 접속한 경우, $n$단의 차단 주파수($f_{H(n)}$)

$$f_{H(n)} = f_H \sqrt{2^{\frac{1}{n}} - 1}$$

전압 증폭도($A_V$)는

$$A_V = \frac{1}{1 + j(f/f_H)}$$

$X_C = R$의 조건에서 전압 증폭도($A_V$)은

$$A_V = \frac{V_o}{V_i} = \frac{1}{\sqrt{2}} = 0.707 \Big|_{X_C - R}$$

③ 3[dB] 이득 : $G_V = 20\log_{10} A_V = 20\log_{10}\dfrac{1}{\sqrt{2}} = -3\,[dB]$

$f = f_L$에서 전압이득($G_V$)은 3[dB] 만큼 감소된다.

④ 위상각($\theta$) : $\theta = -\tan^{-1}\dfrac{f}{f_H}$

### (6) 증폭회로의 왜곡(Distortion)

① 진폭왜곡

트랜지스터, FET 등의 주파수 특성의 비직선성 때문에 발생하는 왜곡으로 왜곡의 정도를 왜곡률로 나타낸다.

$$(\text{왜곡률})D = \frac{\sqrt{V_2^2 + V_3^2 + \ldots.}}{V_1} \times 100\%$$

$V_1$ : 기본파의 실효값, $V_2$ : 제2 고조파의 실효값, $V_3$ : 제3 고조파의 실효값

② 주파수 왜곡

증폭회로에 존재하는 LC소자의 리액턴스가 증폭회로의 주파수 특성을 변화시킴으로서 발생하는 왜곡을 주파수 왜곡이라 한다.

③ 위상왜곡

입력 주파수와 출력 주파수 사이에 위상의 지연으로 발생하는 왜곡을 위상왜곡이라 한다.

### (7) 증폭회로의 잡음(Noise)

① 열잡음

- 열잡음의 실효전압 : $V_F = \sqrt{4KTBR}$ [V] (저항내의 자유전자의 열운동으로 발생하는 잡음으로)

  $K$ : 볼츠만 상수($1.38 \times 10^{-23}$) [j/ °K]

  $T = T_C + 273°$ ($T$는 절대온도, $T_C$는 상온에서의 온도)

  $B$ : 주파수 대역폭[Hz]

  $R$ : 저항[$\Omega$]

- 열잡음의 전력 : $P_F = T\delta f$

  $T$ : 절대온도($T_C + 273°$)

  $\delta$ : 주파수 편이량

  $f$ : 주파수

② 트랜지스터 잡음

- 플리커(Flicker) 잡음 : $\frac{1}{f}$ 잡음이라고도 하며, 반도체내 전자의 운동에너지가 시간적으로 일정하지 않아 발생하는 잡음으로 20kHz내의 낮은 주파수대에서 주로 발생한다.
- 산탄(Shot) 잡음 : 전자의 흐름이 불규칙하여 발생하는 잡음으로 주파수 전 대역에 걸쳐 나타나는 잡음이다.
- 임펄스(Impulse) 잡음 : 외부의 충격에 의하여 발생하는 잡음이다.

③ 잡음지수(Noise Figure)

증폭회로의 입력측의 신호($S_i$)와 잡음($N_i$)에 대한 출력측의 신호($S_o$)와 잡음($N_o$)의 비로 정의한다.

$$NF = \frac{\text{입력신호/입력잡음}}{\text{출력신호/출력잡음}}$$

$$NF = 10\ \log_{10}\frac{S_i/N_i}{S_o/N_o}\ \text{[dB]}$$

# 연습문제

**1.** $\alpha$는 어떤 회로의 전류증폭율인가?

㉮ CE 증폭회로 ㉯ CB 증폭회로 ㉰ CC 증폭회로 ㉱ 발진회로

**2.** 이상적인 트랜지스터인 경우의 $\alpha$값으로 옳은 것은?

㉮ 0 ㉯ 1 ㉰ 10 ㉱ $\infty$

**3.** 다음 중 트랜지스터의 $h$ 정수 등가회로에 나타나지 않는 것은?

㉮ 직류 바이어스 전압 ㉯ 전류 등가원
㉰ 전압 등가원 ㉱ 입출력 공통단자

**4.** $h$ 파라메터의 식으로 옳지 않은 것은?

㉮ $h_i = \dfrac{\Delta V_i}{\Delta I_i}$ ㉯ $h_f = \dfrac{\Delta I_0}{\Delta I_i}$ ㉰ $h_r = \dfrac{\Delta V_0}{\Delta V_i}$ ㉱ $h_o = \dfrac{\Delta I_0}{\Delta V_0}$

**5.** 다음식에서 옳지 않은 것은?

㉮ $\alpha = \dfrac{\Delta I_C}{\Delta I_E}$ ㉯ $\beta = \dfrac{\Delta I_C}{\Delta I_B}$ ㉰ $\alpha = \dfrac{\beta}{1+\beta}$ ㉱ $\beta = \dfrac{\alpha}{1+\alpha}$

**해설** $\alpha = \dfrac{\Delta I_C}{\Delta I_E} = \dfrac{\beta}{1+\beta}$, $\beta = \dfrac{\Delta I_C}{\Delta I_B} = \dfrac{\alpha}{1-\alpha}$

**6.** 트랜지스터의 베이스 전류 $I_B$가 $200[\mu A]$에서 $400[\mu A]$로 변화시켰더니 컬렉터 전류 $I_C$가 $2[mA]$에서 $4[mA]$로 변했다. 이때 트랜지스터의 전류 증폭율 $\beta$는?

㉮ 10 ㉯ 20 ㉰ 30 ㉱ 40

**해설** 트랜지스터의 전류증폭율 $\beta = \dfrac{\Delta I_C}{\Delta I_B} = \dfrac{(2-4)\times 10^{-3}}{(200-400)\times 10^{-6}} = 10$

**정답** 1. ㉯ 2. ㉯ 3. ㉮ 4. ㉰ 5. ㉱ 6. ㉮

7. 베이스 접지 하이브리드 등가회로에서 출력 어드미턴스를 옳게 나타낸 기호는?

㉮ $h_{ib}$ ㉯ $h_{fb}$ ㉰ $h_{rb}$ ㉱ $h_{ob}$

8. 이미터 접지 고정 바이어스 회로의 안정 계수 $S$는?

㉮ $1+\beta$ ㉯ $1-\beta$ ㉰ $1-\alpha$ ㉱ $1+\alpha$

**해설** 이미터 접지 고정 바이어스 회로의 안정계수$S$는 작을수록 안정도가 좋다.

$$S=\frac{\Delta I_C}{\Delta I_{CO}}=1+\beta$$

9. 다음 고정 바이어스 회로에서 직류 출력전압 $V_{CO}$를 $5[V]$로 하면 $R_B$값은 얼마인가? (단, $V_{be}=0.7[V]$, $V_{CC}=10[V]$, $\beta=50$, $R_C=5[K\Omega]$)

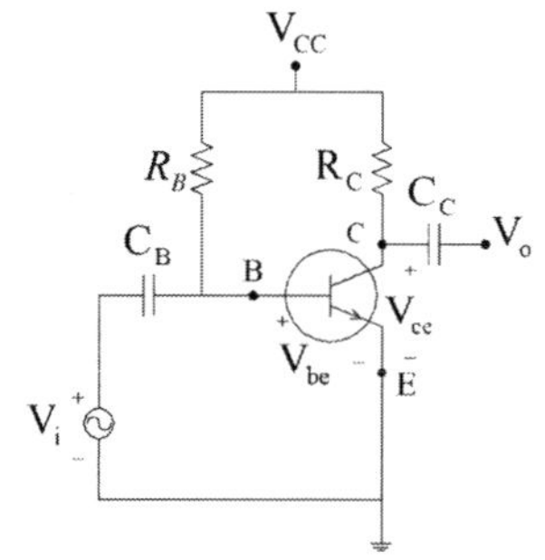


㉮ $465[K\Omega]$ ㉯ $562[K\Omega]$ ㉰ $750[K\Omega]$ ㉱ $893[K\Omega]$

**해설** 고정 바이어스 회로에서 컬렉터 전류 $I_C=\frac{V_{CC}-V_{CO}}{R_C}=\frac{10-5}{5\times10^3}=1[mA]$

베이스 전류 $I_B=\frac{I_C}{\beta}=\frac{1\times10^{-3}}{50}=20[\mu A]$

윗식에서 $R_B$ 값은 $R_B=\frac{V_{CC}-V_{be}}{I_B}=\frac{10-0.7}{20\times10^{-6}}=465[K\Omega]$

10. 트랜지스터 바이어스 안정계수를 좌우하는 함수가 아닌 것은?

㉮ $V_{CC}$ ㉯ $I_C$ ㉰ $I_{CO}$ ㉱ $V_{be}$

**해설** 안정계수$=\frac{\partial I_C}{\partial I_{CO}}=\frac{\partial I_C}{\partial V_{be}}=\frac{\partial I_C}{\partial\beta}$

**정답** 7. ㉱ 8. ㉮ 9. ㉮ 10. ㉮

**11.** 다음 그림과 고정 바이어스 회로에서 컬렉터 전류 $I_C$는?

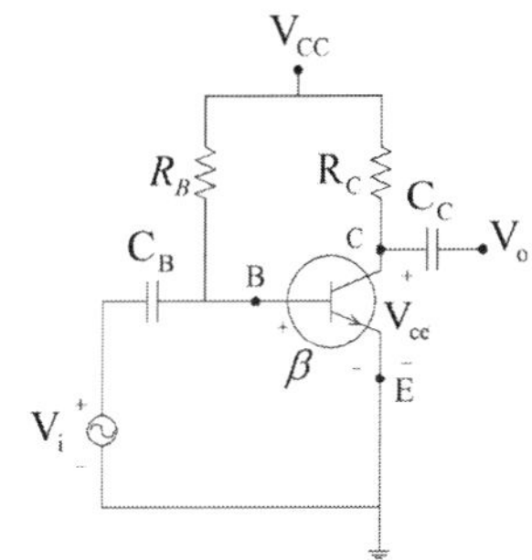


㉮ $I_C = \beta I_{CO}$

㉯ $I_C = \alpha I_E + I_{CO}$

㉰ $I_C = \beta I_B + (1-\beta)I_{CO}$

㉱ $I_C = \beta I_B + (1+\beta)I_{CO}$

**12.** 입력 임피던스가 가장 큰 회로는?

㉮ 이미터 접지회로
㉯ 바이패스 콘덴서를 갖는 이미터 접지회로
㉰ 베이스 접지회로
㉱ 컬렉터 접지회로

**13.** 다음의 이미터 접지회로에서 $R_E$의 역할로 옳은 것은?

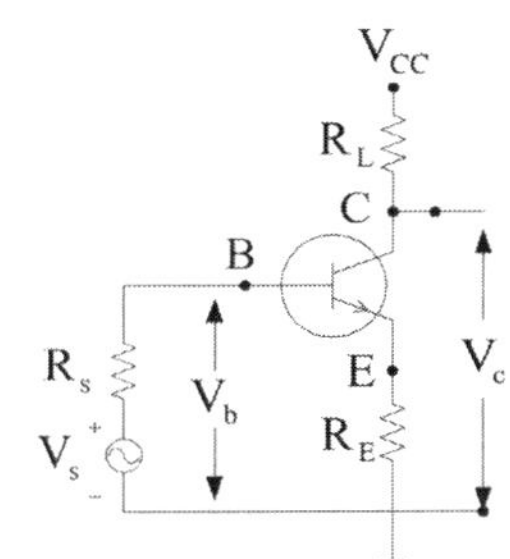


㉮ 바이어스 전류의 증가
㉯ 바이어스 전압의 증가
㉰ 주파수 대역의 증가
㉱ 동작점의 안정화

**14.** $h$ 파라메터의 식으로 옳지 않은 것은?

㉮ $h_{11} = \dfrac{I_1}{V_1}$
㉯ $h_{12} = \dfrac{V_1}{V_2}$

㉰ $h_{21} = \dfrac{I_2}{I_1}$
㉱ $h_{22} = \dfrac{I_2}{V_2}$

**해설** $h_{11} = \dfrac{V_1}{I_1}$

**15.** 다음 설명중 옳지 않은 것은?

㉮ 공통 이미터 회로는 전력이득이 가장 크다.
㉯ 공통 베이스 회로는 전류이득이 1보다 크다.
㉰ 공통 컬렉터 회로는 전압이득이 1보다 적다.
㉱ 공통 컬렉터 회로는 입력임피던스가 높고, 출력 임피던스는 낮다.

**해설** 공통 베이스 회로(CB) 증폭기는 $A_i < 1$이다.

**정답** 11. ㉱ 12. ㉱ 13. ㉱ 14. ㉮ 15. ㉯

16. 다음 고정 바이어스 회로에서 베이스 전류($I_B$), 컬렉터 전류($I_C$), 컬렉터-이미터간 전압($V_{CE}$)을 올바르게 구한 것은?
(단, $V_{CC}=10[V]$, $R_B=300[k\Omega]$, $R_C=2[k\Omega]$, $\beta=100$, $V_{BE}=0.7[V]$)

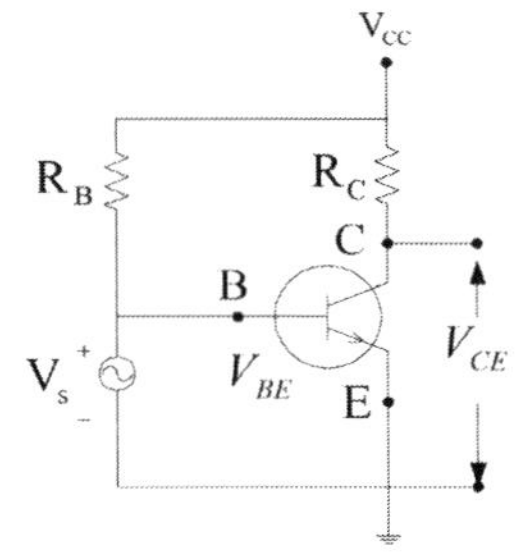


㉮ $I_B=31[\mu A], I_C=3.1[mA], V_{CE}=3.8[V]$

㉯ $I_B=35[\mu A], I_C=3.1[mA], V_{CE}=3.8[V]$

㉰ $I_B=31[\mu A], I_C=3.6[mA], V_{CE}=3.8[V]$

㉱ $I_B=31[\mu A], I_C=3.1[mA], V_{CE}=3.5[V]$

**해설** 고정 바이어스 회로에서 베이스 전류 $I_B$는

$$I_B=\frac{V_{CC}-V_{BE}}{R_B}=\frac{10-0.7}{300\times10^3}=0.031[mA]=31[\mu A]$$
$$I_C\approx\beta I_B=100\times0.031[mA]=3.1[mA]$$
$$V_{CE}=V_{CC}-I_CR_C=10-3.1[mA]\times2[k\Omega]=3.8[V]$$

17. 공통 이미터 증폭기에서 $h_{ie}$의 단위는?

㉮ $\Omega$[ohm]　　㉯ ℧[mho]

㉰ $V$[volt]　　㉱ 없음

18. 입력 임피던스가 매우 작고, 출력 임피던스가 매우 크며, 전류이득이 1인 증폭기는 다음 중 어느 것인가?

㉮ 이미터 접지 증폭기　　㉯ 베이스 접지 증폭기

㉰ 컬렉터 접지 증폭기　　㉱ 캐스코우드 증폭기

19. 다음 회로에서 $TR_1$의 역할로 옳은 것은?

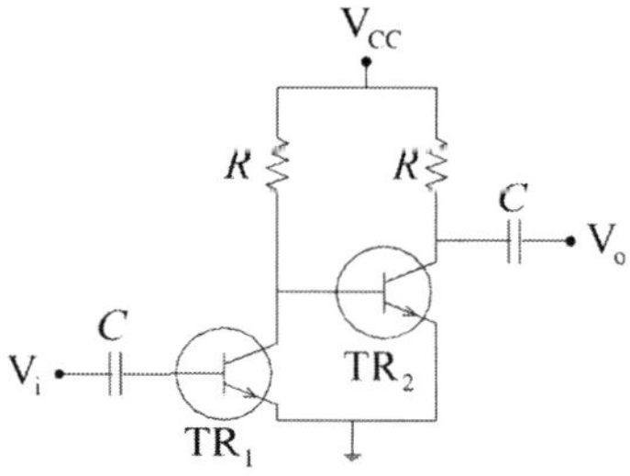


㉮ 입력 신호 증폭　　㉯ 출력 신호 증폭

㉰ 주파수 신호를 제거　　㉱ 온도 보상

**20.** 다음 회로에서 사용된 다이오드의 역할로 옳은 것은?

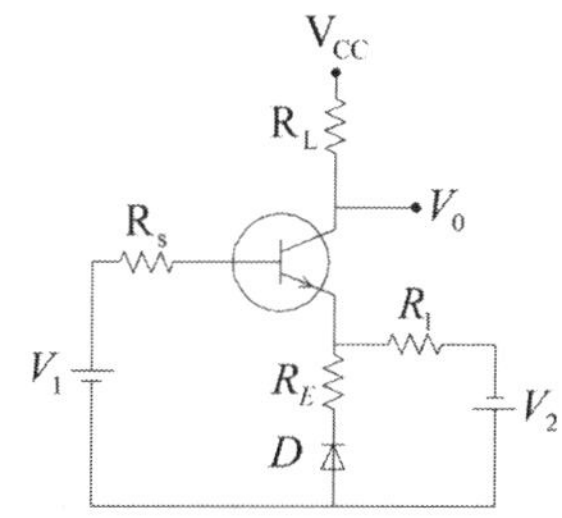


㉮ 궤환 보상 ㉯ 전류 보상
㉰ 전압 보상 ㉱ 온도 보상

**21.** 트랜지스터 특성곡선에서 $I_B$를 일정하게 하고 $V_{CE}$ 를 5[V]에서 10[V]로 변화 시켰더니 $I_C$가 5.7[mA]에서 6.9[mA]로 변화하였다. 이때$h_{oe}$의 값으로 옳은 것은?

㉮ $0.12[m℧]$ ㉯ $0.24[m℧]$
㉰ $0.48[m℧]$ ㉱ $0.48[m℧]$

해설 $h_{oe} = \dfrac{\Delta I_C}{\Delta V_{CE}} = \dfrac{(5.7-6.9)\times 10^{-3}}{5-10} = \dfrac{1.2\times 10^{-3}}{5} = 0.24[m℧]$

**22.** 임피던스가 낮고 높은 전류이득을 얻기 위한 회로는 다음 중 어느 것인가?

㉮ 이미터 플로워 ㉯ 이미터 접지회로
㉰ 베이스 접지회로 ㉱ 푸시풀 증폭회로

**23.** 다음 그림은 다알링턴(Darlington) 회로이다. 이때 전류 증폭률$A_i$로 옳은 것은? (단, $TR_1$, $TR_2$의 전류 증폭률은 각각 $A_1$, $A_2$이다.)

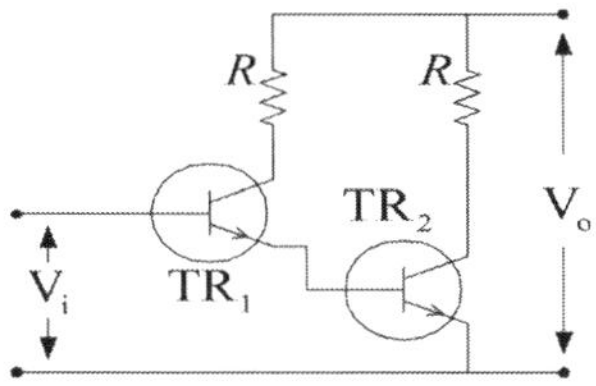


㉮ $A_i = A_1 + A_2$ ㉯ $A_i = (A_1 + A_2)^2$
㉰ $A_i = A_1 \cdot A_2$ ㉱ $A_i = (A_1 \cdot A_2)^2$

정답 20. ㉱ 21. ㉯ 22. ㉮ 23. ㉰

24. 다음의 다알링턴(Darlington) 회로에서 컬렉터 전류 $I_C$를 옳게 표현한 것은? (단, $TR_1$, $TR_2$의 전류 증폭률은 각각 $h_{fe1}$, $h_{fe2}$이다.)

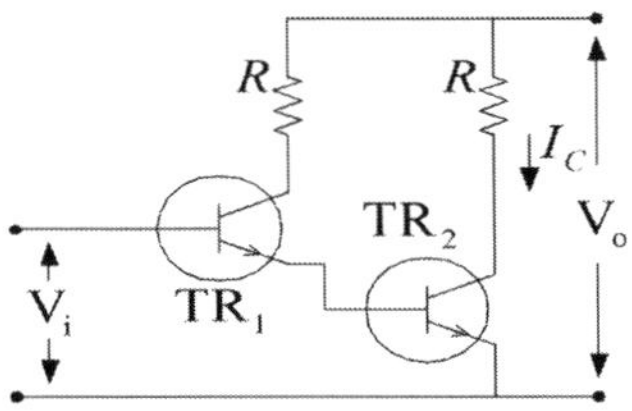


㉮ $I_C = I_B(h_{fe1} + h_{fe2})$
㉯ $I_C = I_B + (h_{fe1} \cdot h_{fe2})$
㉰ $I_C = h_{fe1}I_B + h_{fe1}(h_{fe2} + 1) \cdot I_B$
㉱ $I_C = h_{fe1}I_B + h_{fe2}(h_{fe1} + 1) \cdot I_B$

25. $h_{fe} = 60$, $h_{oe} = 30 \times 10^{-3}[℧]$, $R_L = 3[k\Omega]$인 증폭회로의 전류 이득은?

㉮ 0.659 ㉯ 1.318 ㉰ 1.977 ㉱ 2.636

해설 $A_i = \dfrac{h_{fe}}{1 + h_{oe}R_L} = \dfrac{60}{1 + (30 \times 10^{-3}[℧] \cdot 3 \times 10^3[\Omega])} = 0.659$

26. $h_{fe} = 50$, $h_{ie} = 2[k\Omega]$, $R_L = 1[k\Omega]$인 이미터 접지 증폭회로의 전압증폭도 $A_V$는?

㉮ −12.5 ㉯ −25 ㉰ −50 ㉱ −100

해설 $A_V = \dfrac{-h_{fe}}{h_{ie}} \cdot R_L = \dfrac{-50}{2 \times 10^{-3}} \cdot 1 \times 10^3 = -25$

27. 다음의 이미터 접지 $h$ 등가회로에서 $V_{BE}$을 옳게 표현한 식은?

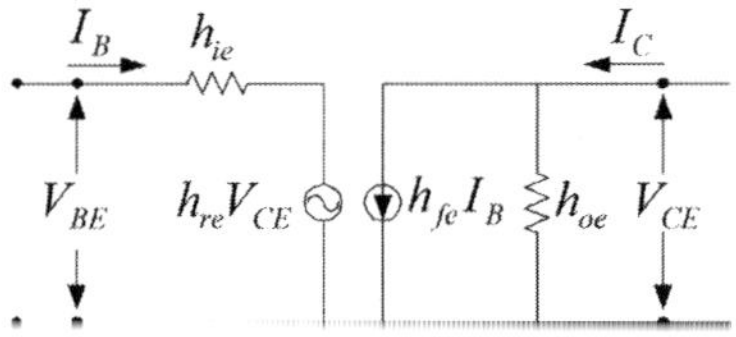


㉮ $h_{fe}I_B + h_{oe}I_C$ ㉯ $(h_{fe} + h_{ie})I_B$ ㉰ $h_{ie}I_B + h_{re}V_{CE}$ ㉱ $h_{oe}I_C + h_{re}V_{CE}$

28. 컬렉터 접지형(CE) 증폭기의 특징으로 옳지 않은 것은?

㉮ 입출력 전압의 위상은 동위상이다.
㉯ 입출력 전류의 위상은 동위상이다.
㉰ 입출력 전류의 위상은 역위상이다.
㉱ 직류 증폭도가 크다.

정답 24. ㉱ 25. ㉮ 26. ㉯ 27. ㉰ 28. ㉰

**29.** CE 증폭기가 많이 사용되는 이유는?

㉮ 입력 임피던스가 낮고 출력 임피던스가 높기 때문에
㉯ 전류 증폭도가 높기 때문에
㉰ 전류 증폭도가 높기 때문에
㉱ 전류, 전압 증폭도가 1보다 크기 때문에

**30.** 1단 이미터 플로워에 대한 다알링턴 회로의 특징을 설명한 것중 옳지 않은 것은?

㉮ 입력 임피던스가 낮아진다.
㉯ 출력 임피던스는 경우에 따라서 증감한다.
㉰ 전류이득이 증대한다.
㉱ 전압이득이 작아진다.

**31.** 다음의 고정 바이어스 회로에서 어떤 조건일 때 가장 안정된 회로라고 할 수 있는가? (단, $R_B = R_1 \parallel R_2$)

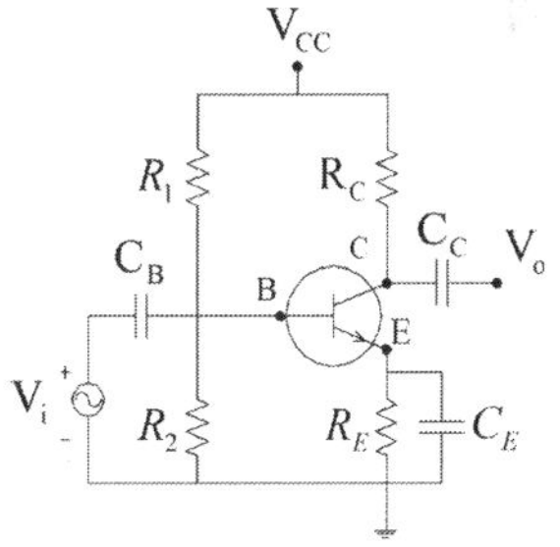


㉮ $R_B = \infty$
㉯ $R_E = 0$
㉰ $\dfrac{R_B}{R_E} = \infty$
㉱ $\dfrac{R_B}{R_E} = 0$

**32.** RC 결합 저주파 증폭회로에서 주파수를 높이면 이득이 감소하는데 이것은 다음 중 어떤 특성 때문인가?

㉮ 부성저항 특성 때문에
㉯ 트랜지스터 특성이 변하기 때문에
㉰ 출력회로의 직렬 커패시턴스 때문에
㉱ 출력회로의 병렬 커패시턴스 때문에

**33.** 다음 그림의 바이어스 회로에서 안정계수 $S$를 좋게 하려면 어떻게 하여야 하는가?

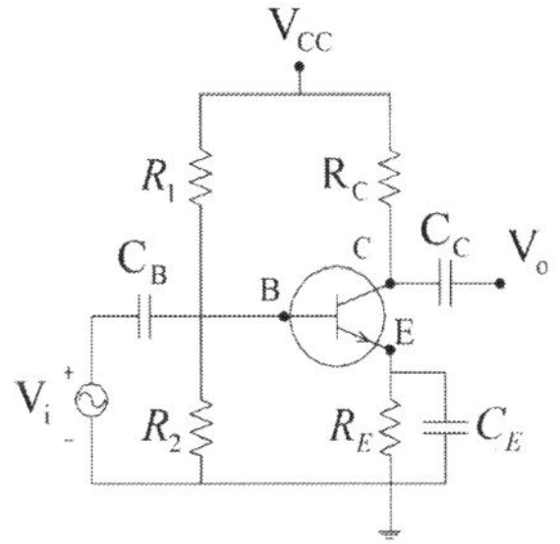


㉮ $R_1, R_2$를 크게 한다.
㉯ $R_C, V_{CC}$를 크게 한다.
㉰ $R_E$를 작게 하고 $R_1, R_2$를 크게 한다.
㉱ $R_E$를 크게 하고 $R_1, R_2$를 작게 한다.

**정답** 29. ㉱ 30. ㉮ 31. ㉱ 32. ㉱ 33. ㉱

**34.** 다음 회로에서 커패시턴스 $C$를 제거하였을 경우에 회로에 나타나는 현상으로 옳은 것은?

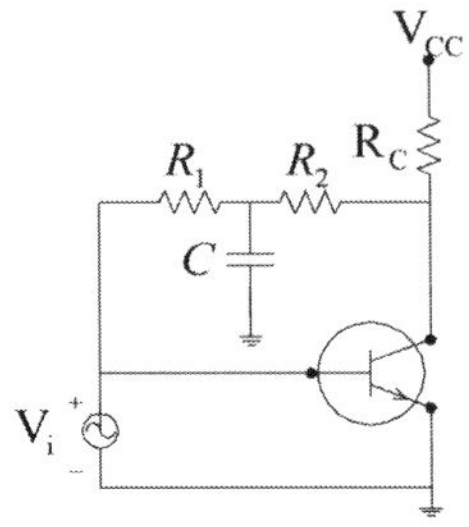

㉮ 회로의 안정계수$S$가 증가한다.

㉯ 회로의 안정계수$S$가 감소한다.

㉰ 회로의 이득이 증가한다.

㉱ 회로의 이득이 감소한다.

**35.** 다음은 어떤 트랜지스터 증폭기의 바이어스 안정계수$S$를 나열한 것이다. 이중에서 가장 안정된 회로는?

㉮ 0.7 ㉯ 1 ㉰ 1.414 ㉱ 3.14

**해설** 안정계수$S$가 작을수록 회로의 안정도는 좋아진다.

**36.** 다음 그림의 회로에서 이미터 접지저항 $R_E$에 흐르는 전류를 옳게 표현한 것은?

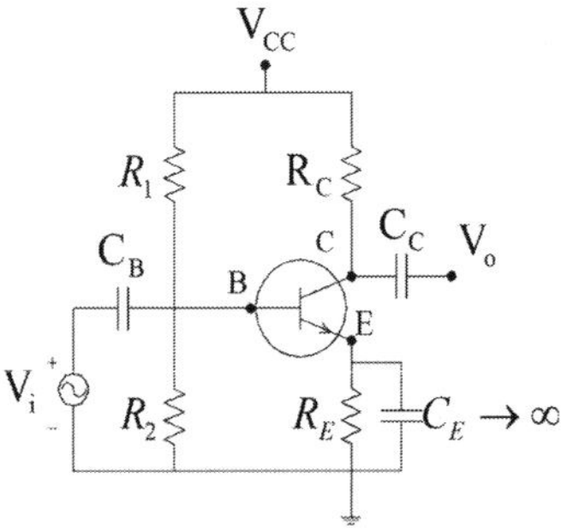

㉮ 직류 전류가 흐른다.

㉯ 교류 전류가 흐른다.

㉰ 직류와 교류 전류의 합이 흐른다.

㉱ 직류와 교류 전류의 차가 흐른다.

**37.** 트랜지스터 전압-전류 특성곡선에서 직류 부하선(load line)을 그리기 위해 알아두어야 할 사항은?

㉮ 베이스 전류 ㉯ 컬렉터 전류

㉰ 증폭회로의 주파수 대역폭 ㉱ 전원전압 $V_{CC}$, 부하저항 $R_L$의 값

**38.** 이미터 저항($R_E$)을 갖는 공통 컬렉터(CE) 증폭회로에서 $R_E$의 역할은?

㉮ 안정계수$S$를 감소시킨다. ㉯ 주파수 대역를 증가 시킨다.

㉰ 바이어스 전압을 감소 시킨다. ㉱ 증폭회로의 출력을 증가 시킨다.

**해설** 안정계수$S$가 감소하면 회로의 동작점이 안정된다.

**정답** 34. ㉰ 35. ㉮ 36. ㉮ 37. ㉱ 38. ㉮

**39.** 다음과 같은 회로의 직류 부하선의 기울기를 옳게 표현한 것은?

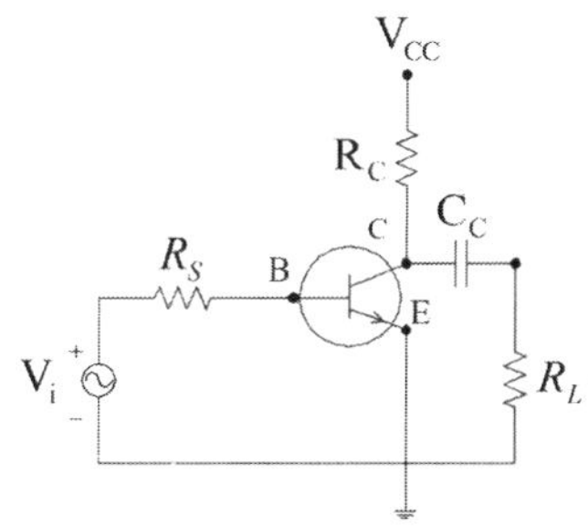

㉮ $\frac{1}{R_C}$ ㉯ $-\frac{1}{R_C}$ ㉰ $\frac{1}{R_C+R_L}$ ㉱ $-\frac{1}{R_C+R_L}$

**40.** 다음 이미터접지 증폭회로에서 직류 부하선과 교류 부하선의 기울기는?

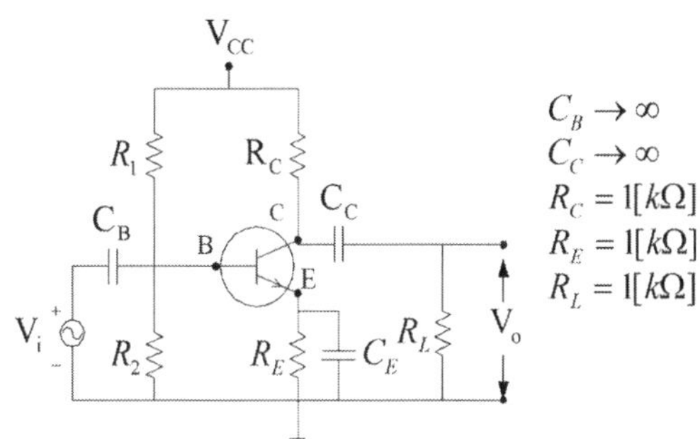

㉮ $-\frac{1}{R_{dc}}=-\frac{1}{2000}$, $-\frac{1}{R_{ac}}=-\frac{1}{500}$ ㉯ $-\frac{1}{R_{dc}}=-\frac{1}{500}$, $-\frac{1}{R_{ac}}=-\frac{1}{2000}$

㉰ $-\frac{1}{R_{dc}}=-\frac{1}{1000}$, $-\frac{1}{R_{ac}}=-\frac{1}{2000}$ ㉱ $-\frac{1}{R_{dc}}=-\frac{1}{2000}$, $-\frac{1}{R_{ac}}=-\frac{1}{1000}$

해설 $R_{dc}=R_C+R_E=1[k\Omega]+1[k\Omega]=2[k\Omega]$

$R_{ac}=R_C \parallel R_L=1[k\Omega] \parallel 1[k\Omega]=0.5[k\Omega]$

직류 부하선의 기울기는 $-\frac{1}{R_{dc}}=-\frac{1}{2000}$

교류 부하선의 기울기는 $-\frac{1}{R_{ac}}=-\frac{1}{500}$

정답 39. ㉯ 40. ㉮

**41.** $\alpha$차단 주파수에 관하여 설명한 것으로 옳은 것은?

㉮ 컬렉터 인가 전압에 비례 한다.

㉯ 컬렉터 용량에 반비례 한다.

㉰ 베이스폭과 컬렉터 용량에 반비례 한다.

㉱ 베이스폭의 자승에 반비례하고 확산 계수에 비례한다.

**해설** $\alpha$차단 주파수는 다음과 같이 정의된다. ($D_B$ : 확산계수, $W_b$ : 베이스폭)

$$f_\alpha = \frac{D_B}{\pi W_b^2}$$

**42.** 베이스 접지 증폭회로에서 차단 주파수가 $f_\alpha = 20[MHz]$인 트랜지스터를 이미터 접지로 하였을 때 차단 주파수$f_\beta$값으로 옳은 것은? (단, $\beta_0 = 98$)

㉮ 101[kHz] ㉯ 202[kHz]

㉰ 404[kHz] ㉱ 808[kHz]

**해설** $\beta$차단 주파수는 다음과 같이 정의 된다. ($\alpha_0 = \frac{\beta_0}{1+\beta_0}$)

$$f_\beta = f_\alpha(1-\alpha_0) = f_\alpha(1 - \frac{\beta_0}{1+\beta_0}) = 20 \times 10^6 (1 - \frac{98}{1+98}) = 202[kHz]$$

**43.** 주파수 대역폭이$B = 5[kHz]$이고 중심 주파수$f_0 = 555[kHz]$인 동조회로를 만들고자 한다. 이때 이 회로의 선택도$Q$는 얼마인가?

㉮ $9 \times 10^{-3}$ ㉯ 55.5

㉰ 111 ㉱ 222

**해설** $Q = \frac{f_0}{B} = \frac{555 \times 10^3}{5 \times 10^3} = 111$

**44.** $R, L, C$ 직렬회로의 선택도$Q$를 옳게 표현한 식은? (단, $\omega$ : 각속도)

㉮ $\frac{\omega L}{R}$ ㉯ $\frac{\omega C}{R}$

㉰ $\frac{B}{f_0}$ ㉱ $\frac{R}{\omega C}$

**해설** $Q = \frac{f_0}{B} = \frac{\omega L}{R} = \frac{1}{\omega RC}$

**정답** 41. ㉱ 42. ㉯ 43. ㉰ 44. ㉮

CHAPTER 5

# FET 증폭회로

## 5.1 FET의 소신호 등가회로

전계효과 트랜지스터는 바이폴라 접합 트랜지스터(Bipolar Junction Transistor:BJT)와 같이 다양한 용도에 사용되는 3단자 소자이다. FET와 BJT의 중요한 차이점은 BJT가 전류제어형 소자인 반면에 FET는 전압제어형 소자라는 사실이다. 즉 출력전류를 제어하는 요소가 BJT는 입력전류이며 FET는 입력전압이다.

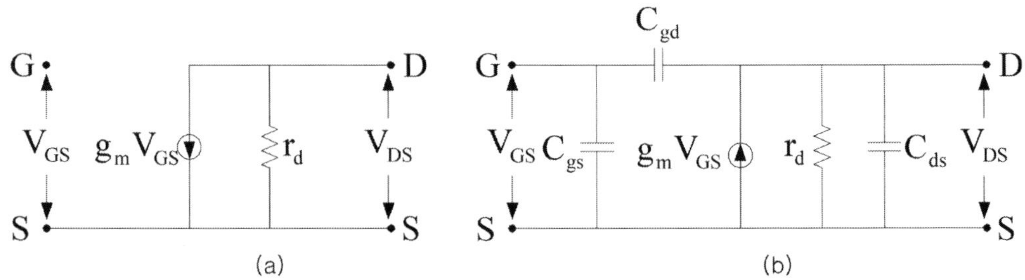


〈그림 5-1〉 FET 소신호 등가회로 (a) 저주파 등가회로 (b) 고주파 등가회로

### (1) FET의 특징

① BJT는 작은 입력(베이스)전류로 큰 출력(컬렉터)전류를 제어하는 반면, FET는 작은 입력(케이드-소스)전압으로 큰 출력(드레인)전류를 제어한다.

② FET 등가회로는 BJT 보다 간단하다.

③ BJT에는 전류이득($\beta$)이 있는 반면, FET에는 상호 콘덕턴스($g_m$)가 있다.

④ BJT보다 이득-대역폭 적(積)이 작다.

⑤ BJT보다 열 안정성이 좋아 잡음이 적다.

⑥ 입력 임피던스가 크다.

### (2) FET 회로의 특성

① 입력 임피던스($Z_i$) : $Z_i = \infty$

② 출력 임피던스($Z_o$) : $Z_o = r_d = \dfrac{1}{h_{os}}$ ($h_{os}$ : 출력 어드미턴스)

③ 전압 이득($A_v$) : $A_v = \dfrac{V_o}{V_i} = \dfrac{V_{DS}}{V_{GS}} = \dfrac{-(g_m V_{GS} r_d)}{V_{GS}} = -g_m r_d$

**참 고** **FET의 형태와 타입**

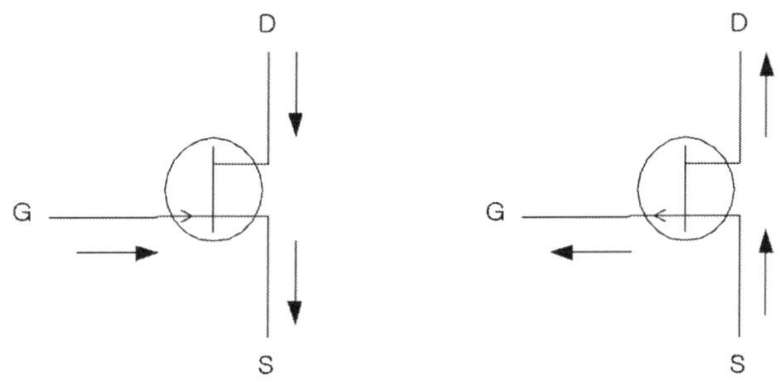


$-G_m r_d$에서 $-$는 전류의 방향을 나타내는 것으로

고주파 등가회로: $-g_m r_d$

저주파 등가회로: $g_m r_d$

### (3) FET의 3정수

① 증폭정수($\mu$) : $\mu = \dfrac{\Delta V_{DS}}{\Delta V_{GS}}(I_D = \text{일정}) = g_m r_d$

② 상호 콘덕턴스($g_m$) : $g_m = g_{mo}(1 - \dfrac{2V_{GS}}{V_P}) = \dfrac{\Delta I_D}{\Delta V_{GS}}(V_{DS} = \text{일정})$

$$g_{mo} = \frac{2I_{DSS}}{|V_P|}(V_P : \text{핀치오프(Pinch -off)전압})$$

**참 고** **콘덕턴스(conductance)**

저항 resistance의 역수로서 전도성 또는 전도력을 나타낸다.

③ 드레인 저항($r_d$) : $r_d = \dfrac{\Delta V_{DS}}{\Delta I_D}(V_{GS} = \text{일정})$

**예제 5-1**

JFET에서 $V_{GS}=5\,V$, $I_{DSS}=10mA$, $V_P=8\,V$일 때 상호 콘덕턴스 $g_m$를 구하라.

풀이

$$g_{mo}=\frac{2I_{DSS}}{|\,V_P|}=\frac{2\times 10mA}{8\,V}=2.5mA$$

$$g_m=g_{mo}(1-\frac{2\,V_{GS}}{V_P})=2.5mA\times(1-\frac{2\times 5\,V}{8\,V})=-0.625mA$$

$$\therefore g_m=-0.625mA$$

# 5.2 고정 바이어스 회로

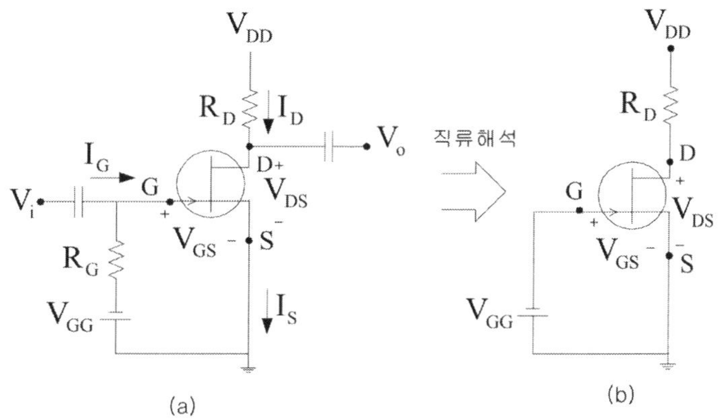


〈그림 5-2〉 (a) 고정 바이어스회로 (b) 직류해석

① 의미 : 직류 공급전압인 $V_{GG}$의 크기가 고정되어 있어 고정 바이어스 회로라 한다.

$R_G$는 교류입력전압 $V_i$가 $R_G$의 양단에 나타나도록 하기 위한 소자이며, 회로의 직류해석에서는 $I_G = 0A$이기 때문에 $R_G$에 걸리는 전압 또한 $V_{R_G} = 0V$이기 때문에 $R_G$를 단락회로로 놓는다. 드레인 전류 $I_D$는 쇼클리 방정식에 의하여 구할 수 있으며, 드레인-소스 전압 $V_{DS}$는 직류 공급전압 $V_{DD}$와 부하저항 $R_D$에 걸리는 전압의 차에 의하여 구할 수 있다.

② 직류해석 : $I_G = 0A$, $V_{R_G} = I_G R_G = 0V$, $R_G = 0\Omega$, $C=$ 단락회로

③ 드레인전류($I_D$) : $I_D = I_{DSS}(1 - \frac{V_{GS}}{V_P})^2$ (쇼클리(Shockley) 방정식)

④ 드레인-소스 전압($V_{DS}$) : $V_{DS} = V_{DD} - I_D R_D$

**참고 키르히호프의 제2법칙**

$$V_{DD} - I_D R_D - V_{DS} = 0$$
$$V_{DS} = V_{DD} - I_D R_D$$

⑤ 접지전압 : $V_D = V_{DS}$, $V_G = 0V$, $V_S = V_{GS}$

**참고**

$V_G = 0V$인 것은 FET 해석은 $I_G = 0A$으로 놓고 해석하기 때문이다.

## 5.3 자기 바이어스 회로

① 의미 : 회로의 직류해석에서 소스 저항$R_S$를 포함한 루프의 회로 방정식은 다음과 같다.

$V_{GS}+V_{R_S}=0, V_{GS}=-V_{R_S}=-I_D R_S$

**참 고**

$V_{R_S}=I_S R_S=I_D R_S,\quad I_D \simeq I_S (I_G=0A)$

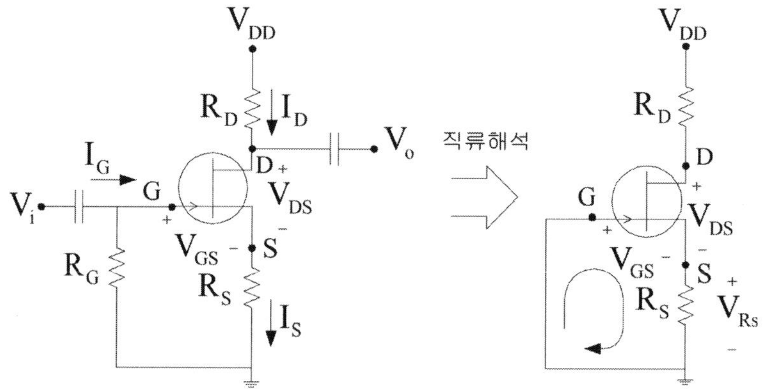


〈그림 5-3〉 (a) 자기 바이어스회로 (b) 직류해석

직류전압의 회로해석에서 게이트 전류는 $I_G=0A$이기 때문에 $R_G$에 걸리는 전압 $V_{R_G}$는 $0V$이다. 또한 게이트 저항과 커패시턴스는 모두$R_G=C=$단락회로로 놓고 해석한다.

② 직류해석 : $I_G=0A, V_{R_G}=I_G R_G=0V, R_G=0\Omega, C=$ 단락회로

③ 드레인전류($I_D$) : $I_D=I_{DSS}(1-\dfrac{V_{CS}}{V_P})^2=I_{DSS}(1+\dfrac{I_D R_S}{V_P})^2$

④ 드레인-소스 전압($V_{DS}$) : $V_{DS}=V_{DD}-I_D(R_D+R_S)$

**참 고 키르히호프의 제2법칙**

$V_{DD}-I_D R_D-V_{ds}-I_S R_S=0,\quad I_D \simeq I_S$

⑤ 접지전압 : $V_D = V_{DS} + V_S, V_G = 0\,V, V_S = I_S R_S \approx I_D R_S$

**참 고**

$$V_{DS} = V_D - V_S$$

## 5.4 전압배분기 바이어스 회로

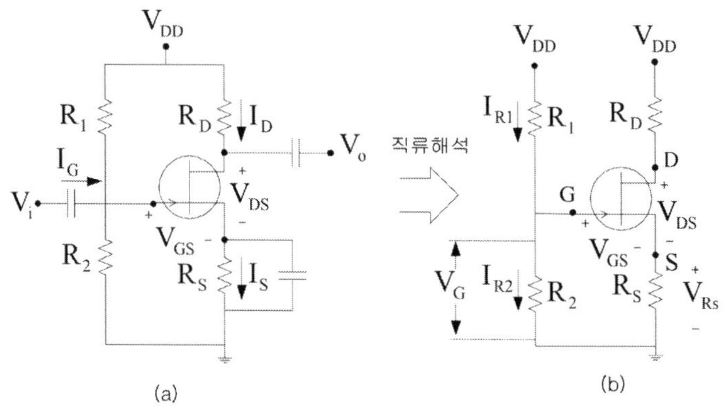


〈그림 5-4〉 (a) 전압 배분기 바이어스회로 (b) 직류해석

① 의미 : $R_1$과 $R_2$에 의하여 게이트의 공급전압을 조절함으로서 FET의 특성을 안정화시키고 큰 $R_S$ 값을 사용할 수 있게 한다.

② 직류해석 : $I_G = 0A$, $C$= 단락회로

③ 게이트-소스 전압( $V_{GS}$) : $V_{GS} = V_G - I_D R_S$

**참 고**

$$I_{R2} R_2 - V_{GS} - I_S R_S = 0$$
$$V_G - V_{GS} - I_D R_S = 0$$
$$V_{GS} = V_G - I_D R_S$$

④ 드레인-소스 전압( $V_{DS}$) : $V_{DS} = V_{DD} - I_D(R_D + R_S)$

**참 고**

$$V_{DD} - V_{R_D} - V_{DS} - V_{R_S} = 0$$
$$V_{DS} = V_{DD} - V_{R_D} - V_{R_S} = V_{DD} - R_D R_D - I_S R_S$$
$$I_D \simeq I_S$$

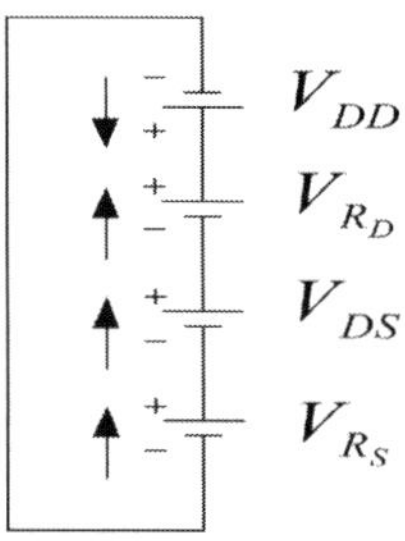

⑤ 저항전류($I_{R1}, I_{R2}$) : $I_{R1} = I_{R2} = \dfrac{V_{DD}}{R_1 + R_2}$

**참 고**

$I_G = 0A$ 이기 때문에 $I_{R_1} = I_{R_2}$

⑥ 접지전압 : $V_D = V_{DD} - I_D R_D, V_S = I_S R_S \approx I_D R_S$

**참 고**

$V_{DD} - I_D R_D - V_D = 0$

폐루프에 키르히호프의 제2법칙을 적용하면

$V_{DD} - I_D R_D - V_D = 0$ 이다.

여기에서, 드레인에 걸리는 전압 $V_D$를 구할 수 있다.

전압분배법칙의 공식 $V_n = \dfrac{R_n}{R_T} V$에서

$V_n$: 각 저항에 걸리는 전압($V_G$)

$R_n$: 각 저항값($R_2$)

$R_T$: 합성저항값($R_1 + R_2$)

$V$: 공급전압($V_{DD}$)

게이트에 걸리는 전압 $V_G$는 다음과 같다.

$$V_G = \frac{R_2 V_{DD}}{R_1 + R_2}$$

# 5.5 공통 드레인(CD : Common Drain) 증폭기 (소스 플로워 (Source follower) 증폭기)

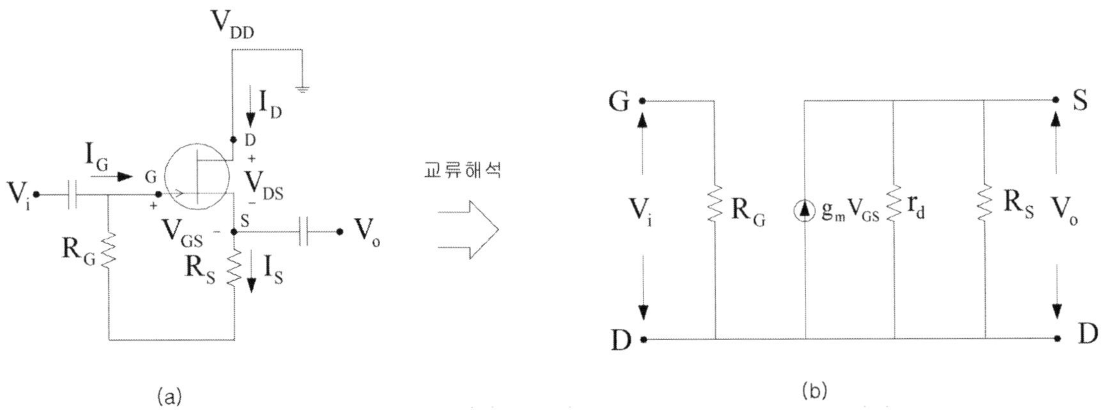


〈그림 5-5〉 (a) 공통 드레인 증폭기(소스 플로워) (b) 교류 등가회로

① 의미: 전압이득이 1보다 작고 높은 입력 임피던스와 낮은 출력 임피던스를 갖는 것이 특징이다.

② 입력 임피던스($Z_i$) : $Z_i = R_G$

교류 등가회로에서 게이트-드레인의 입력 임피던스는 게이트저항$R_G$에 의하여 결정된다.

③ 출력 임피던스($Z_o$) : $Z_o = \frac{1}{g_m} \parallel r_d \parallel R_S$

교류 등가회로에서 드레인-소스의 출력 임피던스는 컨덕턴스$g_m$, 드레인 내부 저항$r_d$, 소스저항 $R_s$의 병렬 저항 값으로 구할 수 있다.

④ 전압 이득($A_v$) : $A_v = \frac{V_o}{V_i} = \frac{g_m(r_d \parallel R_S)}{1 + g_m(r_d \parallel R_S)}$

$$V_{GS} = V_i - V_o$$

$$V_o = g_m V_{GS}(r_d \parallel R_S) = g_m(V_i - V_o)(r_d \parallel R_S)$$

$$= g_m V_i(r_d \parallel R_S) - g_m V_o(r_d \parallel R_S)$$

$$V_o(1 + g_m(r_d \parallel R_S)) = g_m(r_d \parallel R_S) V_i$$

**참고**

〈그림 5-5〉에서 게이트와 소스사아의 전압은 입력전압과 출력전압의 차로서 구할 수 있다.

$V_{GS} = V_i - V$

## 5.6 공통 게이트(CG : Common Gate) 증폭기

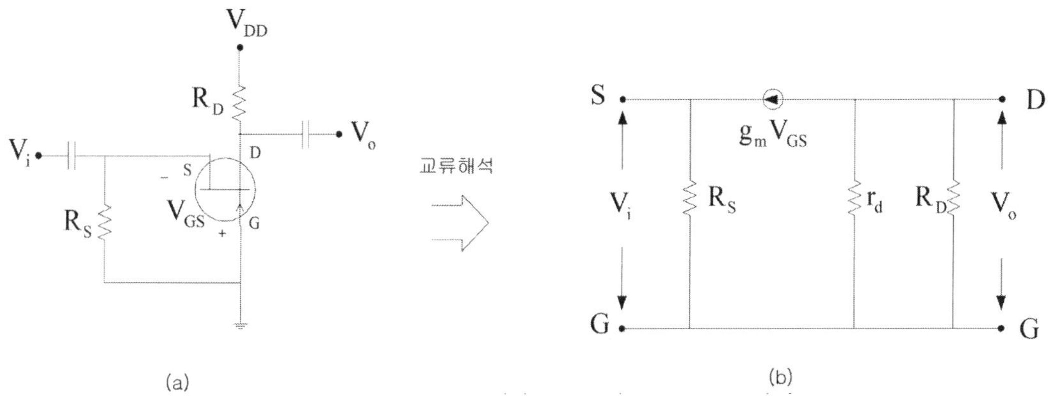


〈그림 5-6〉 (a) 공통 게이트 증폭기 (b) 교류 등가회로

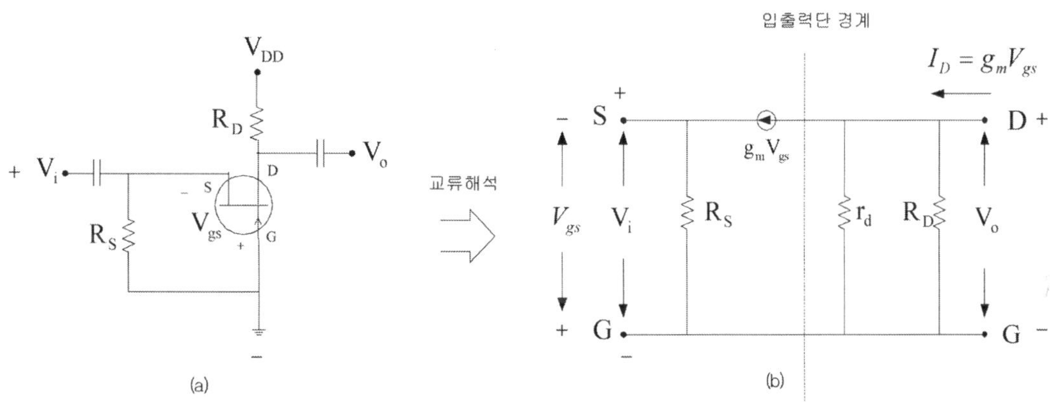


① 의미: 공통 소스회로와 거의 같은 크기의 전압이득을 얻을 수 있으며 낮은 입력 임피던스와 높은 출력임피던스를 갖는 것이 특징이다.

**참고**

$V_{GS} = -V_i$ (극성의 방향이 반대)

② 입력 임피던스($Z_i$) : $Z_i = \frac{1}{g_m} \parallel r_d \parallel R_S$

③ 출력 임피던스($Z_o$) : $Z_o = r_d \parallel R_D$

④ 전압 이득($A_v$) : $A_v = \frac{V_o}{V_i} = g_m (r_d \parallel R_D)$

$$V_o = -g_m V_{GS}(r_d \parallel R_D) = [g_m (r_d \parallel R_D)] V_i$$

$$V_{gs} = -V_i$$

# 5.7 공통 소스(CS : Common Source) 증폭기

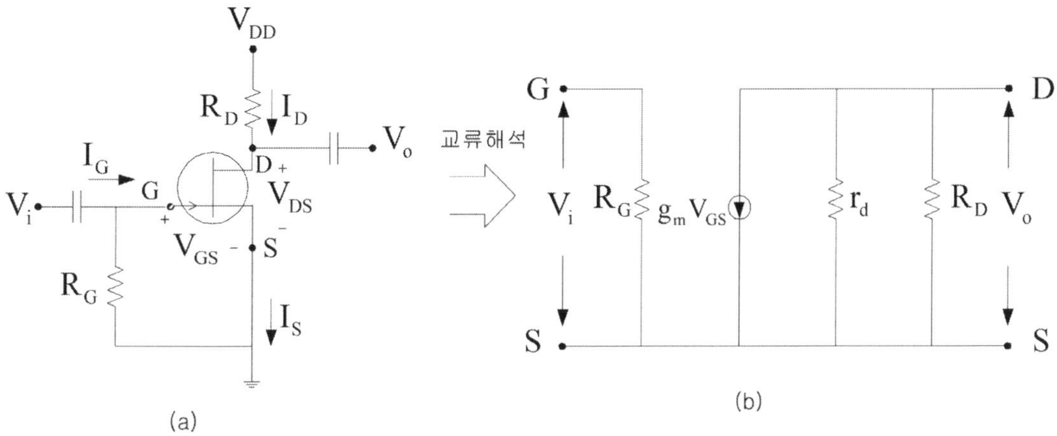


〈그림 5-7〉 (a) 공통 소스 증폭기 (b) 교류 등가회로

① 입력 임피던스($Z_i$) : $Z_i = R_G$

② 출력 임피던스($Z_o$) : $Z_o = r_d \parallel R_D$

③ 전압 이득($A_v$) : $A_v = \dfrac{V_o}{V_i} = -g_m(r_d \parallel R_D)$

$$V_o = -g_m V_{GS}(r_d \parallel R_D) = -[g_m(r_d \parallel R_D)]V_i$$

$$V_{GS} = V_i$$

참고

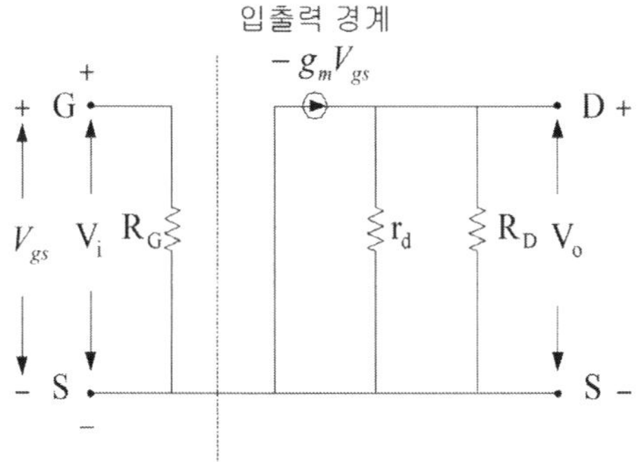


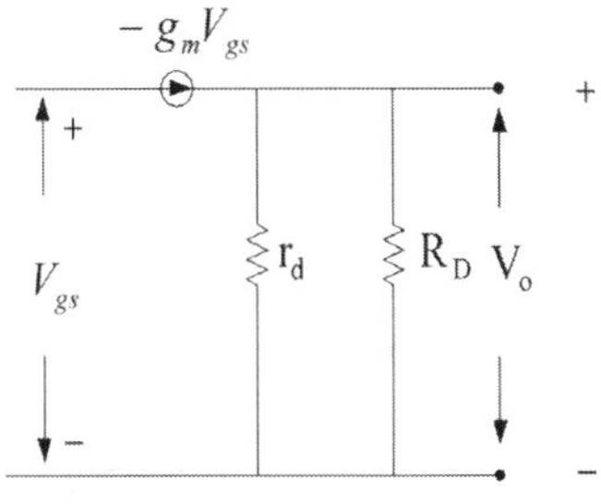

# 5.8 FET의 응용

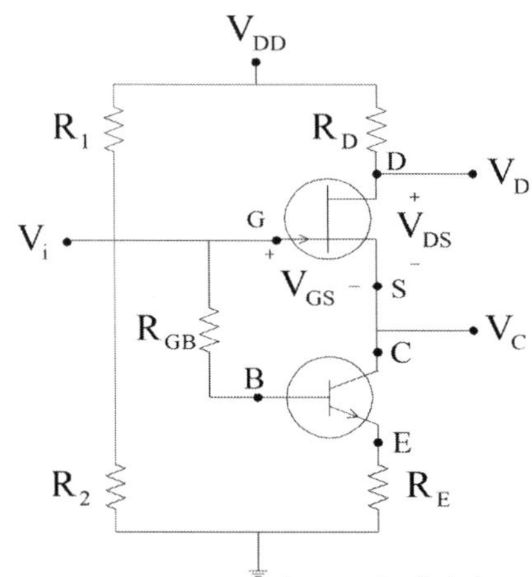


〈그림 5-8〉 FET와 BJT의 복합회로

① 드레인 전압( $V_D$) : $V_D = V_{DD} - I_D R_D$

② 드레인 전류($I_D$) : $I_D = I_{DSS}(1 - \frac{V_{GS}}{V_P})^2$

③ 컬렉터 전압( $V_C$) : $V_C = V_B - V_{GS}$

④ 베이스 전압( $V_B$) : $V_B = \frac{R_2}{R_1 + R_2} V_{DD}$

**참고**

$V_B = V_{be} + V_{R_B} = V_{be} + I_E R$

전압분배법치을 저용하면 $V_n \frac{R_n}{R_T} \cdot V$

$V_2 = V_B = \frac{R_2}{R_1 + R_2} \cdot V_D$

⑤ 이미터 전류($I_E$) : $I_E = \frac{V_{R_E}}{R_E}$

⑥ 컬렉터 전류($I_C$) : $I_C \approx I_E \approx I_S \approx I_D$

# 5.9 FET 증폭기의 주파수 응답과 보상

입력한 주파수에 따라 FET 증폭기의 응답 특성과 등가회로의 변수들이 달라지는데 이것을 이용하여 FET증폭기의 특성을 해석할 수 있다.

## (1) 저주파 응답

① 이득($A_L$) : $A_L = \dfrac{-g_m(r_d \parallel R_D \parallel R_L)}{1-j(f_L/f)}$

② 차단 주파수($f_L$) : $f_L = \dfrac{1}{2\pi(R_S+R_G)C_G}$ (입력측 $C_G$에 의한 차단 주파수)

참 고

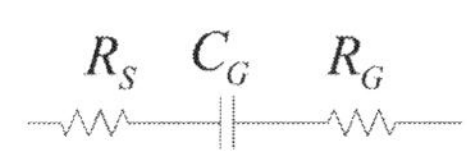


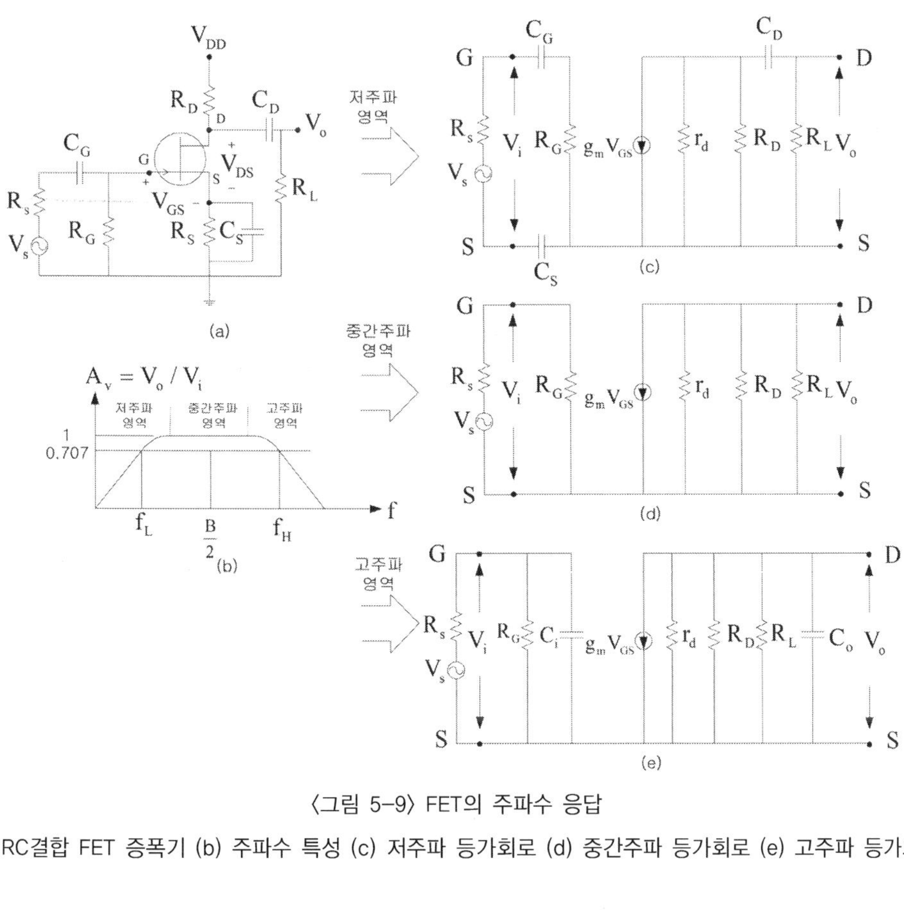


〈그림 5-9〉 FET의 주파수 응답

(a) RC결합 FET 증폭기 (b) 주파수 특성 (c) 저주파 등가회로 (d) 중간주파 등가회로 (e) 고주파 등가회로

$$f_L = \frac{1}{2\pi((r_d \parallel R_D) + R_L)C_D} \text{ (출력측 } C_D \text{에 의한 차단 주파수)}$$

**참 고**

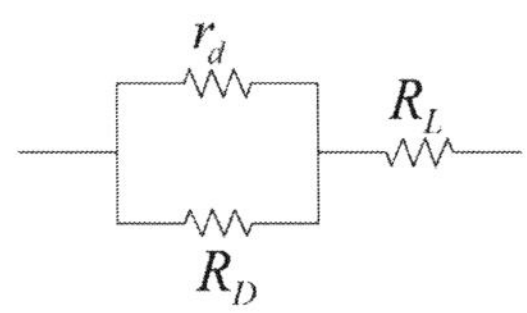


$$f_L = \frac{1}{2\pi(\frac{1}{g_m} \parallel R_S)C_S} \text{ (소스측 } C_S \text{에 의한 차단 주파수)}$$

**참 고**

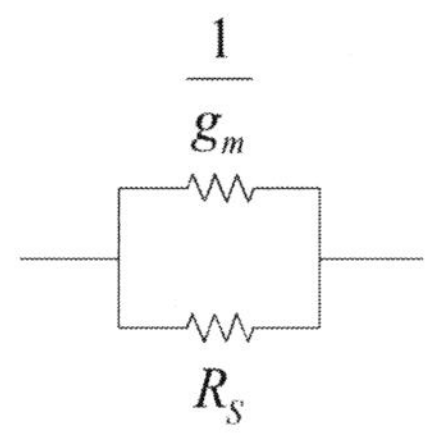


③ 저주파 보상회로 :

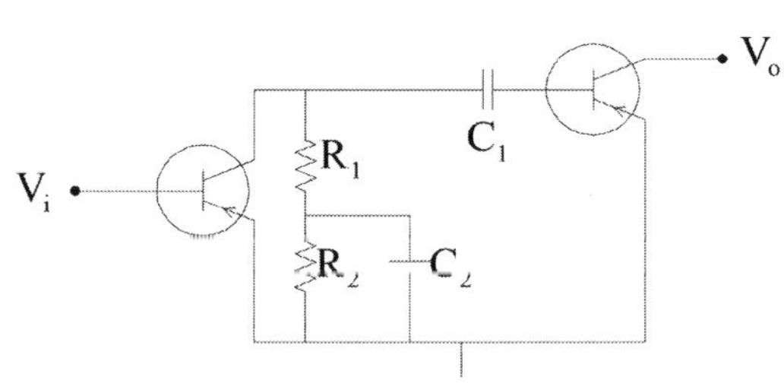


〈그림 5-10〉 저주파 보상회로

**참 고**

$R$, $C$의 공진주파수를 저역차단주파수($f_L$)에 가깝게 공진시켜서 주파수를 보상한다.

### (2) 중간주파 응답

① 이득($A_M$) : $A_M = -g_m(r_d \parallel R_D \parallel R_L)$

### (3) 고주파 응답

① 이득($A_H$) : $A_H = \dfrac{-g_m(r_d \parallel R_D \parallel R_L)}{1+j(f/f_H)}$

② 차단 주파수($f_H$) : $f_H = \dfrac{1}{2\pi(R_S \parallel R_G)C_i}$ (입력측에서 본 차단 주파수)

**참고**

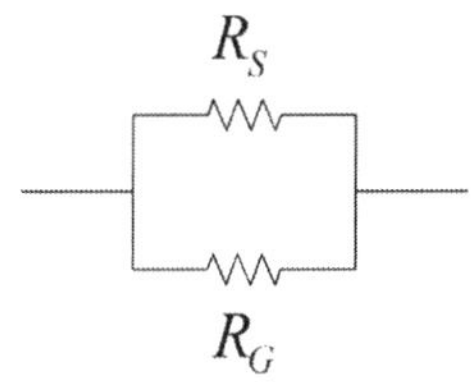


$f_H = \dfrac{1}{2\pi(r_d \parallel R_D \parallel R_L)C_o}$ (출력측에서 본 차단 주파수)

**참고**

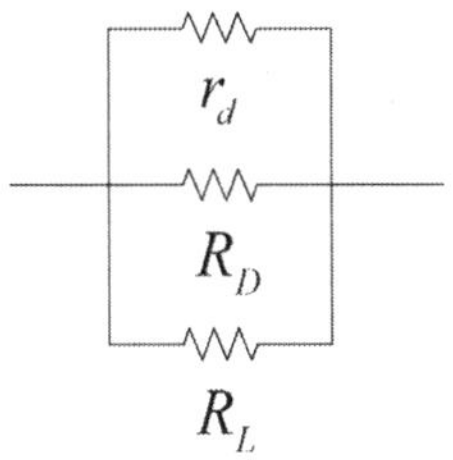


$$C_i = C_{gs} + (1 - A_H)C_{gd}$$

$$C_o = C_{ds} + (1 - \frac{1}{A_H})C_{gd}$$

③ **고주파 보상회로** : $RLC$의 공진 주파수를 고역 차단 주파수($f_H$)에 가깝게 공진시켜 주파수를 보상한다.

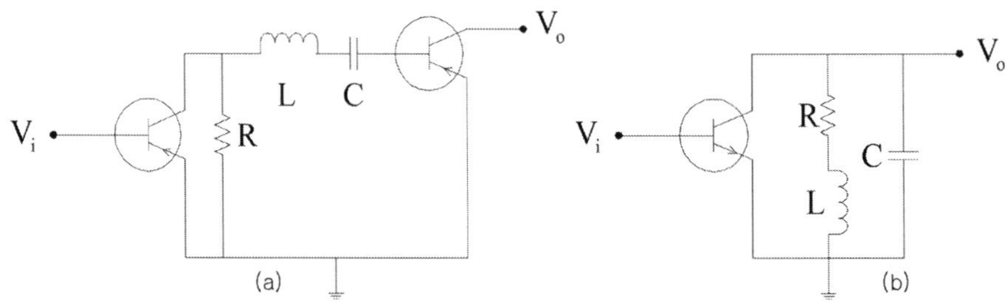


〈그림 5-11〉 고주파 보상회로 (a) 직렬공진 (b) 병렬공진

# 연습문제

1. 전계효과 트랜지스터(FET)의 장점에 관한 설명으로 옳지 않은 것은?

㉮ 입력 임피던스가 매우 높다. ㉯ 잡음이 상당히 적다.
㉰ 고집적회로에 적합한 소자이다. ㉱ 고속 스위칭 소자로 사용된다.

2. 다음은 FET와 TR을 비교 설명한 것으로 옳지 않은 것은?

㉮ FET는 TR보다 이득 대역폭적이 크다.
㉯ FET는 단극성 소자이며, TR은 양극성 소자이다.
㉰ FET는 TR보다 입력 임피던스가 크다.
㉱ FET는 TR보다 잡음이 적다.

**해설** FET와 TR의 차이점
① FET는 TR보다 이득 대역폭적이 적다. ② FET는 TR보다 잡음이 적다.
③ FET는 TR보다 입력 임피던스가 높다. ④ FET는 TR보다 제작이 간편하다.
⑤ FET는 TR보다 열안정성이 좋다.

3. FET의 3정수에 있어서 옳게 표현한 식은?

㉮ $r_d = \frac{g_m}{\mu}$ ㉯ $\mu = g_m r_d$
㉰ $\mu = \frac{r_d}{g_m}$ ㉱ $\mu = g_d r_d$

4. FET 소신호 등가회로에서 드레인 저항$r_d$를 옳게 표현한 식은?

㉮ $r_d = \frac{V_{GS}}{I_D} \mid_{v_{DS}}$ ㉯ $r_d = \frac{V_{GS}}{I_D} \mid_{I_D}$
㉰ $r_d = \frac{V_{DS}}{I_D} \mid_{v_{GS}}$ ㉱ $r_d = \frac{V_{GS}}{v_{ds}} \mid_{I_D}$

5. FET 소신호 등가회로에서 사용하지 않는 파라메터는?

㉮ $I_D$ ㉯ $V_{GS}$
㉰ $V_{DD}$ ㉱ $\beta$

**정답** 1. ㉱ 2. ㉮ 3. ㉯ 4. ㉰ 5. ㉱

6. FET 소신호 등가회로에서 전달 콘덕턴스 $g_m$을 옳게 표현한 식은?

㉮ $g_m = \frac{I_d}{V_{GS}} \mid_{V_{DS}=const}$

㉯ $g_m = \frac{V_{DS}}{V_{GS}} \mid_{I_D=const}$

㉰ $g_m = \frac{V_{DS}}{I_D} \mid_{V_{GS}=const}$

㉱ $g_m = \frac{V_{GS}}{I_D} \mid_{V_{DS}=const}$

7. FET의 드레인 전류 $i_d$를 옳게 표현한 식은?

㉮ $I_D = g_m V_{DS} + \frac{1}{r_d} V_{GS}$

㉯ $I_D = \mu V_{GS} + \frac{1}{r_d} V_{DS}$

㉰ $I_D = g_m V_{GS} + \frac{1}{r_d} V_{DS}$

㉱ $I_D = \mu V_{DS} + \frac{1}{r_d} V_{GS}$

8. FET에서 $I_{DS}$를 옳게 표현한 식은?
(단, $I_{DSS}$ : 드레인 역포화전류, $V_P$ : 핀치오프(pinch off) 전압)

㉮ $I_D = I_{DSS}(1 - \frac{V_P}{V_{GS}})$

㉯ $I_D = I_{DSS}(1 - \frac{V_P}{V_{GS}})^2$

㉰ $I_D = I_{DSS}(1 - \frac{V_{GS}}{V_P})$

㉱ $I_D = I_{DSS}(1 - \frac{V_{GS}}{V_P})^2$

9. FET에서 $I_{DSS} = 17[mA]$, $V_P = -5[V]$, $V_{GS} = 2[V]$일 때 $I_{DS}$는?

㉮ 30.12[mA]

㉯ 33.32[mA]

㉰ 36.15[mA]

㉱ 39.42[mA]

**해설** $I_{DS} = I_{DSS}(1 - \frac{V_{GS}}{V_P})^2 = 17 \times 10^{-3}(1 - \frac{2}{-5})^2 = 33.32[mA]$

10. 핀치 오프(pinch off) 전압에 대한 설명으로 옳은 것은?

㉮ $I_D = 0$일 때 게이트-소스 사이의 전압

㉯ $I_D = 0$일 때 드레인-소스 사이의 전압

㉰ $I_D = 0$일 때 드레인-게이트 사이의 전압

㉱ $I_D = 0$이 아닌 때의 게이트-소스 사이의 전압

**정답** 6. ㉮ 7. ㉰ 8. ㉱ 9. ㉯ 10. ㉮

**11.** FET에서 상호 콘덕턴스 $g_m$ 과 게이트-소스간의 전압 $V_{GS}$ 의 관계를 옳게 표현한 식은? (단, $g_{m0}$ : $V_{GS}=0$ 일 때 상호콘덕턴스, $V_P$ : 상호콘덕턴스)

㉮ $g_m = g_{m0}(1+\frac{V_{GS}}{V_P})$  ㉯ $g_m = g_{m0}(1+\frac{V_{GS}}{V_P})^2$

㉰ $g_m = g_{m0}(1-\frac{V_{GS}}{V_P})^2$  ㉱ $g_m = g_{m0}(1-\frac{V_{GS}}{V_P})$

**해설** $g_m = \frac{\Delta I_D}{\Delta V_{GS}}(V_{DS}=\text{일정}) = -\frac{2I_{DSS}}{V_P}(1-\frac{V_{GS}}{V_P}) = g_{m0}(1-\frac{V_{GS}}{V_P})$

**12.** 다음 그림은 FET의 정특성 곡선이다. 여기에서 핀치오프(pinch off)영역은 어디인가?

㉮ A
㉯ B
㉰ C
㉱ D

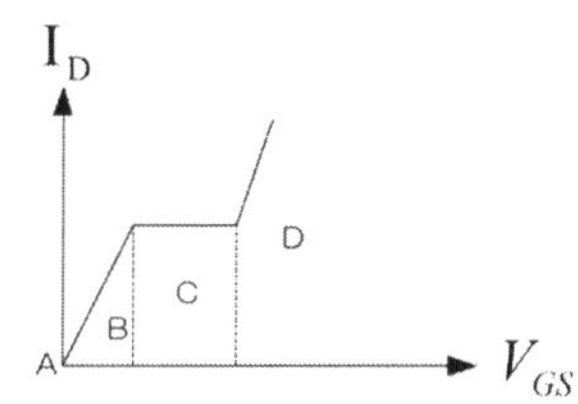


**13.** FET 3정수에서 증폭정수 $\mu$ 를 옳게 표현한 것은?

㉮ $\mu = \frac{\Delta V_{DS}}{\Delta V_{GS}}(I_D=\text{일정})$  ㉯ $\mu = \frac{\Delta V_{GS}}{\Delta V_{DS}}(I_D=\text{일정})$

㉰ $\mu = \frac{\Delta V_{DD}}{\Delta V_{DS}}(I_D=\text{일정})$  ㉱ $\mu = \frac{\Delta V_{DS}}{\Delta V_{DD}}(I_D=\text{일정})$

**해설** FET 3정수

① 증폭정수 $\mu = \frac{\Delta V_{DS}}{\Delta V_{GS}}(I_D=\text{일정})$ $(\mu = g_m r_d)$

② 상호 콘덕턴스 $g_m = \frac{\Delta I_D}{\Delta V_{GS}}(V_{DS}=\text{일정})$

③ 드레인 저항 $r_d = \frac{\Delta V_{DS}}{\Delta I_D}(V_{GS}=\text{일정})$

**14.** FET 3정수에서 상호 콘덕턴스 $g_m$ 을 옳게 표현한 것은?

㉮ $g_m = \frac{\Delta V_{DS}}{\Delta V_{GS}}(I_D=\text{일정})$  ㉯ $g_m = \frac{\Delta V_{GS}}{\Delta V_{DS}}(I_D=\text{일정})$

㉰ $g_m = \frac{\Delta V_{GS}}{\Delta I_D}(V_{DS}=\text{일정})$  ㉱ $g_m = \frac{\Delta I_D}{\Delta V_{GS}}(V_{DS}=\text{일정})$

**정답** 11. ㉱ 12. ㉰ 13. ㉮ 14. ㉱

**15.** FET 3정수에서 상호 드레인 저항$r_d$을 옳게 표현한 것은?

㉮ $r_d=\dfrac{\Delta I_D}{\Delta V_{DS}}(V_{GS}=일정)$　　㉯ $r_d=\dfrac{\Delta V_{DS}}{\Delta I_D}(V_{GS}=일정)$

㉰ $r_d=\dfrac{\Delta V_{GS}}{\Delta V_{DS}}(I_D=일정)$　　㉱ $r_d=\dfrac{\Delta V_{DS}}{\Delta V_{GS}}(I_D=일정)$

**16.** 공통 소스(CS) 증폭회로에서 전압이득$A_v$를 옳게 표현한 식은?

㉮ $A_v=\dfrac{g_mR_D}{1-g_mR_D}$　　㉯ $A_v=\dfrac{g_mR_D}{1+g_mR_D}$

㉰ $A_v=\dfrac{-g_mR_D}{1+g_mR_D}$　　㉱ $A_v=\dfrac{-g_mR_D}{1-g_mR_D}$

**17.** 다음 그림과 같은 회로에서 출력 임피던스는?
(단, $g_m \gg \dfrac{1}{r_d}$)

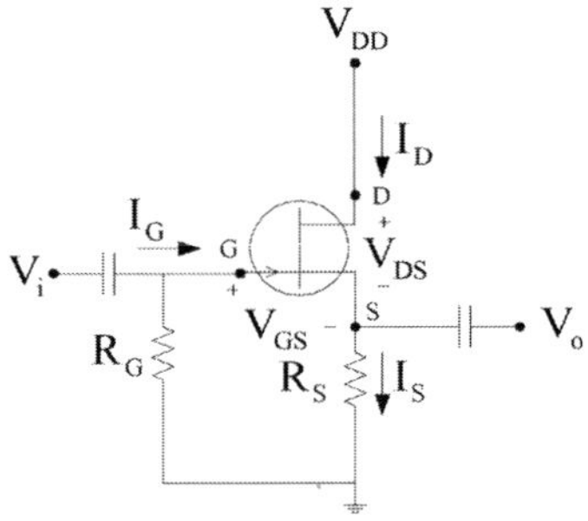


㉮ $Z_0=\dfrac{1}{g_m}$

㉯ $Z_0=R_S$

㉰ $Z_0=\dfrac{g_m}{1+\mu}$

㉱ $Z_0=\dfrac{\mu}{1+\mu}$

**18.** 부하저항$R_L$을 갖는 소오스 접지 FET 증폭기의 전압 증폭도$A_v$를 옳게 표현한 식은?

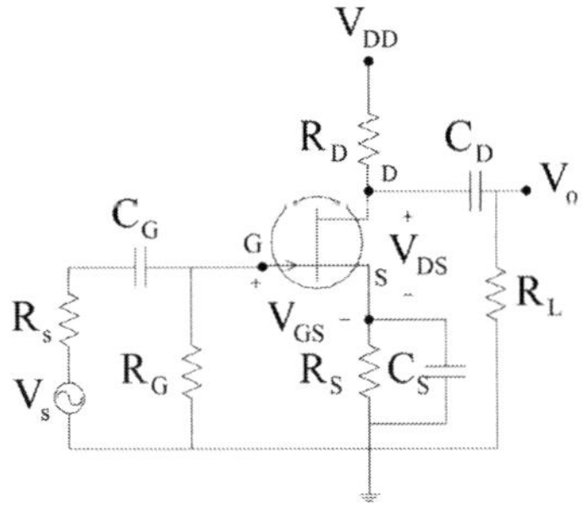


㉮ $A_v=-g_m\dfrac{r_d}{R_L}$

㉯ $A_v=-g_m\dfrac{R_L}{r_d}$

㉰ $A_v=-g_mr_d$

㉱ $A_v=-g_m\dfrac{R_L\cdot r_d}{R_L+r_d}$

정답 15. ㉯　16. ㉰　17. ㉮　18. ㉱

**19.** 다음 그림은 FET를 교류해석 하였을 경우의 등가회로를 나타내었다. 이때 □에 들어갈 식으로 옳은 것은?

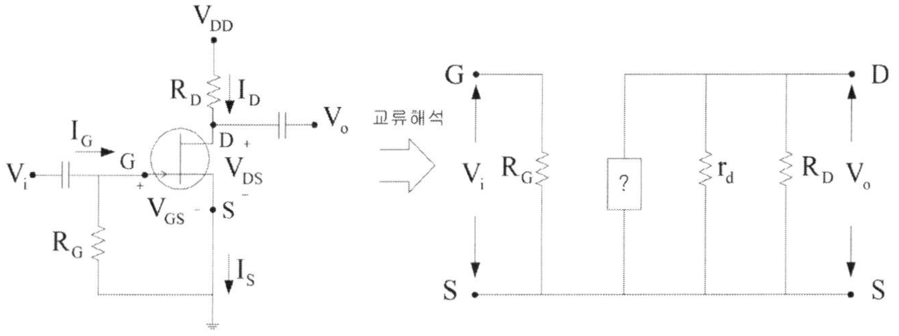


㉮ $g_m V_{DS}$ ㉯ $g_m V_{GS}$

㉰ $1+g_m V_{GS}$ ㉱ $1-g_m V_{DS}$

**20.** 드레인 전압이 30[V]인 전압형 FET에서 게이트 전압을 0.5[V] 변화시켰더니 드레인 전류가 2[mA] 변화하였다. 이때 이 FET의 상호 콘덕턴스는?

㉮ 0.1[mV] ㉯ 1[mV]

㉰ 4[mV] ㉱ 6[mV]

**21.** 공통 소스 증폭기의 입력용량은? (단, $Z_L = r_d \parallel R_D$)

㉮ $C_i = C_{gs} + (1+g_m Z_L) C_{gd}$ ㉯ $C_i = C_{gs} + (1-g_m Z_L) C_{gd}$

㉰ $C_i = C_{gs} - (1+g_m Z_L) C_{gd}$ ㉱ $C_i = C_{gs} - (1-g_m Z_L) C_{gd}$

**22.** 공통 소스 증폭기에서 $g_m = 1[mA/V]$, 게이트-소스간 정전용량 $C_{gs} = 6[pF]$, 드레인-게이트간 정전용량 $C_{gd} = 3[pF]$, 부하저항 $Z_L = 80[k\Omega]$일 때 입력용량은?
(단, $Z_L = r_d \parallel R_D$)

㉮ 31.12[pF] ㉯ 62.25[pF]

㉰ 124.5[pF] ㉱ 249[pF]

**해설** $C_i = C_{gs} + (1+g_m Z_L) C_{gd}$
$C_i = 6 + (1+1\times 80)\times 3 = 249[pF]$

**23.** 공통 소스(CS) FET 증폭회로의 저주파에서 전압이득은?

㉮ $|A_v| < \mu$ ㉯ $|A_v| = \mu$

㉰ $|A_v| > \mu$ ㉱ $|A_v| > = \mu$

**정답** 19. ㉯ 20. ㉰ 21. ㉮ 22. ㉱ 23. ㉮

**24.** $R_S$가 있는 공통 소스(CS) FET 증폭기에서 전압이득$A_v = \dfrac{V_0}{V_i}$는?

(단,$r_d$ : 드레인 저항)

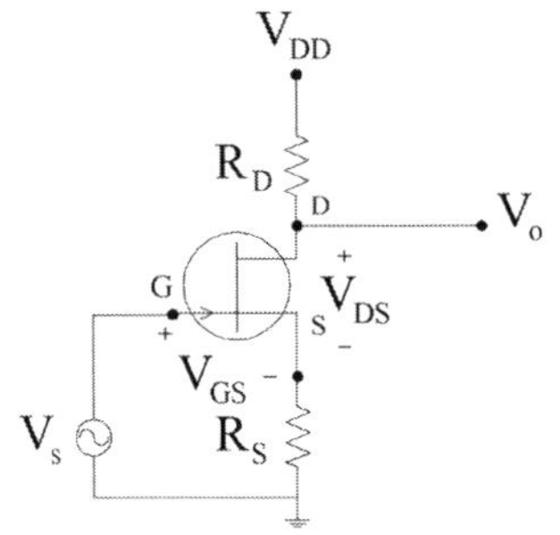


㉮ $A_v = \dfrac{-\mu R_D}{R_D - r_d(1-\mu)R_S}$

㉯ $A_v = \dfrac{-\mu R_D}{R_D + r_d(1-\mu)R_S}$

㉰ $A_v = \dfrac{-\mu R_D}{R_D + r_d(1+\mu)R_S}$

㉱ $A_v = \dfrac{\mu R_D}{R_D - r_d(1-\mu)R_S}$

**해설** $A_v = \dfrac{V_0}{V_i} = \dfrac{-\mu R_D}{R_D + r_d(1+\mu)R_S} \approx \dfrac{-g_m R_D}{1+g_m R_S}$(단,$r_d > R_D,\ \mu > 1$)

**25.** RC 결합 증폭기에서 저주파 특성을 제안하는 주요 원인은?

㉮ 입력 전압
㉯ 결합 용량
㉰ 입력 임피던스
㉱ 출력 임피던스

**26.** $n$단 증폭기에서 고역 차단 주파수가$f_{Hn}$?

㉮ $f_{Hn} = \sqrt{(1+2^{1/n})}\,f_H$
㉯ $f_{Hn} = \sqrt{(2^{1/n}+1)}\,f_H$
㉰ $f_{Hn} = \sqrt{(2^{1/n}-1)}\,f_H$
㉱ $f_{Hn} = \sqrt{(1-2^{1/n})}\,f_H$

**해설** 동일한 증폭기를 종속으로 $n$단 접속하였을 때 $n$단의 고역 차단 주파수 $f_{Hn}$은

$$f_{Hn} = \left(\frac{1}{\sqrt{1+\left(\frac{f_{Hn}}{f_H}\right)^2}}\right)^n = \frac{1}{\sqrt{2}}$$ (단, $f_H$ : 고역 차단 주파수)

$f_{Hn} = \sqrt{(2^{1/n}-1)}\,f_H$의 관계식에서 $n=2$이면 $f_{Hn} = 0.64 f_H$이 된다.

**정답** 24. ㉰ 25. ㉯ 26. ㉰

**27.** 게이트 접지 FET 증폭회로에서 출력 임피던스는? (단, $r_d = 10[k\Omega], g_m = 1[mA/V]$, $R_D = 100[k\Omega], R_S = 50[k\Omega]$)

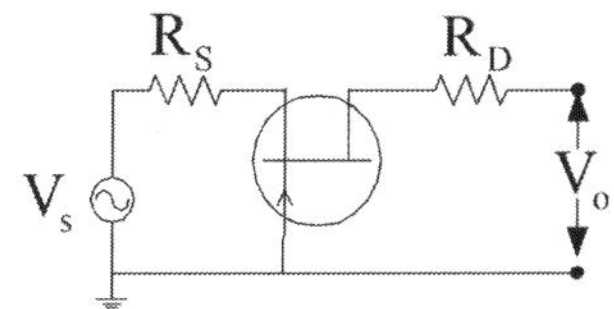


㉮ 280[kΩ]　　㉯ 560[kΩ]

㉰ 1.2[MΩ]　　㉱ 2.4[MΩ]

해설 게이트 접지 FET 증폭회로에서 증폭정수$\mu$는

$\mu = g_m r_d = 10[k\Omega] \times 1[m℧] = 10$

$R_0 = r_d + (1+\mu)R_S = 10[k\Omega] + (1+10) \cdot 50[k\Omega] = 560[k\Omega]$

**28.** 입력 전압의 S/N비가 150, 출력 전압의 S/N비가 50인 증폭기의 잡음지수는 몇 dB인가?

㉮ 3[dB]　　㉯ 6.2[dB]

㉰ 9.54[dB]　　㉱ 10[dB]

해설 증폭기의 잡음지수 $F$는 $F = \dfrac{입력 S/N비}{출력 S/N비} = \dfrac{150}{50} = 3$

이를 dB로 바꾸면 $P = 20\log 3 = 9.54[dB]$

**29.** 다2단 증폭기에서 각 단의 전압 증폭도가 각각 $G_1$, $G_2$이고 잡음지수가 각각 $F_1$, $F_2$라고 할 때 이 증폭기의 종합 잡음 지수 $F$는? (단, $G_1 = 10[dB]$, $G_2 = 5[dB]$, $F_1 = 3[dB]$, $F_2 = 9[dB]$)

㉮ 3.8[dB]　　㉯ 5[dB]

㉰ 12[dB]　　㉱ 15[dB]

해설 2단 증폭기에서 종합 잡음지수 $F$는

$$F = F_1 + \frac{F_2 - 1}{G_1} = 3 + \frac{9-1}{10} = 3.8[dB]$$

정답 27. ㉯　28. ㉰　29. ㉮

CHAPTER 6

# 궤환 증폭회로

## 6.1 궤환 증폭회로의 개념

궤환(feedback)이란 출력의 일부 신호가 입력으로 되돌아오는 현상으로 회로에 궤환되는 신호의 극성에 따라 정궤환(positive feedback) 또는 부궤환(negative feedback)이 있다. 궤환된 신호가 입력된 신호와 같다면 정궤환 특성을 갖고, 궤환된 신호가 입력된 신호와 반대인 극성을 갖는다면 부궤환 특성을 갖는다. 정궤환의 경우는 전압이득이 향상되는 반면에 회로에 발진을 일으킨다. 부궤환의 경우는 전압이득이 감소되는 반면에 고 입력임피던스와 저 출력임피던스를 갖으며, 주파수 응답이 개선되고, 잡음이 감소한다.

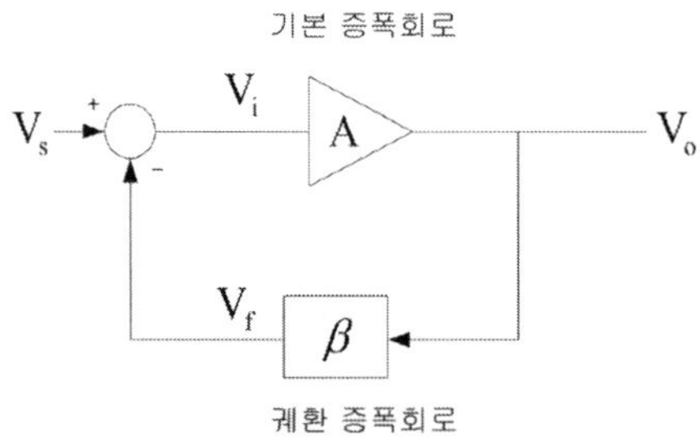


〈그림 6-1〉 궤환 증폭회로의 개념도

**참 고**

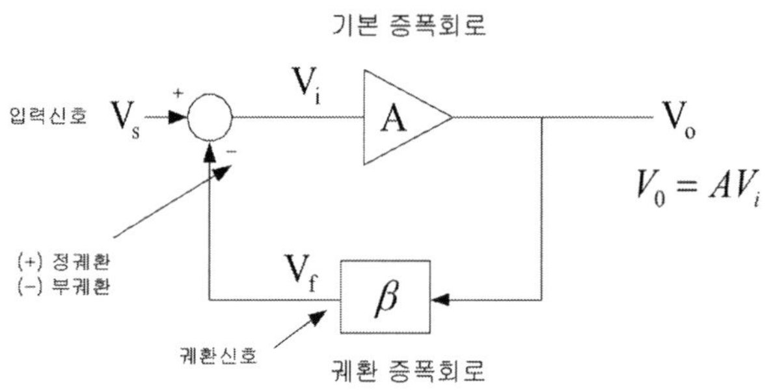


### (1) 궤환 증폭회로의 특성

① 입력전압( $V_i$ ) : $V_i = V_s - V_f = V_s - \beta V_o$

② 출력전압( $V_o$ ) : $V_o = A V_i$

③ 궤환신호( $V_f$ ) : $V_f = \beta V_o$

④ 궤환율( $\beta$ ) : $\beta = \dfrac{V_f}{V_o}$

⑤ 궤환 전압이득($A_f$) : $A_f = \frac{V_o}{V_s} = \frac{A}{1+\beta A}$

$$V_o = A V_i = A(V_s - \beta V_o) = A V_s - \beta A V_o$$

$$V_o(1+\beta A) = A V_s$$

⑥ 부궤환 : $|1+\beta A| > 1$일 때 $|A_f| < |A|$

⑦ 정궤환 : $|1+\beta A| < 1$일 때 $|A_f| > |A|$

⑧ 발진 : $\beta A = -1, |\beta A| = 1$일 때 $A_f = \infty$

**참고**

**정궤환의 경우**

$$V_i + V_S + V_f = V_S + \beta V_0$$

$$V_S = V_i - \beta V_0$$

$$A_f = \frac{V_0}{V_S} = \frac{A V_i}{V_i - \beta V_0} = \frac{A}{1-\beta\frac{V_0}{V_i}} = \frac{A}{1-\beta A}$$

**부궤환의 경우**

$$A_f - \frac{V_0}{V_S} = \frac{A V_i}{A_i + \beta V_0} = \frac{A}{1+\beta\frac{V_0}{V_i}} = \frac{A}{1+\beta A}$$

### (2) 부궤환 증폭회로의 특징

① 전압이득은 감소하나 안정된 전압이득을 얻을 수 있다.

궤환이득을 미분한 $\left|\frac{dA_f}{A_f}\right| = \frac{1}{|1+\beta A|}\left|\frac{dA}{A}\right|$ 결과로부터 $\frac{1}{|1+\beta A|}$만큼 감소한다.

② 주파수 특성이 개선된다.

- 고주파 회로 : $1-\beta A$ 증가
- 저주파 회로 : $\frac{1}{1-\beta A}$ 감소
- 고역 차단주파수 : $f_{Hf} = (1-\beta A) f_H$
- 저역 차단 주파수 : $f_{Lf} = \frac{1}{1+\beta A} f_L$

참 고

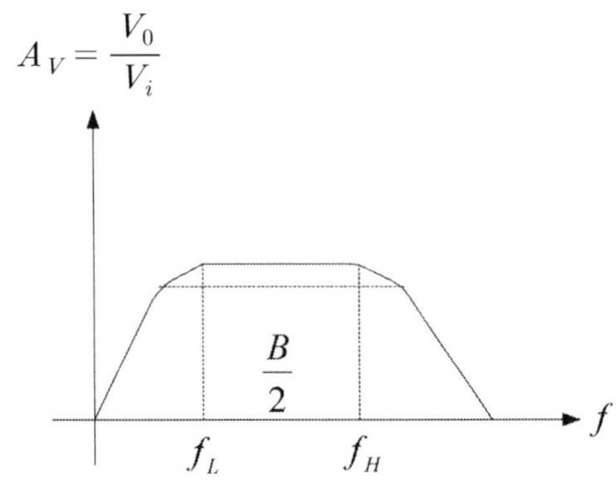


③ 파형의 일그러짐과 회로 내부의 잡음이 감소한다.

- 부궤환의 왜곡률 : $D_f = \dfrac{D}{1+\beta A}$ ($D$ : 증폭기의 왜곡률)
- 부궤환의 잡음지수 : $NF_f = \dfrac{NF}{1+\beta A}$ ($NF$ : 증폭기의 잡음지수)

참 고

왜곡 Distortion, 잡음지수 Noise Function

④ 고입력 임피던스와 저출력 임피던스를 갖는다.

### (3) 궤환 증폭회로의 종류

궤환회로의 결선 방법에는 전류 또는 전압을 입력에 궤환시키는 방법에 따라 4종류로 구분되어 진다.

① 직렬 전류 궤환　　② 직렬 전압 궤환
③ 병렬 전류 궤환　　④ 병렬 전압 궤환

직렬이란 궤환 신호가 입력신호와 직렬로 연결된다는 것이고, 병렬이란 궤환 신호가 입력신호와 병렬로 연결된다는 것이다. 직렬 궤환은 입력 임피던스를 증가시키나 병렬 궤환은 입력 임피던스를 감소시킨다. 4종류의 궤환 증폭회로의 특성 파라메터에 관하여 〈표 6-1〉에 정리하였으며, 증폭회로의 결선 방법에 관해서는 〈그림 6-2〉에 나타내었다.

〈표 6-1〉 무궤환 이득($A$), 궤환 이득($A_f$), 궤환율($\beta$), 궤환 입력 임피던스($Z_i$), 궤환 출력 임피던스($Z_o$)

| 파라미터 | 직렬 전류 궤환 | 직렬 전압 궤환 | 병렬 전류 궤환 | 병렬 전압 궤환 |
|---|---|---|---|---|
| $A$ | $\frac{I_o}{V_i}$ | $\frac{V_o}{V_i}$ | $\frac{I_o}{I_i}$ | $\frac{V_o}{I_i}$ |
| $A_f$ | $\frac{I_o}{V_s}$ | $\frac{V_o}{V_s}$ | $\frac{I_o}{I_s}$ | $\frac{V_o}{I_s}$ |
| $\beta$ | $\frac{V_f}{I_o}$ | $\frac{V_f}{V_o}$ | $\frac{I_f}{I_o}$ | $\frac{I_f}{V_o}$ |
| $Z_{\text{if}}$ | $Z_i(1+\beta A)$ (증가) | $Z_i(1+\beta A)$ (증가) | $\frac{Z_i}{1+\beta A}$ (감소) | $\frac{Z_i}{1+\beta A}$ (감소) |
| $Z_{of}$ | $Z_o(1+\beta A)$ (증가) | $\frac{Z_o}{1+\beta A}$ (감소) | $Z_o(1+\beta A)$ (증가) | $\frac{Z_o}{1+\beta A}$ (감소) |

① 직렬 궤환 : 입력 임피던스 증가 병렬 궤환 : 입력 임피던스 감소
② 전류 궤환 : 출력 임피던스 증가 전압 궤환 : 출력 임피던스 감소
③ 증폭기의 종속 접속: 고입력 임피던스, 저출력 임피던스

**참고**

무궤환 이득($A$)=출력신호/입력신호

궤환이득($A_f$)=전체 출력신호/전체 입력신호

궤환율($\beta$)=궤환신호/출력신호

$A$: 이득

$A_f$: 궤환이득

$\beta$: 궤환율

$Z_{\text{if}}$: 궤환 입력임피던스

$Z_{of}$: 궤환 출력임피던스

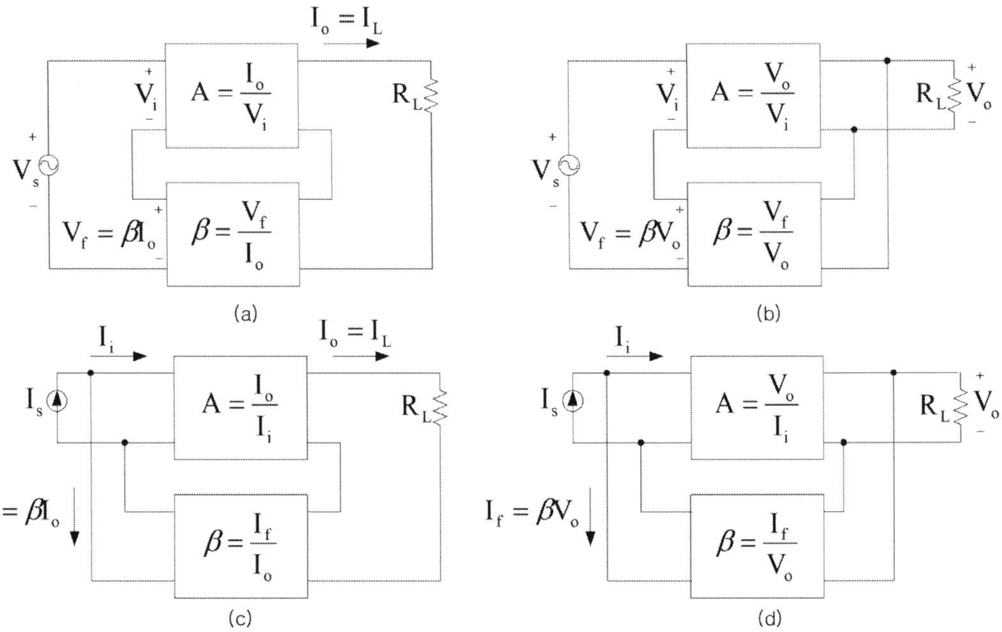


〈그림 6-2〉 궤환 증폭회로의 종류

(a) 직렬 전류 궤환 증폭회로 (b) 직렬 전압 궤환 증폭회로 (c) 병렬 전류 궤환 증폭회로 (d) 병렬 전압 궤환 증폭회로

# 6.2 직렬 전류 궤환 증폭회로

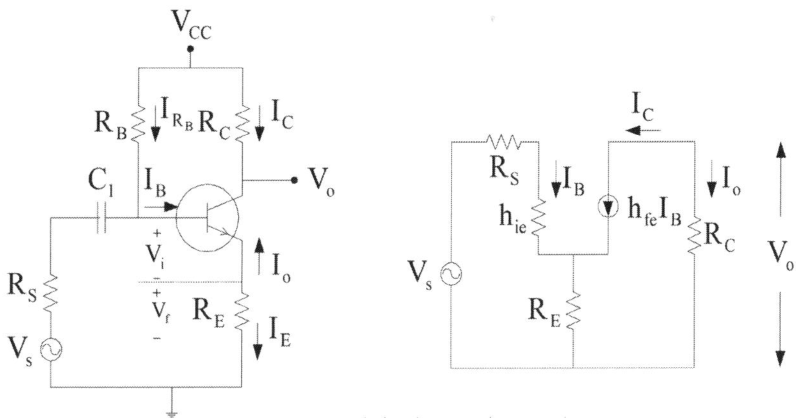


〈그림 6-3〉 직렬 전류 궤환 증폭회로

① 무궤환 이득($A$)

〈그림 6-3〉에서 무궤환 이득$A$은 입력전압과 출력전류의 비로 구할 수 있다. 입력전압$V_i$는 $V_s=0, R_s=0$인 상태에서 입력전류$I_B$가$h_{ie}$와$R_E$를 통하여 흐르기 때문에 다음 식과 같이 정의된다.

$$V_i = I_B(h_{ie}+R_E)$$

출력전류는$I_o$는

$$I_o = -I_C = -I_B h_{fe}$$

그러므로

$$A = \frac{I_o}{V_i} = \frac{-I_B h_{fe}}{I_B(h_{ie}+R_E)} = \frac{-h_{fe}}{h_{ie}+R_E} \approx \frac{-h_{fe}}{h_{ie}}$$

단, $h_{ie} \gg R_E$

**참 고**

무궤환이득=출력신호/입력신호

② 궤환율($\beta$)

궤환율$\beta$은 궤환신호 $V_f$와 출력신호$I_o$의 비로 구할 수 있다.

궤환신호 $V_f$는

$$V_f = I_E R_E = -I_o R_E$$

그러므로,

$$\beta = \frac{V_f}{I_o} = \frac{-I_o R_E}{I_o} = -R_E$$

참고

궤환율=궤환신호/출력신호

③ 궤환이득($A_f$)

궤환이득$A_f$은 무궤환 이득$A$과 궤환율$\beta$의 결과 값을 적용하면 구할 수 있다.

$$A_f = \frac{I_o}{V_s} = \frac{A}{1+\beta A} = \frac{-h_{fe}/h_{ie}}{1+(-R_E)(-h_{fe}/h_{ie})} = \frac{-h_{fe}}{h_{ie}+h_{fe}R_E}$$

참고

궤환이득=출력신호/ $V_S$

$$\frac{-\dfrac{h_{fe}}{h_{ie}}}{1+R_E\cdot\dfrac{h_{fe}}{h_{ie}}} = \frac{-\dfrac{h_{fe}}{h_{ie}}}{h_{ie}+h_{fe}\dfrac{R_E}{h_{ie}}}$$

④ 궤환 입력 임피던스($Z_{\text{if}}$) : $Z_{\text{if}} = Z_i(1+\beta A) = h_{ie}(1+\frac{h_{fe}}{h_{ie}}R_E) = h_{ie}+h_{fe}R_E$

⑤ 궤환 출력 임피던스($Z_{of}$) : $Z_{of} = Z_o(1+\beta A) = R_C(1+\frac{h_{fe}}{h_{ie}}R_E)$

# 6.3 직렬 전압 궤환 증폭회로

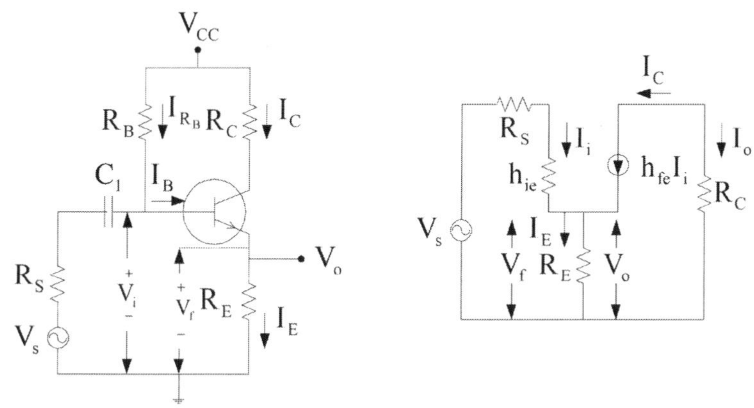


〈그림 6-4〉 직렬 전압 궤환 증폭회로

① 무궤환 이득($A$)

직렬 전압 궤환 증폭회로의 무궤환 이득$A$은 입력전압 $V_i$와 출력전압 $V_o$의 비로 구할 수 있다. 입력전류$I_i$에서

$$I_i = \frac{V_i}{h_{ie}}$$

입력전압 $V_i$는 다음과 같이 되며,

$$V_i = h_{ie} I_i$$

출력전압 $V_o$는 다음 식으로 나타낼 수 있다.

$$V_o = h_{fe} I_i R_E = \frac{h_{fe}}{h_{ie}} R_E V_i$$

그러므로

$$A = \frac{V_o}{V_i} = \frac{h_{fe}}{h_{ie}} R_E$$

**참 고**

$V_0$의 위치가 직렬전류궤환 증폭회로와 다르다.

② 궤환율($\beta$)

직렬 전압 궤환 증폭회로에서 이미터 저항 $R_E$에서 출력전압 $V_o$와 궤환전압 $V_f$를 얻기 때문에 $V_o = V_f$인 관계가 성립된다.

$$\beta = \frac{V_f}{V_o} = 1$$

③ 궤환이득($A_f$) : $A_f = \dfrac{V_o}{V_s} = \dfrac{A}{1+\beta A} = \dfrac{(h_{fe}/h_{ie})R_E}{1+(1)(h_{fe}/h_{ie})R_E} = \dfrac{h_{fe}R_E}{h_{ie}+h_{fe}R_E}$

$h_{fe}R_E \gg h_{ie}$ 일 때 $A_f \approx 1$

참 고

$$\frac{\dfrac{h_{fe}R_E}{h_{ie}}}{\dfrac{h_{ie}+h_{fe}R_E}{h_{ie}}}$$

④ 궤환 입력 임피던스($Z_{\text{if}}$) : $Z_{\text{if}} = Z_i(1+\beta A) = h_{ie}(1+\dfrac{h_{fe}}{h_{ie}}R_E) = h_{ie}+h_{fe}R_E$

참 고

$$h_{ie}\left(1+\frac{h_{fe}}{h_{ie}}R_E\right) = h_{ie}\left(\frac{h_{ie}+h_{fe}R_E}{h_{ie}}\right) = h_{ie}+h_{fe}R_E$$

⑤ 궤환 출력 임피던스($Z_{of}$) : $Z_{of} = \dfrac{Z_o}{1+\beta A} = \dfrac{R_E}{1+\dfrac{h_{fe}}{h_{ie}}R_E} \approx \dfrac{h_{ie}}{h_{fe}}$

참 고

$$\frac{R_E}{h_{ie}+h_{fe}R_E} = \frac{h_{ie}R_E}{h_{ie}+h_{fe}R_E} = \frac{h_{ie}R_E}{h_{fe}R_E} = \frac{h_{ie}}{h_{fe}}$$

$h_{fe}R_E \gg h_i$

# 6.4 병렬 전류 궤환 증폭회로

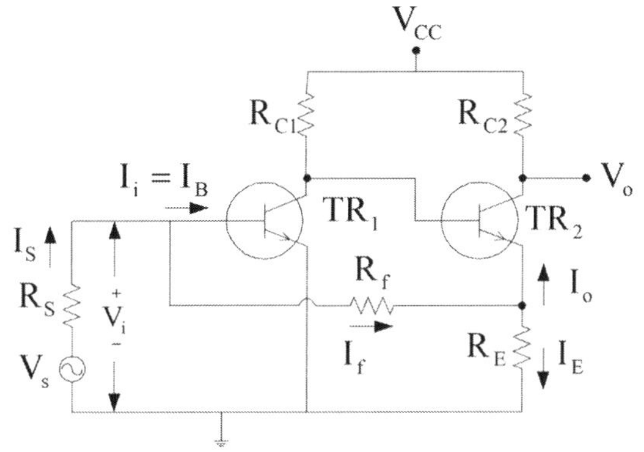


〈그림 6-5〉 병렬 전류 궤환 증폭회로

① 무궤환 이득($A$)

병렬 전류 궤환 증폭회로에서 무궤환 이득$A$는 입력전류$I_i$와 출력전류$I_o$의 비로 구할 수 있다. 이때 출력전류$I_o$는

$$I_o = -I_C = -h_{fe}I_B = -h_{fe}I_i$$

그러므로, 무궤환 이득은 다음 식과 같이 된다.

$$A = \frac{I_o}{I_i} = \frac{-h_{fe}I_B}{I_i} = \frac{-h_{fe}I_i}{I_i} = -h_{fe}$$

참 고

$$I_B = I_i$$

② 궤환율($\beta$)

$R_E$와$R_f$ 의 병렬저항에서 얻는 출력전압 $V_o$는

$$V_o = I_oR_E = I_f(R_f + R_E)$$

궤환율은 $R_f \gg R_E$ 조건에서 다음과 같이 구할 수 있다.

$$\beta = \frac{I_f}{I_o} = \frac{R_E}{R_f + R_E} \approx \frac{R_E}{R_f}\ (R_f \gg R_E)$$

**참고**

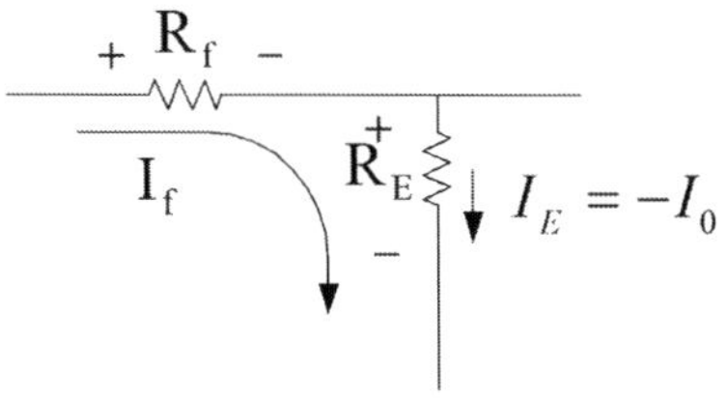


$$V_{R_f} + V_{R_B} = 0$$

$$I_f R_f + I_E R_E = 0$$

$$I_f R_f = -I_E R_E = I_0$$

$$\frac{I_f}{I_0} = \frac{R_E}{R_f}$$

③ 궤환이득($A_f$) : $A_f = \dfrac{I_o}{I_s} \approx \dfrac{1}{\beta} = \dfrac{R_f + R_E}{R_E} \approx \dfrac{R_f}{R_E}$ $(R_f \gg R_E)$

**참고**

$$I_S = I_i + I_f = I_f (I_f \gg I_i)$$

④ 궤환 입력 임피던스($Z_{\text{if}}$) : $Z_{\text{if}} = \dfrac{Z_i}{1+\beta A} = \dfrac{h_{ie}}{1 - h_{fe}\dfrac{R_E}{R_f}}$

⑤ 궤환 출력 임피던스($Z_{of}$) : $Z_{of} = Z_o(1+\beta A) = R_C(1 - h_{fe}\dfrac{R_E}{R_f})$

# 6.5 병렬 전압 궤환 증폭회로

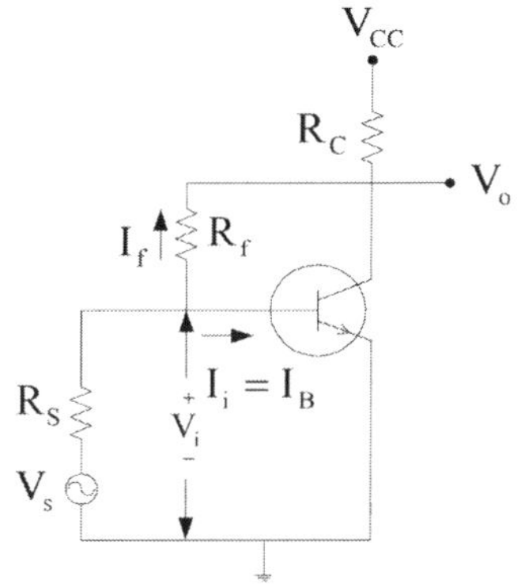


〈그림 6-6〉 병렬 전압 궤환 증폭회로

① 무궤환 이득($A$)

병렬 전압 궤환 증폭회로의 무궤환 이득 $A$은 입력전류 $I_i$와 출력전압 $V_o$의 비로 구할 수 있다. 출력전압 $V_o$는

$$V_o = h_{fe} I_B R_C = h_{fe} I_i R_C$$

결국, 무궤환 이득 $A$은 다음과 같이 구할 수 있다.

$$A = \frac{V_o}{I_i} = \frac{h_{fe} I_B R_C}{I_i} = \frac{h_{fe} I_i R_C}{I_i} = h_{fe} R_C$$

**참고**

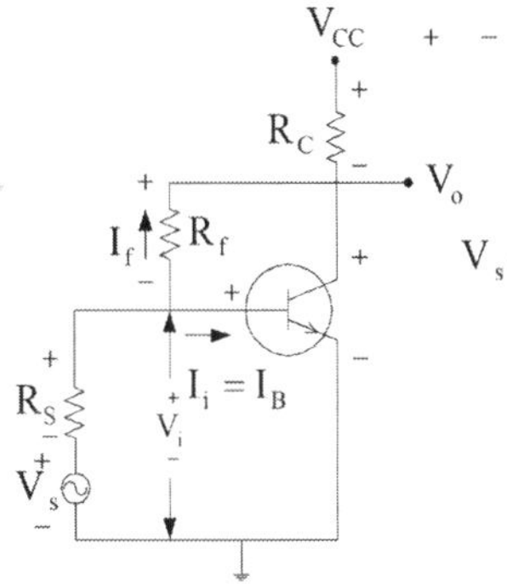


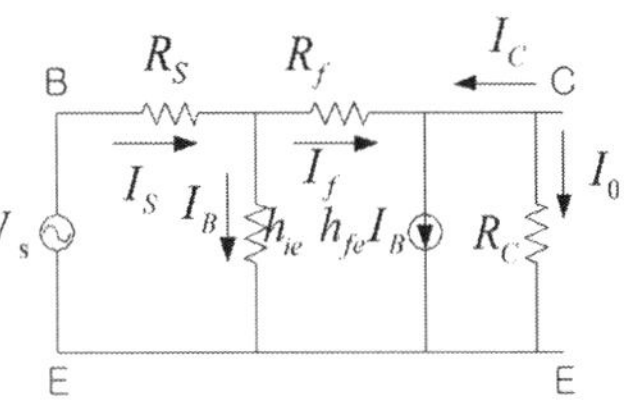


출력전압 $V_0 = h_{fe} I_B R_C$

$I_S = F_f + I_i = I_f (I_f > I_i)$

$I_B = I_i$

② 궤환율($\beta$)

궤환저항 $R_f$에 흐르는 역 바이어스 전류 $I_f$에 의해 발생하는 출력전압 $V_o$은

$$V_o = -I_f R_f$$

여기에서, 궤환율 $\beta$는 다음과 같이 구할 수 있다.

$$\beta = \frac{I_f}{V_o} = -\frac{1}{R_f}$$

**참고**

$-\frac{1}{R_f}$ 에서 −부호는 $I_f$가 B와 C 사이에 동위상일 경우 +신호가 되고, B와 C사이에 역위상일 경우 −신호가 된다.

③ 궤환이득($A_f$): $A_f = \frac{V_o}{I_s} \approx \frac{1}{\beta} = -R_f$

④ 궤환 입력 임피던스($Z_{if}$) : $Z_{if} = \frac{Z_i}{1+\beta A} = \frac{h_{ie}}{1-h_{fe}\frac{R_C}{R_f}}$

⑤ 궤환 출력 임피던스($Z_{of}$) : $Z_{of} = \frac{Z_o}{1+\beta A} = \frac{R_C}{1-h_{fe}\frac{R_C}{R_f}}$

# 연습문제

**1.** 부궤환 증폭기의 특징으로 옳지 않은 것은?

㉮ 주파수 특성이 좋아진다.
㉯ 일그러짐이 감소한다.
㉰ 잡음이 감소한다.
㉱ 이득이 증가한다.

**해설** 부궤환 증폭기의 특징
① 주파수 특성이 좋아진다.
② 증폭도가 감소하고 대역폭이 증가한다.
③ 일그러짐과 잡음이 감소한다.
④ 부하 변동에 의한 이득 변동이 적다.

**2.** 부궤환 증폭기의 특징을 설명한 것 중 옳지 않은 것은?

㉮ 증폭도가 증가한다.
㉯ 주파수 특성이 좋아진다.
㉰ 일그러짐과 잡음이 감소한다.
㉱ 이득 변동이 적다.

**3.** 이상적인 전압 증폭기에서 입력저항과 출력저항 값은?

㉮ $Z_i = \infty \ Z_0 = \infty$
㉯ $Z_i = \infty \ Z_0 = 0$
㉰ $Z_i = 0 \ Z_0 = \infty$
㉱ $Z_i = 0 \ Z_0 = 0$

**4.** 궤환 증폭회로의 전압이득이 $A_f = \dfrac{A}{1+\beta A}$ 일 때 부궤환의 조건은?

㉮ $|1+\beta A| = 0$
㉯ $|1+\beta A| = 1$
㉰ $|1+\beta A| > 1$
㉱ $|1+\beta A| < 1$

**해설** 부궤환시의 특징
① 이득 감소 : $A_f = \dfrac{A}{1+\beta A}$, $|1+\beta A| > 1, A_f < A$
② 왜곡 감소 : $D_f = \dfrac{D}{1+\beta A}$
③ 잡음 감소 : $N_f = \dfrac{N}{1+\beta A}$
④ 안정도 향상 : $S_f = \dfrac{S}{1+\beta A}$
⑤ 주파수 특성 개선(주파수 대역폭 증가)

**정답** 1. ㉱ 2. ㉮ 3. ㉯ 4. ㉰

5. 궤환 증폭회로의 전압이득이 $A_f = \dfrac{A}{1+\beta A}$ 일 때 정궤환의 조건은?

㉮ $|1+\beta A| = 0$ ㉯ $|1+\beta A| = 1$
㉰ $|1+\beta A| > 1$ ㉱ $|1+\beta A| < 1$

6. 다음과 같은 궤환 증폭회로에서 증폭도 $A = 500$, 궤환시의 전체 증폭도 $A_f = 30$일 때 $\beta$는?

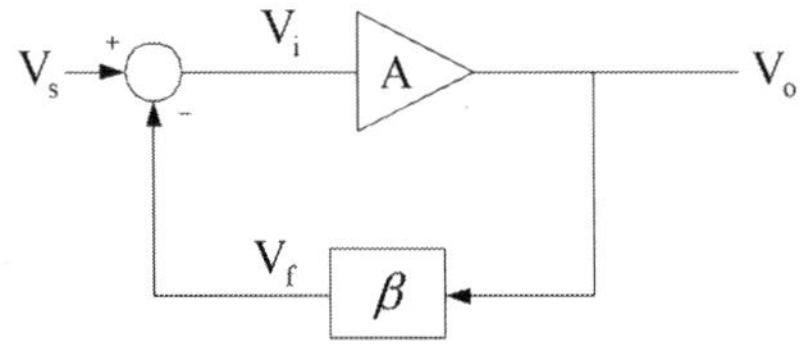


㉮ 0.03 ㉯ 0.06
㉰ 0.09 ㉱ 0.12

해설 $A_f = \dfrac{A}{1+\beta A}$ 에서 $\beta = \dfrac{A - A_f}{A \cdot A_f}$ 이다.

$$\beta = \frac{A - A_f}{A \cdot A_f} = \frac{500-30}{500 \cdot 30} = 0.03$$

7. 부궤환 증폭기에서 궤환이 없는 경우 전압이득이 20[dB], $\beta = 0.2$이였다. 이 증폭기에 궤환이 있을 경우의 전압이득은?

㉮ 6[dB] ㉯ 12[dB]
㉰ 24[dB] ㉱ 48[dB]

해설 $A_f = \dfrac{A}{1+\beta A} = \dfrac{20}{1+0.2 \cdot 20} = 4$

$G = 20\ \log A_f = 20\ \log 4 = 12[dB]$

8. 이상적인 전류 증폭기에서 입력저항과 출력저항 값은?

㉮ $Z_i = \infty$ $Z_0 = \infty$ ㉯ $Z_i = \infty$ $Z_0 = 0$
㉰ $Z_i = 0$ $Z_0 = \infty$ ㉱ $Z_i = 0$ $Z_0 = 0$

해설 이상적인 전압 증폭기와 전류 증폭기의 입력저항과 출력저항
전압 증폭기의 경우 : $Z_i = \infty, Z_0 = 0$
전류 증폭기의 경우 : $Z_i = 0,\ Z_0 = \infty$

정답 5. ㉱ 6. ㉮ 7. ㉯ 8. ㉰

9. 이상적인 궤환 증폭기의 기본적 특성으로 옳지 않은 것은?

㉮ 궤환 회로는 단방향이어야 한다.

㉯ 기본 증폭기는 단방향이어야 한다.

㉰ 기본 증폭기는 궤환 회로가 있을 때 이득이 커야 한다.

㉱ 기본 증폭기에 대한 궤환회로의 부하작용은 무시되어야 한다.

10. 전류 궤환 증폭기의 출력 임피던스는 궤환이 없을 때와 비교하면 어떠한가?

㉮ 감소한다.

㉯ 증가한다.

㉰ 감소하기도 하고 증가하기도 한다.

㉱ 아무 변화가 없다.

11. 부궤환 증폭기에서 왜곡율(일그러짐) $D_f$를 옳게 나타낸 식은?

㉮ $D_f = \dfrac{A}{1-\beta D}$

㉯ $D_f = \dfrac{A}{1+\beta D}$

㉰ $D_f = \dfrac{D}{1-\beta A}$

㉱ $D_f = \dfrac{D}{1+\beta A}$

**해설** 부궤환 증폭기에서 왜곡율(일그러짐)은 $D_f = \dfrac{D}{1+\beta A}$ 이다.

12. 40[dB]인 증폭기에서 일그러짐이 10[%]일 때 일그러짐을 1%로 개선하기 위한 부궤환율 $\beta$는?

㉮ 0.09

㉯ 0.18

㉰ 0.36

㉱ 0.72

**해설** 증폭기의 이득 $G = 20\log A$ 에서 $40[dB] = 20\log A$ 이고 $A = 10^2$ 이 된다.

왜곡율 $D_f = \dfrac{D}{1+\beta A}$ 에서 $\dfrac{D_f}{D} = \dfrac{1}{1+\beta A} = \dfrac{1}{10}$

$1+\beta A = 10$ 에서 $1+\beta 100 = 10$ 이고 $\beta = 0.09$ 가 된다.

13. 부궤환 증폭기에서 잡음지수 $N_f$를 옳게 나타낸 식은?

㉮ $N_f = \dfrac{A}{1-\beta N}$

㉯ $N_f = \dfrac{A}{1+\beta N}$

㉰ $N_f = \dfrac{N}{1-\beta A}$

㉱ $N_f = \dfrac{N}{1+\beta A}$

**해설** 부궤환 증폭기에서 잡음지수는 $N_f = \dfrac{N}{1+\beta A}$ 이다.

**정답** 9. ㉰ 10. ㉯ 11. ㉱ 12. ㉮ 13. ㉱

**14.** 60[dB]인 증폭기에서 잡음이 10[%]일 때 잡음을 1%로 개선하기 위한 부궤환율 $\beta$은?

㉮ $3 \times 10^{-3}$　　㉯ $6 \times 10^{-3}$

㉰ $9 \times 10^{-3}$　　㉱ $12 \times 10^{-3}$

**해설** 증폭기의 이득 $G = 20\log A$에서 $60[dB] = 20\log A$이고 $A = 10^3$이 된다.

왜곡율 $N_f = \dfrac{N}{1+\beta A}$ 에서 $\dfrac{N_f}{N} = \dfrac{1}{1+\beta A} = \dfrac{1}{10}$

$1 + \beta A = 10$에서 $1 + \beta 1000 = 10$이고 $\beta = 9 \times 10^{-3}$가 된다.

**15.** 60[dB]인 증폭기에서 잡음이 10[%]일 때 잡음을 1%로 개선하기 위해서 어떻게 하여야 하는가?

㉮ 40.9[dB]의 증폭도를 높인다.　　㉯ 40.9[dB]의 증폭도를 낮춘다.

㉰ 40.9[dB]의 정궤환을 걸어준다.　　㉱ 40.9[dB]의 부궤환을 걸어준다.

**해설** 증폭기의 이득 $G = 20\log A$에서 $60[dB] = 20\log A$이고 $A = 10^3$이 된다.

왜곡율 $N_f = \dfrac{N}{1+\beta A}$ 에서 $\dfrac{N_f}{N} = \dfrac{1}{1+\beta A} = \dfrac{1}{10}$

$1 + \beta A = 10$에서 $1 + \beta 1000 = 10$이고 $\beta = 9 \times 10^{-3}$가 된다.

이득을 계산하면 $20\log 9 \times 10^{-3} = -40.9[dB]$이다.

따라서, 40.9[dB]의 부궤환을 걸어주면 된다.

**16.** 궤환 증폭기의 보오드 선도에서 Phase margin으로 옳은 것은?

㉮ $45^\circ - \theta$　　㉯ $90^\circ - \theta$

㉰ $180^\circ - \theta$　　㉱ $270^\circ - \theta$

**해설** 궤환 증폭기에서 gain margin, phase margin은 다음과 같다.

(1) gain margin : $|\beta A|[dB]$의 위상이 $180^\circ$ 인 주파수에서 극좌표 선도의 부의 실수축과 교차한다.

(2) phase margin : $|\beta A|[dB]$가 1인(0[dB])인 주파수에서 $\beta A$의 각의 크기를 $180^\circ$ 에서 뺀 것으로 정의된다.

**17.** 부궤환 증폭기에서 거의 변동이 없는 것은?

㉮ 이득-대역폭적　　㉯ 잡음

㉰ 입출력 임피던스　　㉱ 왜곡

**해설** 부궤환 증폭기의 이득-대역폭적(積)은 항상 일정하다.

**정답** 14. ㉰　15. ㉱　16. ㉰　17. ㉮

18. 직렬 전압 궤환 증폭기의 특징이 아닌 것은?

㉮ 전류 증폭기를 사용한다.
㉯ 주파수 대역폭이 증가한다.
㉰ 비직선 일그러짐이 감소한다.
㉱ 입력 임피던스는 증가, 출력 임피던스는 감소한다.

19. 직렬 전압 부궤환 증폭기의 특징이 아닌 것은?

㉮ 잡음이 감소한다.
㉯ 입력 임피던스는 감소한다.
㉰ 안정도가 개선된다.
㉱ 위상 일그러짐이 감소한다.

해설 입력 임피던스는 증가, 출력 임피던스는 감소한다.

20. 전류 궤환 증폭기의 출력 임피던스를 옳게 설명한 것은?

㉮ 변화가 없다.
㉯ 증가 또는 감소한다.
㉰ 감소한다.
㉱ 증가한다.

해설 출력임피던스는 전류 궤환 증폭기에서는 증가하고 전압 궤환 증폭기에서는 감소한다.

21. 직렬 전류 궤환 증폭회로에서 궤환 이득$A_f$를 옳게 표현한 것은?

㉮ $\dfrac{h_{fe}R_E}{-h_{ie}+h_{fe}R_E}$
㉯ $\dfrac{h_{fe}R_E}{h_{ie}+h_{fe}R_E}$
㉰ $\dfrac{-h_{fe}R_E}{h_{ie}+h_{fe}R_E}$
㉱ $\dfrac{-h_{fe}R_E}{h_{ie}-h_{fe}R_E}$

22. 직렬 전압 궤환 증폭회로에서 궤환 이득$A_f$를 옳게 표현한 것은?

㉮ $\dfrac{h_{fe}}{-h_{ie}+h_{fe}R_E}$
㉯ $\dfrac{h_{fe}}{h_{ie}+h_{fe}R_E}$
㉰ $\dfrac{-h_{fe}}{h_{ie}+h_{fe}R_E}$
㉱ $\dfrac{-h_{fe}}{h_{ie}-h_{fe}R_E}$

23. 직렬 전압 궤환 증폭회로에서 궤환율$\beta$를 옳게 표현한 것은?

㉮ 0
㉯ 0.5
㉰ 1
㉱ 10

정답 18. ㉮ 19. ㉯ 20. ㉱ 21. ㉰ 22. ㉯ 23. ㉰

**24.** 직렬 전류 궤환 증폭회로에서 무궤환 이득$A$는?

㉮ $\dfrac{h_{fe}}{h_{ie}}$　　㉯ $\dfrac{-h_{fe}}{h_{ie}}$　　㉰ $\dfrac{h_{ie}}{h_{fe}}$　　㉱ $\dfrac{-h_{ie}}{h_{fe}}$

**25.** 다음 회로는 어떤 궤환 회로에 속하는가?

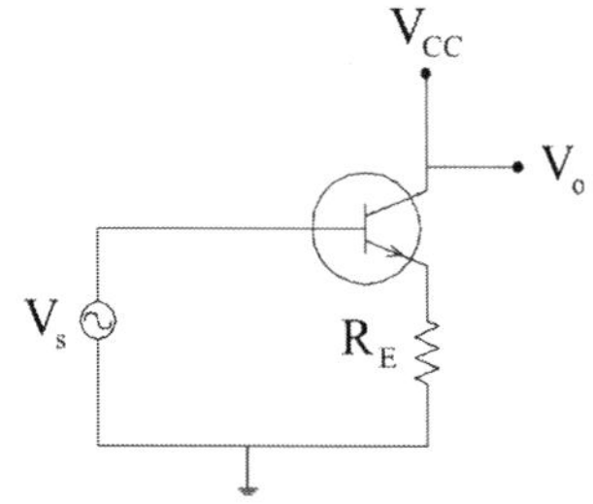


㉮ 직렬 전류 궤환 증폭회로　　㉯ 직렬 전압 궤환 증폭회로
㉰ 병렬 전류 궤환 증폭회로　　㉱ 병렬 전압 궤환 증폭회로

**해설** 직렬 전압 궤환 증폭회로를 소오스 플로워(source follower)라고도 한다.

**26.** 다음 회로는 어떤 궤환회로 인가?

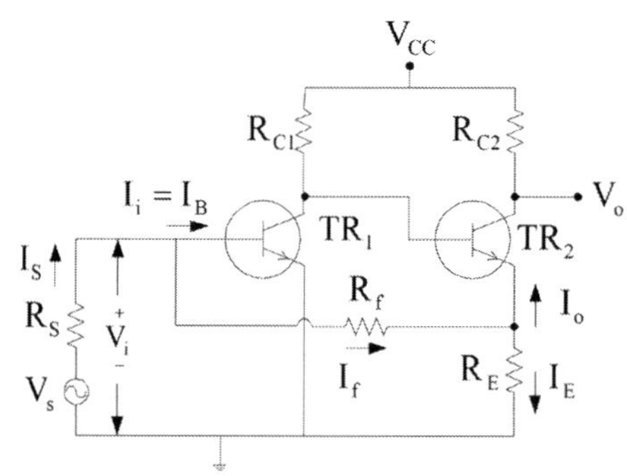


㉮ 직렬 전류 궤환 증폭회로　　㉯ 직렬 전압 궤환 증폭회로
㉯ 병렬 진류 궤환 증폭회로　　㉱ 병렬 진입 궤환 증폭회로

**27.** 병렬 전류 궤환 증포회로의 궤환율$\beta$를 옳게 나타낸 것은?

㉮ $-\dfrac{R_f}{R_E}$　　㉯ $\dfrac{R_f}{R_E}$　　㉰ $-\dfrac{R_E}{R_f}$　　㉱ $\dfrac{R_E}{R_f}$

**정답** 24. ㉯　25. ㉯　26. ㉰　27. ㉱

**28.** 병렬 전압 궤환회로의 궤환이득$A_f$을 옳게 표현한 것은?

㉮ $R_f$　　　　㉯ $-R_f$

㉰ $\frac{1}{R_f}$　　　　㉱ $-\frac{1}{R_f}$

**29.** 다음 회로는 어떤 궤환회로 인가?

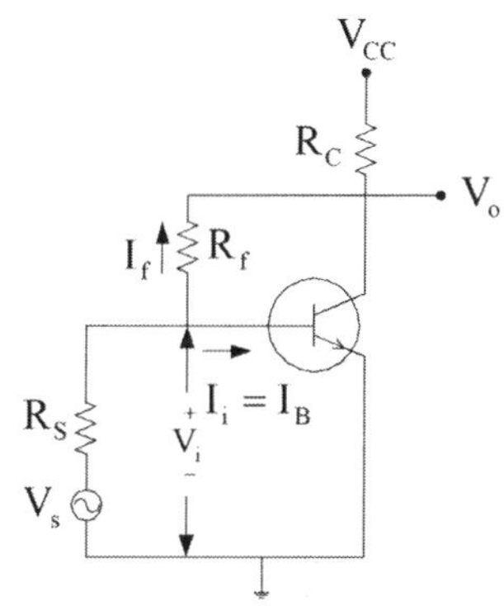


㉮ 직렬 전류 궤환 증폭회로　　　　㉯ 직렬 전압 궤환 증폭회로

㉰ 병렬 전류 궤환 증폭회로　　　　㉱ 병렬 전압 궤환 증폭회로

정답 28. ㉯　29. ㉱

CHAPTER 7

# 연산 증폭회로 (OP AMP Circuit)

# 7.1 연산 증폭기의 기초

## (1) 연산 증폭기의 개념

연산증폭기는 차동증폭기를 종속 접속하여 만들어지며 두 입력과 하나의 출력신호를 갖는다.

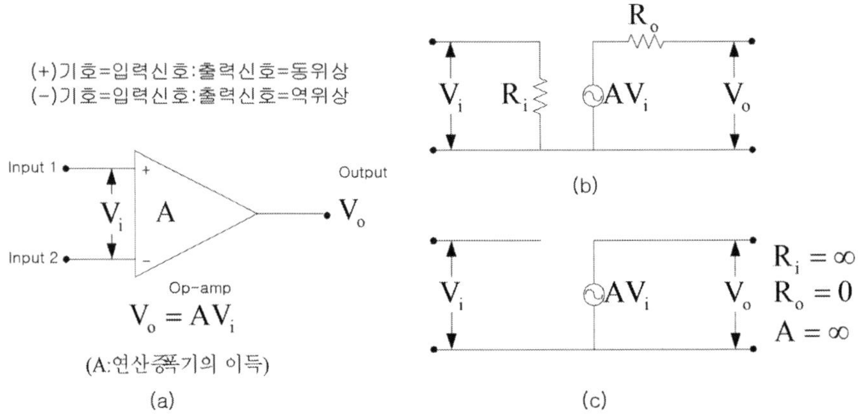


〈그림 7-1〉 연산증폭기 (a) 기호 (b) 일반 등가회로 (c) 이상 등가회로

## (2) 단일입력-단일출력, 단일입력-차동출력

연산증폭기의 두 입력 단자에서 어느 한쪽의 입력단자와 하나의 출력단자를 사용한 단일입력-단일출력 형태의 연산증폭기와 두 개의 출력단자를 사용한 단일입력-차동출력 연산증폭기가 있다. 이때, (+)입력을 사용하면 입출력의 위상이 동위상이나 (-)입력을 사용한 경우에는 입출력 위상이 역위상이 된다.

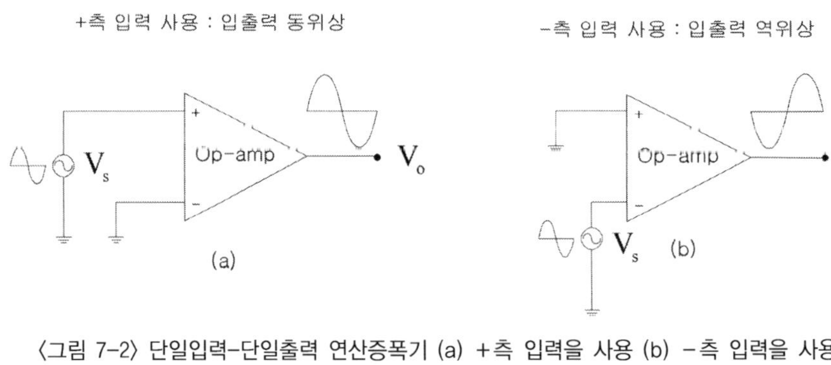


〈그림 7-2〉 단일입력-단일출력 연산증폭기 (a) +측 입력을 사용 (b) -측 입력을 사용

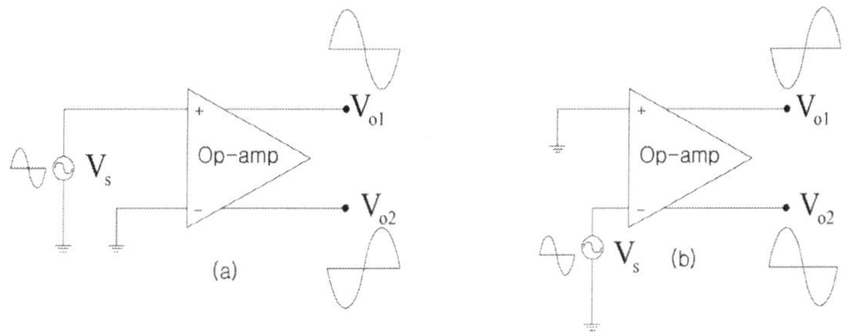


〈그림 7-3〉 단일입력-차동출력 연산증폭기 (a) +측 입력을 사용 (b) -측 입력을 사용

### (3) 공통모드(CM : Common Mode)

연산 증폭기의 두 입력신호에 동위상의 신호를 입력할 때 연산증폭기가 공통모드(Common Mode)로 동작하고 있다고 한다. 공통모드에서 입력전압은 $V_1 = V_2$이며, 동위상일 때 입력전압 $V_1$과 $V_2$의 차는 $\frac{1}{2}(V_1 + V_2)$이다.

① 입력신호 : $V_1 = V_2$ (동위상)

② 동상신호 : $V_{CM} = \frac{1}{2}(V_1 + V_2)$

③ 출력신호 : $V_o = A_{CM} V_{CM}$ ($A_{CM}$ : 공통모드 연산증폭기의 이득)

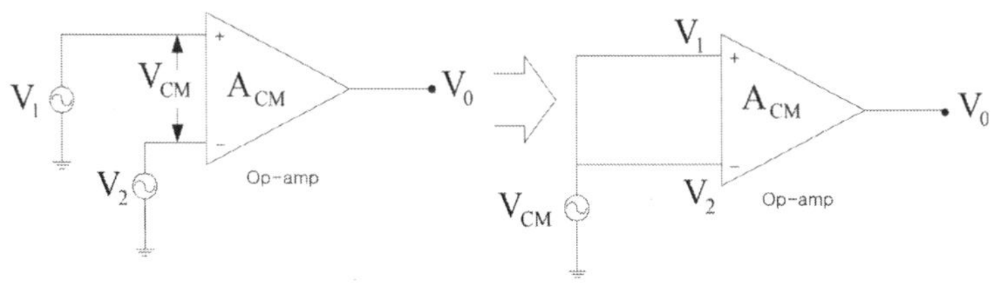


〈그림 7-4〉 공통모드의 연산증폭기

### (4) 차동모드(DM : Differential Mode)

연산 증폭기의 두 입력신호에 역위상의 신호를 입력할 때 연산증폭기가 차동모드(Differential Mode)로 동작하고 있다고 한다. 차동모드에서 입력전압은 $V_1 \neq V_2$이며, 역위상일 때 입력전압 $V_1$과 $V_2$의 차는 $V_1 - V_2$이다.

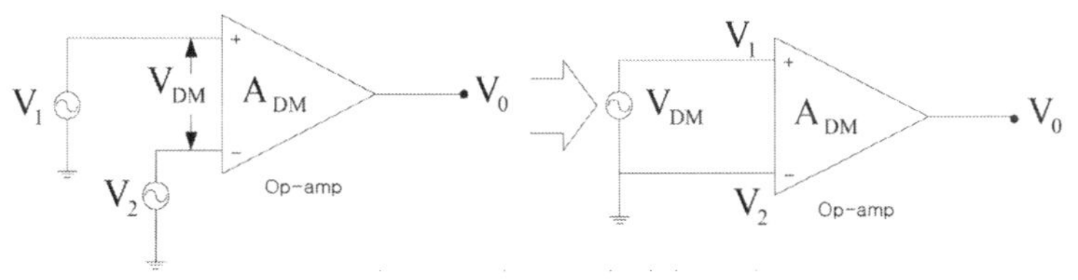


〈그림 7-5〉 차동모드의 연산증폭기

① 입력신호 : $V_1 \neq V_2$(역위상)

② 동상신호 : $V_{DM} = V_1 - V_2$

③ 출력신호 : $V_o = A_{DM}V_{DM}$($A_{DM}$ : 차동모드 연산증폭기의 이득)

### (5) 공통모드제거비(CMRR : Common Mode Rejection Ratio)

연산증폭기를 공통모드와 차동모드로 사용하였을 경우의 신호 증폭능력을 수치로 나타낸 것이 공통모드 제거비(CMRR : Common Mode Rejection Ratio)이다.

$$CMRR = \frac{A_{DM}}{A_{CM}} \quad \text{or} \quad CMRR(\log) = 20\log_{10}\frac{A_{DM}}{A_{CM}}\ [\text{dB}]$$

실제 연산증폭기의 출력전압( $V_o$)

$$V_o = A_{DM}V_{DM}\left(1 + \frac{1}{CMRR}\frac{V_{CM}}{V_{DM}}\right)$$

# 7.2 연산증폭회로의 특징과 파라메터

## (1) 이상적인 연산증폭회로의 특징

- 증폭이득이 무한대이다.($A=\infty$)
- 입력 임피던스가 무한대이다.($Z_i=\infty$)
- 출력 임피던스가 0이다.($Z_o=0\Omega$)
- 출력 전압은 0이다.($V_o=0\,V$)
- 대역폭이 무한대이다.($B=\infty$)
- 지연응답이(RD : Response Delay) 없다.($RD=0ms$)
- 회로가 안정하여 잡음이 거의 없다.
- 입력 오프셋(Offset)전압 및 전류가 0이다.($V_{io}=I_{io}=0$)
- 온도의 변화에 따른 드리프트 현상이 없다.

**참 고**

드리프트: 회로의 응답속도가 변화

## (2) 연산증폭회로의 파라미터

연산증폭기의 입력에 인가된 신호의 크기와 위상이 같아 출력전압이 $V_o=0\,V$가 되는 조건을 오프셋(Offset) 조건이라 한다.

연산증폭기의 스루율(SR : Slew Rate)

$$SR=\frac{\text{출력전압의변화}}{\text{시간의변화}}=\frac{\Delta V_o}{\Delta t}\quad [\mathrm{V}/\mu\mathrm{s}]$$

연산증폭기의 출력전압이 시간에 따라 어느정도 변화하는지를 나타내는 지수로서 SR이 크면 출력신호에 왜곡현상이 일어난다.

연산증폭기의 전원전압 제거율(PSRR : Power Supply Rejection Ratio)

$$PSRR=\frac{\text{입력오프셋전압의변화}}{\text{전원전압의변화}}=\frac{\Delta V_{io}}{\Delta V_s}\quad [\mathrm{V}/\mu\mathrm{s}]$$

〈표 7-1〉 실제 연산증폭회로의 파라미터

| 파라미터 | 의 미 |
|---|---|
| 입력 바이어스 전류($I_b$) | 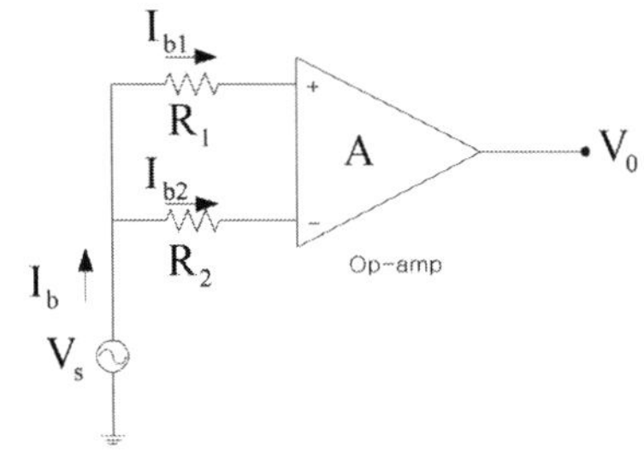  $I_b = \frac{1}{2}(I_{b1} + I_{b2})$ |
| 출력 오프셋 전압($V_{oo}$) | 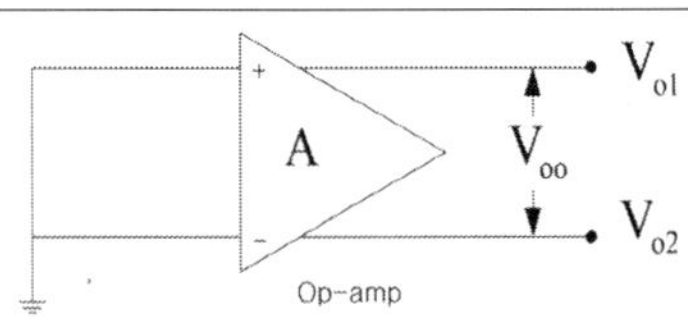  $V_{oo} = V_{o1} - V_{o2}$<br>(두 입력단자가 접지되었을 때 두 출력단자 사이의 전압) |
| 입력 오프셋 전압($V_{io}$) | $V_{io} = V_1 - V_2$<br>($V_o = 0\,V$일 때 두 입력단자 사이의 전압) |
| 입력 오프셋 전류($I_{io}$) | $I_{io} = I_{b1} - I_{b2}$<br>($V_o = 0\,V$일 때 두 입력단자 사이의 전류) |
| 입력 오프셋 드리프트 전압($V_{iod}$) | $V_{iod} = \frac{\text{입력오프셋전압의변화}}{\text{온도의변화}} = \frac{\Delta V_{io}}{\Delta T}$ |
| 입력 오프셋 드리프트 전류($I_{iod}$) | $I_{iod} = \frac{\text{입력오프셋전류의변화}}{\text{온도의변화}} = \frac{\Delta I_{io}}{\Delta T}$ |
| 이득 대역폭($B$) | $B = Af_c$($A$ : 연산증폭기의 이득, $f_c$ : 차단주파수) |
| 최대주파수($f_{max}$) | $f_{max} = \frac{SR}{2\pi A V_i}$ ($A$ : 폐루프의 이득) |

## 7.3 연산 증폭회로의 응용

### (1) 반전기

연산증폭기에 외부저항$R_i$와$R_f$를 연결하여 귀환 회로망을 구성하여 입력신호와 반전된 출력신호를 얻는다. $R_i$와$R_f$가 연산증폭기의 반전입력(-)과 연결된 경우를 부궤환, 비반전입력(+)와 연결된 경우를 정궤환이라 한다.

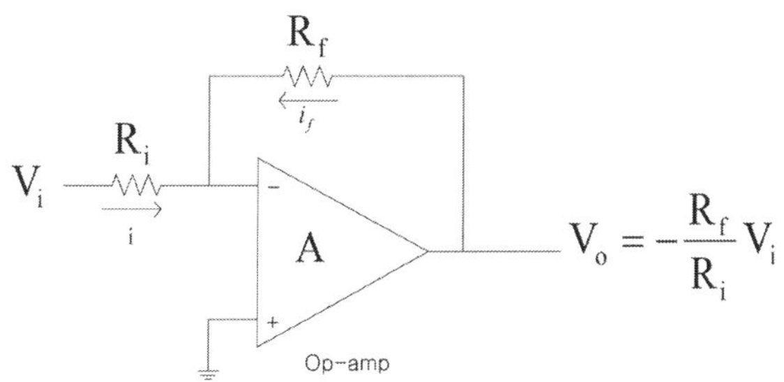


〈그림 7-6〉 반전기

- 가장 널리 사용되는 증폭회로이다.
- 입력과 출력신호는 역위상이다.

① 출력전압( $V_o$)

입력전압 $V_i$는 저항$R_i$에 흐르는 전류$i$에 의해 발생하는 전압과 같다.

$$V_i = i \cdot R_i$$

출력전압 $V_o$는 전류$i$가 궤환저항$R_f$을 통하여 흐름으로서 발생하는 전압과 같다.

$$V_o = i_f \cdot R_f = -i \cdot R_f = -\frac{V_i}{R_i} \cdot R_f$$

참 고

$i_f = -i$에서 (−)는 위상반전을 의미하는 것으로

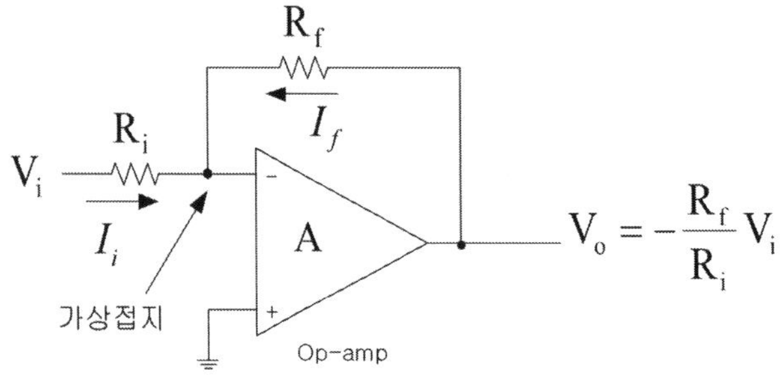


가상접지에서의 전압은 거의 0V이고 $R_i = \infty$이다. 이때 $I_i$는 전부 $R_f$를 통하여 흐른다. 즉 $I_i = I_f$가 된다.

② 이득($A$)

이득은 입력전압 $V_i$과 출력전압 $V_o$의 비로서 다음과 같이 나타낸다.

$$A = \frac{V_o}{V_i} = -\frac{R_f}{R_i}$$

### (2) 비반전기

저항 $R_i$와 $R_f$를 연산증폭기의 비반전입력(+)에 연결하여 정궤환 특성을 갖게 한다. 비반전기의 전압이득은 $A \geq 1$이며, 입력임피던스 $Z_i = V_i / I_i$이고, $I_i = V_i / R_i$이기 때문에 $R_i$가 상당히 큰 경우의 연산증폭기의 입력임피던스 $Z_i$는 큰 값을 갖는다.

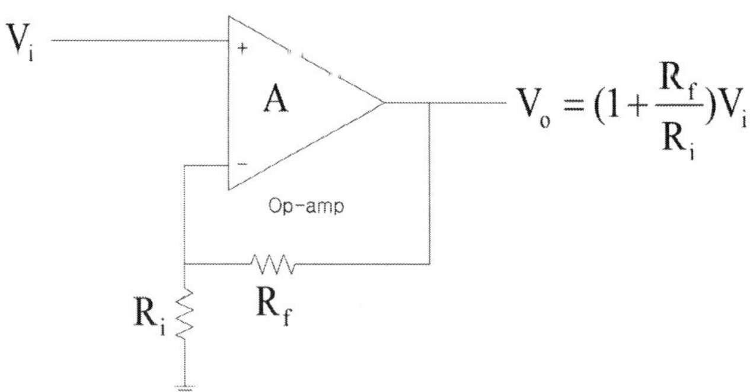


〈그림 7-7〉 비반전기

① 이득($A$)

전압분배법칙에 의하여 저항$R_i$에 걸리는 전압 $V_i$는

$$V_i = \frac{R_i}{R_i + R_f} V_o$$

로 나타내며, 이득은 입력전압 $V_i$와 출력전압 $V_o$의 비로 구할 수 있다.

$$A = \frac{V_o}{V_i} = 1 + \frac{R_f}{R_i}$$

### (3) 가산기

연산증폭기의 입력에 여러개의 입력신호를 입력하고, 이들 신호들을 합하여 하나의 출력신호를 나타나게 하는 회로를 가산기라 한다. 여러개의 입력신호가 반전기(-)에 연결된 경우를 반전 가산기(inverting adder)라 하며, 비반전기(+)에 연결된 경우를 비반전 가산기(noninverting adder)라 한다. 〈그림7-8〉은 반전 가산기를 나타낸 것이다.

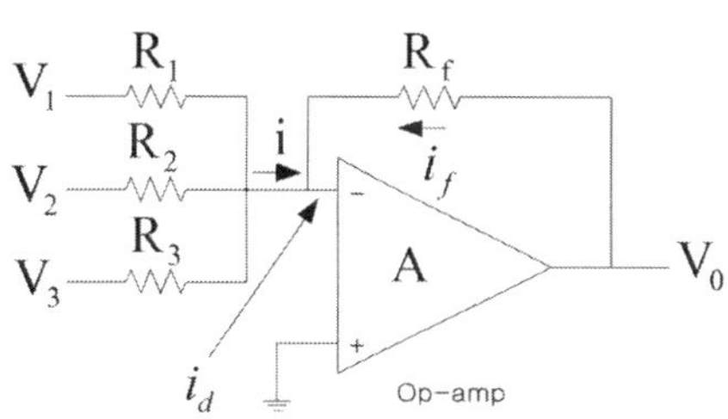


$$V_0 = -\left(\frac{R_f}{R_1} V_1 + \frac{R_f}{R_2} V_2 + \frac{R_f}{R_3} V_3\right)$$

〈그림 7-8〉 가산기

① 총 전류($i$)

반전 가산기에서 총전류$i$는 각 저항에 흐르는 전류의 합과 같다.

$$i = i_1 + i_2 + i_3$$

이때, $i_1 = \frac{V_1}{R_1}$, $i_2 = \frac{V_2}{R_2}$, $i_3 = \frac{V_3}{R_3}$ 이므로 $i$는$R_1, R_2, R_3$에 흐르는 각각의 전류의 합과 같다.

$$i = i_1 + i_2 + i_3 = \left(\frac{V_1}{R_1} + \frac{V_2}{R_2} + \frac{V_3}{R_3}\right)$$

② 출력전압($V_o$)

출력전압 $V_o$는 궤환저항 $R_f$에 걸리는 전압과 같고, $i_d = 0$이므로 $i = -i_f$ 인 것을 고려하면 출력전압은 다음과 같이 나타낼 수 있다.

$$V_o = -i \cdot R_f = -\left(\frac{R_f}{R_1}V_1 + \frac{R_f}{R_2}V_2 + \frac{R_f}{R_3}V_3\right) = -\left(\frac{R_f}{R_1} + \frac{R_f}{R_2} + \frac{R_f}{R_3}\right)V_i$$

③ 이득($A$)

여러 입력전압이 $V_1 = V_2 = V_3 = V_i$이라면, 이득 $A$는 다음과 같이 구할 수 있다.

$$A = \frac{V_o}{V_i} = -\left(\frac{R_f}{R_1} + \frac{R_f}{R_2} + \frac{R_f}{R_3}\right)$$

### (4) 감산기

① 출력전압($V_o$)

반전입력(-)과 비반전입력(+)에 연결된 저항이

$\frac{R_f}{R_1} = \frac{R_3}{R_2}$ 이라면

전류 $i$는 $i = \frac{V_1 - V_2}{R_1}$ 이고, $i = -i_f$인 것을 고려하면, 출력전압 $V_o$는

$$V_o = i_f \cdot R_f = -i \cdot R_f = -\frac{(V_1 - V_2)}{R_1} \cdot R_f = \frac{R_f}{R_1}(V_2 - V_1)$$

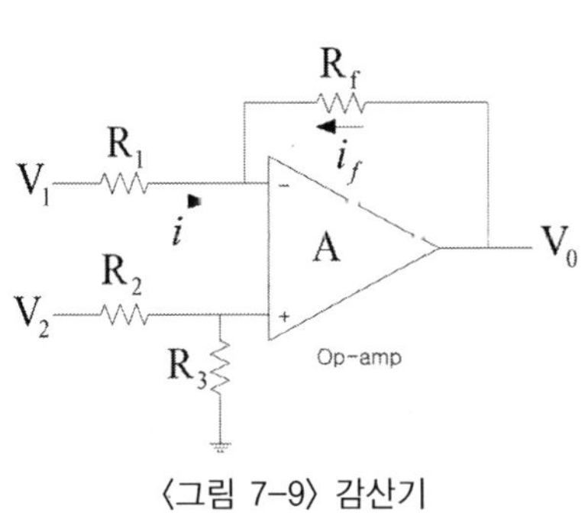


〈그림 7-9〉 감산기

**참고**

$V_1 - V_2$는 입력저항에 걸리는 전압의 차

② 이득($A$)

입력전압 $V_i = V_2 - V_1$이라면, $V_o = \frac{R_f}{R_1}(V_2 - V_1) = \frac{R_f}{R_1} V_i$이고, 이득$A$를 다음과 같이 나타낼 수 있다.

$$A = \frac{V_o}{V_i} = \frac{V_o}{V_2 - V_1} = \frac{R_f}{R_1}$$

### (5) 부호변환기

부호변환기는 반전기와 같은 형태이고, $R_i = R_f$의 조건에서 출력전압 $V_o$는 입력전압 $V_i$에 비해 크기는 같고 위상이 반대인 신호를 나타내며, 이득은 -1이다.

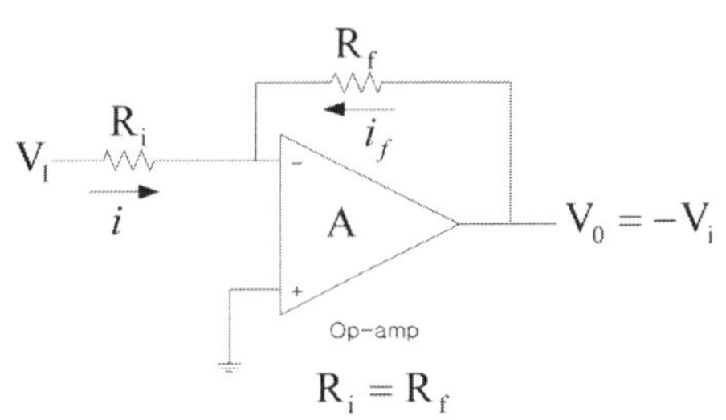


〈그림 7-10〉 부호변환기

- 반전기와 같은 형태이다.
- $R_i = R_f$의 조건을 만족하여야 한다.

① 출력전압($V_o$) : $V_o = i_f \cdot R_f = -i \cdot R_f = -\frac{R_f}{R_i} \cdot V_i = -V_i$

② 이득($A$) : $A = \frac{V_o}{V_i} = -1$

### (6) 계수변환기

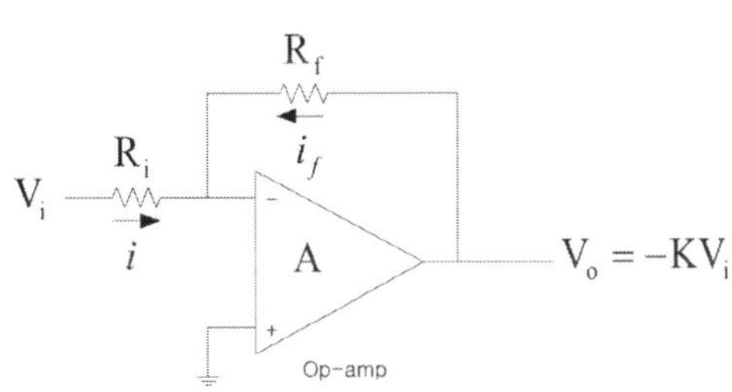


〈그림 7-11〉 계수변환기

- 반전기와 같은 형태이다.
- $K=\dfrac{R_f}{R_i}$ 를 상수로 놓는다.

① 출력전압( $V_o$ ) : $V_o = i_f \cdot R_f = -i \cdot R_f = -\dfrac{R_f}{R_i} \cdot V_i = -KV_i$

② 이득( $A$ ) : $A=\dfrac{V_o}{V_i}=-K$

## (7) 미분기

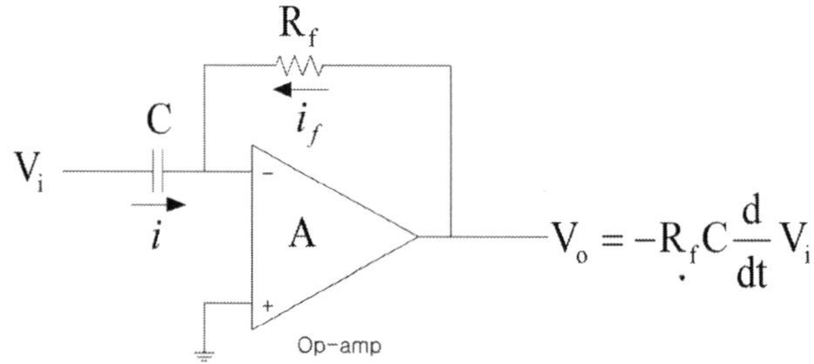


〈그림 7-12〉 미분기

① 출력전압( $V_o$ ) : 출력전압 $V_o$는 입력전압을 미분하여 얻는다.

$$V_o = i_f \cdot R_f = -i \cdot R_f = -\frac{V_i}{XC} \cdot R_f = -\frac{R_f}{\frac{1}{j\omega c}} V_i$$

$$= -j\omega R_f C V_i = -jw R_f C \frac{d}{dt} V_i$$

② 이득( $A$ ) : $A=\dfrac{V_o}{V_i}=-j\omega R_f C$

## (8) 적분기

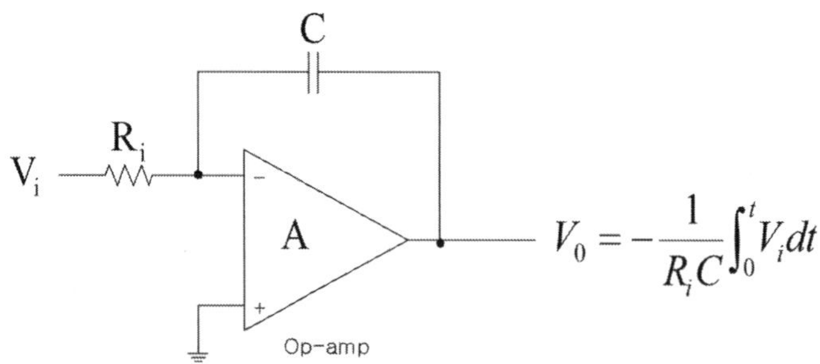


〈그림 7-13〉 적분기

**참고**

입력전류와 출력전류 $i$는 같다. 입력전압 $V_i$는 $R_i$양단에 걸리고 출력전압 $V_0$는 C양단에 걸린다.

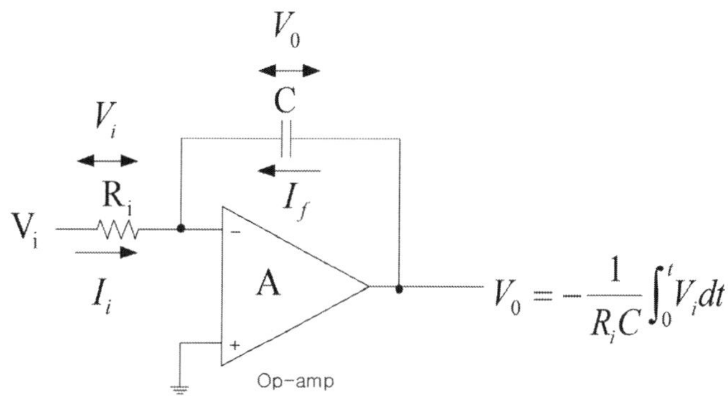


① **출력전압($V_o$)** : 출력전압 $V_o$는 입력전압을 적분하여 얻는다.

$$V_o = i_f \cdot XC = -i \cdot XC = -\frac{V_i}{R_i}\frac{1}{j\omega C} = -\frac{1}{j\omega R_i C}\int_0^t V_i \cdot dt$$

**참고**

$$i = \frac{V_i}{R_i}$$

$$V_0 = -\frac{Q}{C}(Q = CV) \quad \cdots\cdots (1)$$

전류는 전하량 Q의 시간 변화량이다.

$$i = \frac{dQ}{dt},\ dQ = idt,\ Q = \int dQ = \int id \quad \cdots\cdots (2)$$

(2)식을 (1)식에 대입

$$V_0 - \frac{1}{C}\int idt = -\frac{1}{C}\int\frac{V_i}{R_i}dt = -\frac{1}{R_i C}\int V_i dt$$

② 이득($A$) : $A = \frac{V_o}{V_i} = -\frac{1}{j\omega R_i C}$

### (9) 다단 연산기

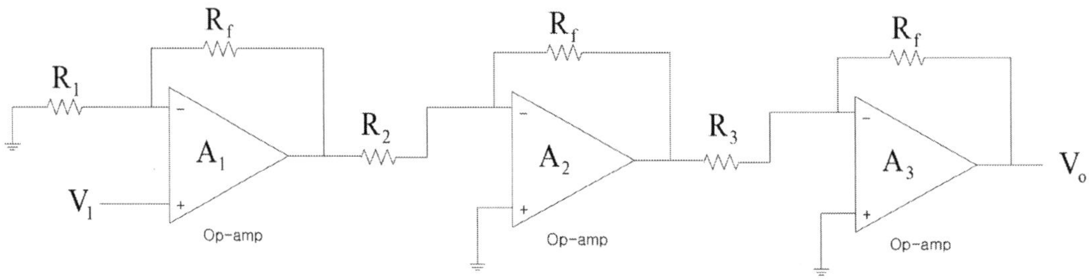


〈그림 7-14〉 종속접속 연산기

- 연산증폭기가 여러단 종속 접속되어 큰 이득을 얻을 수 있다.

① 각 연산기의 이득 : $A_1 = 1 + \frac{R_f}{R_1}, A_2 = -\frac{R_f}{R_2}, A_3 = -\frac{R_f}{R_3}$

② 전체 이득 : $A = A_1 A_2 A_3$

### (10) 이득 플로워(Gain Follower)

입력신호와 동위상인 출력전압을 얻으며 이득$A$ = 1인 연산 증폭기이다.

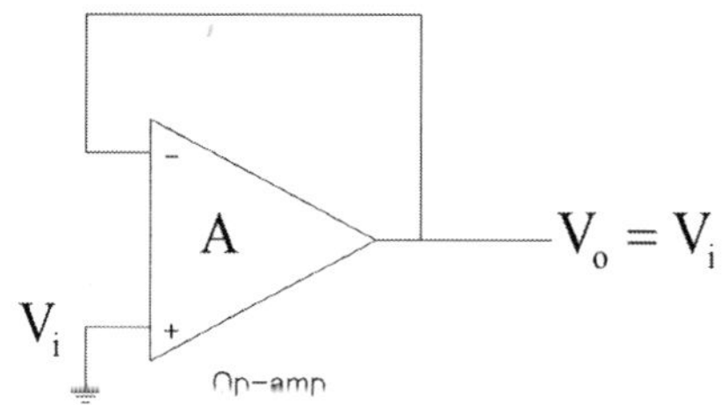


〈그림 7-15〉 이득 플로워

## (11) RC동조 연산기

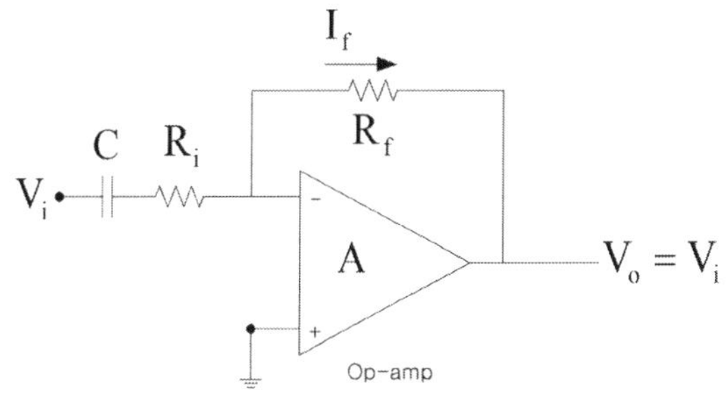


〈그림 7-16〉 RC동조 연산기

① 부궤환 임피던스 $R_f$ 에 흐르는 전류 $I_f$ 는

$$I_f = \frac{V_i}{R_i + \frac{1}{j\omega C}} = \frac{1}{1 + \frac{1}{j2\pi f R_i C}} \cdot \frac{V_i}{R_i}$$

$$= \frac{1}{1 - j(f_C/f)} \cdot \frac{V_i}{R_i}$$

**참 고**

$$\frac{1}{j} = -j$$

② 차단 주파수($f_c$) : $f_C = \dfrac{1}{2\pi R_i C}$

③ 이득($A$) : $A = \dfrac{V_o}{V_i} = -\dfrac{I_f R_f}{V_i} = -\dfrac{R_f}{R_i}\dfrac{1}{1 - j(f_C/f)}$

**참 고**

$$A = -\frac{I_f R_f}{V_i} = -\frac{1}{V}\frac{1}{1 - j\left(\frac{f_C}{f}\right)}\frac{V_i}{R_i}R_f = -\frac{R_f}{R_i}\frac{1}{1 - j\left(\frac{f_C}{f}\right)}$$

### (12) 전압-전류 변환기

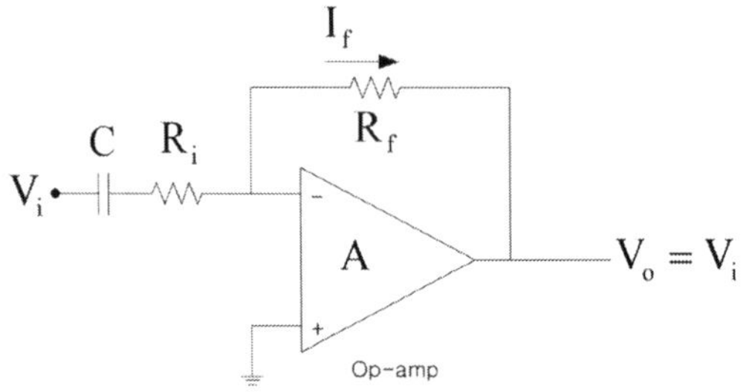


입력전압에 비례하는 전류를 얻는다.

〈그림 7-17〉 전압-전류 변환기

### (13) 전류-전압 변환기

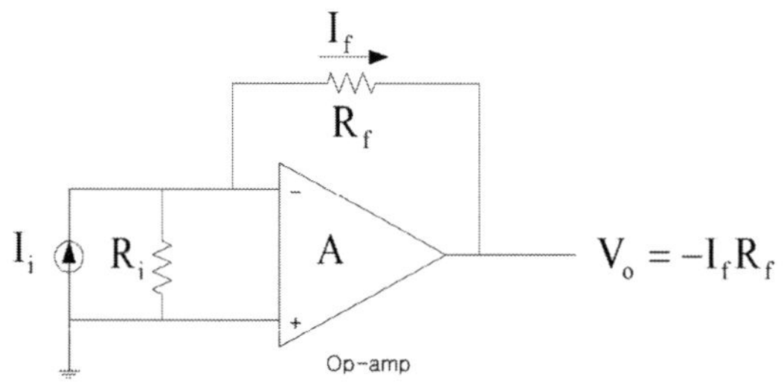


〈그림 7-18〉 전류-전압 변환기

### (14) 피크 검출기

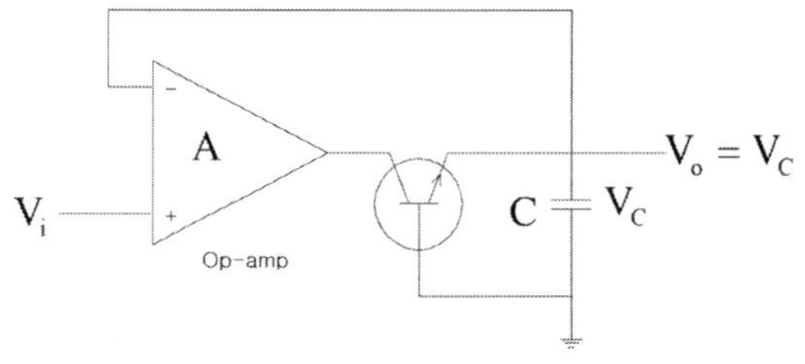


입력 피크전압을 C에 저장

〈그림 7-19〉 피크 검출기

## (15) 대수증폭 연산기

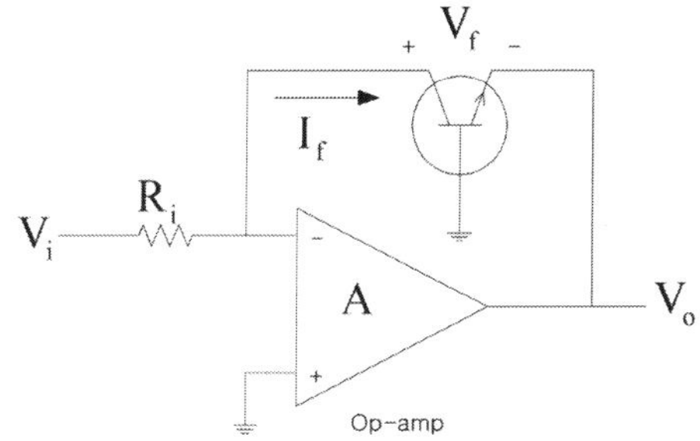


입력전압의 대수에 비례하는 출력전압을 얻는다.

〈그림 7-20〉 대수 증폭 연산기

## (16) 이상기(Phase Shifter)

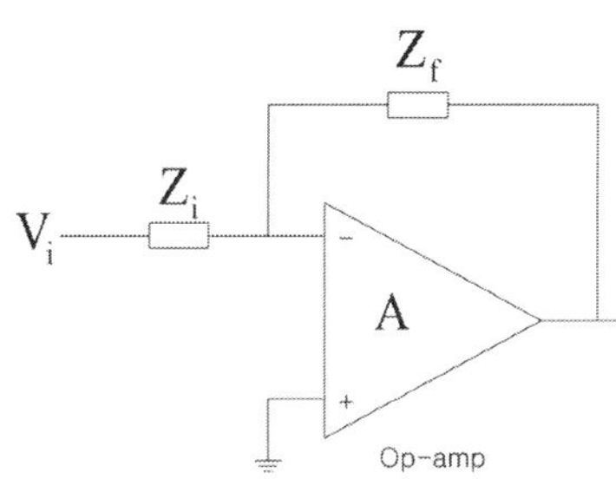


$$V_0 = -\frac{Z_f|\theta_2}{Z_i|\theta_1}V_i = \frac{Z_f}{Z_i}V_i|\theta_2 - \theta_1$$

입력의 위상(θ)을 0~180[。] 변화시킨다.

〈그림 7-21〉 이상기

# 연습문제

1. 다음은 이상적인 연산 증폭기에 관하여 설명한 것이다. 옳지 않은 것은?

㉮ 입력 저항은 무한대이다.　　㉯ 출력 저항은 0이다.

㉰ 전압 이득은 무한대이다.　　㉱ 대역폭은 일정하다.

**해설** 이상적인 연산 증폭기의 특징

① 전압 이득 $A_v$가 무한대($A_v = \infty$)　　② 입력 저항 $R_i$가 무한대($R_i = \infty$)

③ 출력 저항 $R_0$가 0이다($R_0 = 0$)　　④ 대역폭이 무한대($B = \infty$)

⑤ 오프셋(offset)이 0이다.

2. 이상적인 연산 증폭기의 특징으로 옳지 않은 것은?

㉮ 입력 저항이 크다.　　㉯ 출력 저항이 작다.

㉰ 전압 이득이 크다.　　㉱ 단일 주파수만 통과시킨다.

3. 다음 그림은 반전기이다. 이 회로의 출력 $V_0$를 옳게 나타낸 식은?

㉮ $V_0 = -\dfrac{R_i}{R_f} V_i$

㉯ $V_0 = \dfrac{R_i}{R_f} V_i$

㉰ $V_0 = -\dfrac{R_f}{R_i} V_i$

㉱ $V_0 = \dfrac{R_f}{R_i} V_i$

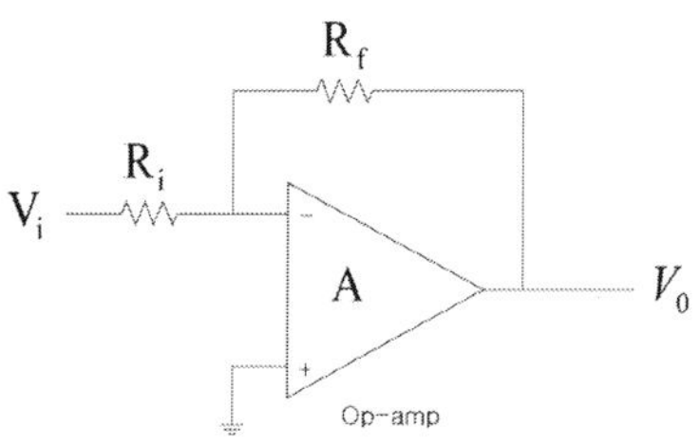


4. 다음 그림의 연산증폭기는 어떤 종류의 연산 증폭기인가?

㉮ 부호 변화기

㉯ 비반전기

㉰ 가산기

㉱ 감산기

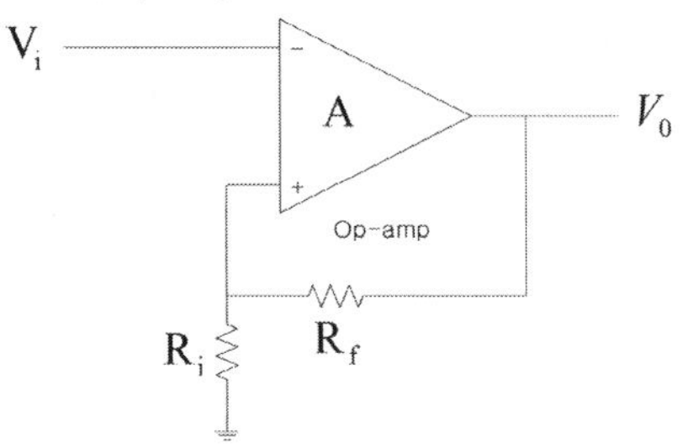


**정답** 1. ㉱　2. ㉱　3. ㉰　4. ㉯

**5.** 다음 그림의 연산 증폭기의 전압 증폭도 $\frac{V_0}{V_i}$ 는?

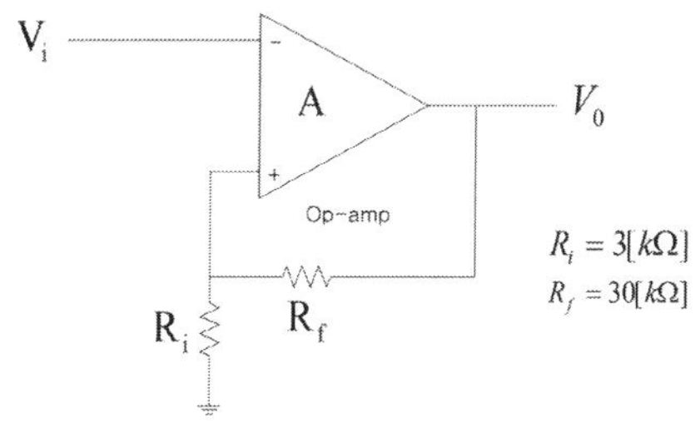


㉮ 0.1　　㉯ 10
㉰ 11　　㉱ 22

**해설** 이 연산증폭기는 비반전기로서 출력전압 $V_0 = (1+\frac{R_f}{R_i})V_i$에서 전압 증폭도는

$$A = \frac{V_0}{V_i} = 1 + \frac{R_f}{R_i} = 1 + \frac{30\times 10^3}{3\times 10^3} = 11$$

**6.** 다음과 같은 연산증폭기에서 출력전압 $V_0$를 옳게 표현한 것은?

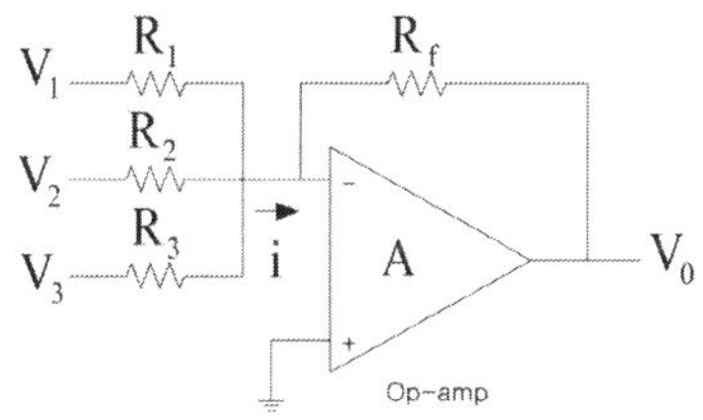


㉮ $V_o = (\frac{R_f}{R_1}V_1 + \frac{R_f}{R_2}V_2 + \frac{R_f}{R_3}V_3)$　　㉯ $V_o = -(\frac{R_f}{R_1}V_1 + \frac{R_f}{R_2}V_2 + \frac{R_f}{R_3}V_3)$

㉰ $V_o = (\frac{R_1}{R_f}V_1 + \frac{R_2}{R_f}V_2 + \frac{R_3}{R_f}V_3)$　　㉱ $V_o = -(\frac{R_1}{R_f}V_1 + \frac{R_2}{R_f}V_2 + \frac{R_3}{R_f}V_3)$

**해설** 만약 $R_1 = R_2 = R_3 = R$이라면

$$V_o = -\frac{R_f}{R}(V_1 + V_2 + V_3)$$

$V_1 = V_2 = V_3 = V$ 라면

$$V_o = -\frac{3R_f}{R}V$$

**정답** 5. ㉰　6. ㉯

7. 다음 그림의 연산증폭기는 어떤 종류의 연산증폭기인가?

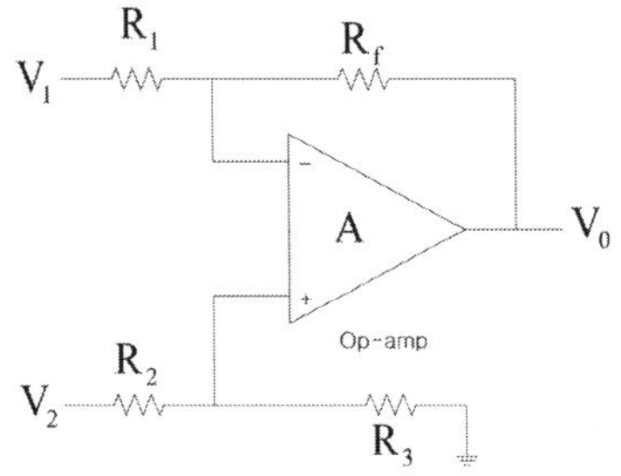


㉮ 부호 변환기　　㉯ 계수 변환기
㉰ 가산기　　㉱ 감산기

8. 다음 연산증폭기의 출력전압 $V_0$는?

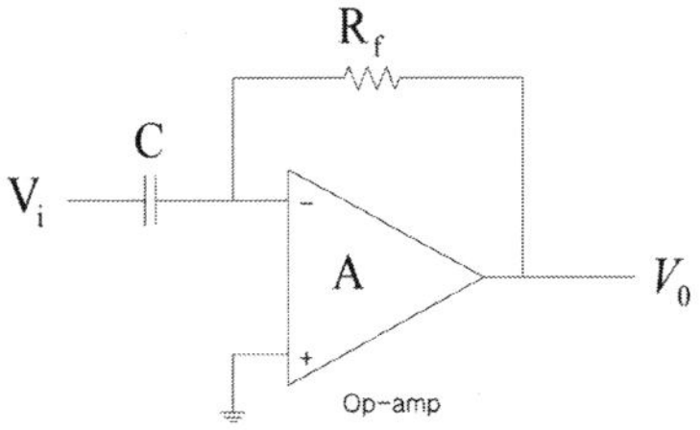


㉮ $V_0 = R_f C \frac{d}{dt} V_i$

㉯ $V_0 = -R_f C \frac{d}{dt} V_i$

㉰ $V_0 = \frac{1}{R_f} C \frac{d}{dt} V_i$

㉱ $V_0 = -\frac{1}{R_f} C \frac{d}{dt} V_i$

**해설** 미분 연산증폭기이다.

9. 다음 연산증폭기의 출력전압 $V_0$는?

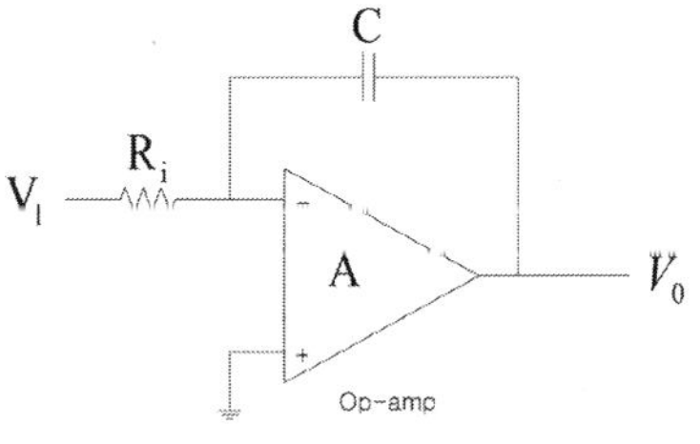


㉮ $V_0 = -R_i C \int_0^t V_i \cdot dt$

㉯ $V_0 = R_i C \int_0^t V_i \cdot dt$

㉰ $V_0 = -\frac{1}{R_i C} \int_0^t V_i \cdot dt$

㉱ $V_0 = \frac{1}{R_i C} \int_0^t V_i \cdot dt$

**해설** 적분 연산증폭기이다.

**정답** 7. ㉱　8. ㉯　9. ㉰

**10.** 다음 회로의 명칭으로 옳은 것은?

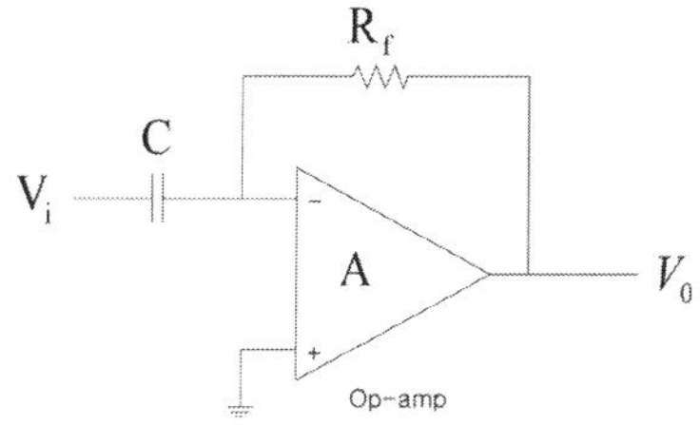


㉮ 미분기　　㉯ 적분기
㉰ 가산기　　㉱ 감산기

**11.** 다음 회로는 다단 연산기이다. 이 회로의 각 연산기의 이득으로 옳은 것은?

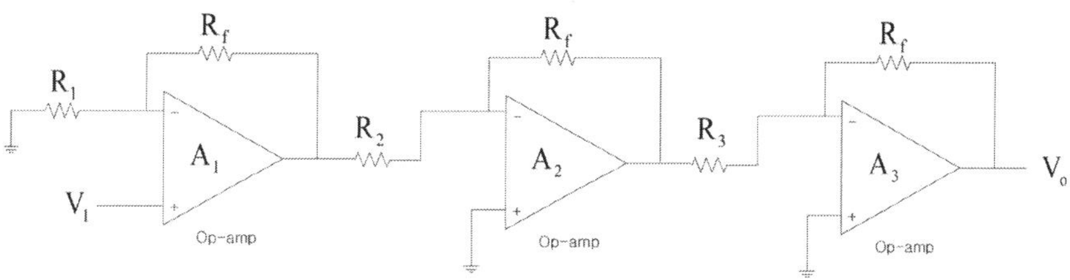


㉮ $A_1 = 1 - \frac{R_1}{R_f}, A_2 = \frac{R_2}{R_f}, A_3 = \frac{R_3}{R_f}$　　㉯ $A_1 = 1 - \frac{R_f}{R_1}, A_2 = \frac{R_f}{R_2}, A_3 = \frac{R_f}{R_3}$

㉰ $A_1 = 1 + \frac{R_f}{R_1}, A_2 = -\frac{R_f}{R_2}, A_3 = -\frac{R_f}{R_3}$　　㉱ $A_1 = 1 + \frac{R_1}{R_f}, A_2 = -\frac{R_2}{R_f}, A_3 = -\frac{R_3}{R_f}$

**12.** 다음 연산증폭기의 전압증폭도 $\frac{V_0}{V_i}$ 는?

㉮ $-\frac{R_i}{R_f}$

㉯ $\frac{R_i}{R_f}$

㉰ $-\frac{R_f}{R_i}$

㉱ $\frac{R_f}{R_i}$

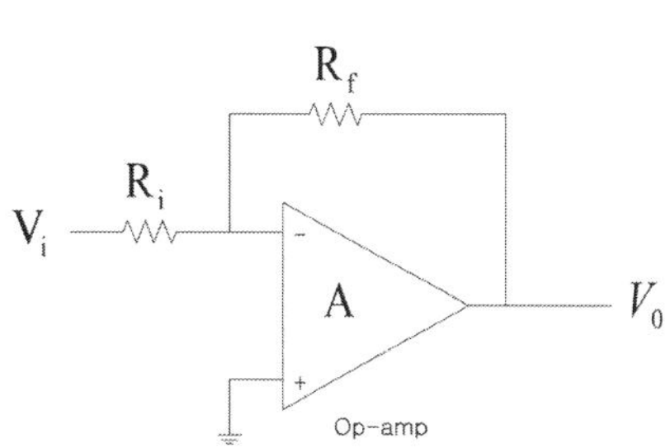


**해설** 반전 연산증폭기이다.

**정답** 10. ㉮　11. ㉰　12. ㉰

13. 다음 연산증폭기의 전압증폭도 $\frac{V_0}{V_i}$ 는?

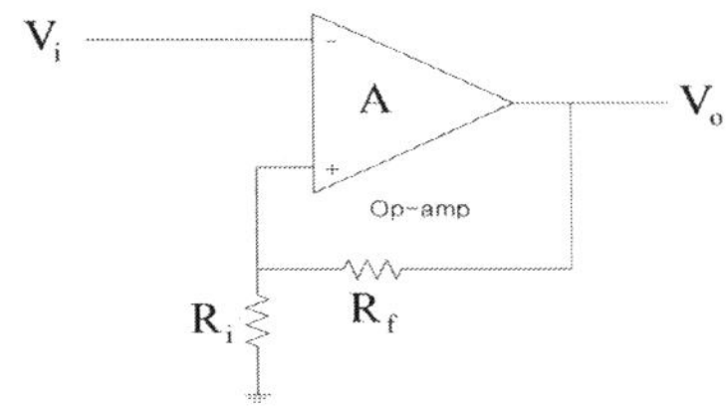


㉮ $-\frac{R_f}{R_i}$

㉯ $\frac{R_f}{R_i}$

㉰ $1-\frac{R_f}{R_i}$

㉱ $1+\frac{R_f}{R_i}$

해설 비반전 연산증폭기이다.

14. 비반전 연산 증폭기의 설명으로 옳은 것은?

㉮ 두 입력 단자에 전류는 흐르지 않고 전위는 같다.

㉯ 두 입력 단자에 전류가 흐른다.

㉰ 입력 단자의 전압은 0이다.

㉱ 반전 연산 증폭기와 증폭도가 같으며 위상만 반전된다.

15. 연산 증폭기에서 출력 전압 $V_0=0$일 때 두 입력 단자 사이의 전압을 무엇이라 하는가?

㉮ 입력 드레프트 전압

㉯ 출력 드레프트 전압

㉰ 입력 오프셋 전압

㉱ 출력 오프셋 전압

해설 입력 오프셋 전압은 출력 전압 $V_0=0$일 때 두 입력 단자 사이에 인가하는 전압이다.

16. 다음 회로의 출력전압 $V_0$는?

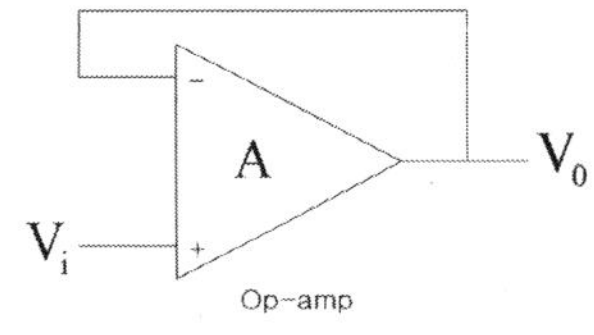


㉮ $V_0=-V_i$

㉯ $V_0=V_i$

㉰ $V_0=1$

㉱ $V_0=0$

정답 13. ㉱ 14. ㉮ 15. ㉰ 16. ㉯

**17.** 다음 연산증폭기에서 부하저항 $R_L$에 흐르는 전류 $I_L$은?
(단, $R_i = 2[k\Omega]$, $R_f = 10[k\Omega]$, $R_L = 10[k\Omega]$, $V_i = 5[V]$)

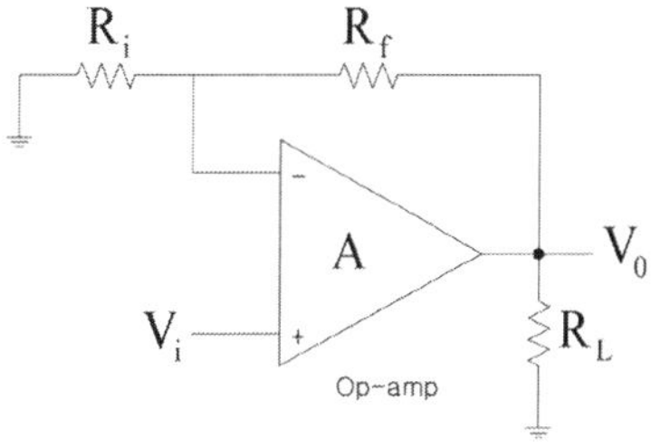


㉮ 1[mA] ㉯ 2[mA]
㉰ 3[mA] ㉱ 4[mA]

**해설** 이 회로는 비반전 증폭기로서 출력전압 $V_0$는

$$V_0 = (1 + \frac{R_f}{R_i})V_i = (1 + \frac{10 \times 10^3}{2 \times 10^3}) \times 5 = 30[V]$$

따라서 부하저항에 흐르는 전류 $I_L$은 $I_L = \frac{V_0}{R_L} = \frac{30}{10 \times 10^3} = 3[mA]$

**18.** 연산증폭기 연산의 정확도를 높이기 위한 사항이 아닌 것은?

㉮ 차단 특성이 좋아야 한다.
㉯ 많은 양의 음되먹임을 안정하게 걸 수 있어야 한다.
㉰ 증폭도가 작아야 한다.
㉱ 안정도가 좋아야 한다.

**해설** 연산증폭기의 연산의 정확도를 높이기 위한 조건
① 증폭도가 커야 한다.
② 차단 특성이 좋아야 한다.
③ 안정도가 좋아야 한다.
④ 많은 양의 음되먹임을 안정하게 걸 수 있어야 한다.

**19.** 다음 연산증폭기를 설명한 것 중 잘못된 것은?

㉮ 전압 플로워 회로이다.
㉯ 입출력 전압의 크기는 같다.
㉰ 입력 임피던스가 ∞ 이다.
㉱ 입력과 출력의 위상은 역상이다.

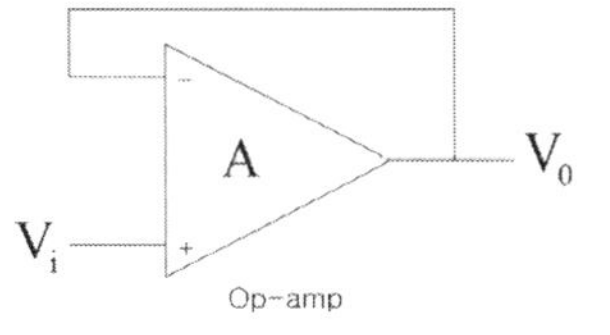


**정답** 17. ㉰ 18. ㉰ 19. ㉱

**20.** 다음 회로 중 적분회로는 어느 것인가?

㉮ 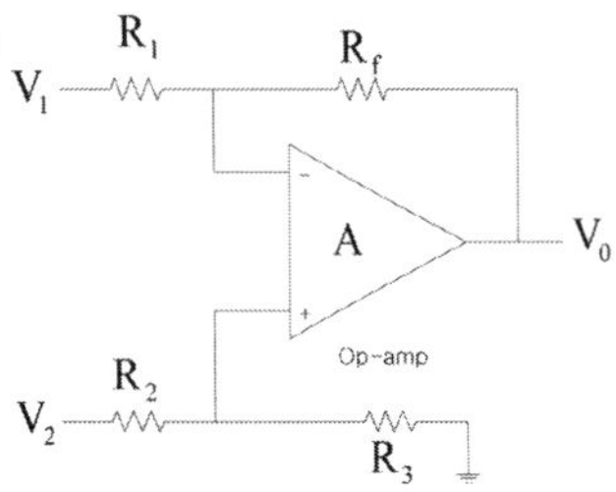


㉯ 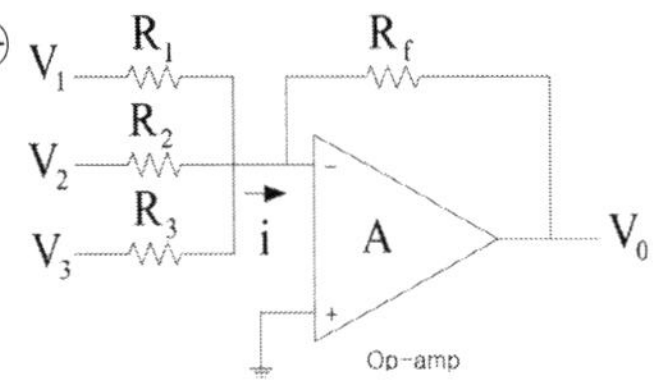


㉰ 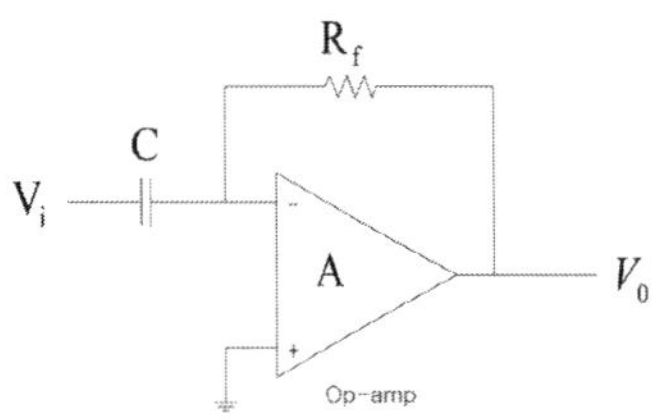


㉱ 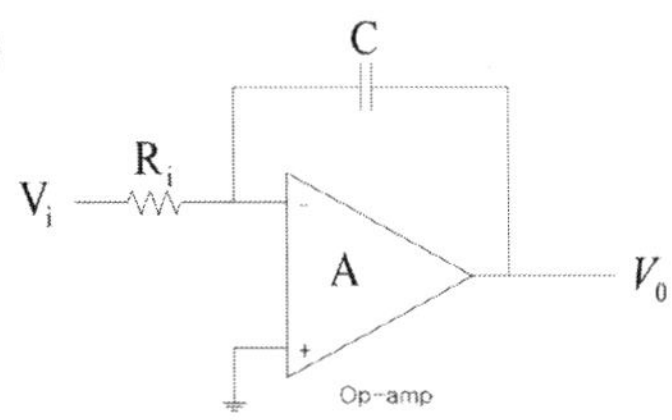


**21.** 다음 회로에 계단(STEP)전압을 입력하였을 경우의 출력파형으로 옳은 것은?

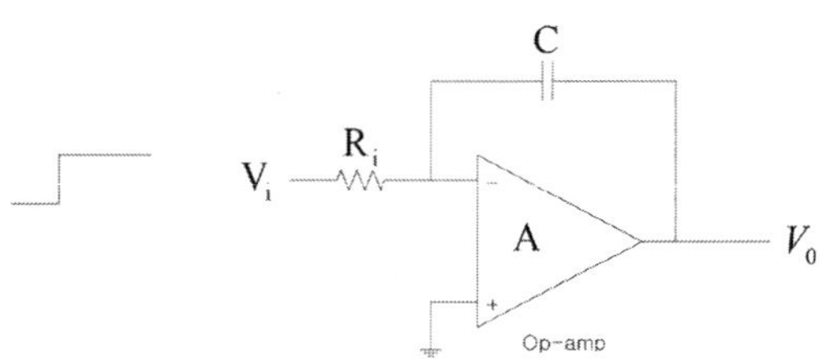


㉮ 

㉯ 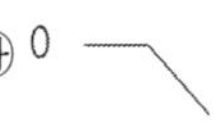

㉰ 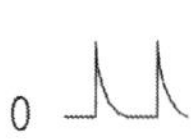

㉱ 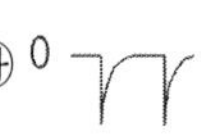

**22.** 다음 회로는 미분기이다. 이 회로에 구형파를 입력한 경우에 출력파형은?

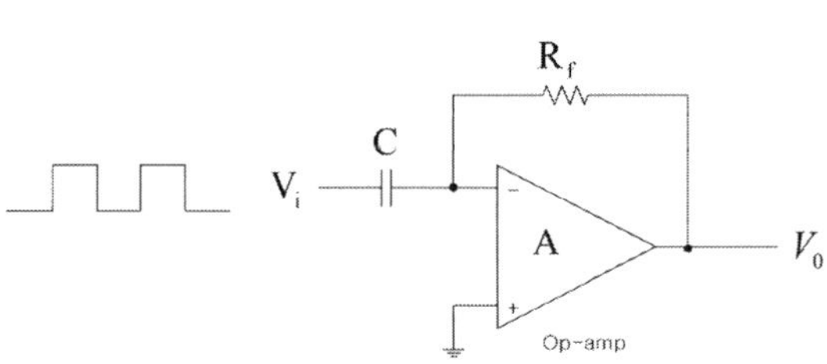


㉮ 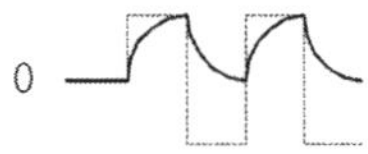

㉯ 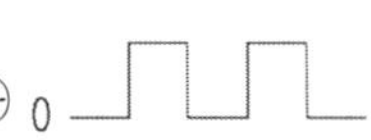

㉰ 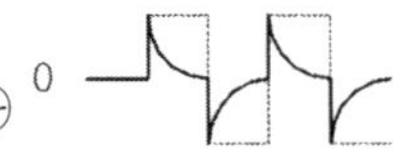

㉱ 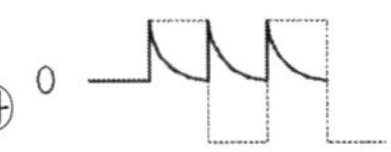

**정답** 20. ㉱ 21. ㉯ 22. ㉰

23. 다음 연산증폭기에서 입력전류$I_i$는?

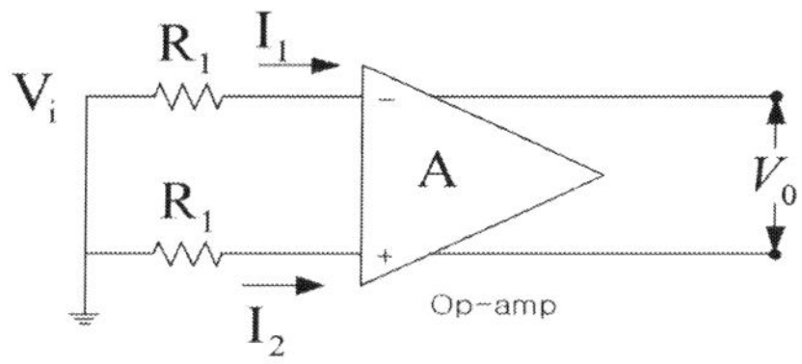


㉮ $\frac{(I_1 + I_2)}{2}$　　㉯ $\frac{(I_1 - I_2)}{2}$

㉰ $I_1 + I_2$　　㉱ $I_1 - I_2$

24. 다음 연산증폭회로의 출력전압 $V_0$는?

㉮ $\frac{1}{R_f C}\int V_1 dt + \frac{R_f}{R_1} V_2$

㉯ $-\frac{1}{R_f C}\int V_1 dt - \frac{R_f}{R_1} V_2$

㉰ $R_f C\frac{dV_1}{dt} + \frac{R_f}{R_1} V_2$

㉱ $-R_f C\frac{dV_1}{dt} - \frac{R_f}{R_1} V_2$

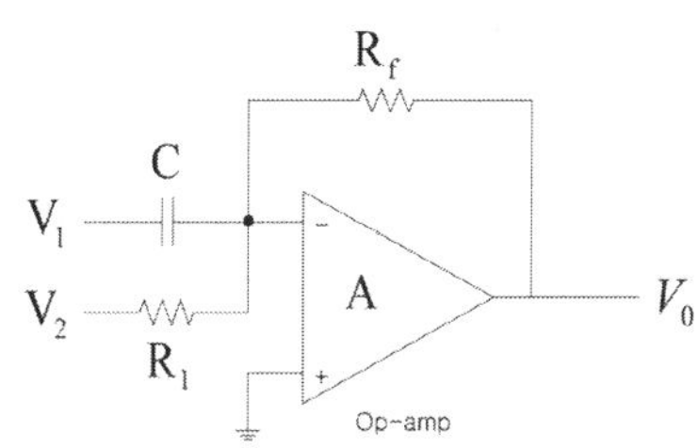


25. 다음 회로는 어떤 종류의 연산증폭기인가?

㉮ 전압 변환기
㉯ 전류 변환기
㉰ 전압-전류 변환기
㉱ 전류-전압 변환기

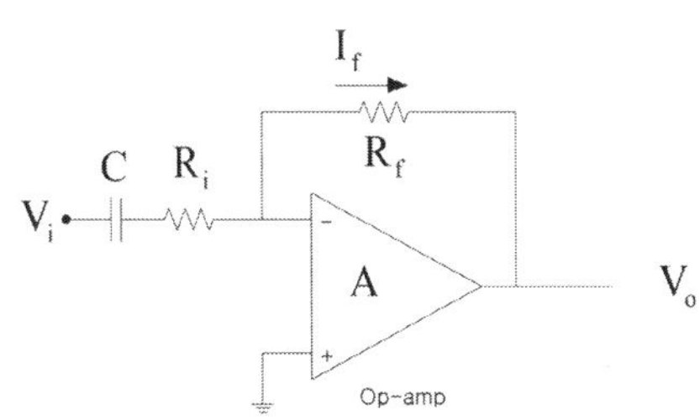


26. 이상적인 연산증폭기의 특성을 잘못 나타낸 것은?

㉮ 입력전류$I_i = \infty$　　㉯ 입력 임피던스$R_i = 1$

㉰ 출력 임피던스$R_0 = 0$　　㉱ 전압 이득$A_v = 0$

**해설** 이상적인 연산증폭기에서 입력전류$I_i = 0$이다.

**정답** 23. ㉮　24. ㉱　25. ㉰　26. ㉮

**27.** 다음 회로의 출력전압 $V_0$는?

㉮ $V_0 = 1$

㉯ $V_0 = V_i$

㉰ $V_0 = -\frac{1}{V_i}$

㉱ $V_0 = \frac{1}{V_i}$

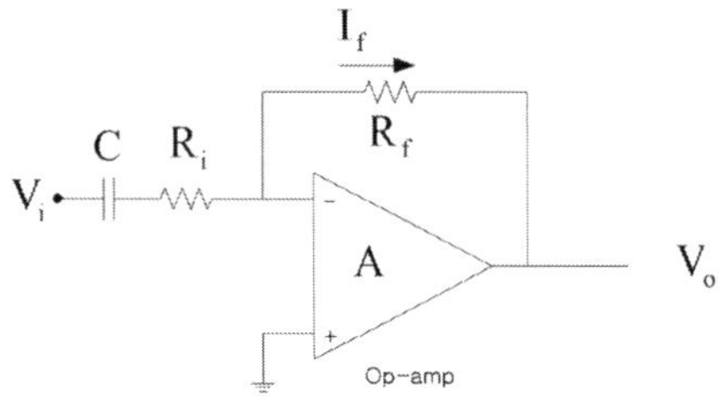


**28.** 다음 회로에서 출력전압 $V_0$는? (단, $I_i = 20[mA]$, $R_i = 1[k\Omega]$, $I_f = 10[mA]$, $R_f = 5[k\Omega]$)

㉮ 20[V]

㉯ −20[V]

㉰ 50[V]

㉱ −50[V]

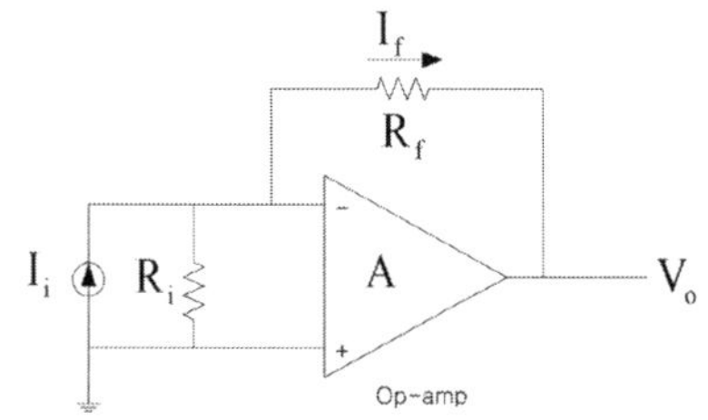


**해설** 이 회로는 전류-전압 변환기로서 출력전압

$$V_0 = -I_f R_f = -(10 \times 10^{-3}) \times (5 \times 10^3) = -50[V]$$

**29.** 차동 증폭기에 관한 설명중 옳지 않은 것은?

㉮ 직류에서 고주파까지 증폭이 가능하다.

㉯ 차신호만 증폭되고 동상신호는 증폭되지 않는다.

㉰ 동상 제거비의 값은 클수록 차동 증폭기는 양호한 특성을 갖는다.

㉱ 차신호의 이득은 클수록 동상 신호 이득은 작을수록 양호한 특성을 갖는다.

**30.** 차동 증폭기의 특징을 잘못 설명한 것은?

㉮ 안정된 증폭도를 얻을 수 있다.

㉯ 온도 변화에도 동작이 안정하다.

㉰ 직류, 교류 모두 증폭이 가능하다.

㉱ 큰 증폭도를 얻을 수 있다.

**31.** 차동 증폭기에서 동위상 신호제거비(CMRR)에 관한 설명중 옳은 것은?

㉮ 오차가 커질수록 CMRR이 커진다.

㉯ CMRR은 오차와 무관하다.

㉰ CMRR이 적을수록 좋다.

㉱ CMRR이 클수록 좋다.

**해설** $CMRR = \frac{A_{DM}}{A_{CM}}$ ($A_{CM}$ : 공통모드 이득 또는 동상이득, $A_{DM}$ : 차동모드 이득 또는 역상이득)

**정답** 27. ㉯ 28. ㉱ 29. ㉮ 30. ㉰ 31. ㉱

**32.** 차동 증폭기에서 동위상 신호제거비(CMRR)이 어떻게 변할 때 우수한 특성을 갖는가?

㉮ 차동 이득과 동위상 이득이 작을수록 좋다.

㉯ 차동 이득과 동위상 이득이 클수록 좋다.

㉰ 차동 이득이 크고 동위상 이득이 작을수록 좋다.

㉱ 차동 이득이 작고 동위상 이득이 클수록 좋다.

**해설** 차동 증폭기는 차동 이득이 크고 동위상 이득이 작을수록 우수한 평형 특성을 갖는다.

**33.** 다음은 공통모드 상태의 연산증폭기이다. 이 회로의 $V_{CM}$은?

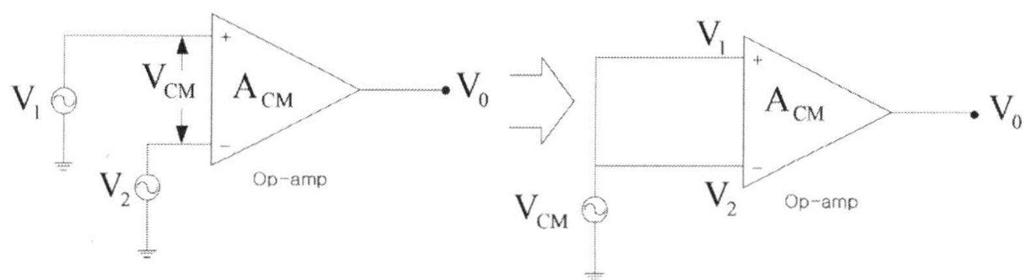


㉮ $V_{CM} = -\frac{1}{2}(V_1 + V_2)$　　㉯ $V_{CM} = \frac{1}{2}(V_1 + V_2)$

㉰ $V_{CM} = -(V_1 + V_2)$　　㉱ $V_{CM} = V_1 + V_2$

**34.** 다음은 자동모드 상태의 연산증폭기이다. 이 회로의 $V_{DM}$은?
(단, $V_1 = 20[V]$, $V_2 = 10[V]$)

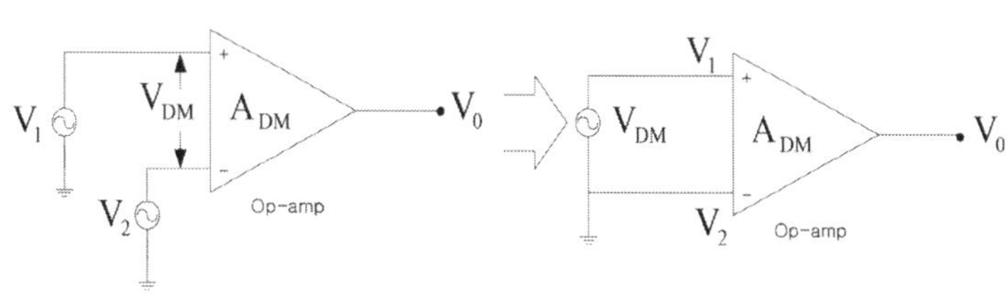


㉮ 10[V]　　㉯ 15[V]

㉰ 20[V]　　㉱ 30[V]

**해설** 이 회로는 차동모드(DM : Differential Mode)의 연산증폭기로서 $V_1 != V_2$인 조건에서
$V_{DM} = V_1 - V_2 = 20 - 10 = 10[V]$

**정답** 32. ㉰　33. ㉯　34. ㉮

CHAPTER 8

# 전력 증폭회로

# 8.1 전력 증폭회로의 종류 및 특징

## (1) 전력 증폭회로의 개념

통신장비, 가전제품 등을 구동하기 위하여 충분한 전력을 필요로 하는 부하에 신호를 공급하고 증폭하는 회로를 전력 증폭회로라 한다.

## (2) 전력 증폭회로의 분류

전력 증폭회로는 입력신호의 한 주기 동안에 출력신호의 변화량으로 전력 증폭회로의 등급을 분류한다.

① A급 증폭회로 ② B급 증폭회로
③ AB급 증폭회로 ④ C급 증폭회로

## (3) 전력 증폭회로의 비교

| 항목 \ 분류 | A급 | B급 | AB급 | C급 |
|---|---|---|---|---|
| 동작점(Q) | 중앙점 | 차단점 | 중앙점과 차단점 중간 | 차단점 이하 |
| 효율 | 직렬부하 25%<br>병렬부하 50%이하 | 78.5% | 25%~78.5% | 78.5%이상 |
| 유통각(θ) | 360˚ | 180˚ | 180˚ ~ 360˚ | 180˚ 이하 |
| 왜곡율 | 거의 없다 | 반파정도 왜곡 | 약간의 왜곡 | 반파이상의 왜곡 |
| 전력손실 | 크다 | 적다 | 중간 | 거의 없다 |
| 용도 | o 저주파 전력증폭<br>o 완충 증폭 | o 저주파 전력증폭<br>o 푸시풀 증폭 | o 저주파 전력증폭 | o 고주파 전력증폭 |

## (4) 전력 증폭회로의 파라미터

① 직류 입력전력($P_{i(dc)}$) : $P_{i(dc)} = V_{CC}I_{CQ}$

직류 입력전력은 직류전원($V_{CC}$)과 직류 컬렉터 바이어스 전류($I_{CQ}$)의 곱으로 정의된다.

$I_{CQ} = \beta I_B$ (동작점 Q점에서의 컬렉터 전류)

$I_B = \dfrac{V_{CC} - V_{be}}{R_B}$ (베이스 전류, $V_{be} = 0.7\,V$)

② **교류 출력전력**($P_{o(ac)}$) : $P_{o(ac)} = \frac{1}{n} V_{CE} I_C = \frac{1}{n} I_C^2 R_C = \frac{1}{n} \frac{V_{CE}^2}{R_C}$

rms값일 때 $n = 1$

피크값일 때 $n = 2$

피크-피크값일 때 $n = 8$

③ **전력효율**($\%\eta$) : $\%\eta = \frac{P_{o(ac)}}{P_{i(dc)}} \times 100\%$

직류전력에서 교류전력으로 변환되는 정도를 나타낼 때 전력효율을 사용한다.

④ **전체적인 고조파 왜곡율**($D$) : $D = \sqrt{D_2^2 + D_3^2 + \cdots + D_n^2}$

$$D_2 = \frac{|f_{F2}|}{|f_{F1}|} \text{ (제2 고조파 왜곡율)}$$

$$D_3 = \frac{|f_{F3}|}{|f_{F1}|} \text{ (제3 고조파 왜곡율)}$$

$$D_n = \frac{|f_{Fn}|}{|f_{F1}|} \text{ (제n 고조파 왜곡율)}$$

기본 주파수($f_{F1}$)의 정수배에 해당하는 주파수를 고조파라 한다.

제 2 고조파($f_{F2}$) = $f_{F1} \times 2$ [Hz]

제 3 고조파($f_{F3}$) = $f_{F1} \times 3$ [Hz]

....

제 $n$ 고조파($f_{Fn}$) = $f_{F1} \times n$ [Hz]

동작점(Q)와 유통각($\theta$ )

동작점(Q)은 직류 및 교류의 부하선에 의하여 나타내며 유통각($\theta$)은 입력전압의 주기(Cycle)동안 흐르는 출력전류를 나타낸다.

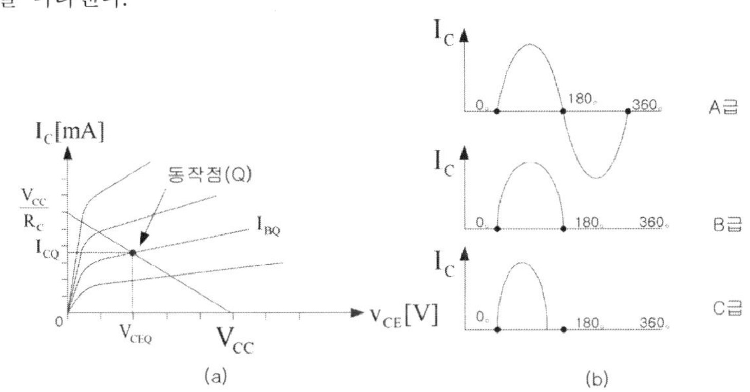


〈그림 8-1〉 (a) 트랜지스터의 특성곡선 (b) 입력전압의 주기와 유통각

## 8.2 A급 전력 증폭회로

### (1) A급 전력 증폭회로

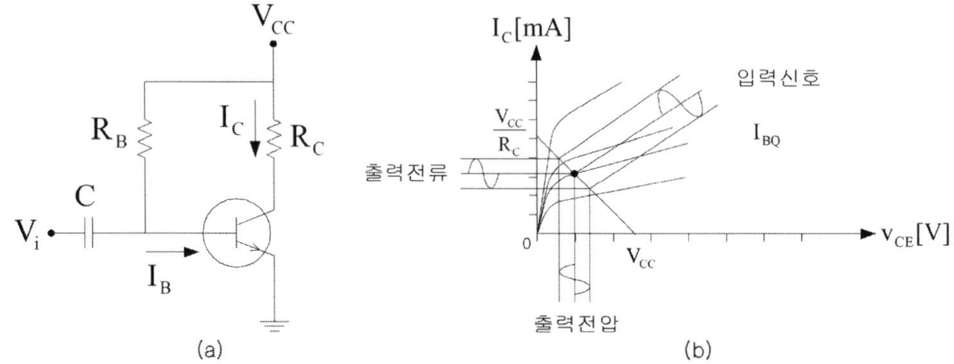


〈그림 8-2〉 (a) A급 전력 증폭회로 (b) 특성곡선

① 최대 직류 입력전력($P_{i(dc)_{\max}}$)

$$P_{i(dc)_{\max}} = V_{CC}I_{CQ} = V_{CC}\left(\frac{V_{CC}/R_C}{2}\right) = \frac{1}{2}\left(\frac{V_{CC}^2}{R_C}\right)$$

최대 효율시의 입력 전류는 $I_{CQ} = \dfrac{V_{CC}/R_C}{2}$ 이다.

② 최대 교류 출력전력($P_{o(ac)_{\max}}$)

$$P_{o(ac)_{\max}} = \frac{1}{n}V_{CE}I_C = \frac{1}{8}V_{CC}(V_{CC}/R_C) = \frac{1}{8}\left(\frac{V_{CC}^2}{R_C}\right)$$

최대 효율시의 출력 전압과 전류는 $V_{CE} = V_{CC},, I_C = \dfrac{V_{CC}}{R_C}$, $n = 8$ 이다.

③ 최대 전력효율($\%\eta_{\max}$)

$$\%\eta_{\max} = \frac{P_{o(ac)_{\max}}}{P_{i(dc)_{\max}}} \times 100\% = 25\%$$

④ 특징

- 입력신호의 1 주기 동안에 출력전류와 출력전압을 얻을 수 있다.
- 출력 파형의 일그러짐이 적다.
- 안정한 증폭회로이다.
- 효율이 낮다.

## (2) 트랜스결합 A급 전력 증폭회로

① 트랜스 입력 임피던스($Z_i$)

$$\frac{R_L}{Z_i} = \frac{V_2/I_2}{V_1/I_1} = \frac{V_2}{V_1}\frac{I_1}{I_2} = \frac{N_2}{N_1}\frac{N_2}{N_1} = (\frac{N_2}{N_1})^2$$

트랜스 권선비 : $\frac{I_2}{I_1} = \frac{N_1}{N_2}, \frac{V_2}{V_1} = \frac{N_2}{N_1}$

② 출력전압($V_o$)

$$V_o = V_2 = \frac{N_2}{N_1} V_1$$

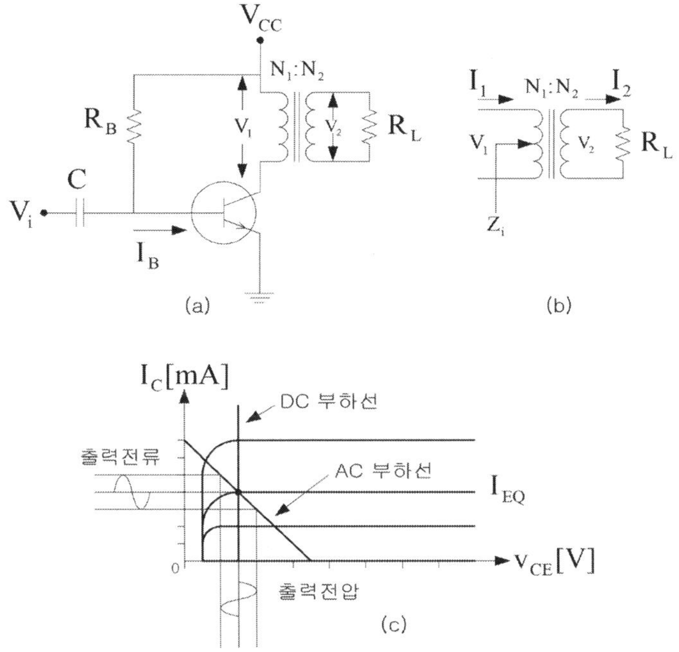


〈그림 8-3〉 (a) 트랜스결합 A급 전력 증폭회로 (b) 트랜스 (c) 특성곡선

③ 출력전류($I_L$)

$$I_L = I_2 = \frac{N_1}{N_2} I_1 = \frac{N_1}{N_2} I_C$$

④ 최대 직류 입력전력($P_{i(dc)_{\max}}$)

$$P_{i(dc)_{\max}} = V_{CC} I_{CQ}$$

⑤ 최대 교류 출력전력($P_{o(ac)_{\max}}$)

$$P_{o(ac)_{\max}} = \frac{1}{n} V_{CE} I_C = \frac{1}{8}(V_{CE_{\max}} - V_{CE_{\min}})(I_{C_{\max}} - I_{C_{\min}})$$

$$= \frac{1}{8}(2V_{CC})(2I_{CQ}) = \frac{1}{2}(V_{CC} I_{CQ})$$

최대 효율시의 출력 전압과전류는

$V_{CE_{\max}} = -V_{CE_{\min}} = V_{CC}, I_{C_{\max}} = -I_{C_{\min}} = I_{CQ}$,

$n = 8$이다.

⑥ 최대 전력효율($\%\eta_{\max}$)

$$\%\eta_{\max} = \frac{P_{o(ac)}\max}{P_{i(dc)}\max} \times 100\% = 50\%$$

⑦ 특징

- 트랜스 권선비를 이용하여 트랜스 입력 임피던스($Z_i$)와 부하 저항($R_L$)를 정합시킨다.
- 트랜스를 사용함으로 2차측에는 직류신호를 배제한 교류신호가 나타난다.
- 부하저항($R_L$)에 직류 전력 손실이 없기 때문에 A급 전력증폭기보다 2배 정도 전력효율이 좋은 50%이다.

# 8.3 B급 전력 증폭회로(푸시풀(Push Pull) 증폭회로)

## (1) 푸시풀(Push Pull) 증폭회로

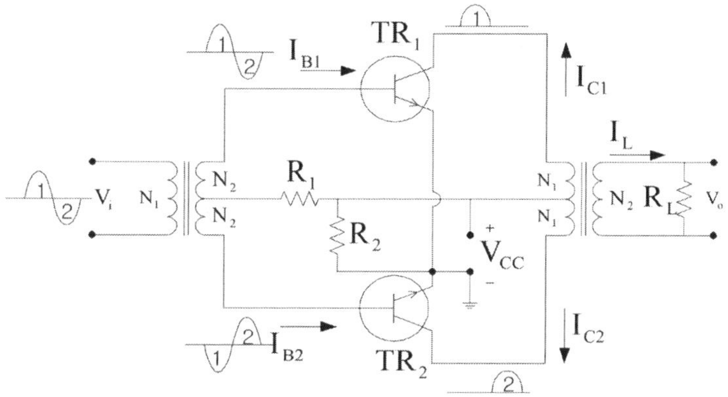


〈그림 8-4〉 B급 푸시풀 증폭회로

① 회로동작

- 전파주기인 입력신호( $V_i$)가 트랜스에 인가된다.
- 입력신호의 반주기(1) 동안 $TR_1 = ON$ 되고 $TR_2 = OFF$ 된다.
- 입력신호의 반주기(2) 동안 $TR_1 = OFF$ 되고 $TR_2 = ON$ 된다.

② 최대 직류 입력전력($P_{i(dc)_{\max}}$)

두 개의 트랜지스터에 공급되는 최대 직류 입력전력은

$$P_{i(dc)_{\max}} = 2V_{CC}I_{CQ} = 2V_{CC}(I_{\max}/\pi) = \frac{2}{\pi}(V_{CC}I_{\max}) \quad (\text{실효값} = \text{최대값}/\pi)$$

③ 최대 교류 출력전력($P_{o(ac)_{\max}}$)

$$P_{o(ac)_{\max}} = \frac{1}{n}V_{CE}I_C = \frac{1}{2}(V_{CC}I_{CQ}) = \frac{1}{2}(V_{CC}I_{\max})$$

최대 효율시의 출력 전압과 전류는 $V_{CE} = V_{CC}$, $I_{CQ} = I_{\max}$, $n = 2$이다.

④ 최대 전력효율($\%\eta_{\max}$)

$$\%\eta_{\max} = \frac{P_{o(ac)_{\max}}}{P_{i(dc)_{\max}}} \times 100\% = \frac{\pi}{4} \times 100\% = 78.5\%$$

참 고

$$\frac{\frac{1}{2}}{\frac{2}{\pi}} = \frac{\pi}{4}$$

⑤ 특징

- 전력효율이 좋다.
- 컬렉터 손실이 적다.
- 출력전압이 크다.
- 출력에는 기수 고조파만 나타난다.
- 출력 파형의 왜곡이 적다.
- 크로스오버(Cross over) 왜곡이 있다.

크로스오버(Cross over) 왜곡

B급 푸시풀 증폭회로의 동작점(Q)이 트랜지스터의 차단점(Si : $V_{be} = 0.7\,V$, Ge : $V_{be} = 0.3\,V$)과 가까워 이 차단점 이하의 전압에서 잠시 베이스 전류가 흐르지 않기 때문에 발생하는 비직선 일그러짐이다.

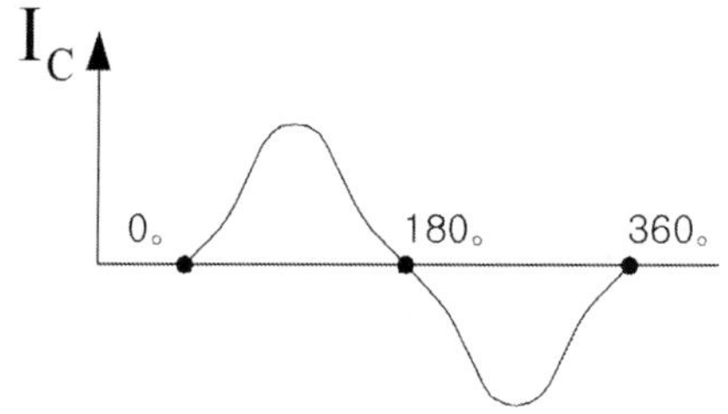


〈그림 8-5〉 크로스오버 왜곡(일그러짐)

### (2) OTL(Out Transformer Less) 전력 증폭회로

트랜스를 사용하지 않는 전력 증폭회로 입력신호의 반주기(1) 동안 $TR_1 = ON$ 되고 $TR_2 = OFF$ 되고, 입력신호의 반주기(2) 동안 $TR_1 = OFF$ 되고 $TR_2 = ON$ 된다.

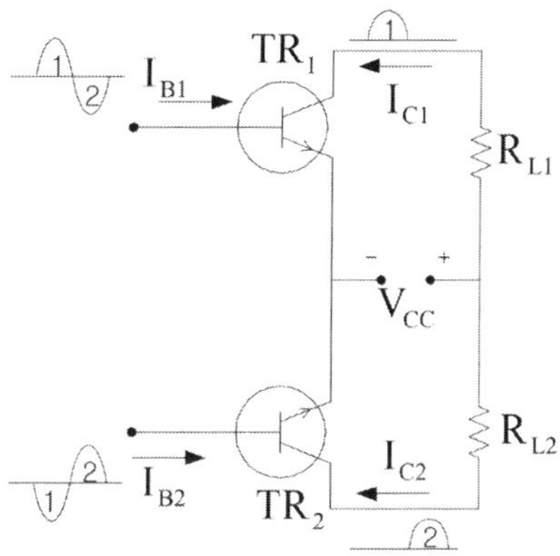


〈그림 8-6〉 OTL 전력 증폭회로

### (3) 상보대칭(Complementary) 전력 증폭회로

☞ 제 4 장 4.11절 참고

> **AB급 전력증폭회로**
>
> B급 푸시풀 증폭회로의 크로스오버(Cross over) 왜곡을 최소화 하기 위하여 작은 값의 직류바이어스 전압을 푸시풀 증폭회로에 인가한 회로를 AB급 전력 증폭회로라 한다. AB급 전력증폭회로로 다알링턴(Darlington) 회로가 있다.

## 8.4 C급 전력 증폭회로

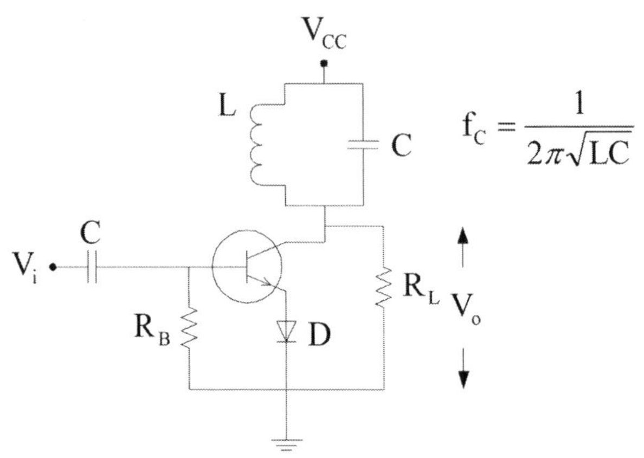


〈그림 8-7〉 C급 전력 증폭회로

C급 전력 증폭회로는 통신회로의 동조 증폭회로로 사용하며, 컬렉터의 $L$과 $C$에 의해 발생된 공진 주파수로 출력 파형을 제어한다. 주파수가 높으면 $C$ = 단락상태, 주파수가 낮으면 $L$ = 단락상태로 되어 공진 주파수에 근접한 주파수의 전압이 부하저항 $R_L$를 통하여 출력된다.

C급 전력 증폭회로는 고주파 증폭회로로 적합하며, 전력 효율은 좋으나 왜곡(일그러짐)이 큰 것이 단점이다.

## 연습문제

1. A급 증폭기의 동작점은 정특성 곡선상의 어느 점에 있는가?

㉮ 정특성 곡선의 양극 전류의 차단점 ㉯ 정특성 곡선의 만곡부 상단
㉰ 정특성 곡선 직선부의 중앙 ㉱ 정특성 곡선의 만곡부 하단

해설 A급 증폭기는 정특성 곡선 직선부의 중앙에 동작점을 둔다.

2. A급 증폭기의 최대 효율은?

㉮ 30[%] ㉯ 50[%]
㉰ 68.5[%] ㉱ 78.5[%]

3. B급 증폭기의 최대 효율은?

㉮ 50[%] ㉯ 68.5[%]
㉰ 78.5[%] ㉱ 90[%]

4. 다음 증폭 방식중에서 가장 능률이 좋은 것은?

㉮ A급 ㉯ B급
㉰ AB급 ㉱ C급

해설 증폭기의 효율은 다음과 같다.
① A급 : 50[%] 이하 ② B급 : 78.5[%] 이하
③ AB급 : 50[%] 이상 ④ C급 : 78.5[%] 이상

5. 어떤 증폭기의 직류 공급전압을 $V_i = 12[V]$, 전류는 $I_i = 400[mA]$로 하였을 때 능률이 $\eta = 60[\%]$였다. 이 증폭기에서 부하에 나타나는 출력전력($P_0$)은?

㉮ 2.88[W] ㉯ 5.76[W]
㉰ 11.52[W] ㉱ 23[W]

해설 증폭기의 능률 $\eta = \dfrac{P_0}{P_i} \times 100[\%]$에서

$$P_0 = \frac{\eta P_i}{100} = \frac{\eta V_i I_i}{100} = \frac{60 \times 12 \times 400 \times 10^{-3}}{100} = 2.88[W]$$

정답 1. ㉰ 2. ㉯ 3. ㉰ 4. ㉱ 5. ㉮

6. B급 증폭기에서 입력 신호 전압이 없을 경우의 컬렉터 전류는?

㉮ A급 증폭기와 비슷하다. ㉯ AB급 증폭기와 비슷하다.
㉰ C급 증폭기와 비슷하다. ㉱ 거의 흐르지 않는다.

**해설** B급 증폭기에서 입력 신호 전압이 없을 경우의 컬렉터 전류는 거의 흐르지 않는다.

7. B급 푸시풀(push-pull) 증폭기의 설명 중 옳지 않은 것은?

㉮ 소비 전력이 적다. ㉯ 일그러짐(왜곡)이 감소한다.
㉰ 기수 고조파 성분이 제거된다. ㉱ 큰 출력을 얻을 수 있다.

**해설** B급 푸시풀(push-pull) 증폭기의 특징
① 입력신호가 없는 경우에 컬렉터 전류가 흐르지 않기 때문에 소비 전력이 적고 효율이 좋다.
② 우수 고조파가 상쇄되고, 기수 고조파만 남는다. 때문에 일그러짐(왜율)이 감소한다.
③ 부하에 맥동 전압이 나타나지 않는다.
④ 큰 출력을 얻을 수 있다.

8. 푸시풀 증폭기에서 왜율이 작아지는 이유는?

㉮ 우수 고조파가 상쇄되기 때문에
㉯ 기수 고조파가 상쇄되기 때문에
㉰ 기본 고조파가 상쇄되기 때문에
㉱ 우수, 기수 고조파 모두가 상쇄되기 때문에

9. 크로스오버 일그러짐은 어느 증폭기에서 생기는가?

㉮ A급 ㉯ B급 ㉰ AB급 ㉱ C급

10. 컬렉터 효율을 옳게 표현한 식은? (단. $P_L$ : 직류 부하전력, $P_{DC}$ : 직류 입력전력, $P_i$ : 교류 입력전력, $P_0$ : 교류 출력전력)

㉮ $\eta_C = \dfrac{P_0}{P_i}$ ㉯ $\eta_C = \dfrac{P_0}{P_{DC}}$ ㉰ $\eta_C = \dfrac{P_0}{P_L}$ ㉱ $\eta_C = \dfrac{P_L}{P_{DC}}$

11. PNP와 NPN 트랜지스터를 조합하여 이루어진 푸시풀 증폭회로를 무슨 회로라고 하는가?

㉮ OTL ㉯ OCL
㉰ 위상 반전 회로 ㉱ 상보대칭 회로

**정답** 6. ㉱ 7. ㉰ 8. ㉮ 9. ㉯ 10. ㉯ 11. ㉱

**12.** 다음의 A급 증폭기 최대 교류 출력전력($P_{o(ac)_{\max}}$)는?

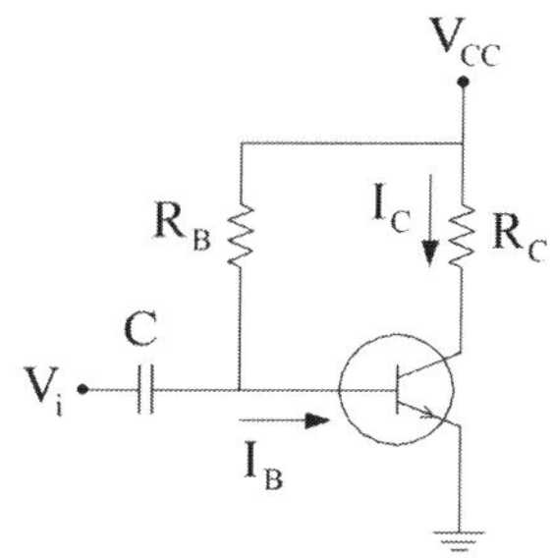


㉮ $\frac{1}{2}\left(\frac{V_{CC}^2}{R_C}\right)$

㉯ $\frac{1}{4}\left(\frac{V_{CC}^2}{R_C}\right)$

㉰ $\frac{1}{8}\left(\frac{V_{CC}^2}{R_C}\right)$

㉱ $\frac{1}{16}\left(\frac{V_{CC}^2}{R_C}\right)$

**13.** A급 증폭기에서 제2고조파 왜율은? (단, $I_1$ : 기본파 전류의 최대치)

㉮ $D_2 = \frac{I_2}{I_1} \times 100[\%]$　　㉯ $D_2 = \frac{I_1}{I_2} \times 100[\%]$

㉰ $D_2 = \sqrt{\frac{I_2}{I_1}} \times 100[\%]$　　㉱ $D_2 = \sqrt{\frac{I_1}{I_2}} \times 100[\%]$

**14.** 다음 그림과 같은 B급 푸시풀 증폭기에서 최대 출력 전력은?
(단, $V_m = V_{CC}$, $V_{CC} = 10[V]$, $R_1 = 10[\Omega]$, $R_2 = 100[\Omega]$, $R_L = 500[\Omega]$, $N_2 = 2N_1$)

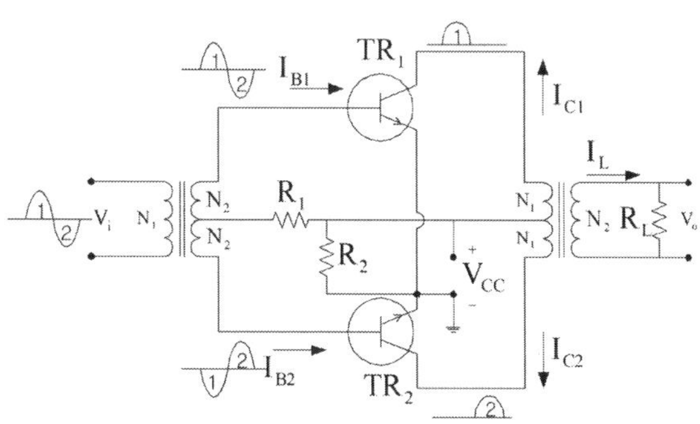


㉮ 0.2[w]　　㉯ 0.4[W]　　㉰ 0.6[W]　　㉱ 0.8[W]

**해설** $P_0 = \frac{1}{2}V_m I_m = \frac{1}{2}\left(\frac{V_m^2}{R_L}\right) = \frac{1}{2}\left(\frac{V_{CC}^2}{R_L}\right) = \frac{1}{2}\left(\frac{10^2}{125}\right) = 0.4[W]$

$R_L' = \left(\frac{N_1}{N_2}\right)^2 R_L = \left(\frac{N_1}{2N_1}\right)^2 R_L = 0.25 \times 500 = 125[\Omega]$

**정답** 12. ㉰　13. ㉮　14. ㉯

**15.** B급 푸시풀 증폭기에서 바이어스를 완전 B급으로 하지 않는 이유는?

㉮ 큰 출력을 얻기 위하여
㉯ 교차 일그러짐을 줄이기 위하여
㉰ 증폭 효율을 높이기 위하여
㉱ 안정한 동작점을 갖기 위하여

**16.** 0 바이어스(zero bias)로 된 B급 푸시풀 증폭기에서 일어나는 현상은?

㉮ 진폭 일그러짐
㉯ 주파수 일그러짐
㉰ 위상 일그러짐
㉱ 크로스오버(Cross over) 일그러짐

**17.** 저주파 증폭기로서 사용하지 않는 것은?

㉮ A급 증폭기
㉯ A급 푸시풀 증폭기
㉰ AB급 푸시풀 증폭기
㉱ C급 푸시풀 증폭기

**해설** 사용 용도에 따른 분류
저주파 증폭기 : A급, B급, AB급 증폭기
고주파 증폭기 : C급 증폭기

**18.** 다음은 A급 증폭기를 설명한 것이다. 옳지 않은 것은?

㉮ 입력신호의 1싸이클인 전파 동안에 출력전류와 출력전압을 얻을 수 있다.
㉯ 출력 파형의 일그러짐이 적다.
㉰ 안정한 증폭회로이다.
㉱ 효율이 높다.

**19.** 다음 회로의 명칭은?

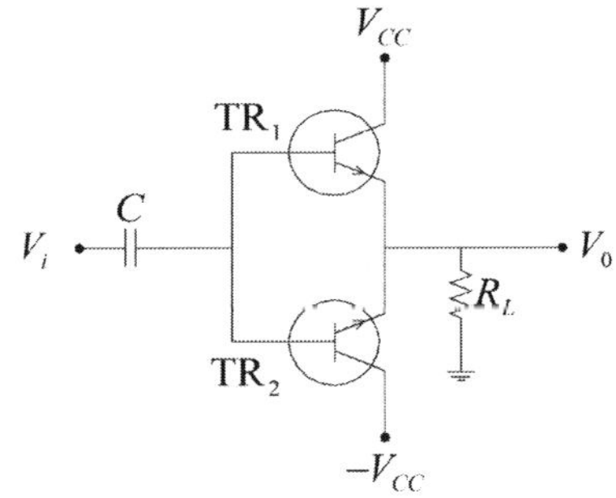


㉮ 차동 증폭회로
㉯ 다알링턴(darlington) 회로
㉰ 푸시풀(push pull) 회로
㉱ SEPP(single-ended push pull) 회로

**정답** 15. ㉯ 16. ㉱ 17. ㉱ 18. ㉱ 19. ㉱

**20.** (문제 19)의 그림에 있어서 최대 출력 신호 전력은?

㉮ $P_0 = \dfrac{V_{CC}^2}{R_L}$　　　㉯ $P_0 = \dfrac{1}{2}\left(\dfrac{V_{CC}^2}{R_L}\right)$

㉰ $P_0 = \dfrac{1}{4}\left(\dfrac{V_{CC}^2}{R_L}\right)$　　　㉱ $P_0 = \dfrac{1}{8}\left(\dfrac{V_{CC}^2}{R_L}\right)$

**21.** B급 푸시풀 증폭회로의 특징을 설명한 것 중 옳지 않은 것은?

㉮ 크로스오버(Corss over) 왜곡이 없다.
㉯ 컬렉터 손실이 적다.
㉰ 출력전압이 크며, 출력에는 기수 고조파만 나타난다.
㉱ 전력효율이 좋다.

**22.** 다음의 C급 증폭회로를 설명한 것 중 옳지 않은 것은?

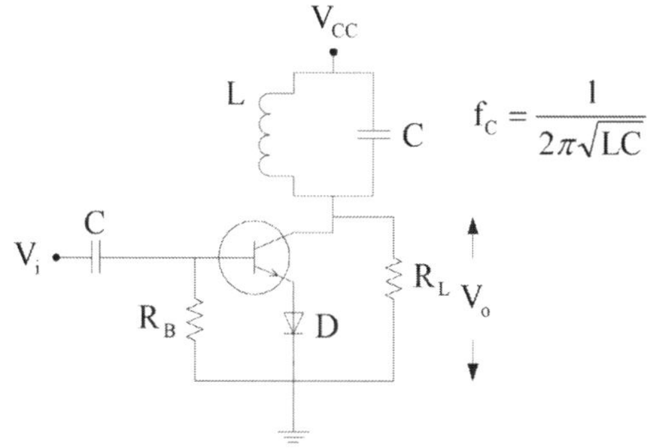


㉮ 컬렉터의 $L$과 $C$에 의해 발생된 공진 주파수로 출력파형을 제어한다.
㉯ 주파수가 낮으면 $C$=단락상태, 주파수가 높으면 $L$=단락상태로 된다.
㉰ 공진 주파수에 근접한 주파수의 전압이 부하저항 $R_L$를 통하여 출력된다.
㉱ 고주파 증폭회로로 적합하며, 전력 효율은 좋으나 왜곡(일그러짐)이 큰 것이 단점이다.

**해설** 이 회로에서 주파수가 높으면 $C$=단락상태, 주파수가 낮으면 $L$=단락상태로 된다.

**정답** 20. ㉯　21. ㉮　22. ㉯

**23.** 다음 그림과 같은 증폭회로에서 최대 출력 전력을 구하여라.
(단, $V_m = V_{CC}$, $V_{CC} = 20[V]$, $R_L = 2[k\Omega]$)

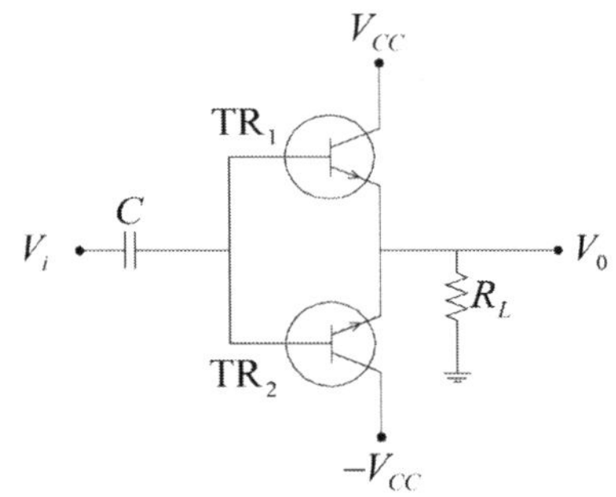


㉮ 0.1[W] ㉯ 0.2[W]
㉰ 0.3[W] ㉱ 0.4[W]

해설 $P_0 = \frac{1}{2} V_m I_m = \frac{1}{2}\left(\frac{V_m^2}{R_L}\right) = \frac{1}{2}\left(\frac{V_{CC}^2}{R_L}\right) = \frac{1}{2}\left(\frac{20^2}{2 \times 10^3}\right) = 0.1[W]$

**24.** 상보 대칭형 회로의 설명 중 옳지 않은 것은?

㉮ 출력에 트랜스를 사용하지 않는다. ㉯ 입력신호 반전회로를 사용하지 않는다.
㉰ 위상 반전용 트랜스를 사용한다. ㉱ PNP와 NPN 트랜지스터를 사용한다.

해설 상보 대칭형 회로에서는 위상 반정용 트랜스를 사용하지 않는다.

**25.** 푸시풀 증폭회로에서 출력파형의 일그러짐이 작아지는 이유는?

㉮ 우수 고조파와 기수 고조파 모두가 상쇄되기 때문에
㉯ 우수 고조파만 상쇄되기 때문에
㉰ 기수 고조파만 상쇄되기 때문에
㉱ 우수 고조파가 상쇄되고 기수 고조파만 남기 때문에

해설 푸시풀 증폭회로에서는 우수 고조파가 상쇄되고 기수 고조파만 남기 때문에 출력파형의 일그러짐이 작아진다.

정답 23. ㉮ 24. ㉰ 25. ㉱

CHAPTER 9

# 발진회로

# 9.1 발진조건 및 분류

## (1) 발진조건

### ① 바크하우젠(Barkhausen) 발진조건

궤환 증폭기의 이득 $A_f = \dfrac{A}{1-A\beta}$ 에서 $|A\beta| = 1$ 일 때 $A_f = \infty$ 가 되어 발진하게 되는데 이것을 바크하우젠의 발진조건이라 한다. 이득 $|A| > 1$ 조건에서는 〈그림9-1〉의 궤환 증폭기를 발진기로 사용할 수 있다.

**참 고**

정궤환: $A_f = \dfrac{A}{1-A\beta}$ 부궤환: $A_f = \dfrac{A}{1+A\beta}$

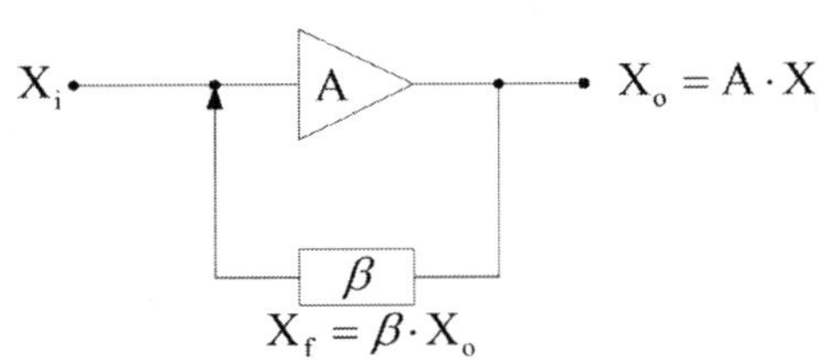


〈그림 9-1〉 궤환 증폭기($A$ : 전압 증폭도, $\beta$ : 궤환 계수)

### ② 3소자 리액턴스 발진조건

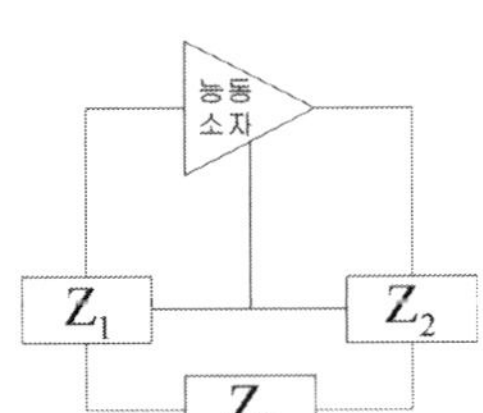


〈그림 9-2〉 3소자 리액턴스 발진회로

발진조건의 진폭 조건($h_{fe} = \dfrac{X_2 + X_3}{X_2}$)과 주파수 조건($X_1 + X_2 + X_3 = 0$)을 만족할 때 발진한다. 이때, $Z_1$과 $Z_2$는 $Z_3$는 서로 다른 리액턴스 특성을 갖는다. 예를 들면, $Z_1$과 $Z_2$가 용량성 리액턴스이면 $Z_3$는 유도성 리액턴스 특성을 갖는다.

### (2) 발진기의 분류

〈표 9-1〉 발진기의 분류

| 구분 | 종류 | 발진기 |
|---|---|---|
| 정현파 발진기 | LC 발진기 | 동조형 발진기(이미터 동조형, 베이스 동조형, 컬렉터 동조형) |
| | | 하틀리(Hartley) 발진기 |
| | | 콜피츠(Colpits) 발진기 |
| | RC 발진기 (CR 발진기) | 이상형(Phase Shift) 발진기 |
| | | 윈 브리지(Wien Bridge) 발진기 |
| | 수정 발진기 | 피어스(Pierce) BC형 발진기 |
| | | 피어스 BE형 발진기 |
| | | 무조정 발진기 |
| 비정현파 발진기 | 멀티바이브레이터(Multivibrator) | |
| | 블로킹(Blocking) 발진기 | |
| | 톱니파 발생기(Saw Tooth Wave Generator) | |

## 9.2 LC 발진기의 구성

### (1) 컬렉터 동조형 발진기

① 발진 조건 : $A_i \cdot \beta > = 1$

② 발진 주파수 : $f = \dfrac{1}{2\pi\sqrt{L_1 C_1}}$

③ 특징 :

- 발진 주파수가 $L_1$과 $C_1$에 의하여 결정된다.
- 컬렉터 출력의 일부가 베이스로 궤환한다.

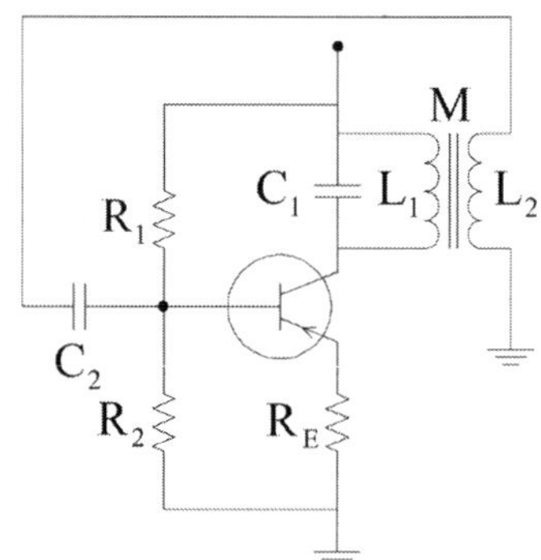


〈그림 9-3〉 컬렉터 동조형 발진기

### (2) 하틀리(Hartley) 발진기

① 발진 조건 : $h_{fe} > = \dfrac{L_1}{L_2}$

② 발진 주파수 : $f = \dfrac{1}{2\pi\sqrt{(L_1 + L_2 + 2M)C}} \approx \dfrac{1}{2\pi\sqrt{(L_1 + L_2)C}}$

③ 특징 :

- 콜피츠 발진기 보다 발진 출력이 크다.
- 발진 주파수의 범위가 넓다.
- 저주파(10MHz 이하)에서 발진 출력이 안정하다.
- 저주파에서 고주파까지 넓은 범위의 발진이 가능하다.

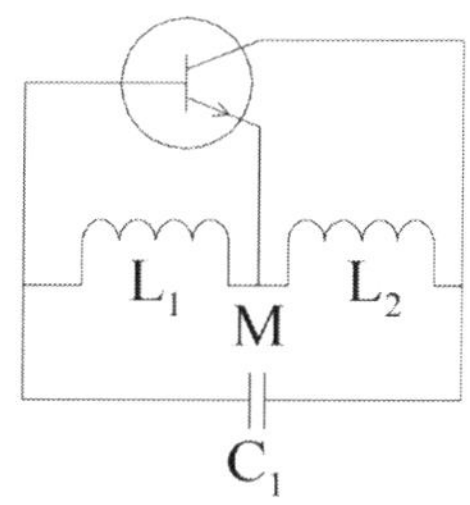


〈그림 9-4〉 하틀리(Hartley) 발진기

### (3) 콜피츠(Colpits) 발진기

① 발진 조건 : $h_{fe} > = \dfrac{C_2}{C_1}$

② 발진 주파수 : $f = \dfrac{1}{2\pi\sqrt{LC}}$ , $C = C_1 \parallel C_2 = \dfrac{C_1 C_2}{C_1 + C_2}$

③ 특징 :

- 높은 주파수(수10MHz 이하)의 발진에 적합하다.
- 고주파에서 발진 파형이 양호하다.
- 고주파에서 임피던스가 낮다.
- 발진 주파수를 가변하기가 어렵다.

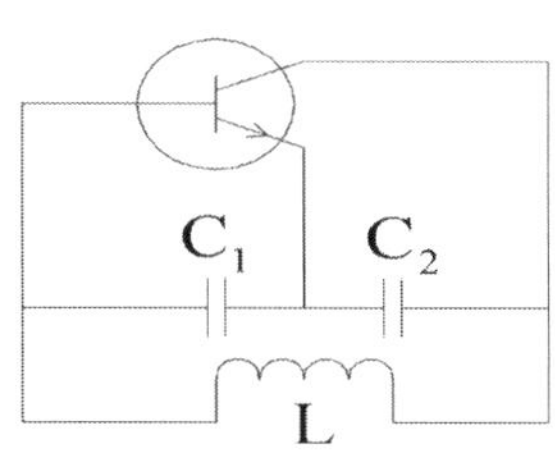


〈그림 9-5〉 콜피츠(Colpits) 발진기

## 9.3 RC 발진기(CR 발진기)의 구성

### (1) 고역 통과형 이상형(Phase Shift) 발진기

① 발진 조건 : $A_i \cdot \beta > = 1$

② 전류 증폭도 : $h_{fe} > = 29$

③ 발진 주파수 : $f = \dfrac{1}{2\pi\sqrt{6}RC}$

④ 특징 :

- 가청 주파수 이하의 주파수 발진에 적합하다.
- LC 발진기 보다 주파수 안정도가 좋다.
- 구조가 간단하다.
- 발진 주파수의 가변이 어렵다.

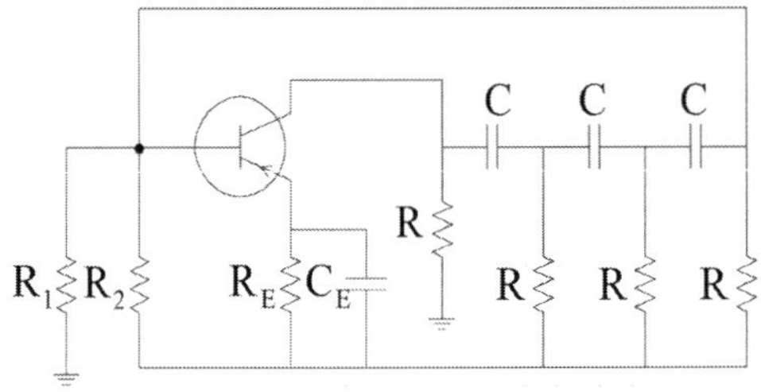


〈그림 9-6〉 고역 통과형 이상형 발진기

> RC발진기의 위상편차
>
> RC 발진기는 R과 C를 3단계로 조합하여 R과 C의 위상 편차가 180° 가 되도록 베이스에 정궤환을 걸어 주어 발진시킨다. 즉, RC의 1단계~3단계에서 각 단계의 위상추이가 60° 가 되도록 해야 한다.

### (2) 저역 통과형 이상형(Phase Shift) 발진기

① 발진 조건 : $A_i \cdot \beta > = 1$

② 전류 증폭도 : $h_{fe} > = 29$

③ 발진 주파수 : $f = \dfrac{\sqrt{6}}{2\pi RC}$

④ 특징 :

- 가청 주파수 이하의 주파수 발진에 적합하다.
- LC 발진기 보다 주파수 안정도가 좋다.

- 구조가 간단하다.
- 발진 주파수의 가변이 어렵다.

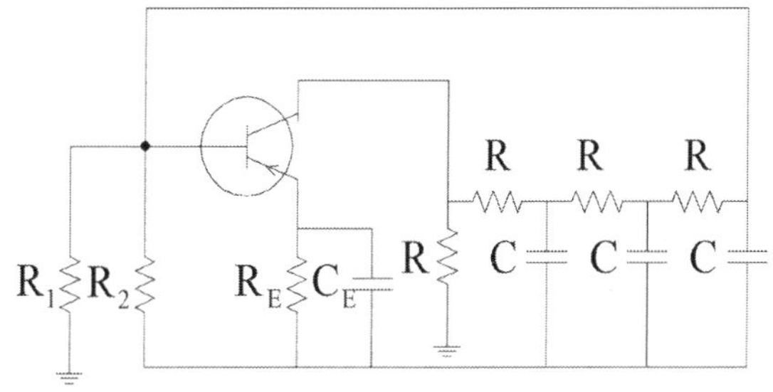


〈그림 9-7〉 저역 통과형 이상형 발진기

> RC발진기의 전류증폭도
>
> RC발진기에서 발진조건 $A_i \cdot \beta > = 1$ 을 만족하기 위해 전류 증폭도가 $h_{fe} > = 29$ 이여야 한다.

### (3) 윈 브리지(Wien Bridge) 발진기

① 발진 조건 : $A_i > = 1 + \frac{R_1}{R_2} + \frac{C_2}{C_1}$

② 발진 주파수 : $f = \frac{1}{2\pi\sqrt{R_1 R_2 C_1 C_2}}$

③ 특징 :

- 연산증폭기와 R과 C 회로로 구성되어 있다. 이 회로에서 주파수를 결정하는 소자는 저항 $R_1$, $R_2, C_1, C_2$이며 $R_3, R_4$는 궤환회로의 일부를 구성한다.
- $R_1 = R_2 = R,\ C_1 = C_2 = C$의 조건에서 발진주파수는 $f = \frac{1}{2\pi\sqrt{RC}}$ 이 된다.

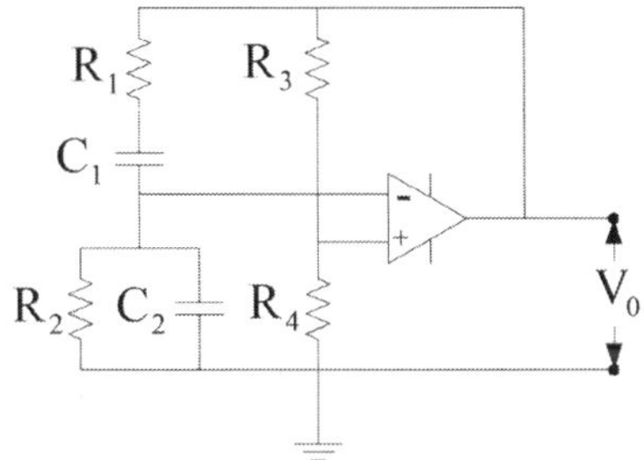


〈그림 9-8〉 윈 브리지(Wien Bridge) 발진기

# 9.4 수정 발진기의 구성

## (1) 수정 진동자의 리액턴스 특성

- 압전현상을 이용한 발진 소자이다.
- 수정 진동자는 콘덴서와 같은 특성(리액턴스 특성)을 갖는다. 그러나 주파수에 따라서 코일과 같은 특성(인덕턴스 특성)을 갖기도 한다.
- 수정 진동자가 발진기에 주로 사용되는 것은 발진 주파수가 매우 안정하기 때문이다. 안정된 발진 주파수를 얻을 수 있는 것은 인덕턴스 특성을 나타내는 주파수 범위가 매우 좁기 때문이다.

| 압전현상 |
|---|
| 수정(Crystal)에 기계적인 압력을 가하면 표면에 전하가 나타나 전압이 발생하는 현상 |

## (2) 수정 발진기의 특징

- 수정 진동자의 Q가 높다.
- 주파수 안정도가 좋다.
- 외부 충격에 강하다.
- 주위 온도의 영향이 적다.
- 유도성 주파수 범위가 매우 좁다.

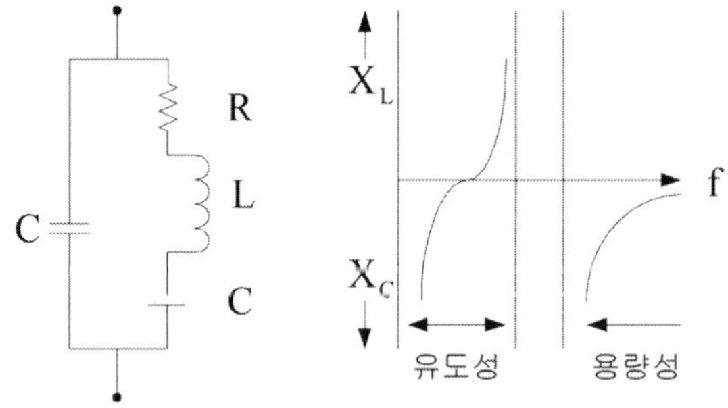


(a) 등가회로　　(b) 리액턴스 특성

〈그림 9-9〉 수정 발진기의 등가회로와 리액턴스 특성

### (3) 수정 발진기의 회로

① 피어스(Pierce) BE형 발진기

- 수정 발진 소자가 트렌지스터의 베이스(B)와 이미터(E) 사이에 있다.
- 일종의 하틀리 발진회로이다.

② 피어스(Pierce) BC형 발진기

- 수정 발진 소자가 트렌지스터의 베이스(B)와 컬렉터(C) 사이에 있다.
- 일종의 콜피츠 발진회로이다.

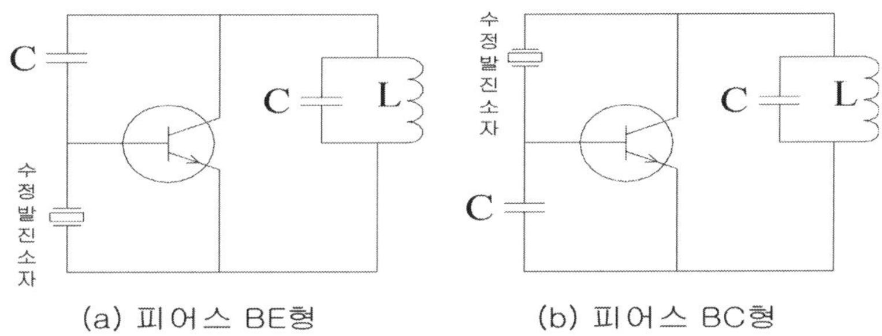


〈그림 9-10〉 수정 발진기의 회로

# 연습문제

**1.** 다음 회로에서 발진이 발생하는 조건은? (단, $A$ : 증폭도, $\beta$ : 궤환계수)

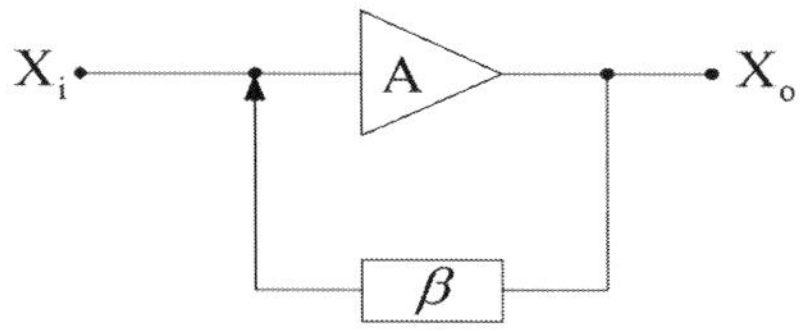


㉮ $A\beta = 0$ ㉯ $A\beta = 1$
㉰ $A\beta > 1$ ㉱ $A\beta < 1$

**해설** 궤환 증폭기의 이득 $A_f = \dfrac{A}{1 - A\beta}$ 에서 $|A\beta| = 1$ 일 때 $A_f = \infty$ 가 되어 발진하게 되는데 이것을 바크하우젠의 발진조건이라 한다.

**2.** 발진 회로와 관련 없는 것은?

㉮ 부궤환 ㉯ 정궤환 ㉰ 부성 저항 ㉱ 재생 회로

**3.** 다음 회로에서 바크하우젠(Barkhausen) 발진조건 $|A\beta| = 1$ 이 되기 위한 조건은?

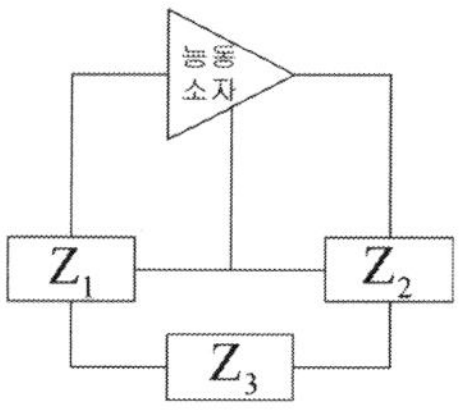


㉮ $Z_1$ : 용량성, $Z_2$ : 유도성, $Z_3$ : 용량성 ㉯ $Z_1$ : 유도성, $Z_2$ : 용량성, $Z_3$ : 유도성
㉰ $Z_1$ : 유도성, $Z_2$ : 용량성, $Z_3$ : 용량성 ㉱ $Z_1$ : 용량성, $Z_2$ : 용량성, $Z_3$ : 유도성

**해설** $Z_3$ = 용량성이면 $Z_1 = Z_2$ = 유도성, $Z_3$ = 유도성이면 $Z_1 = Z_2$ = 용량성

**4.** LC 발진기는 어떤 급으로 동작하는가?

㉮ A급 ㉯ B급 ㉰ AB급 ㉱ C급

**정답** 1. ㉯ 2. ㉮ 3. ㉱ 4. ㉱

5. LC 발진기에서 발생하는 이상 현상과 관계없는 것은?

㉮ 블로킹 발진　　㉯ 기생 발진
㉰ 인입 현상　　㉱ 자기 발진

6. 다음 그림과 같은 하틀리(Hartley) 발진회로의 발진주파수 $f$를 옳게 표현한 식은?

㉮ $f = \dfrac{1}{2\pi\sqrt{(L_1 - L_2 - M)C}}$

㉯ $f = \dfrac{1}{2\pi\sqrt{(L_1 - L_2 - 2M)C}}$

㉰ $f = \dfrac{1}{2\pi\sqrt{(L_1 + L_2 + M)C}}$

㉱ $f = \dfrac{1}{2\pi\sqrt{(L_1 + L_2 + 2M)C}}$

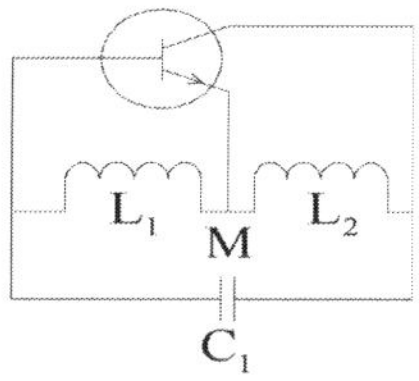


7. 하틀리(Hartley) 발진회로에서 발진주파수 $f$는?
(단, $L_1 = 5[\mu H]$, $L_2 = 100[\mu H]$, $M = 10[\mu H]$, $C = 150[pF]$)

㉮ 0.581[MHz]　　㉯ 1.162[MHz]　　㉰ 2.324[MHz]　　㉱ 4.648[MHz]

해설 $f = \dfrac{1}{2\pi\sqrt{(L_1 + L_2 + 2M)C}}$

$= \dfrac{1}{2\pi\sqrt{(5\times10^{-6} + 100\times10^{-6} + 2\times10\times10^{-6})150\times10^{-12}}} = 1.162[MHz]$

8. 다음 그림과 같은 콜피츠(Colpits) 발진회로의 발진주파수 $f$를 옳게 표현한 식은?

㉮ $f = \dfrac{1}{2\pi\sqrt{L(C_1 - C_2)}}$

㉯ $f = \dfrac{1}{2\pi\sqrt{L(C_1 + C_2)}}$

㉰ $f = \dfrac{1}{2\pi\sqrt{L\dfrac{C_1 \cdot C_2}{C_1 + C_2}}}$

㉱ $f = \dfrac{1}{2\pi\sqrt{\dfrac{1}{L}(\dfrac{1}{C_1} + \dfrac{1}{C_2})}}$

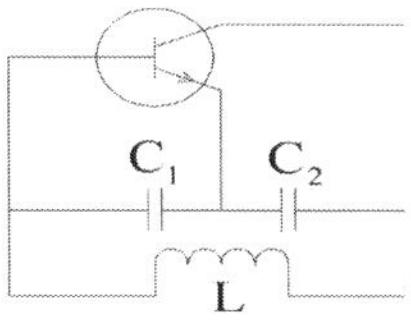


정답 5. ㉱ 6. ㉱ 7. ㉯ 8. ㉰

**9.** 다음 회로 중 LC발진회로가 아닌 것은?

㉮ 동조형 발진회로 ㉯ 하틀리(Hartley) 발진기
㉰ 콜피츠(Colpits) 발진기 ㉱ 이상형(Phase Shift) 발진기

**해설** LC 발진회로
① 동조형 발진기 (이미터 동조형, 베이스 동조형, 컬렉터 동조형)
② 하틀리(Hartley) 발진기
③ 콜피츠(Colpits) 발진기

**10.** 다음 회로중 RC 발진회로(CR 발진회로)는 어느 것인가?

㉮ 피어스 BE형 발진기 ㉯ 피어스(Pierce) BC형 발진기
㉰ 윈 브리지(Wien Bridge) 발진기 ㉱ 무조정 발진기

**해설** RC 발진회로(CR 발진회로)
① 이상형(Phase Shift) 발진기
② 윈 브리지(Wien Bridge) 발진기

**11.** 하틀리 발진회로에서 베이스와 이미터 사이의 리액턴스는?

㉮ 용량성 ㉯ 유도성
㉰ 용량성과 유도성 ㉱ 저항성

**12.** 다음은 하틀리 발진회로의 특징을 설명한 것이다. 옳지 않은 것은?

㉮ 높은 주파수의 발진에 적합하다. ㉯ 콜피츠 발진기 보다 발진 출력이 크다.
㉰ 발진 주파수의 범위가 넓다. ㉱ 저주파에서 발진 출력이 안정하다.

**해설** 하틀리(Hartley) 발진회로의 특징
① 콜피츠 발진기 보다 발진 출력이 크다.
② 발진 주파수의 범위가 넓다.
③ 저주파(10MHz 이하)에서 발진 출력이 안정하다.

콜피츠(Colpits) 발진회로의 특징
① 높은 주파수(수10MHz 이하)의 발진에 적합하다.
② 발진 주파수를 가변하기가 어렵다.

**정답** 9. ㉱ 10. ㉰ 11. ㉯ 12. ㉮

**13.** 다음 그림과 같은 컬렉터 동조형 발진회로에서 발진주파수 $f$를 옳게 표현한 식은?

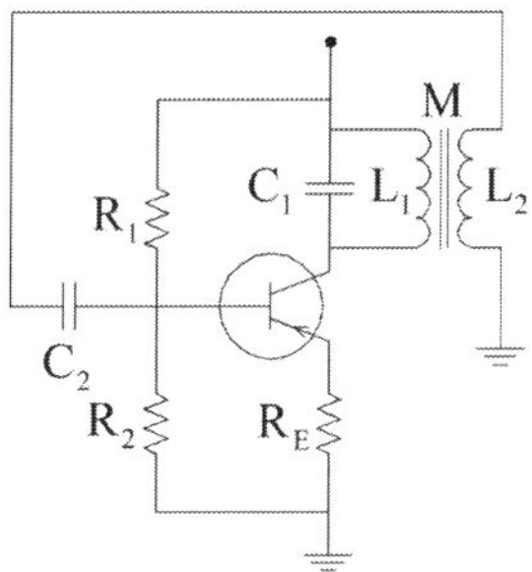


㉮ $f=\dfrac{1}{2\pi\sqrt{\dfrac{1}{L_1L_2C_1}}}$　　㉯ $f=\dfrac{1}{2\pi\sqrt{(L_1+L_2+M)C}}$

㉰ $f=\dfrac{1}{2\pi\sqrt{L_1C_1}}$　　㉱ $f=\dfrac{1}{2\pi\sqrt{(L_1+L_2+2M)C}}$

**해설** 컬렉터 동조형 발진회로는 $L_1$과 $C_1$에 의하여 발진 주파수가 결정된다.

**14.** 다음 그림과 같은 콜피츠(Colpits) 발진회로의 발진주파수 $f$를 옳게 표현한 것은?
(단, $C_1=150[pF]$, $C_2=500[pF]$, $L=100[\mu H]$)

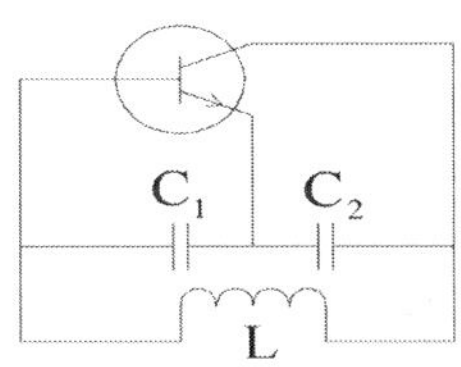


㉮ 1.48[MHz]　　㉯ 2.96[MHz]　　㉰ 5.92[MHz]　　㉱ 11.84[MHz]

**해설**

$$f=\frac{1}{2\pi\sqrt{L\dfrac{C_1\cdot C_2}{C_1+C_2}}}=\frac{1}{2\pi\sqrt{100\times10^{-6}\left(\dfrac{150\times10^{-12}\times\cdot 500\times10^{-12}}{150\times10^{-12}+500\times10^{-12}}\right)}}=1.48[MHz]$$

**15.** 하틀리 발진회로는 바이어스 전압에서 볼 때 어느 급으로 동작하는가?

㉮ A급　　㉯ B급　　㉰ AB급　　㉱ C급

**16.** CR 발진회로는 바이어스 전압에서 볼 때 어느 급으로 동작하는가?

㉮ A급　　㉯ B급　　㉰ AB급　　㉱ C급

**정답** 13. ㉰　14. ㉮　15. ㉱　16. ㉮

**17.** 다음 회로의 발진주파수 $f$를 옳게 표현한 식은?

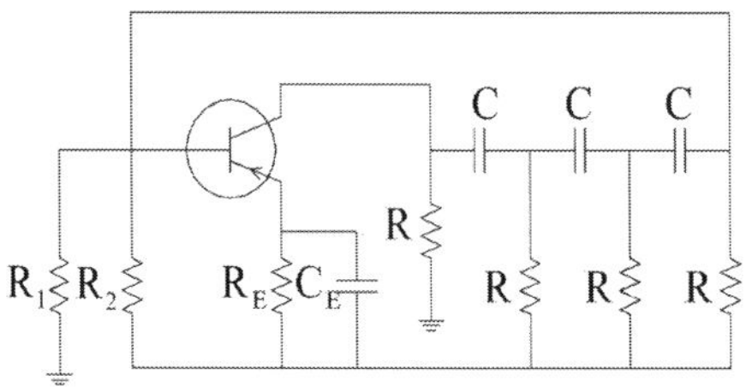


㉮ $f=\dfrac{1}{2\pi\sqrt{6RC}}$　　㉯ $f=\dfrac{\sqrt{6}}{4\pi RC}$

㉰ $f=\dfrac{\sqrt{6}}{2\pi RC}$　　㉱ $f=\dfrac{1}{2\pi\sqrt{6}\,RC}$

**해설** 이 회로는 고역 통과형 이상형(Phase Shift)발진기로서 발진주파수는 $f=\dfrac{1}{2\pi\sqrt{6}\,RC}$

**18.** 다음 회로의 발진주파수 $f$를 옳게 표현한 것은?
(단, $R_1=2[k\Omega]$, $R_2=15[k\Omega]$, $R_e=2.3[k\Omega]$, $R=5[k\Omega]$, $C_e=12[pF]$, $C=20[pF]$)

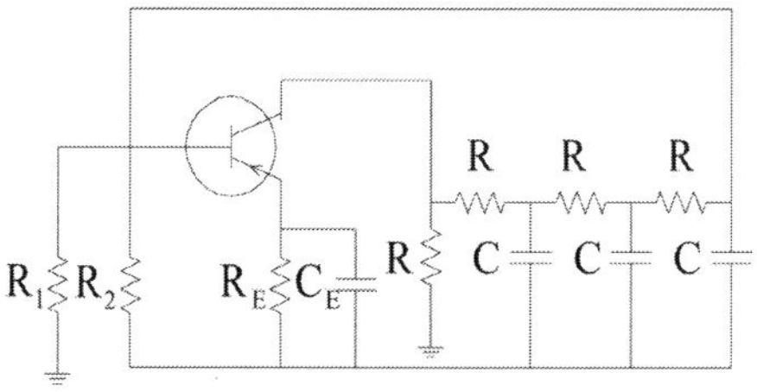


㉮ 416[kHz]　㉯ 649[kHz]　㉰ 1.3[MHz]　㉱ 3.9[MHz]

**해설** 이 회로는 저역 통과형 이상형(Phase Shift)발진기로서 발진주파수는

$$f=\frac{\sqrt{6}}{2\pi RC}=\frac{\sqrt{6}}{2\pi\times(5\times10^3)\times(20\times10^{-12})}\approx 3.9[MHz]$$

**19.** RC 발진기를 옳게 설명한 것은?

㉮ 정궤환을 이용한 발진기이다.

㉯ 부궤환을 이용한 발진기이다.

㉰ 정궤환, 부궤환 모두를 이용한 발진기이다.

㉱ 부성저항 특성을 이용한 발진기이다.

**정답** 17. ㉱　18. ㉱　19. ㉮

**20.** 다음 회로의 발진주파수 $f$를 옳게 표현한 것은?
(단, $R_1 = 10[k\Omega]$, $R_2 = 30[k\Omega]$, $R_3 = 5[k\Omega]$, $R_4 = 15[k\Omega]$, $C_1 = 20[pF]$, $C_2 = 40[pF]$)

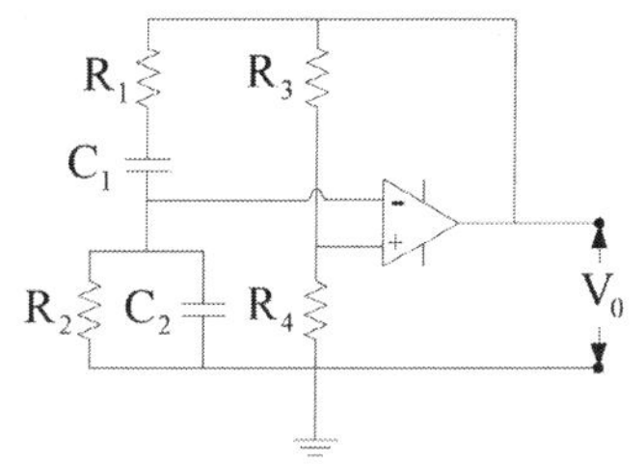


㉮ 325[kHz] ㉯ 650[kHz] ㉰ 1.3[MHz] ㉱ 2.6[MHz]

**해설** 이 회로는 윈 브리지(Wien Bridge)발진기로서 발진주파수는

$$f = \frac{1}{2\pi\sqrt{R_1 R_2 C_1 C_2}}$$

$$= \frac{1}{2\pi\sqrt{(10\times10^3)\times(30\times10^3)\times(20\times10^{-12})\times(40\times10^{-12})}} \approx 325[kHz]$$

**21.** 다음의 윈 브리지 발진회로에서 발진주파수는?

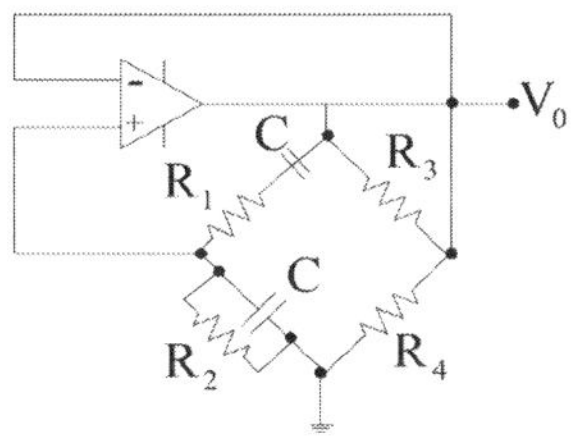


㉮ $f = \frac{1}{2\pi\sqrt{RC}}$ ㉯ $f = \frac{1}{2\pi RC}$

㉰ $f = \frac{1}{2\pi R_3 R_4 C}$ ㉱ $f = \frac{1}{2\pi\sqrt{R_3 R_4 C}}$

**해설** 이 회로는 윈 브리지(Wien Bridge)발진기로서 발진주파수는

$f = \frac{1}{2\pi\sqrt{R_1 R_2 C_1 C_2}}$ 에서 $R_1 = R_2 = R, C_1 = C_2 = C$의 조건이면

$f = \frac{1}{2\pi\sqrt{(RC)^2}} = \frac{1}{2\pi RC}$ 이 된다.

**정답** 20. ㉮ 21. ㉯

**22.** 수정 진동자의 리액턴스 특성으로 옳지 않은 것은?

㉮ 넓은 주파수 범위를 갖는다.
㉯ 압전현상을 이용한 발진 소자이다.
㉰ 수정 진동자는 주파수에 따라서 콘덴서 또는 코일과 같은 특성을 갖는다.
㉱ 수정 진동자는 발진 주파수가 매우 안정하다.

**해설** 수정 진동자는 주파수 범위가 좁기 때문에 발진 주파수가 매우 안정하다.

**23.** 수정 발진기의 특징으로 옳지 않은 것은?

㉮ Q가 높다. ㉯ 주파수 안정도가 좋다.
㉰ 주위 온도의 영향이 적다. ㉱ 외부 충격에 약하다.

**해설** 수정 발진기의 특징

① 수정 진동자의 Q가 높다. ② 주파수 안정도가 좋다.
③ 외부 충격에 강하다. ④ 주위 온도의 영향이 적다.
⑤ 유도성 주파수 범위가 매우 좁다.

**24.** 수정 발진기에서 수정의 임피던스가 어떨 때 가장 안정된 발진을 하는가?

㉮ 용량성 ㉯ 유도성
㉰ 용량성과 유도성에 관계없다. ㉱ 저항성

**25.** 수정 발진기의 발진 주파수가 안정된 이유는?

㉮ Q가 매우 높기 때문이다. ㉯ 압전기 현상 때문이다.
㉰ 고유 진동수 때문이다. ㉱ 온도계수가 작기 때문이다.

**26.** 수정 발진기는 어떤 현상을 이용한 것인가?

㉮ 인입현상 ㉯ 압전현상
㉰ 포하현상 ㉱ 터널현상

**27.** 수정 발진기에서 주파수 변동의 원인이 아닌 것은?

㉮ 전원 전압의 변동 ㉯ 부하의 변동
㉰ 온도의 변화 ㉱ 전력 증폭기의 불안정

**정답** 22. ㉮ 23. ㉱ 24. ㉯ 25. ㉮ 26. ㉯ 27. ㉱

**28.** 수정 발진기의 등가회로를 옳게 나타낸 것은?

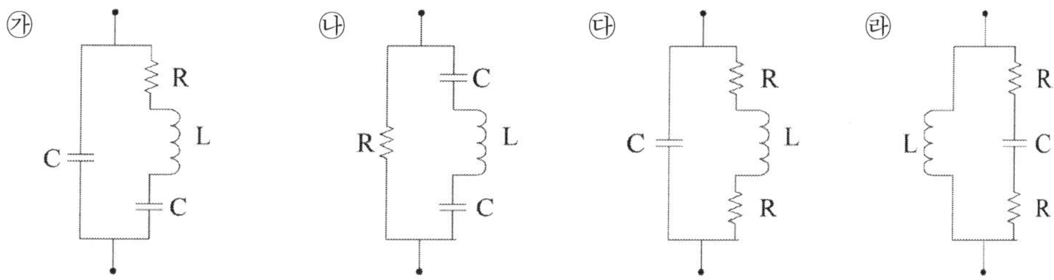


**29.** 다음은 수정 발진기의 리액턴스 특성이다. 발진에 이용하는 주파수 범위는?
(단, $f_s$ : 직렬공진 주파수, $f_p$ : 병렬공진 주파수)

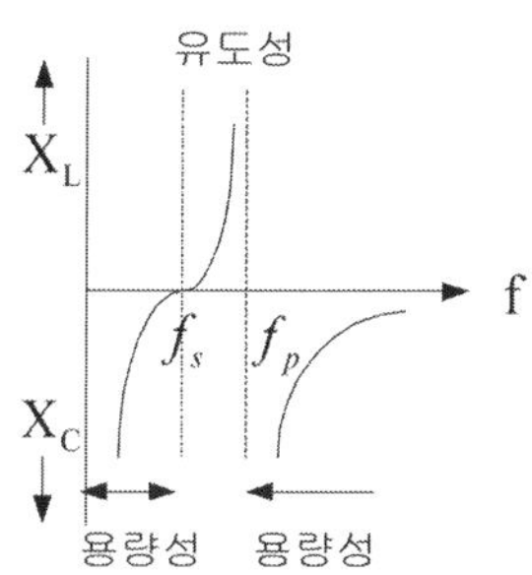


㉮ $f_p < f$　　㉯ $f_s < f < f_p$　　㉰ $f_s < f$　　㉱ $f_s > f > f_p$

**30.** 다음 그림과 같은 발진회로의 명칭은?

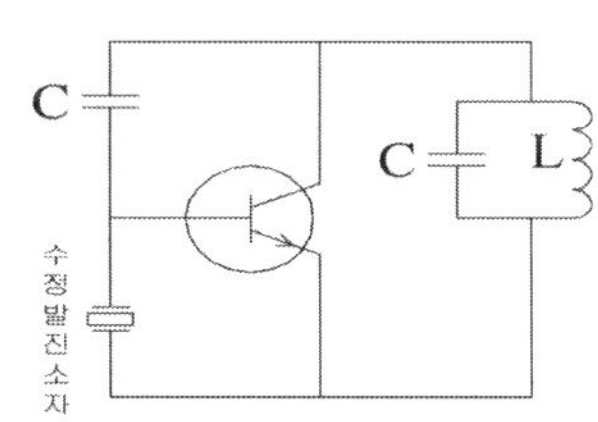


㉮ 콜피츠(colpits) 발진회로
㉯ 피어스(pierce) CE형 발진회로
㉰ 피어스(pierce) BE형 발진회로
㉱ 피어스(pierce) BC형 발진회로

**31.** 피어스(pierce) BC형 발진회로는 어떤 발진회로의 원리와 같은가?

㉮ 윈 브리지 정류회로　　㉯ 콜피츠 발진회로
㉰ 하틀리 발진회로　　㉱ 이상형 발진회로

**32.** 다음 회로중 수정 발진회로가 아닌 것은?

㉮ 피어스 BC형 발진회로　　㉯ 피어스 BE형 발진회로
㉰ 피어스 CE형 발진회로　　㉱ 무조정 회로

정답 28. ㉮ 29. ㉯ 30. ㉰ 31. ㉯ 32. ㉰

**33.** 수정 발진회로를 사용하는 가장 큰 이유는?

㉮ 출력 증대 ㉯ 잡음 제어
㉰ 효율 증대 ㉱ 발진 주파수의 안정

**34.** 수정 진동자의 주파수 범위가 $f_s < f < f_p$ 일 때 리액턴스의 특성은?
(단, $f_s$ : 직렬공진 주파수, $f_p$ : 병렬공진 주파수)

㉮ 용량성 ㉯ 유도성 ㉰ 저항성 ㉱ 무한대

해설 수정 진동자의 주파수 범위에 따른 리액턴스 특성

① $f_s > f$ : 용량성
② $f_s < f < f_p$ : 유도성
③ $f_p < f$ : 용량성

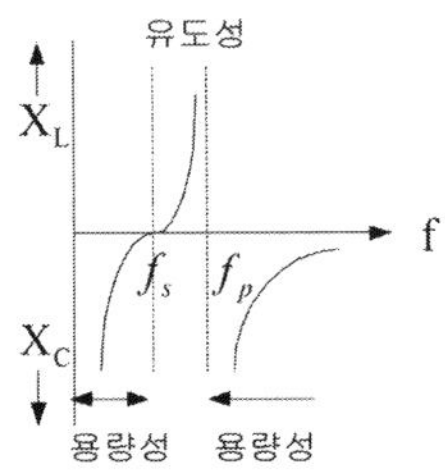


**35.** 다음 그림의 수정 발진기의 등가회로에서 $Q$는?
(단, $R = 100[\Omega]$, $L = 5[mH]$, $C = 12[pF]$)

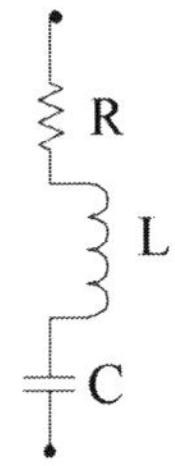


㉮ 102
㉯ 204
㉰ 408
㉱ 816

해설 수정 발진회로에서 $Q$는

$$Q = \frac{\omega L}{R} = \frac{1}{\omega RC} = \frac{1}{R}\sqrt{\frac{L}{C}} = \frac{1}{100}\sqrt{\frac{5\times10^{-3}}{12\times10^{-12}}} = 204$$

정답 33. ㉱ 34. ㉯ 35. ㉯

CHAPTER 10

# 변 · 복조 회로

# 10.1 변복조의 개념

## (1) 변조(Modulation)

- 신호를 전송하기 위하여 저주파의 신호를 고주파의 반송파에 실어서 전송하는 것을 변조라 한다.
- 변조된 반송파(Carrier Wave)를 피변조파(Modulated Wave)라 한다.

## (2) 복조(Demodulation)

- 수신한 피변조파의 신호로부터 고주파의 반송파를 제거하고 원래의 저주파 신호를 걸러내는 것을 복조 또는 검파(Detection)라 한다.

| 변조의 목적 | |
|---|---|
| • 다중통신을 가능하게 한다. | • 통신의 잡음과 간섭의 영향을 줄인다. |
| • 회로 및 시스템의 소형화 | • 송수신 안테나의 길이를 짧게 할 수 있다. |

## (3) 변조 방식의 분류

① 연속파 변조

- 진폭 변조(AM : Amplitude Modulation)
- 각 변조(Angular Modulation)
  - 주파수 변조(FM : Frequency Modulation)
  - 위상 변조(PM : Phase Modulation)

② 펄스 변조(Pulse Modulation)

- 펄스 진폭 변조(PAM : Pulse Amplitude Modulation)
- 펄스 주파수 변조(PFM : Pulse Frequency Modulation)
- 펄스 위상 변조(PPM : Pulse Phase Modulation)
- 펄스 폭 변조(PWM : Pulse Width Modulation)
- 펄스 수 변조(PNM : Pulse Number Modulation)
- 펄스 부호 변조(PCM : Pulse Code Modulation)

## 10.2 진폭 변조(AM)

### (1) 진폭 변조의 원리

진폭 변조(AM : Amplitude Modulation)는 신호파의 진폭에 따라 반송파의 진폭을 변화시키는 방식이다. 여기서, 신호파의 진폭과 반송파 진폭의 비를 변조도라 한다.

① 신호파 : $i_s = I_s \cos\omega_s t$

② 반송파 : $i_c = I_c \cos\omega_c t$

③ 피변조파 : $i_m = (I_c + i_s)\cos\omega_c t = (I_c + I_s \cos\omega_s t)\cos\omega_c t$

$$= I_c(1 + \frac{I_s}{I_c} cos\omega_s t)\cos\omega_c t = I_c(1 + m\cos\omega_s t)\cos\omega_c t$$

여기에서, 변조도$m$은 $m = \frac{I_s}{I_c}$ 로서 피변조파에 삼각함수 공식을 적용하면 다음과 같은 식을 얻을 수 있다.

$$i_m = I_c \cos\omega_c t + \frac{mI_c}{2} cos(\omega_c + \omega_s)t + \frac{mI_c}{2} cos(\omega_c - \omega_s)t$$

**참 고**

$$\cos A \cos B = \frac{1}{2} cos(a+b) + \frac{1}{2} cos(a-b)$$

$$I_m \cos w_s t \cos w_c t = \frac{(mI_C)}{2}\cos(w_c - w_s) + \frac{m_{I_C}}{2}\cos(w_c - w_s)$$

여기에서, $I_c \cos\omega_c t$는 반송파 성분을 나타내며, $\frac{mI_c}{2} cos(\omega_c + \omega_s)t$는 상측파 성분을, $\frac{mI_c}{2} cos(\omega_c - \omega_s)t$는 하측파 성분을 나타낸다.

④ 변조도$m = \frac{I_s}{I_c}$ 에서

- $m = 1$인 경우 : 100% 변조
- $m > 1$인 경우 : 과변조

과변조 때 나타나는 현상

- 피변조파의 파형이 일그러진다.
- 통신장애가 발생한다.
- 주파수 대역폭이 넓어진다.

### (2) 피변조파의 주파수 스펙트럼

① 상측파대 : $f_c+f_s$ ($f_c$ : 반송파의 주파수, $f_s$ : 신호파의 주파수)

② 하측파대 : $f_c-f_s$

③ 점유 주파수 대역폭 : $B=$ 상측파대 $-$ 하측파대 $=2f_s$

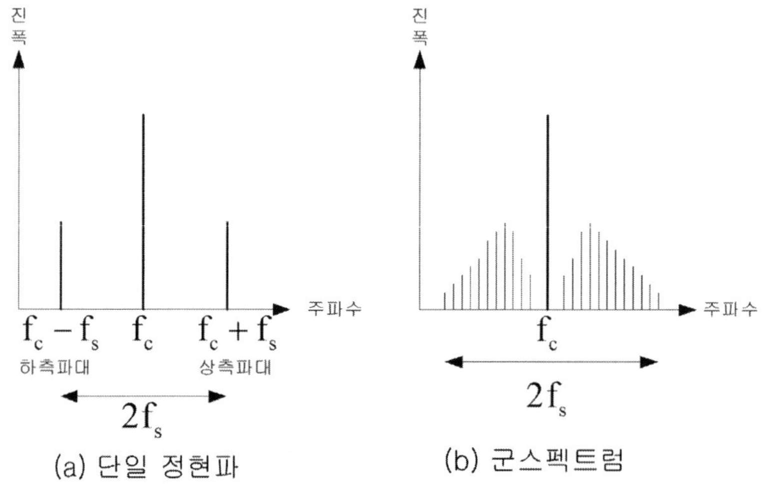


〈그림 10-1〉 주파수 스펙트럼

**예제 10-1**

**반송파 $i_c=100\sin 2\pi 10^6 t$ 및 신호파 $i_s=80\sin 2\pi 10^3 t$ 에서 상측파대, 하측파대, 변조도를 구하여라.**

풀이

반송파와 신호파로부터 피변조파를 구한다.

$$i_m=(100+80\sin 2\pi 10^3 t)\sin 2\pi 10^6 t$$

$$=100(1+0.8\sin 2\pi 10^3 t)\sin 2\pi 10^6 t$$

$$=100\sin 2\pi 10^6 t+\frac{80}{2}cos 2\pi(10^6-10^3)t-\frac{80}{2}cos 2\pi(10^6+10^3)t$$

$= 100\sin 2\pi 10^6 t + 40\cos 2\pi(10^6 - 10^3)t - 40\cos 2\pi(10^6 + 10^3)t$

(반송파) (하측파대) (상측파대)

① 상측파대= $f_c + f_s = 10^6 + 10^3 = 1,001[kHz]$

② 하측파대= $f_c - f_s = 10^6 - 10^3 = 999[kHz]$

③ 변조도 $m = \frac{I_s}{I_c} \times 100[\%] = \frac{80}{100} \times 100[\%] = 80[\%]$

### (3) 피변조파의 전력

복사저항이 $R$인 공중선에 피변조파가 복사될 때의 전력($P_m$)은 다음 식으로 표현한다.

$P_m$ = 반송파전력($P_c$) + 상측파전력($P_U$) + 하측파전력($P_L$)

① 반송파 전력($P_c$) : $P_c = \frac{1}{2} I_c^2 R$

② 상측파 전력($P_U$) : $P_U = \frac{1}{8} m^2 I_c^2 R$

③ 하측파 전력($P_L$) : $P_L = \frac{1}{8} m^2 I_c^2 R$

④ 피변조파 전력($P_m$) : $P_m = P_c(1 + \frac{m^2}{2})$

**참 고**

$$P_m = P_C + P_U + P_L = P_C + \frac{1}{4}m^2 P_C + \frac{1}{4}m^2 P_C + \frac{2}{4}m^2 P_C = P_C(1 + \frac{m^2}{2})$$

**예제 1-**

복사저항 $R = 5[\Omega]$ 인 통신선에 반송파의 진폭이 $I_C = 10$인 주파수로 80[%] 변조하였을 경우에 피변조파의 전력과 상측파 및 하측파 전력을 구하라.

풀이

반송파의 전력($P_c$): $P_c = \frac{1}{2} I_c^2 R$ 에서

$$P_c = \frac{1}{2} I_c^2 R$$
$$= \frac{1}{2} \times 10^2 \times 5$$
$$= 250[W]$$

피변조파의 전력($P_m$): $P_m = P_c(1+\frac{m^2}{2})$ 에서

① $P_m = P_c(1+\frac{m^2}{2})$
$$= 250(1+\frac{0.8^2}{2})$$
$$= 330[W]$$

상측파 전력($P_U$)이 $P_U = \frac{1}{8} m^2 I_c^2 R$이고 하측파 전력($P_L$)이 $P_L = \frac{1}{8} m^2 I_c^2 R$ 인 것을 고려하면 상측파 전력과 하측파 전력이 같은 크기임을 알 수 있다. 따라서, 상측파 또는 하측파의 어느 한쪽을 구하면 된다.

$P_m$ = 반송파전력($P_c$) + 상측파전력($P_U$) + 하측파전력($P_L$)
$= P_c + 2P_U = P_c + 2P_L$

② $P_U = P_L = \frac{P_m - P_c}{2} = \frac{330-250}{2} = 40[W]$

### (4) 반송파와 상측파대, 하측파대 간의 전력비

- 반송파 전력($P_c$) : 상측파대 전력($P_U$) : 하측파대 전력($P_L$)은 $P_c = \frac{1}{2} I_c^2 R$ : $P_U = \frac{1}{8} m^2 I_c^2 R$ : $P_L = \frac{1}{8} m^2 I_c^2 R$ 로 나타낼 수 있으며 각 항에 $\frac{2}{I_c^2 R}$을 곱하고 $m=1$(100% 변조)일 경우 다음과 같은 결론을 얻을 수 있다.

$$P_c : P_U : P_L = 1 : \frac{1}{4} : \frac{1}{4}$$

# 10.3 진폭 변조(AM) 회로의 종류

## (1) 컬렉터 변조 회로(직선 변조 회로)

• 회로

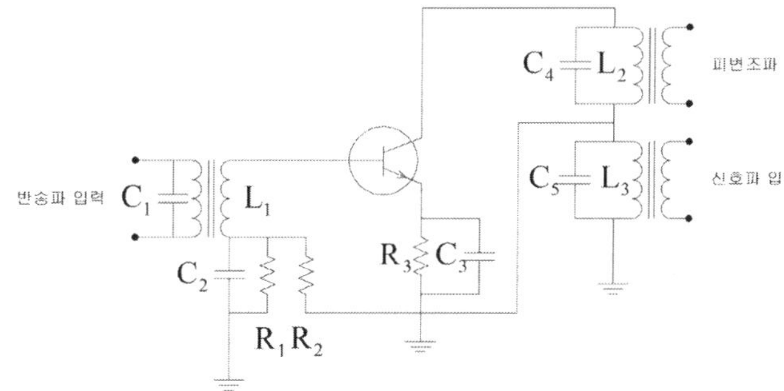


〈그림 10-2〉 컬렉터 변조 회로(직선 변조 회로)

**참 고**

LC 병렬회로가 TR의 컬렉터에 연결되어 있어서 컬렉터 변조라 한다.

• 장점
- 100% 변조가 가능하다.
- 직선성이 우수하고 효율이 좋다(B급, C급)
- 대전력 송신기에 적합하다.

• 단점
- 큰 변조 전력이 필요하다.

## (2) 베이스 변조 회로(제곱 변조 회로)

• 회로

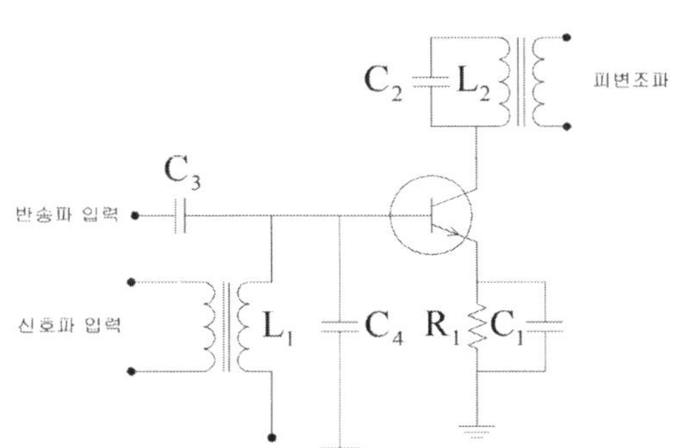


〈그림 10-3〉 베이스 변조 회로(제곱 변조 회로)

• 장점

- 변조시에 소비되는 전력이 적다.

• 단점

- 직선성이 좋지 않아 변조 파형에 일그러짐이 나타난다.
- 출력에 불필요한 고조파 성분이 포함되어 컬렉터 변조 회로보다 일그러짐이 크다.
- 변조 효율은 컬렉터 변조 회로의 1/4 정도이다.

### (3) 링(Ring) 변조 회로

• 회로

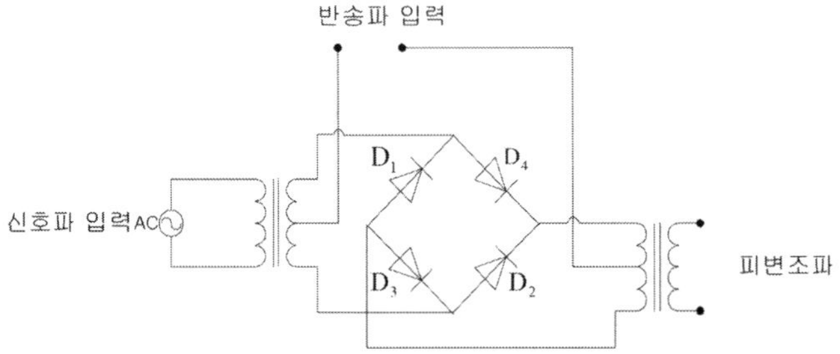


〈그림 10-4〉 링(Ring) 변조 회로

**참 고**

(+)신호일 때: $D_3D_4 = ON$ (-)신호일 때: $D_1D_2 = ON$

• 링 변조 회로는 파변조파의 상측파대 혹은 하측파대만을 검파하는 변조방식으로 주로 단측파대(SSB) 통신에 사용된다.

• 신호파의 (+) 반주기 동안에 $D_3$과 $D_4$가 ON 상태가 되고, (−) 반주기 동안에는 $D_1$과 $D_2$가 ON 상태로 된다.

**참 고**

단측파대(SSB:Single Side Band): 스펙트럼 상에서 한쪽 Band만 사용

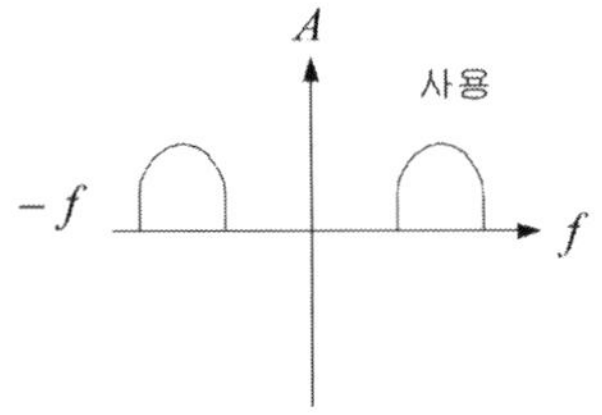

# 10.4 진폭 보조회로(검파기)의 종류

## (1) 직선 검파기(Linear Diode Detector)

- 다이오드의 전압, 전류 특성곡선의 직선부를 이용한 검파회로이다.
- 고조파 일그러짐이 적다.
- 출선 신호의 진폭은 입력 신호의 진폭에 비례한다.
- Diagonal Clipping 현상이 발생한다.

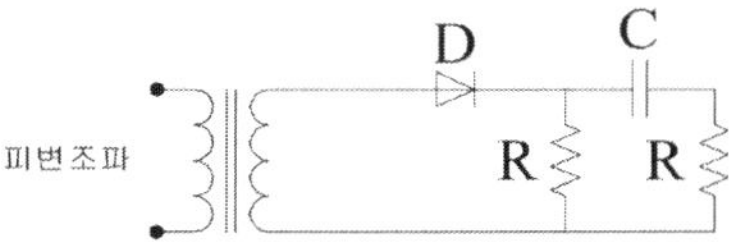


〈그림 10-5〉 직선 복조회로

Diagonal Clipping 현상

- 입력 파형의 포락선을 따르지 못하여 발생하는 일그러짐이다.
- RC 값이 클 때 발생한다.
- Diagonal Clipping현상을 방지하기 위하여 RC 값을 다음과 같이 설정하면 된다.

$$RC \leq \frac{\sqrt{1-m^2}}{m}\frac{1}{2\pi f_m} \quad (m : 변조도, f_m : 변조\ 주파수)$$

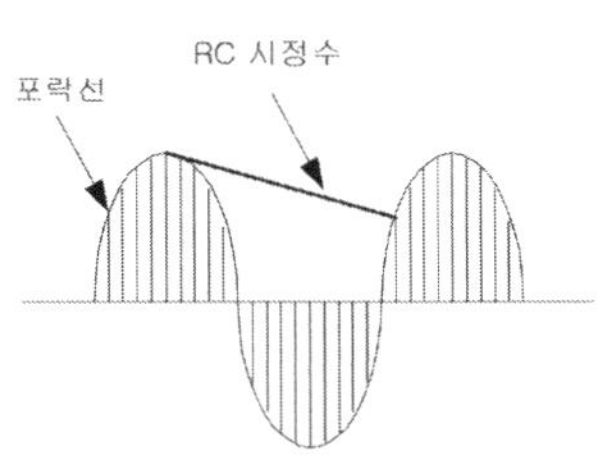


〈그림 10-6〉 Diagonal Clipping 현상

참 고

파형이 늘어지는 현상은 시정수가 크기 때문에 발생한다.

## (2) 자승 검파기(Square-Law Detector)

- 검파 소자의 비선형 특성을 이용한 검파회로이다.

- 출력전압은 입력전압의 제곱에 비례한다.
- 복조의 효율이 좋지 않다(단점).
- 고조파 일그러짐(일그러짐율 $K = \frac{m}{4}$)이 나타난다(단점).

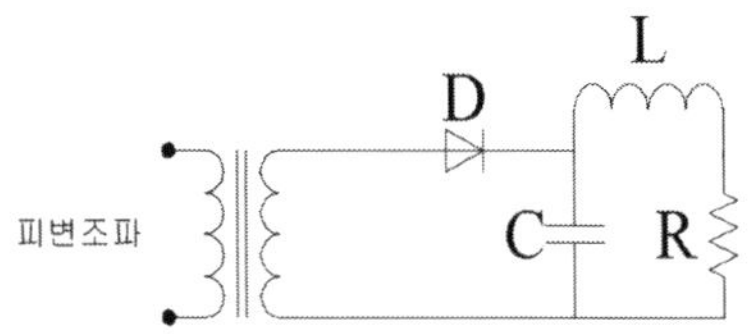


〈그림 10-7〉 자승 복조회로

### (3) 헤테로다인(Heterodyne) 검파기

- 국부발진 주파수를 이용하여 피변조파의 주파수를 중간 주파수(455kHz)로 바꾸어 검파하는 회로이다.

**참고**

국부발진: 일종의 수정발진자를 이용하여 반송파 주파수를 만든다.

- 감도가 좋다.
- 충실도가 좋다.
- 선택도가 우수하다.

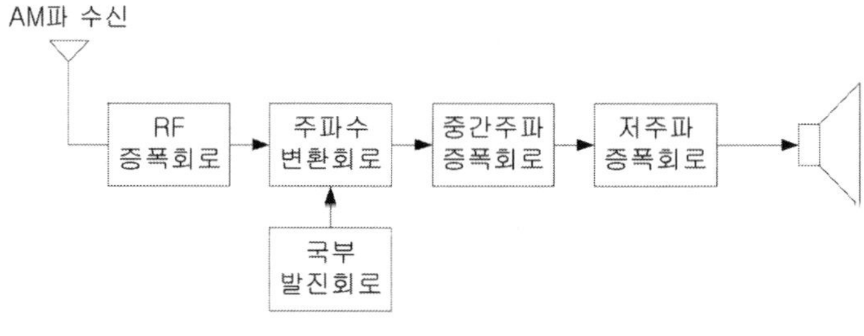


〈그림 10-8〉 헤테로다인(Heterodyne) 회로

**주요공식**

- 혼신 주파수 = 영상 주파수 − 국부발진 주파수
- 영상 주파수 = 수신 주파수 − (2×중간 주파수)
- 국부발진 주파수 = 수신 주파수 −중간 주파수

# 10.5 주파수 변조(FM)

## (1) 주파수 변조의 원리

주파수 변조(FM : Frequency Modulation)는 신호파의 주파수에 따라 반송파의 주파수를 변화시키는 방식이다.

① 신호파 : $i_s = I_s \sin\omega_s t$

② 반송파 : $i_c = I_c \sin\omega_c t$

③ 피변조파 : $i_m = I_c \sin\Phi t = I_c \sin(\omega_c t + \frac{\Delta\omega_c}{\omega_s} sin\omega_s t)$

$= I_c \sin(\omega_c t + m_f \sin\omega_s t)$

④ 주파수 변조 지수($m_f$)

$m_f = \frac{\Delta\omega_c}{\omega_s} = \frac{\Delta 2\pi f_c}{2\pi f_s} = \frac{\Delta f_c}{f_s}$ ($f_s$ : 신호 주파수, $\Delta f_c$ : 편이 주파수)

⑤ 점유 주파수 대역폭($B$)

$B = 2f_s(m_f + 1) = 2(\Delta f_c + f_s)$ [Hz]

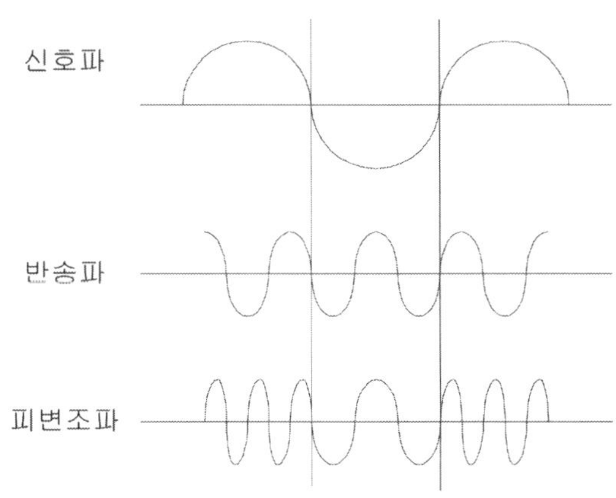


〈그림 10-9〉 주파수 변조 파형

### (2) 주파수 변조 회로

주파수 변조는 정보신호의 주파수 변화에 따라 반송파의 주파수를 변화시키기 위해 L C, 수정발진기를 이용한다. 즉, LC발진기에서는 공진회로의 L과 C값에 따라 반송주파수(발진주파수)를 변화시킨다. 이때 공진회로의 L과 C값을 조정하여 반송주파수를 변화시키는 회로에 인덕턴스 변조회로와 커패시턴스 변조회로가 있다.

① 인덕턴스 변조회로

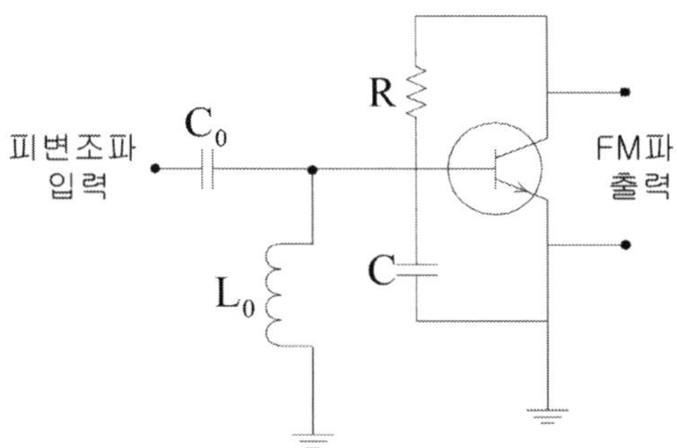


〈그림 10-10〉 인덕턴스 변조회로

② 커패시턴스 변조회로

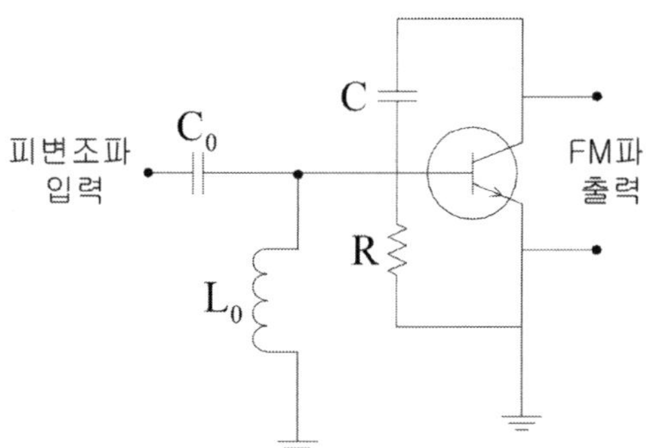


〈그림 10-11〉 커패시턴스 변조회로

## (3) 주파수 변조 회로의 보조장치

① 프리엠파시스(Pre-emphasis)

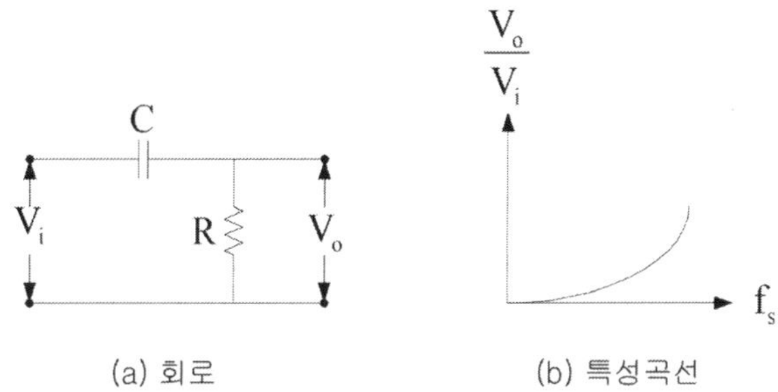


〈그림 10-12〉 프리엠파시스(Pre-emphasis)

- FM 송신측에서 사용한다.
- 신호 주파수의 고역부분을 강조하여 주파수 변조함으로서 높은 주파수의 SNR (Signal to Noise Ratio)을 개선하는 장치이다.

② 디엠파시스(De-emphasis)

- FM 수신측에서 사용한다.
- 프레엠파시스에 의하여 강조된 고역부분의 주파수를 원래대로 낮추기 위하여 사용하는 장치이다.

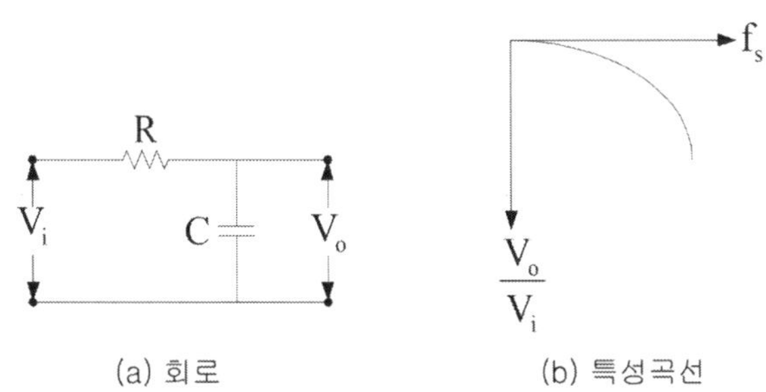


〈그림 10-13〉 디엠파시스(De-emphasis)

## (4) 주파수 복조 회로

① 포스터-실리(Foster-Seeley) 검파회로

- 주파수 판별회로라고 한다.
- FM파를 진폭 변조파로 변환한 후 신호파로 복조하는 회로이다.
- 위상의 변화를 전압의 변화로 바꾸는 회로이다.
- 주파수 편이가 큰 경우에 S자형 특성을 나타낸다.
- 신호의 진폭 제한 회로가 필요하다.

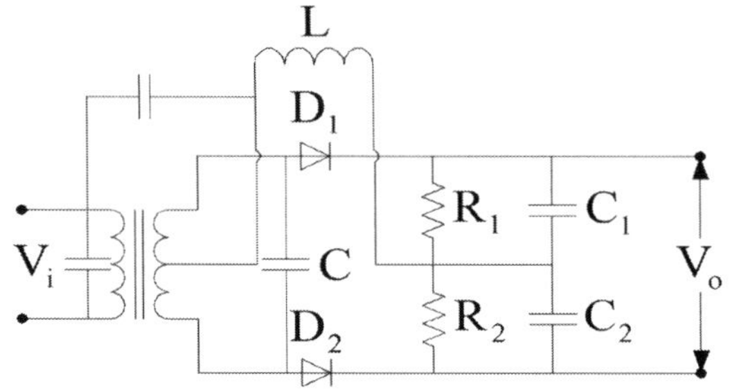


〈그림 10-14〉 포스터-실리(Foster-Seeley) 검파회로

② 비(Ratio) 검파회로

- 진폭 제한 기능을 갖는다.
- 출력전압이 포스터-실리 회로에 비하여 $\frac{1}{2}$ 이기 때문에 복조 감도가 $\frac{1}{2}$ 이다.
- TV 수신기에 사용되고 있다.

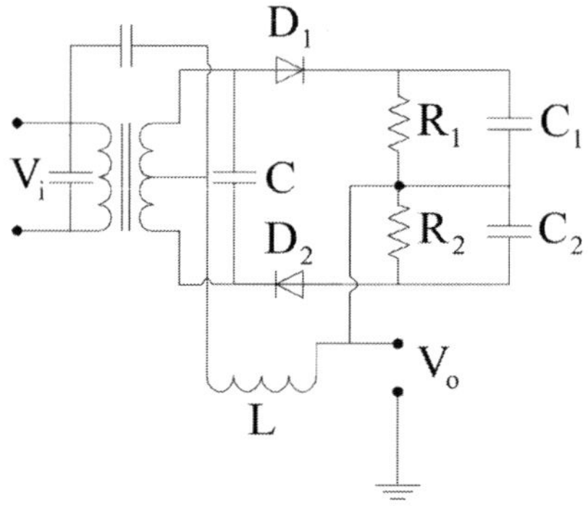


〈그림 10-15〉 비(Ratio) 검파회로

# 10.6 위상 변조와 펄스 변조

## (1) 위상 변조

위상 변조(PM : Phase Modulation)는 신호파의 위상에 따라 반송파의 위상을 변화시키는 방식이다. 발진기에서 출력된 반송파 신호를 위상 변조기에 입력하여 정보신호의 진폭에 따라 반송파의 위상을 변화시키면 위상 천이량의 변화가 반송파의 주파수 변화로 나타난다.

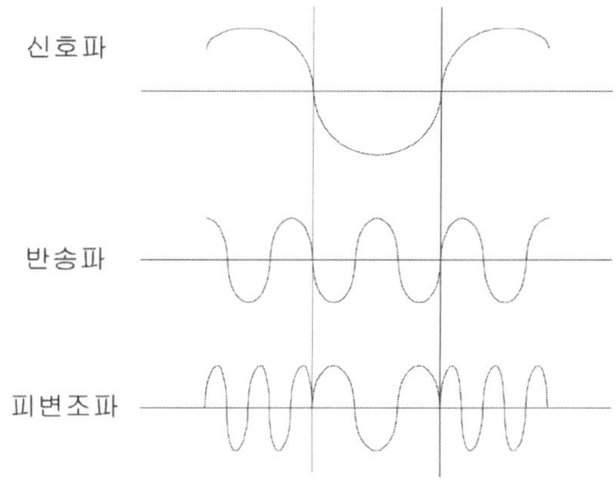


〈그림 10-16〉 위상 변조 파형

① 신호파 : $i_s = I_s \sin\omega_s t$

② 반송파 : $i_c = I_c \sin\omega_c t$

③ 피변조파 : $i_m = I_c \sin(\omega_c t + \Delta\theta \sin\omega_s t)$ ($\Delta\theta$ : 위상 편이)

## (2) 펄스 변조

① 펄스 진폭 변조(PAM : Pulse Amplitude Modulation)
펄스의 주기, 폭은 일정하게 하고 펄스의 진폭을 변화시키는 방법

② 펄스 폭 변조(PWM : Pulse Width Modulation)
펄스의 진폭, 주기는 일정하게 하고 펄스의 폭을 변화시키는 방법

③ 펄스 주파수 변조(PFM : Pulse Frequency Modulation)
펄스의 주파수를 변화시키는 방법

④ 펄스 위상 변조(PPM : Pulse Phase Modulation)
펄스의 진폭과 폭은 일정하게 하고 펄스의 위상을 변화시키는 방법

⑤ 펄스 수 변조(PNM : Pulse Number Modulation)

신호의 진폭이나 폭이 일정한 펄스의 숫자를 변화시켜 변조시키는 방법

⑥ 펄스 부호 변조(PCM : Pulse Code Modulation)

펄스를 표본화하고 양자화 하여 2진화 펄스를 이용하여 부호화 하는 방법으로 현재 가장 많이 사용하고 있는 방법이다.

# 연습문제

1. 다음 중에서 변조의 개념을 옳게 설명한 것은?

㉮ 교류 파형을 만드는 것이다.
㉯ 반송파에 신호를 싣는 것이다.
㉰ 소신호로 대전류를 제어하는 것이다.
㉱ 피변조파에서 신호파를 만들어 내는 것이다.

**해설** 고주파에 저주파를 싣는 것을 변조라 하며, 변조된 반송파를 피변조파라 한다.

2. 진폭 변조를 옳게 설명한 것은?

㉮ 신호파에 따라 반송파의 진폭을 변화시키는 방식
㉯ 신호파에 따라 반송파의 주파수를 변화시키는 방식
㉰ 신호파에 따라 반송파의 위상을 변화시키는 방식
㉱ 신호파에 따라 반송파의 진폭과 주파수를 변화시키는 방식

3. 진폭변조에서 반송파의 진폭을 $I_c$, 변조파의 진폭을 $I_s$ 이라 할 때 변조도 $m$ 은?

㉮ $m=\dfrac{I_c}{I_s}$　　㉯ $m=I_c+I_s$

㉰ $m=\dfrac{I_s}{I_c}$　　㉱ $m=I_c-I_s$

**해설** 변조도와 변조율은 다음과 같다.

① 변조도 : $m=\dfrac{I_s}{I_c}$　　② 변조율 : $m=\dfrac{I_s}{I_c}\times 100\%$

4. 반송파 $v_c=V_c\sin\omega_c t$ 에 신호파 $v_s=V_s\sin\omega_s t$ 로 진폭변조 하였을 때 피변조파의 식은?

㉮ $v_t=(V_s+V_c)\sin\omega_s t$　　㉯ $v_t=(V_c+V_s)\sin\omega_c t$

㉰ $v_t=(V_s+V_c\sin\omega_c t)\sin\omega_s t$　　㉱ $v_t=(V_c+V_s\sin\omega_s t)\sin\omega_c t$

**정답** 1. ㉯ 2. ㉮ 3. ㉰ 4. ㉱

5. 반송파$v_c = V_c \sin\omega_c t$에 신호파$v_s = V_s \sin\omega_s t$로 진폭변조 하였을 때 변조도는 몇 [%]인가? (이 때, $V_c = 10[V]$, $V_s = 20[V]$)

㉮ 100[%]　　㉯ 200[%]
㉰ 300[%]　　㉱ 400[%]

해설 변조도 $m = \dfrac{V_s}{V_c} \times 100[\%] = \dfrac{20}{10} \times 100[\%] = 200[\%]$

6. 변조도 1인 경우는 다음의 어느 것에 해당하는가?

㉮ 무변조　　㉯ 1[%] 변조
㉰ 10[%] 변조　　㉱ 100[%] 변조

7. 피변조파가$v = (200 + 25\cos 300\pi t)\cos 10^6 t$일 때 변조도$m$과 피변조파의 전력성분은?

㉮ $m = 8$, 반송파 : 상측파 : 하측파 $= 1 : 7.8 \times 10^{-3} : 7.8 \times 10^{-3}$
㉯ $m = 8$, 반송파 : 상측파 : 하측파$= 1 : 15.6 \times 10^{-3} : 15.6 \times 10^{-3}$
㉰ $m = 0.125$, 반송파 : 상측파 : 하측파$= 1 : 7.8 \times 10^{-3} : 7.8 \times 10^{-3}$
㉱ $m = 0.125$, 반송파 : 상측파 : 하측파$= 1 : 3.9 \times 10^{-3} : 3.9 \times 10^{-3}$

해설 피변조파 $v = (V_c + V_s \cos\omega_s t)\cos\omega_c t$에서 변조도 $m = \dfrac{V_s}{V_c} = \dfrac{25}{200} = 0.125$가 된다.
피변조파의 전력성분은
반송파 : 상측파 : 하측파$= 1 : \dfrac{m^2}{4} : \dfrac{m^2}{4} = 1 : 3.9 \times 10^{-3} : 3.9 \times 10^{-3}$

8. 다음과 그림의 피변조파 신호파형에서 변조도 $m$은? (단, $I_{max}$ : 8[mA]$I_{min}$ : 2[mA])

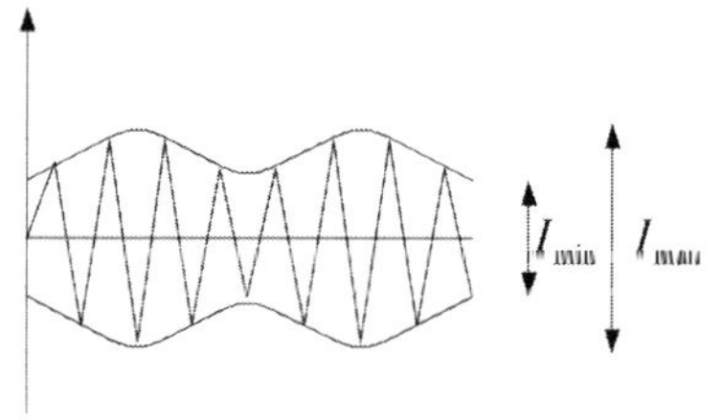


㉮ 20[%]　　㉯ 40[%]
㉰ 60[%]　　㉱ 80[%]

해설 변조도 $m = \dfrac{I_{max} - I_{min}}{I_{max} + I_{min}} \times 100\% = \dfrac{8-2}{8+2} \times 100\% = 60[\%]$

정답 5. ㉯　6. ㉱　7. ㉱　8. ㉰

**9.** 진폭변조에서 100[%] 변조하였을 때 반송파와 상·하측파대의 전력비를 옳게 표현한 것은?

㉮ 1 : 0.5 : 0.5 ㉯ 1 : 0.25 : 0.25

㉰ 1 : 0.125 : 0.125 ㉱ 1 : 0.0625 : 0.0625

**해설** 반송파 : 상측파대 : 하측파대의 전력비는 $1 : \frac{m^2}{4} : \frac{m^2}{4}$ 이고

100[%] 변조이기 때문에 $1 : \frac{1}{4} : \frac{1}{4} = 1 : 0.25 : 0.25$

**10.** 진폭변조에서 100[%] 변조하였을 때 변조파(신호파)의 전류 $I_s$ 이 20[A]이면, 피변조파의 전류 $I_c$ 는?

㉮ 2[A] ㉯ 4[A]

㉰ 8.15[A] ㉱ 16.3[A]

**해설** 진폭변조에서 변조파와 피변조파는 다음과 같은 관계가 있다.

$$\frac{I_s}{I_c} = \sqrt{1+\frac{m^2}{2}}$$

$I_c = \dfrac{I_s}{\sqrt{1+\frac{m^2}{2}}}$ 이 식에 100[%] 변조일 때 $m=1$, $I_s = 20[A]$를 적용하면

$$I_c = \frac{20}{\sqrt{1+\frac{1}{2}}} = 16.3[A]$$

**11.** 진폭변조에서 반송파의 주파수가 $f_c = 50[kHz]$ 이고 신호파의 주파수가 $f_s = 2[kHz]$ 일 때 주파수 대역폭 $B$는?

㉮ 2[kHz] ㉯ 4[kHz]

㉰ 50[kHz] ㉱ 100[kHz]

**해설** 진폭변조에서 주파수 대역폭 $B$는

$$B = 2f_s = 2\times 2\times 10^3 = 4[kHz]$$

**12.** 100[%] 진폭변조에서 반송파 전력 $P_c$ 과 피변조파 전력 $P_m$ 의 관계를 옳게 나타낸 것은?

㉮ $P_m = P_c$ ㉯ $P_m = 1.5P_c$

㉰ $P_m = 2P_c$ ㉱ $P_m = 3P_c$

**해설** $P_m = (1+\frac{m^2}{2})P_c$ 에서 변조도 $m=1$을 고려하면 $P_m = 1.5P_c$가 된다.

**정답** 9. ㉯ 10. ㉱ 11. ㉯ 12. ㉯

**13.** 40[%] 변조할 때 출력전력이 200[W]였다면, 소비전력은?

㉮ 80[W] ㉯ 200[W] ㉰ 216[W] ㉱ 286[W]

**해설** $P_m = (1+\frac{m^2}{2})P_c$에서 변조도 $m=0.4$을 고려하면 $P_c=200$이 된다.

$P_m = (1+\frac{0.4^2}{2})200 = 216[W]$

**14.** 다음과 같은 진폭변조 파형에서 반송파의 출력이 15[kW]일 때 변조 출력은?
(단, $V_{max}$ : 10[V] $V_{min}$ : 0.5[V])

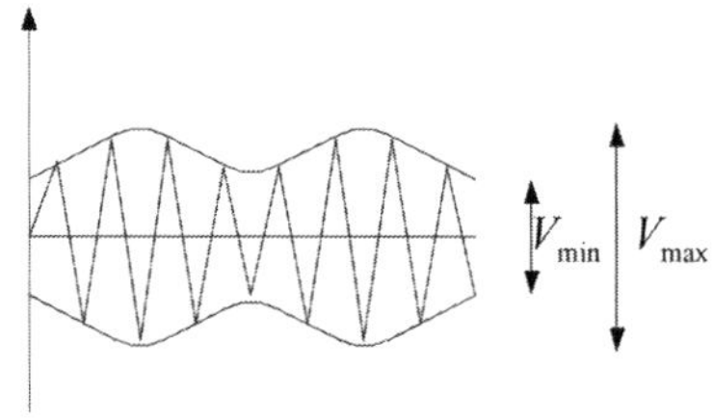


㉮ 2.625[kW] ㉯ 5.25[kW] ㉰ 10.5[kW] ㉱ 21[kW]

**해설** 변조도 $m = \frac{V_{max} - V_{min}}{V_{max} + V_{min}} = \frac{10-0.5}{10+0.5} = 0.9$

$P_m = (1+\frac{m^2}{2})P_c$에서 변조도 $m=0.9$을 고려하면 $P_c = 15[kW]$이 된다.

$P_m = (1+\frac{0.9^2}{2})15\times10^3 = 21[kW]$

**15.** 무변조 때의 출력이 2[kW]인 송신기를 90[%] 변조하면 출력은 몇[kW]인가?

㉮ 2.81[kW] ㉯ 5.62[kW] ㉰ 11.24[kW] ㉱ 22.48[kW]

**해설** $P_m = (1+\frac{m^2}{2})P_c$에서 변조도 $m=0.9$을 고려하면 $P_c = 2[kW]$이 된다.

$P_m = (1+\frac{0.9^2}{2})2\times10^3 = 2.81[kW]$

**16.** 200[kHz]의 반송파에 4[kHz]의 저주파를 진폭변조 하였다면 상측파대의 최고 주파수는?

㉮ 196[kHz] ㉯ 200[kHz] ㉰ 204[kHz] ㉱ 800[kHz]

**해설** 상측파대 주파수 : $f_c + f_s = 200+4 = 204[kHz]$
하측파대 주파수 : $f_c - f_s = 200-4 = 196[kHz]$
점유 주파수 대역폭 : 196~204[kHz]

**정답** 13. ㉰ 14. ㉱ 15. ㉮ 16. ㉰

17. 다음 회로의 명칭을 옳게 나타낸 것은?

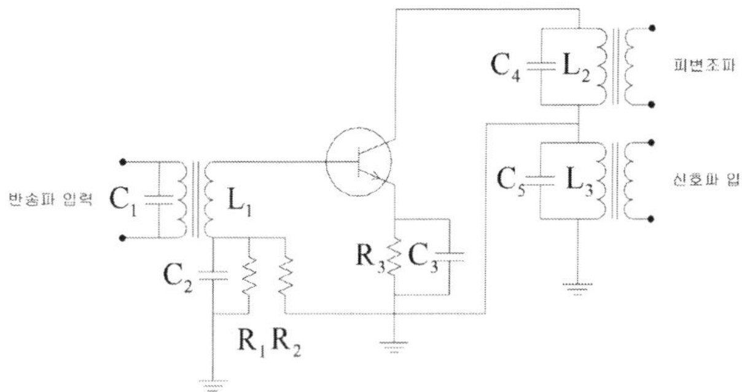


㉮ 직선 변조회로 ㉯ 제곱 변조회로 ㉰ 링 변조회로 ㉱ 평형 변조회로

**해설** 이 회로는 진폭변조회로인 직선 변조회로이며 컬렉터 변조회로라고도 한다.

장점 : ① 100% 변조가 가능하다.
② 직선성이 우수하고 효율이 좋다(B급, C급)
③ 대전력 송신기에 적합하다.

단점 : ① 큰 변조 전력이 필요하다.

18. 다음 회로의 명칭을 옳게 나타낸 것은?

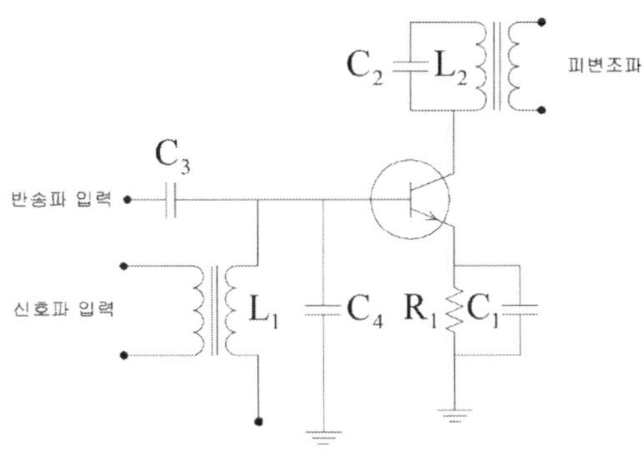


㉮ 직선 변조회로 ㉯ 제곱 변조회로 ㉰ 링 변조회로 ㉱ 평형 변조회로

**해설** 이 회로는 진폭변조회로인 제곱 변조회로이며 베이스 변조회로라고도 한다.
제곱 변조회로(베이스 변조회로)의 특징

장점 : ① 변조시에 소비되는 전력이 적다.

단점 : ① 직선성이 좋지 않아 변조 파형에 일그러짐이 나타난다.
② 변조 효율은 컬렉더 변조 회로의 1/4 정도이다.

**정답** 17. ㉮ 18. ㉯

19. 링 변조회로에서 신호파 입력에 $f_s$, 반송파 입력에 $f_c$를 가했을 때 피변조파 주파수는?

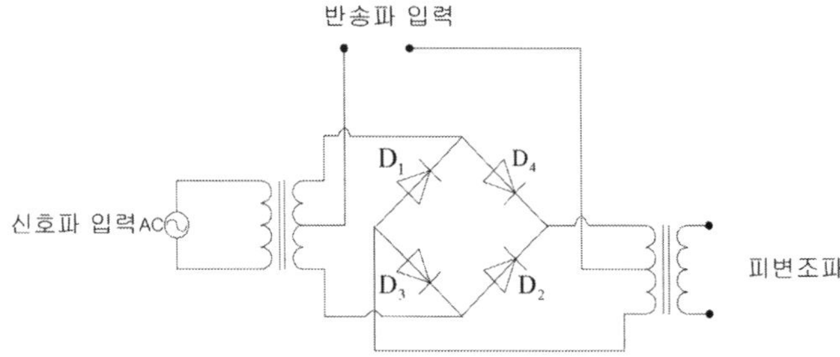


㉮ $f_s$　　㉯ $f_c$　　㉰ $f_c \pm f_s$　　㉱ $f_c \cdot f_s$

20. 다음중 진폭 검파기의 종류가 아닌 것은?

㉮ 직선 검파기　　㉯ 자승 검파기
㉰ 헤테로다인 검파기　　㉱ 비 검파기

21. 주파수 변조(FM)를 옳게 설명한 것은?

㉮ 신호파에 따라 반송파의 진폭을 변화시키는 방법
㉯ 신호파에 따라 반송파의 주파수를 변화시키는 방법
㉰ 신호파에 따라 반송파의 위상을 변화시키는 방법
㉱ 신호파에 따라 반송파의 각속도를 변화시키는 방법

22. 주파수 변조를 진폭 변조에 비교한 것 중 잘못된 것은?

㉮ 초단파대 통신에 적합하다.　　㉯ S/N 비가 좋아진다.
㉰ 점유 주파수 대역폭이 넓다.　　㉱ 에코 영향이 많다.

23. 주파수 변조방식의 특징을 잘못 설명한 것은?

㉮ 반송 주파수는 VHF 주파수대 보다 크다.
㉯ 측파대 전력은 반송파 전력의 1/2이다.
㉰ 진폭 변조방식 보다 잡음이 적다.
㉱ 소요 주파수 대역폭이 진폭변조 방식 보다 넓다.

정답 19. ㉰　20. ㉱　21. ㉯　22. ㉱　23. ㉮

**24.** 주파수 변조에서 주파수 대역폭$B$는? (단, $\Delta f_c$ : 최대 주파수 편이)

㉮ $\Delta f_c$ ㉯ $2\Delta f_c$ ㉰ $3\Delta f_c$ ㉱ $4\Delta f_c$

**해설** $B=2(m_f+1)f_s=2(\Delta f_c+f_s)\approx 2\Delta f_c$

**25.** 주파수 변조에서 변조 지수$m_f$를 옳게 표현한 것은?
(단, $f_s$ : 신호 주파수, $\Delta f_c$ : 편이 주파수)

㉮ $m_f=\Delta f_c-f_s$ ㉯ $m_f=\dfrac{\Delta f_c}{f_s}$

㉰ $m_f=\Delta f_c+f_s$ ㉱ $m_f=\dfrac{f_s}{\Delta f_c}$

**26.** 주파수 변조에서 신호 주파수 $f_s=100[kHz]$, 편이 주파수 $\Delta f_c=5[kHz]$일 때 변조 지수 $m_f$는?

㉮ 0.05 ㉯ 0.1 ㉰ 10 ㉱ 20

**해설** 주파수 변조에서 변조지수는 $m_f=\dfrac{\Delta f_c}{f_s}=\dfrac{5}{100}=0.05$

**27.** 주파수 변조에서 신호 주파수 $f_s=200[kHz]$, 편이 주파수 $\Delta f_c=2[kHz]$일 때 주파수 대역폭 $B$는?

㉮ $200[kHz]$ ㉯ $202[kHz]$

㉰ $400[kHz]$ ㉱ $404[kHz]$

**해설** $B=2(m_f+1)f_s=2(\Delta f_c+f_s)\approx 2\Delta f_c$에서
$B=2(\Delta f_c+f_s)=2(2+200)=404[kHz]$

**28.** FM 방송의 최대 주파수 편이($\Delta f$)를 옳게 나타낸 것은?

㉮$\pm 25[kHz]$ ㉯$\pm 50[kHz]$

㉰$\pm 75[kHz]$ ㉱$\pm 100[kHz]$

**29.** 반송파를 제거하는 변조방식은?

㉮ 진폭 변조 ㉯ 주파수 변조 ㉰ 위상 변조 ㉱ 평형 변조

**해설** 평형 변조기나 링 변조기를 사용하여 반송파를 제거하여 한쪽 측파대만을 사용할 수 있도록 한다. 즉, SSB(Single Side Band : 단측파대)통신을 가능하게 하는 변조 방식이다.

**정답** 24. ㉯ 25. ㉯ 26. ㉮ 27. ㉱ 28. ㉰ 29. ㉱

**30.** 평형 변조기와 같이 반송파를 제거하여 SSB통신을 하는 방식은?

㉮ 진폭 변조 ㉯ 링 변조
㉰ 주파수 변조 ㉱ 위상 변조

**31.** 반송파 $i_c = I_c \sin\omega_c t$에 신호파 $i_s = I_s \sin\omega_s t$로 주파수변조 하였을 때 피변조파 $i_m$을 옳게 나타낸 식은?

㉮ $I_c \sin(\omega_c t + m_f \sin\omega_s t)$ ㉯ $I_c \sin(1 + m_f \sin\omega_s t)$
㉰ $I_c \sin(1 - m_f \sin\omega_s t)$ ㉱ $I_c \sin(1 + \frac{d}{dt}\omega_s t)$

**해설** 주파수 변조에서 피변조파식은

$$i_m = I_c \sin\Phi t = I_c \sin(\omega_c t + \frac{\Delta\omega_c}{\omega_s} sin\omega_s t) = I_c \sin(\omega_c t + m_f \sin\omega_s t)$$

**32.** 주파수20$[kHz]$의 신호파를 50$[MHz]$의 반송 주파수로 주파수 변조하였을 때 최대 주파수 편이$\Delta f$가 50$[kHz]$ 였다. 이때 주파수 대역폭$B$는?

㉮ 20$[kHz]$ ㉯ 50$[kHz]]$
㉰ 140$[kHz]$ ㉱ 50$[MHz]$

**해설** $B = 2(\Delta f + f_s) = 2(20 + 50) = 140[kHz]$

**33.** 200$[MHz]$의 FM 송신기의5$[MHz]$ 발진기에서 2$[kHz]$의 변조신호로 200$[Hz]$의 주파수 편이가 발생하였다면, 이 송신기의 주파수 변조지수는?

㉮ 0.1 ㉯ 2
㉰ 4 ㉱ 8

**해설** 주파수 변조에서 변조지수$m_f$는 (단, 신호주파수 $f_s = 2[kHz]$, $\Delta f = 200[Hz]$)

$$m_f = \frac{\Delta f}{f_s} = \frac{200}{2000} = 0.1$$

송신 주파수가 $f = 200[MHz]$이므로 발진주파수의 40배이다.
따라서 $0.1 \times 40 = 4$

**34.** 평형 변조회로를 사용하는 목적으로 옳은 것은?

㉮ SSB를 얻기 위하여 ㉯ 출력을 크게 하기 위하여
㉰ 변조도를 크게 하기 위하여 ㉱ 일그러짐을 개선하기 위하여

**정답** 30. ㉯ 31. ㉮ 32. ㉰ 33. ㉰ 34. ㉮

**35.** 평형 변조회로에서 나타나지 않는 것은?

㉮ 상측파대　　　㉯ 하측파대
㉰ 상하측파대　　　㉱ 반송파

**해설** 평형변조회로에서는 반송파가 제거되고 상하측파대(상측파대, 하측파대)가 출력에 나타난다.

**36.** FM 증폭기에 사용하고 저주파 증폭기에 사용하지 않는 것은?

㉮ A급 증폭기　　　㉯ B급 증폭기
㉰ AB급 증폭기　　　㉱ C급 증폭기

**해설** 저주파 증폭기에는 A급, B급, AB급 증폭기를 사용한다.

**37.** 진폭변조에 비하여 주파수 변조의 장점을 옳게 설명한 것은?

㉮ 회로가 간단하다.　　　㉯ 잡음의 간섭이 적다.
㉰ 큰 출력을 얻을 수 있다.　　　㉱ 전압 변동의 영향이 적다.

**38.** 다음 그림에서 FM 검파기로서 가장 좋은 특성을 나타낸 것은?

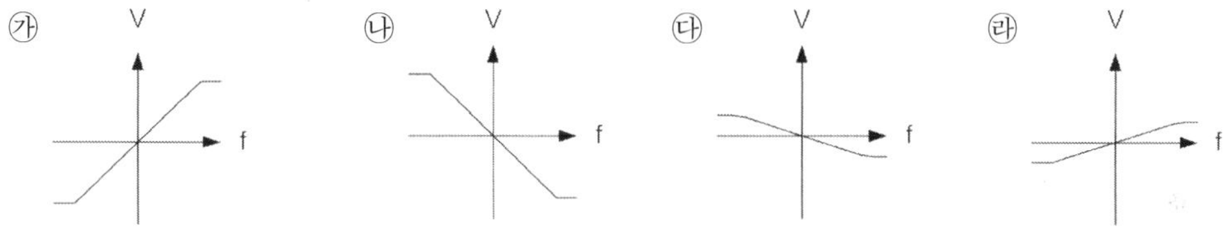


**39.** 간접 FM 변조상식(Armstrong 방식)의 필수적인 구성요소가 아닌 것은?

㉮ 가산기(혼합기, adder)　　　㉯ 진폭 제한기(limiter)
㉰ 위상 천이기(90°phase shifter)　　　㉱ 평형 변조기(balanced modulator)

**40.** 다음은 어떤 종류의 변조회로인가?

㉮ 인덕턴스 변조회로
㉯ 커패시턴스 변조회로
㉰ 주파수 편이 변조회로
㉱ 위상 편이 변조회로

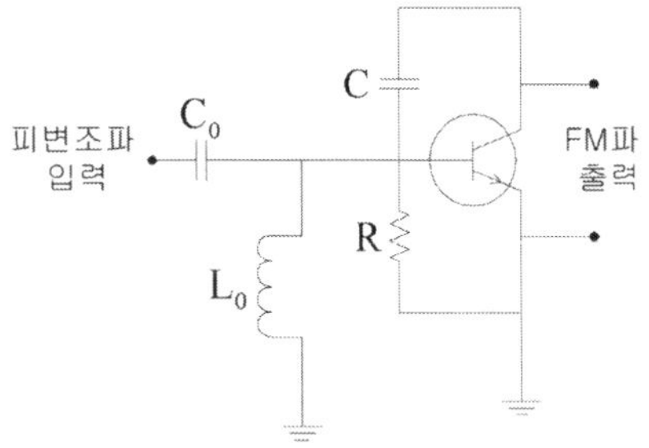


**정답** 35. ㉱　36. ㉱　37. ㉯　38. ㉮　39. ㉮　40. ㉯

**41.** 주파수 변조회로의 보조장치로 사용하는 다음 회로의 명칭은?

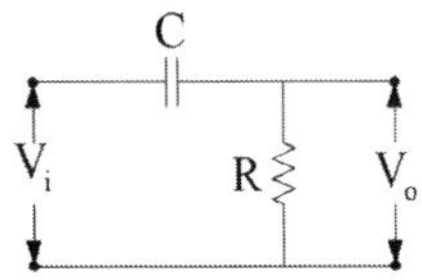


㉮ 프리엠파시스(Pre-emphasis)
㉯ 디엠파시스(De-emphasis)
㉰ 포스터-실리(Foster-Seeley) 검파회로
㉱ 비(Ratio) 검파회로

**해설** 이 회로는 프리엠파시스(pre-emphasis)로서 다음과 같은 특징이 있다.

① FM 송신측에서 사용한다.
② 신호 주파수의 고역부분을 강조하여 주파수 변조함으로서 높은 주파수의 SNR(Signal to Noise Ratio)을 개선하는 장치이다.

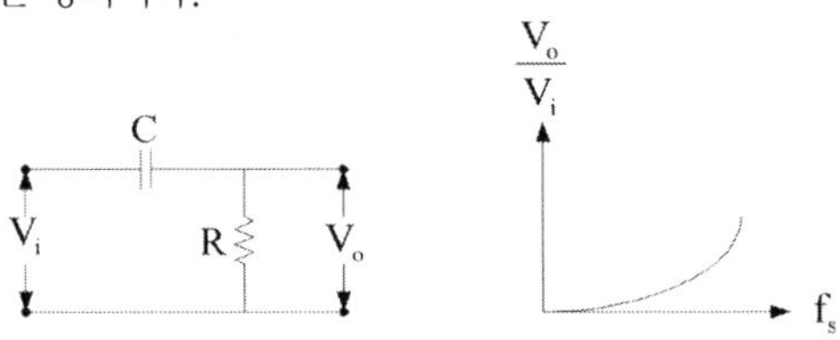


(a) 회로 (b) 특성곡선

**42.** 컬렉터 변조회로는 어떤 급에서 동작하는가?

㉮ A급 ㉯ B급 ㉰ AB급 ㉱ C급

**43.** 주파수 변조회로의 보조장치로 사용하는 다음 회로의 명칭은?

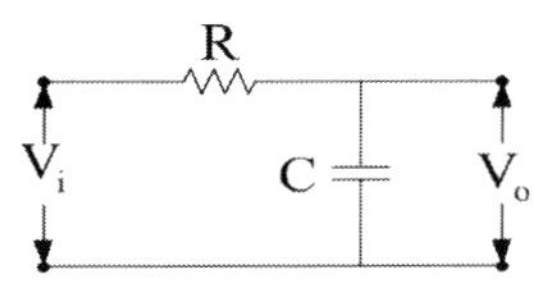


㉮ 프리엠파시스(Pre-emphasis)
㉯ 디엠파시스(De-emphasis)
㉰ 포스터-실리(Foster-Seeley) 검파회로
㉱ 비(Ratio) 검파회로

**해설** 이 회로는 디엠파시스(de-emphasis)로서 다음과 같은 특징이 있다.

① FM 수신측에서 사용한다.
② 프레엠파시스에 의하여 강조된 고역부분의 주파수를 원래대로 낮추기 위하여 사용하는 장치이다.

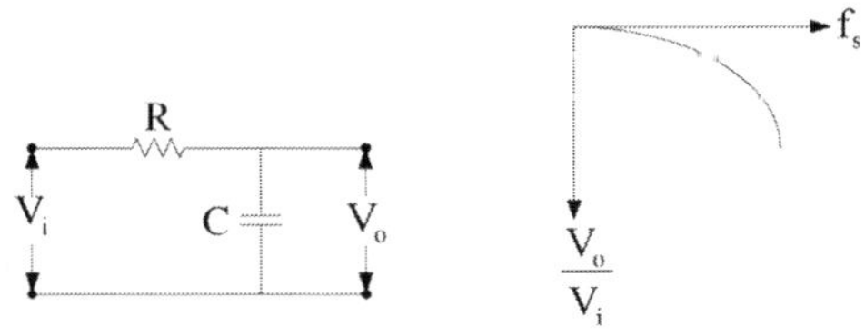


(a) 회로 (b) 특성곡선

**정답** 41. ㉮ 42. ㉰ 43. ㉯

**44.** FM 검파 회로에 사용하지 않는 회로는?

㉮ 비 검파회로 ㉯ 포스터-실리 검파회로
㉰ gated beam 검파회로 ㉱ 컬렉터 검파회로

**해설** 컬렉터 검파회로는 AM 검파회로이다.

**45.** 시간과 진폭이 일정한 파형을 시간적 위치를 변화시키는 변조 방식은?

㉮ PAM ㉯ PPM ㉰ PCM ㉱ PNM

**해설** 펄스 위상 변조를 펄스 위치 변조라 한다.

**46.** 주파수 변별기를 사용하는 목적은?

㉮ 주파수 변조파에서 낮은 주파수 부분을 강조한다.
㉯ 주파수 변조파에서 높은 주파수 부분을 강조한다.
㉰ 주파수 변조파의 출력 변동을 억제한다.
㉱ 주파수 변조파에서 신호파를 빼낸다.

**47.** 주파수 복조회로에 사용하는 다음 회로의 명칭은?

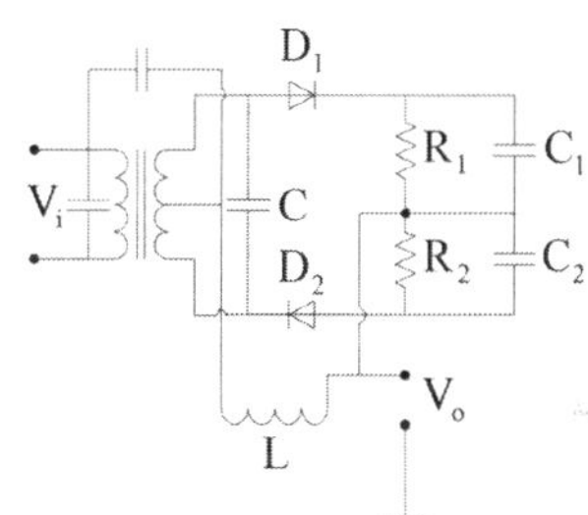


㉮ 프리엠파시스(Pre-emphasis)
㉯ 디엠파시스(De-emphasis)
㉰ 포스터-실리(Foster-Seeley) 검파회로
㉱ 비(Ratio) 검파회로

**해설** 이 회로는 비 검파회로이며 다음과 같은 특징을 갖는다.
① 진폭 제한 기능을 갖는다.
② 출력전압이 포스터-실리 회로에 비하여 $\frac{1}{2}$이기 때문에 복조 감도가 $\frac{1}{2}$이다.
③ TV 수신기에 사용되고 있다.

**48.** 다음중 불연속 펄스 변조에 해당하지 않는 것은?

㉮ PCM ㉯ PNM ㉰ $\Delta M$ ㉱ PTM

**해설** 펄스 변조에서 연속 및 불연속 변조방식은 다음과 분류된다.
① 연속변조 : PAM, PDM, PWM, PPM, PTM
② 불연속변조 : PCM, DPCM, PNM, $\Delta M$

**정답** 44. ㉱ 45. ㉯ 46. ㉰ 47. ㉱ 48. ㉱

CHAPTER 11

# 펄스회로

# 11.1 펄스의 특징

## (1) 펄스의 개념

- 펄스란 전압 또는 전류가 시간적으로 변화하는 것을 말한다.
- 펄스의 진폭이 (+) 혹은 (−)의 한쪽 방향으로 형성된 파형을 단극성 펄스라 한다.
- 펄스의 진폭이 (+), (−)의 양방향으로 형성된 파형을 쌍극성 펄스라 한다.

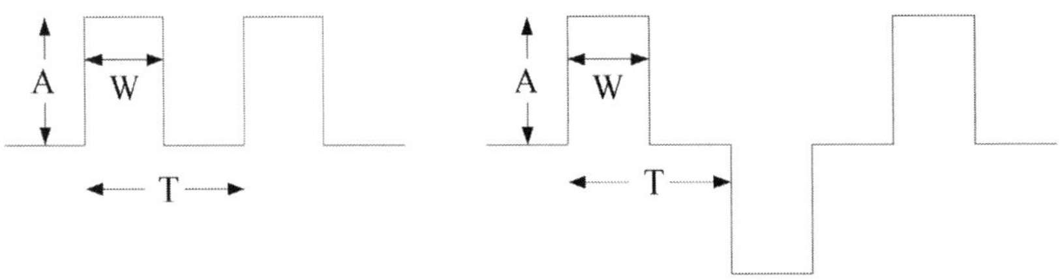


(a) 단극성 펄스　　(b) 쌍극성 펄스

〈그림 11-1〉 펄스의 개념

## (2) 펄스의 제원

① 진폭($A$) : 신호의 레벨 또는 전압의 크기이며, 펄스 크기의 최대 값을 나타낸다.

② 반복 주기($T$) : 펄스가 반복되는 주기 또는 시간이며, 주파수에 반비례한다. 즉, 반복 주기가 짧으면 높은 주파수를 나타내며, 반복 주기가 넓으면 낮은 주파수를 나타낸다.

③ 반복 주파수($f$) : $f = \dfrac{1}{T}$

④ 펄스폭($W$) : 펄스의 지속시간을 나타낸다.

⑤ 특성 주파수($f_c$) : $f_c = \dfrac{1}{W}$

⑥ 충격계수($D$) : $D = \dfrac{W}{T}$

## (3) 실제의 펄스 파형

① 지연 시간(Delay Time, $t_d$) : 펄스의 진폭이 0~10%까지 도달하는데 걸리는 시간

② 상승 시간(Rise Time, $t_r$) : 펄스의 진폭이 10~90%까지 도달하는데 걸리는 시간

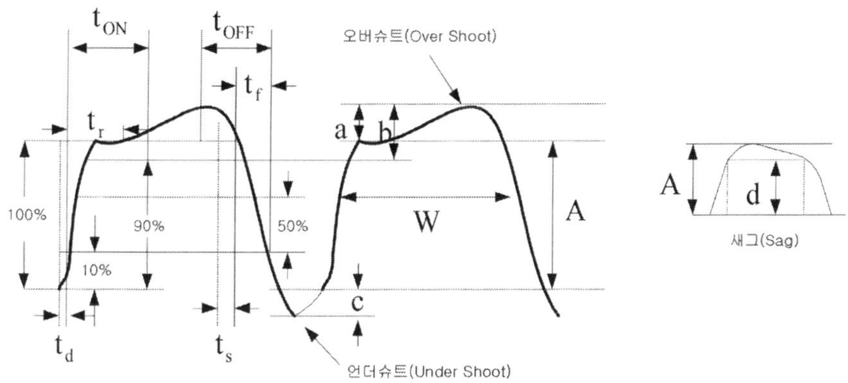


〈그림 11-2〉 실제의 펄스 파형

③ 축적 시간(Storage Time, $t_s$) : 펄스의 진폭이 감소하기 시작하여 90%까지 감소하는데 걸리는 시간

④ 하강 시간(Fall Time, $t_f$) : 펄스의 진폭이 90~10% 까지 감소하는데 걸리는 시간

⑤ 펄스 폭(Wide, $W$) : 펄스의 진폭이 50%가 되는 구간의 시간

⑥ 턴 온 시간(Turn-On Time, $t_{ON}$) : 펄스의 진폭이 0~90% 까지 도달하는데 걸리는 시간

⑦ 턴 오프 시간(Turn-Off Time, $t_{OFF}$) : 펄스의 진폭이 100~10% 까지 도달하는데 걸리는 시간

⑧ 오버 슈트(Over Shoot) : 상승 파형에서 펄스의 진폭이 100% 보다 큰 부분

⑨ 언더 슈트(Under Shoot) : 하강 파형에서 펄스의 진폭이 0% 보다 작은 부분

⑩ 새그(Sage) : 펄스의 뒤쪽이 감쇠된 파형을 말한다.

⑪ 링깅(Ringing) : 높은 주파수가 공진하여 발생하는 진동에 의하여 펄스의 상승 부분에서 파형이 흔들리는 현상을 말한다.

**실제 펄스의 주요 공식**

- 턴 온 시간(Turn-On Time,$t_{ON}$) : $t_{ON} = t_d + t_r$
- 턴 오프 시간(Turn-Off Time,$t_{OFF}$) : $t_{OFF} = t_s + t_f$
- 오버 슈트(Over Shoot) : 오버 슈트= $\frac{a}{A} \times 100\%$
- 언더 슈트(Under Shoot) : 언더 슈트= $\frac{c}{A} \times 100\%$
- 새그(Sage) : 새그= $\frac{d}{A} \times 100\%$

**실제의 펄스에서 자주 일어나는 현상**

펄스의 시작 부분에서 진폭이 불안정하게 상하로 진동하는 오버 슈트(over shoot), 펄스의 끝나는 부분에서 진폭이 불안정하게 상하로 진동하는 언더 슈트(under shoot), 펄스의 진폭이 정상부에서 평탄하지 않은 새그(sage)는 실제의 펄스에서 흔히 볼 수 있는 현상이다.

## 11.2 RC회로의 충전과 방전

### (1) RC 기본 회로

〈그림 11-3〉에서 스위치$S$를 ①쪽에 놓으면 공급전압 $V$에 의해 전류가 $R$을 통하여 흐르게 되고 $C$에 전하$Q$가 충전된다($RC$충전회로). 스위치$S$를 ②쪽에 놓으면 전하$Q$를 가진 커패시터$C$는 저항$R$를 통하여 전류를 방전한다.($RC$방전회로)

- 충전회로 : 스위치$S$를 ①에 접속
- 방전회로 : 스위치$S$를 ②에 접속
- 시정수 : $\tau = RC$

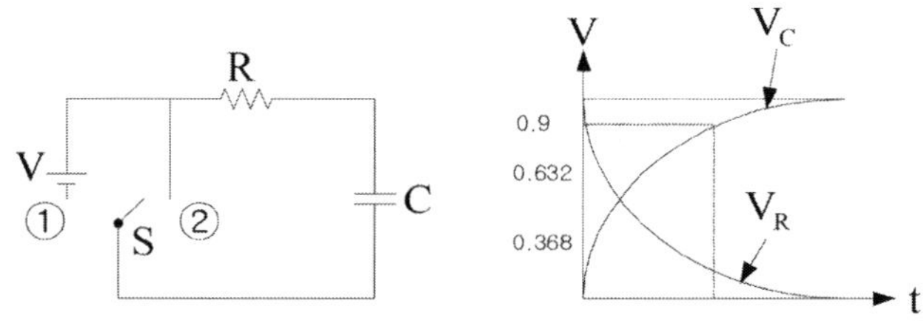


〈그림 11-3〉 RC 기본 회로

**참 고**

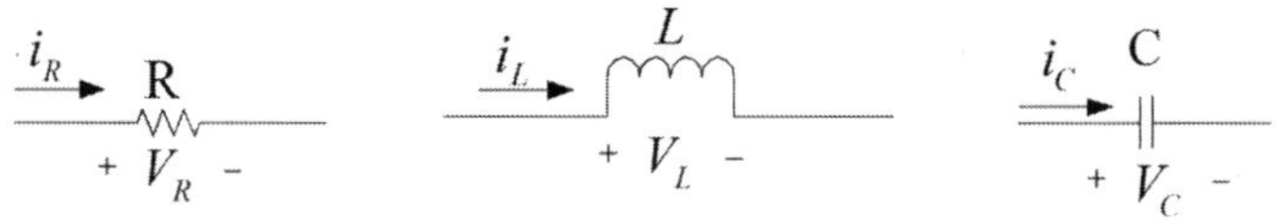


$$V_R = i_R R,\quad V_L = L\frac{di_L}{dt},\quad V_C = \frac{1}{C}\int i_C dt = \frac{Q}{C}$$

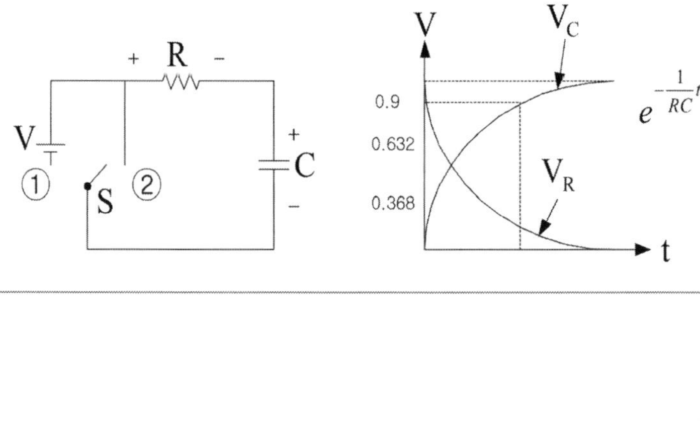

### (2) RC 충전 회로

$RC$회로에 전압 $V$을 인가하면 $R$을 통하여 흐르는 전류$i$가 $C$에 충전된다. 이때, $R$과 $C$에 일정시간 $t$동안의 과도기적인 전압 $V$과 전류$i$는 다음과 같다.

- 전압 $V$ : $V = Ri + \frac{1}{C}\int idt \; (- V + R_i + \frac{1}{C} idit = 0)$
- 전류$i$ : $i = \frac{dQ}{dt} = \frac{V}{R} e^{-\frac{t}{RC}}$

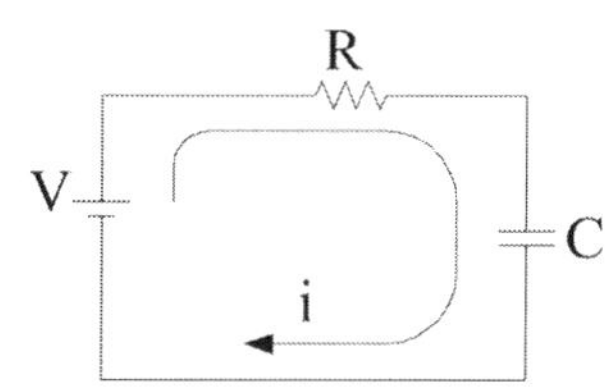


〈그림 11-4〉 RC 충전 회로

**참 고**

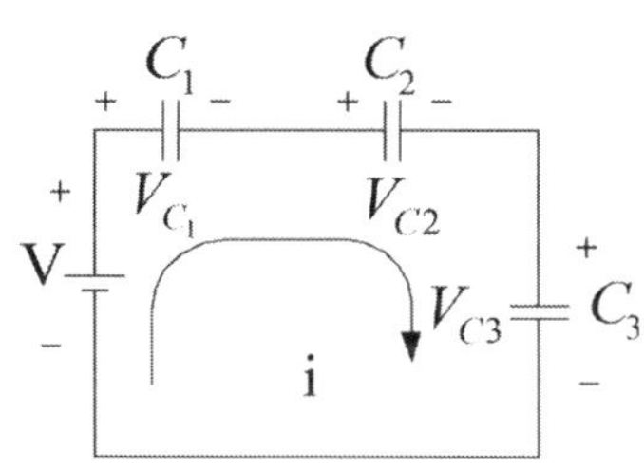


$$V = V_{C_1} + V_{C_2} + V_{C_3} = \frac{Q_1}{C_1} + \frac{Q_2}{C_2} + \frac{Q_3}{C_3}$$

〈그림11-4〉에서 C에 충전되는 전압 $V_C = e^{-\frac{1}{RC}}$

회로에 걸리는 총전압 $V_T = V - V_C = V - Ve^{-\frac{t}{RC}}$

이때, $R$의 양단에 걸리는 전압 $V_R$은 전류$i = \frac{V}{R} e^{-\frac{t}{RC}}$를 고려하면 다음과 같다.

- $R$에 걸리는 전압 :

$$V_R = Ri = R \cdot \frac{V}{R} e^{-\frac{t}{RC}} = Ve^{-\frac{t}{RC}}$$

이때, $t = RC$이라면 전압 $V_R$은

$$V_R = Ve^{-1} = V \cdot \frac{1}{e} = V \cdot \frac{1}{2.718} = 0.368\,V$$

- $C$에 걸리는 전압 :

  $C$의 양단에 걸리는 전압 $V_C$은

$$V_C = \frac{Q}{C} = V(1 - e^{-\frac{t}{RC}})$$

이때, $t = RC$이라면 전압 $V_C$은

$$V_C = V(1 - e^{-1}) = V(1 - \frac{1}{2.718}) = V(1 - 0.368) = 0.632\,V$$

### (3) RC 방전 회로

전하$Q$를 가진 커패시터$C$는 저항$R$를 통하여 전류$i$를 방전한다.

- 전압 $V$ : $R\frac{dQ}{dt} + \frac{Q}{C} = 0$ ( $V_C = \frac{Q}{C}$)
- 전류$i$ : $i = -\frac{Q}{RC}e^{-\frac{t}{RC}} = -\frac{V}{R}e^{-\frac{t}{RC}}$

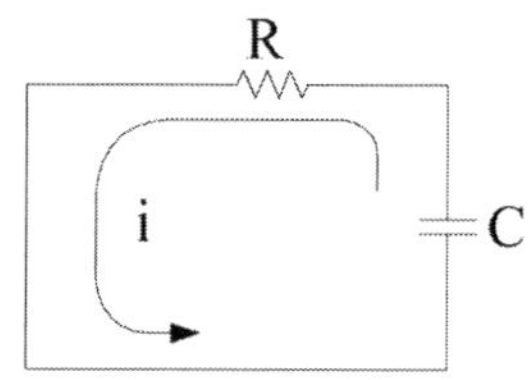


〈그림 11-5〉 RC 방전 회로

- $R$에 걸리는 전압 : $V_R = Ri = -Ve^{-\frac{t}{RC}}$
- $C$에 걸리는 전압 : $V_C = -V_R = Ve^{-\frac{t}{RC}}$

**참 고**

C에 충전된 전압 $V_C$가 전원전압으로 작용할 때

충전시: $\frac{V}{R}$, 방전시: $-\frac{V}{R}$

**예제 11-1**

다음 그림과 같은 $RC$ 직렬회로 $V=10[V], R=4[M\Omega], C=10[\mu F]$이다. 이 회로에서 $t=20[\sec]$후에 $\tau$, $V_R$ $V_C$, $i$를 구하여라.

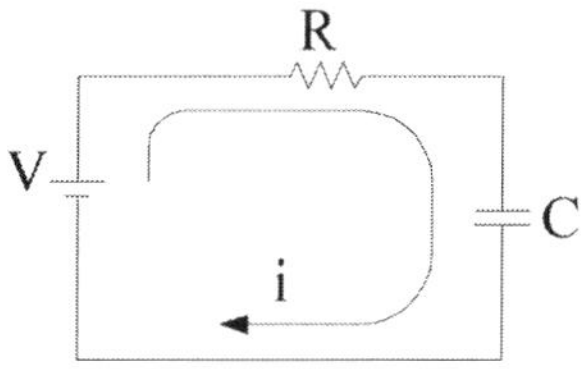


풀이

① $RC$회로의 시정수

$\tau = RC = (4\times 10^6)\times(10\times 10^{-6}) = 40[\sec]$

② $C$의 양단에 걸리는 전압 $V_C$은

$$V_C = \frac{Q}{C} = V(1-e^{-\frac{t}{RC}})$$

$$= V(1-e^{-\frac{t}{\tau}}) = 10(1-e^{-\frac{20}{40}})$$

$$= 10(1-e^{-0.5}) = 10(1-0.606)$$

$$= 3.93[V]$$

③ $R$에 걸리는 전압 $V_R$은 $V = V_R + V_C$에서

$V_R = V - V_C = 10 - 3.93 = 6.07[V]$

④ $RC$ 직렬회로에서 저항 $R$ 또는 콘덴서 $C$에 흐르는 전류는 같다. 때문에 $R$에 흐르는 전류를 구하면

$$i = \frac{V_R}{R} = \frac{6.07}{4\times 10^6} = 1.517[\mu A]$$

## 11.3 미분회로와 적분회로

### (1) 미분회로

$\tau > RC$인 경우에 $R$양단의 전압 $V_R$이 급격히 감소하여 펄스의 폭이 점차 좁아지는 트리거(Trigger) 펄스를 얻는데 사용된다.

- 트리거 펄스의 발생조건
  - $RC$형 : $\tau > RC$
  - $RL$형 : $\tau > \frac{L}{R}$
  - $R$에 걸리는 전압 $V_R$이 급격히 감소

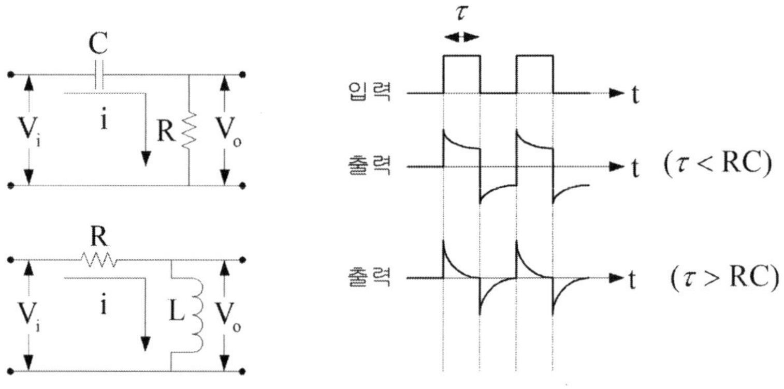


(a) 회로　　(b) 입출력 파형

〈그림 11-6〉 미분회로

① $RC$ 미분회로의 출력전압 $V_o$ :

$RC$ 미분회로의 입력전압은 다음 식으로 나타낼 수 있다.

$$V_i = V_R + V_C = Ri + \frac{1}{C}\int idt$$

식 양단에 $C$를 곱하면

$$CV_i = RCi + \int idt$$

$RC$ 미분회로에서 $\tau > RC$인 경우에 회로에 구형파를 인가하면 $R$양단의 전압 $V_R$이 급격히 감소하여 〈그림 11-6〉 (b)와 같은 출력 펄스를 얻는다. 이때 입력전압 $V_i$는

$$CV_i = \int idt$$

이고, 여기에서 전류$i$는 다음과 같이 나타낼 수 있다.

$$i = C\frac{dV_i}{dt}$$

결국, $RC$ 미분회로의 출력전압 $V_o$은 다음과 같이 나타낼 수 있다.

$$V_o = Ri = RC\frac{dV_i}{dt}$$

② $RL$ 미분회로의 출력전압 $V_o$ :

$RL$ 미분회로의 입력전압은 다음 식으로 나타낼 수 있다.

$$V_i = V_R + V_L = Ri + L\frac{di}{dt}$$

식 양단을 $R$로 나누면

$$\frac{V_i}{R} = i + \frac{L}{R}\frac{di}{dt}$$

$\tau > \frac{L}{R}$ 인 경우 전류$i$는 다음과 같이 된다.

$$i = \frac{V_i}{R}$$

결국, $RL$ 미분회로의 출력전압 $V_o$은 다음과 같이 나타낼 수 있다.

$$\therefore V_o = L\frac{di}{dt} = \frac{L}{R}\frac{dV_i}{dt}$$

### (2) 적분회로

적분회로는 톱니파 펄스를 얻는데 사용하거나 신호를 지연시키는 회로에 사용한다.

• 톱니파 펄스의 발생조건
- $RC$형 : $\tau < RC$
- $RL$형 : $\tau < \frac{L}{R}$

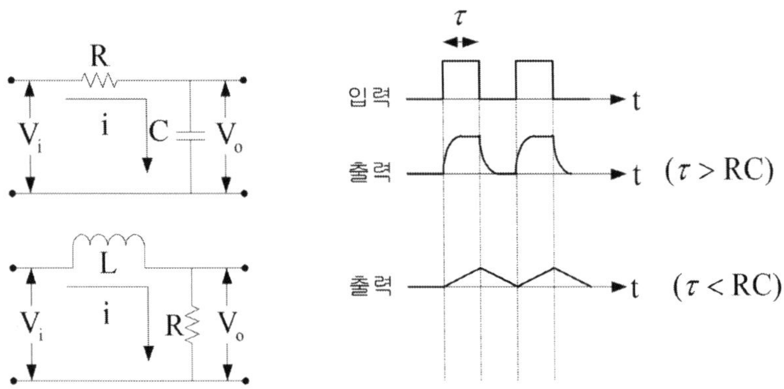


(a) 회로 (b) 입출력 파형

〈그림 11-7〉 적분회로

① $RC$ 적분회로의 출력전압 $V_o$ :

$RC$ 적분회로의 입력전압은 다음 식으로 나타낼 수 있다.

$$V_i = V_R + V_C = Ri + \frac{1}{C}\int idt$$

식 양단을 $R$로 나누면

$$\frac{V_i}{R} = i + \frac{1}{RC}\int idt$$

$RC$ 적분회로에서 $\tau > RC$인 경우에

$$V_o = V_C = \frac{1}{C}\int idt$$

$RC$ 직렬회로에서 $R$에 흐르는 전류는 $i = \dfrac{V_i}{R}$이고 $C$에도 같은 전류가 흐른다. 결국, $RC$ 적분회로의 출력전압 $V_o$은 다음과 같이 나타낼 수 있다

$$\therefore V_o = \frac{1}{C}\int \frac{V_i}{R}dt = \frac{1}{RC}\int V_i dt$$

② $RL$ 적분회로의 출력전압 $V_o$ :

$RL$ 적분회로의 입력전압은 다음 식으로 나타낼 수 있다.

$$V_i = V_R + V_L = Ri + L\frac{di}{dt}$$

식 양단을 $L$로 나누면

$$\frac{V_i}{L} = \frac{R}{L}i + \frac{di}{dt}$$

$\tau < \frac{R}{L}$ 인 경우 전류 $i$는 다음과 같이 된다.

$$i = \frac{1}{L}\int V_i dt$$

결국, $RL$ 적분회로의 출력전압 $V_o$은 다음과 같이 나타낼 수 있다.

$$\therefore V_o = Ri = \frac{R}{L}\int V_i dt$$

# 11.4 클리퍼 회로(Clipper Circuit)

## (1) 클리퍼의 개념

- 입력 파형의 일부를 잘라낸 파형을 얻는 회로를 클리퍼 회로라 한다.
- 어떤 기준 전압 레벨의 이상 또는 이하의 파형을 얻을 때 사용한다.
- 피크 클리퍼 회로, 베이스 클리퍼 회로, 리미터 회로, 슬라이서 회로 등이 있다.

## (2) 피크 클리퍼 회로(Peak Clipper Circuit)

- 입력 파형의 (+)측으로 어떤 레벨 이상이 되지 않도록 입력 파형의 (+)측 부분을 잘라내는 회로이다.
- 어떤 기준 전압 이상의 파형을 잘라내는 회로이다.

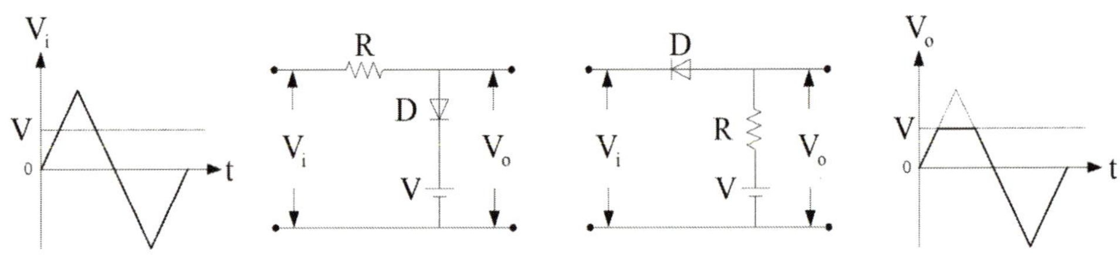


(a) 입력파형 (b) 병렬형 (c) 직렬형 (d) 출력파형

〈그림 11-8〉 피크 클리퍼 회로(Peak Clipper Circuit)

**참 고 V 전압을 고려하지 않을 경우**

(+)파형이 입력되면 전류는 bypass되어 출력파형이 cut되고
(−)파형이 입력되면 출력파형이 그대로 나타난다.

V 전압을 고려할 경우
(+)파형이 V보다 작은 파형은 출력된다.( $V_i < V$ )
파형이 V보다 큰 파형은 cut된다.( $V_i > V$ )
(−)파형은 그대로 출력된다.

병렬형 피크 클리퍼 회로

- $V_i < V$ 인 경우: $D = OFF,\ V_o = V_i$
- $V_i > V$ 인 경우: $D = ON,\ V_o = V$

직렬형 피크 클리퍼 회로

· $V_i < V$ 인 경우: $D = ON, V_o = V_i$
· $V_i > V$ 인 경우: $D = OFF,\ V_o = V$

### (3) 베이스 클리퍼 회로(Base Clipper Circuit)

- 입력 파형의 (−)측 부분을 잘라내는 회로이다.
- 어떤 기준 전압 이하의 파형을 잘라내는 회로이다.

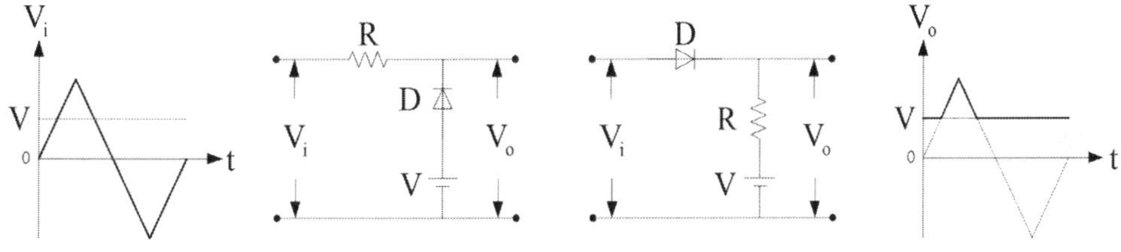


(a) 입력파형 (b) 병렬형 (c) 직렬형 (d) 출력파형

〈그림 11-9〉 베이스 클리퍼 회로(Base Clipper Circuit)

베이스 클리퍼 회로

· $V_i < V$ 인 경우: $D = ON, V_o = V$
· $V_i > V$ 인 경우: $D = OFF,\ V_o = V_i$

**참고**

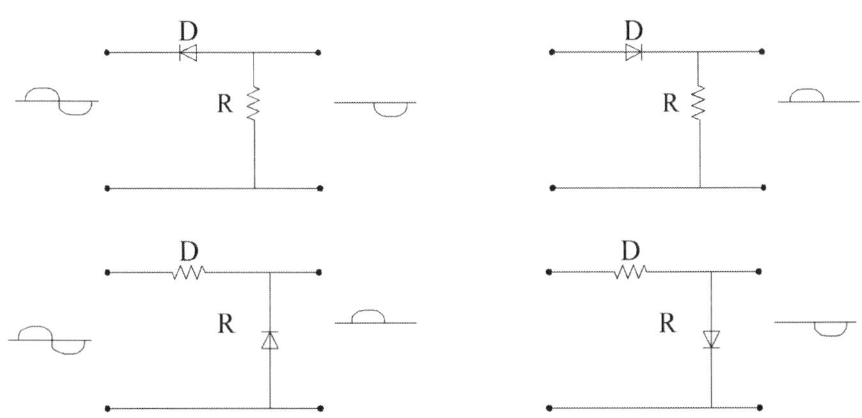

### (4) 기타 클리퍼 회로

다이오드 $D$, 저항 $R$, 전압 $V$의 직렬 또는 병렬로 조합한 여러 형태의 클리퍼회로를 〈그림 11-10〉에 나타내었다.

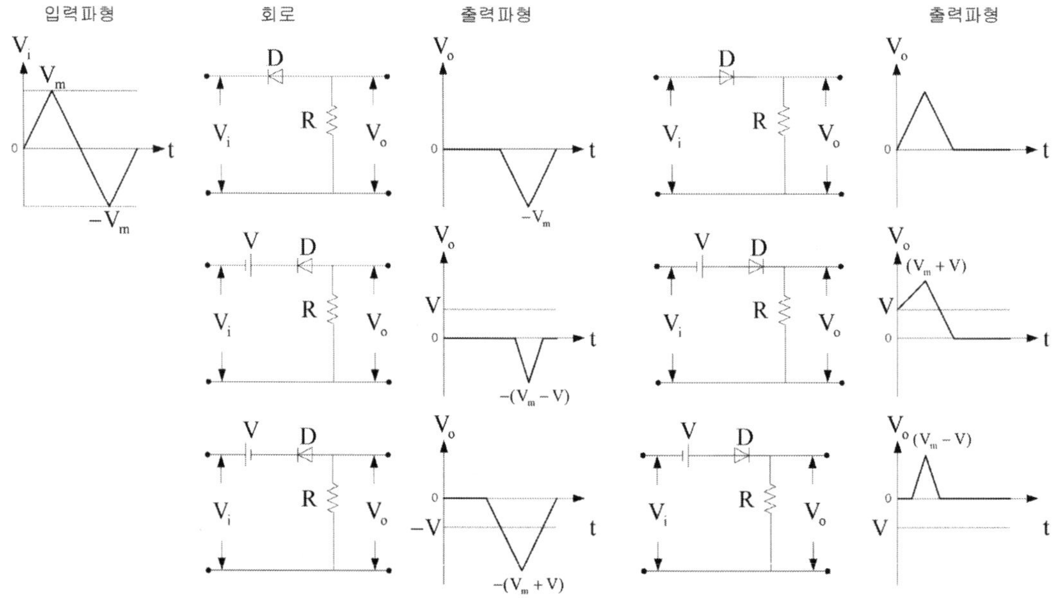

〈그림 11-10〉 기타 클리퍼 회로

### (5) 리미터 회로(Limitter Circuit)

- 입력 파형의 (+)측과 (−)측 부분을 잘라내는 회로이다.
- 피크 클리퍼와 베이스 클리퍼를 조합한 형태의 회로이다.

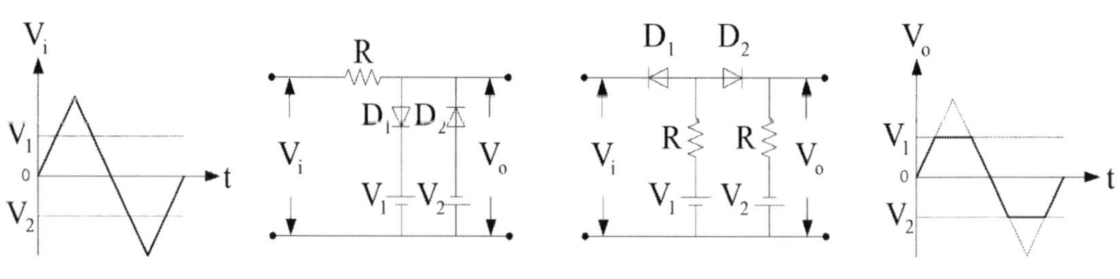

(a) 입력파형 (b) 병렬형 (c) 직렬형 (d) 출력파형

〈그림 11-11〉 리미터 회로(Limitter Circuit)

### (6) 슬라이서 회로(Slicer Circuit)

• 입력 파형의 위와 아래 사이의 간격을 좁게 하기 위하여 (+)측과 (−)측 부분을 잘라내는 회로이다.

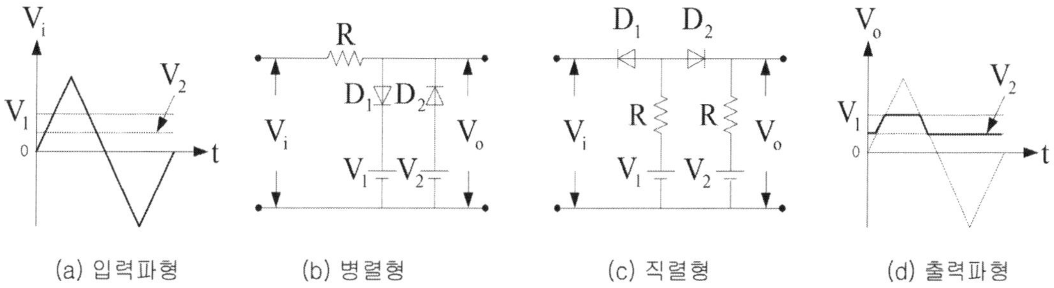


〈그림 11-12〉 슬라이서 회로(Slicer Circuit)

슬라이서 회로

- $V_i < V_2$ 인 경우 $:D_1 = OFF, D_2 = ON, V_o = V_2$
- $V_2 < V_i < V_1$ 인 경우$:D_1 = D_2 = OFF, \quad V_o = V_i$
- $V_i > V_1$ 인 경우 $:D_1 = ON, D_2 = OFF, V_o = V_1$

# 11.5 클램퍼 회로(Clamper Circuit)

## (1) 플러스 파형 클램퍼

- 입력 파형의 (+)측과 (−)측 부분을 모두 (+)측에 나타내는 회로이다.
- 주기적인 파형의 레벨을 플러스(+) 피크레벨로 조정하는 회로이다.
- +파형 입력의 경우, $V_i > 0$ 에서 $D = OFF$이며, $C$에는 $V_C = V$까지 충전된다. 이때 출력 전압 $V_o$은 키르히호프의 제2법칙을 적용하여 $V + V - V_o = 0$으로 부터 $V_o = 2V$인 것을 알 수 있다.
- -파형 입력의 경우, $V_i < 0$에서 $D = ON$이며 $R$을 단락시키는 효과가 있다. 이때 출력 전압 $V_o = 0$이 된다.

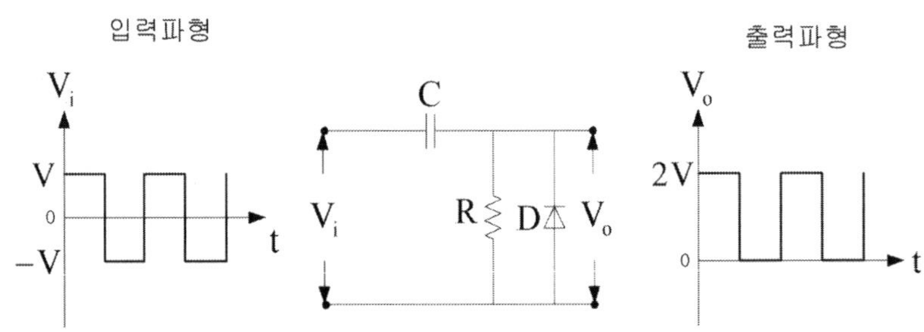


〈그림 11-13〉 플러스 파형 클램퍼

| 플러스 파형 클램퍼 |
|---|
| · $V_i > 0$ 인 경우 : $D = OFF, V_o = 2V$ |
| · $V_i < 0$ 인 경우 : $D = ON, V_o = 0$ |

## (2) 마이너스 파형 클램퍼

- 입력 파형의 (+)측과 (−)측 부분을 모두 (−)측에 나타내는 회로이다.
- 주기적인 파형의 레벨을 플러스(-) 피크레벨로 조정하는 회로이다.
- +파형 입력의 경우, $V_i > 0$에서 $D = ON$이며 $R$을 단락시키는 효과가 있다. 이때 출력 전압 $V_o = 0$이 된다.
- -파형 입력의 경우, $V_i < 0$ 에서 $D = OFF$이며, $C$에는 $V_C = -V$까지 충전된다. 이때 출력 전압 $V_o$은 키르히호프의 제2법칙을 적용하여 $-V - V - V_o = 0$으로부터 $V_o = -2V$인 것을 알 수 있다.

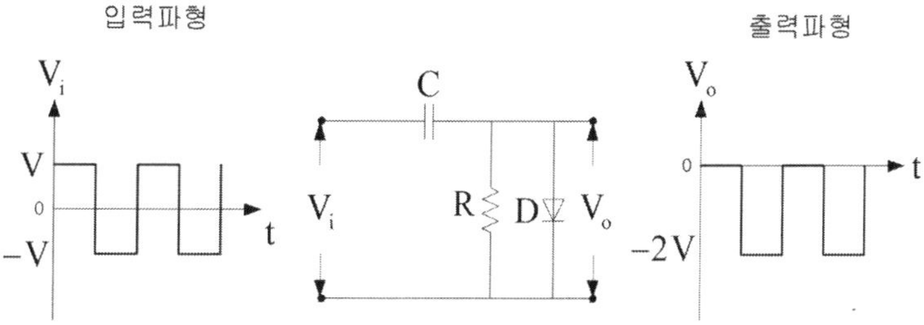


〈그림 11-14〉 마이너스 파형 클램퍼

> 마이너스 파형 클램퍼
>
> · $V_i > 0$ 인 경우 : $D = ON, V_o = 0$
>
> · $V_i < 0$ 인 경우 : $D = OFF, V_o = -2V$

## (3) 직류전압 인가형 클램퍼

- 입력 파형의 (+)측과 (−)측 부분을 임의의 레벨로 바꾸는 회로이다.

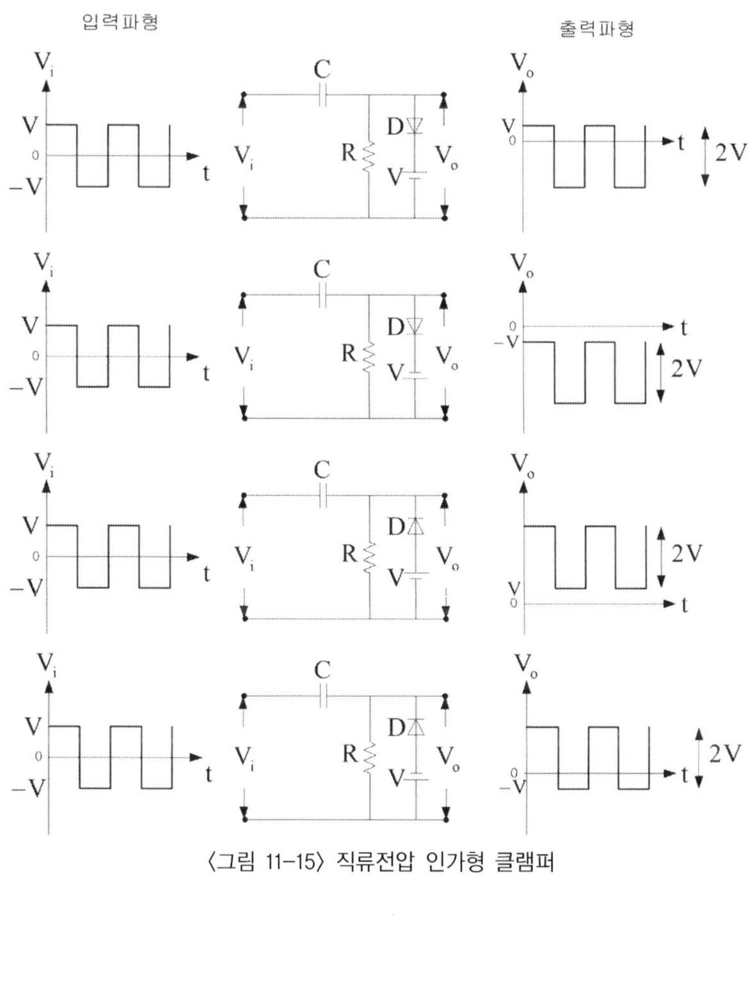


〈그림 11-15〉 직류전압 인가형 클램퍼

# 11.6 펄스 발생 회로

## (1) 멀티바이브레이터(Multivibrator)

- 비안정 멀티바이브레이터(Astable Multivibrator)

  $Z_1 = Z_2 = C$(커패시터)의 조건을 만족하는 교류 결합 증폭회로이다.
- 단안정 멀티바이브레이터(Monostable Multivibrator)

  $Z_1 = R, Z_2 = C$ 혹은 $Z_1 = C, Z_2 = R$의 조건을 만족하는 직류 결합과 교류 결합의 증폭 회로이다.
- 쌍안정 멀티바이브레이터(Bistable Multivibrator)

  $Z_1 = Z_2 = R$의 조건을 만족하는 직류 결합 증폭회로 또는 플립플롭 회로라고 한다.

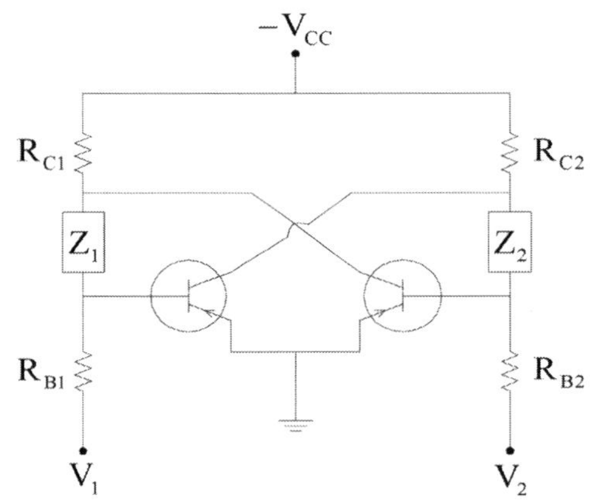


〈그림 11-16〉 멀티바이브레이터(Multivibrator)의 기본 회로

### ① 비안정 멀티바이브레이터

- 외부 펄스의 입력이 없으며 안정 상태가 존재하지 않는다.
- 상태 1과 상태 2가 주기적으로 반복된다.
- 상태 1 : $TR_1 = ON, TR_2 = OFF$
- 상태 2 : $TR_1 = OFF, TR_2 = ON$
- 반복주기 : $T = 0.7(R_{B2}C_1 + R_{B1}C_2)$ [sec]

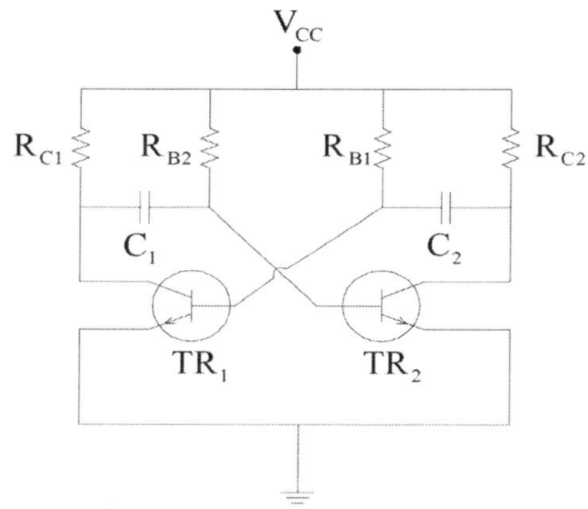


〈그림 11-17〉 비안정 멀티바이브레이터

② 단안정 멀티바이브레이터

- 외부 펄스의 입력에 따라 안정 상태와 준안정 상태가 주기적으로 반복된다.
- 안정 상태 : $TR_1 = OFF, TR_2 = ON$
- 준안정 상태 : $TR_1 = ON, TR_2 = OFF$
- 반복주기 : $T = 0.7 R_{B2} C_1$ [sec]
  - $C_2$의 역할 : 안정 상태와 준안정 상태의 반복 주기를 빠르게 하는 역할을 한다. 가속 콘덴서라고 한다.

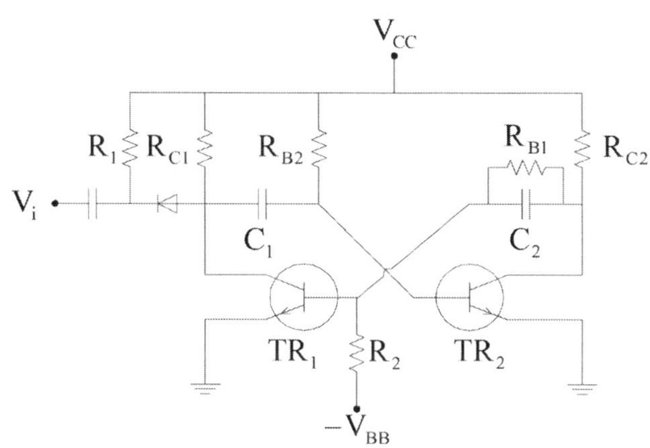


〈그림 11-18〉 단안정 멀티바이브레이터

③ 쌍안정 멀티바이브레이터

- $TR_1 = ON$이면 다른 한쪽의 $TR_2 = OFF$로 되는 안정 상태에서 트리거 펄스가 입력되면 다른 안정상태로 반전된다.

- 2개의 안정상태를 갖는다.
  - $C_1, C_2$의 역할 : 반복 주기를 빠르게 하는 역할을 한다. 가속 콘덴서라고 한다.

## (2) 부트 스트랩(Boot-Strap) 회로

- 비안정 톱니파 발생 회로이다.
  - $TR$의 $V_i$에 구형파 신호를 인가하면 (+)펄스에서 $TR = OFF$가 되고 0준위 펄스에서 $TR = ON$이 된다.
  - $C$의 역할 : $TR = OFF$일 때 충전, $TR = ON$일 때 방전하여 톱니파를 만든다.

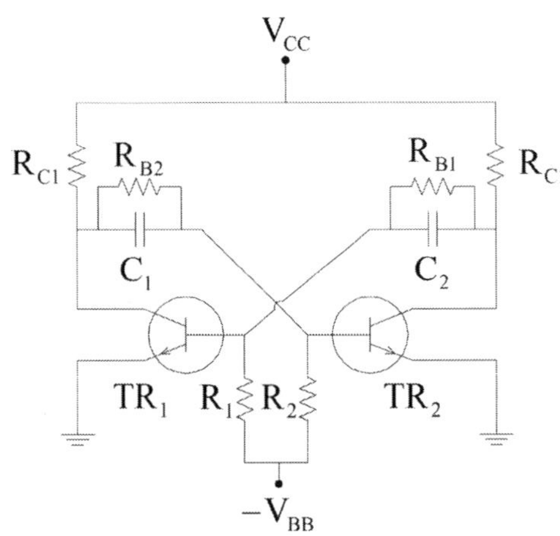


〈그림 11-19〉 쌍안정 멀티바이브레이터

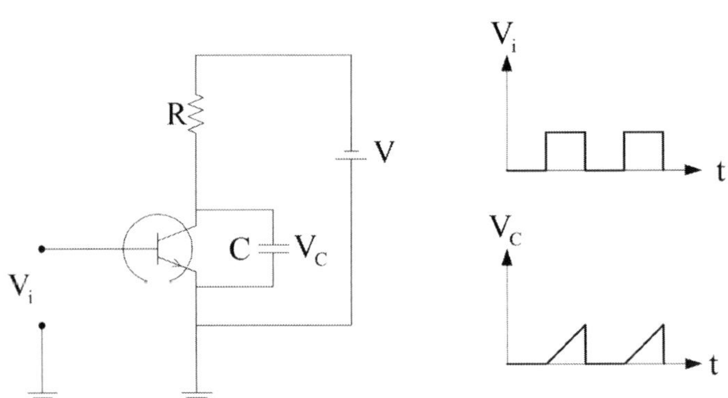


〈그림 11-20〉 부트 스트랩(Boot-Strap) 회로

## (3) 슈미트(Schmitt) 트리거 회로

- 방형파 발생 회로이다.
- 이미터 결합형 쌍안정 멀티바이브레이터의 일종이다.

- 전압 비교형 회로이다.
- $R_E$의 역할 : 재생 스위칭 동작을 일으키는 원인이 된다.
- $C$의 역할 : 반복 주기를 빠르게 하는 역할을 한다. 가속 콘덴서라고 한다.
- $V_i$가 비교적 작은 경우의 회로 동작 : $TR_1 = OFF, TR_2 = ON$(첫 번째 안정상태)
- $V_i$가 점차 증가하여 어떤 임계치에 도달할 때의 회로 동작 :
  $TR_1 = ON, TR_2 = OFF$(두 번째 안정상태)

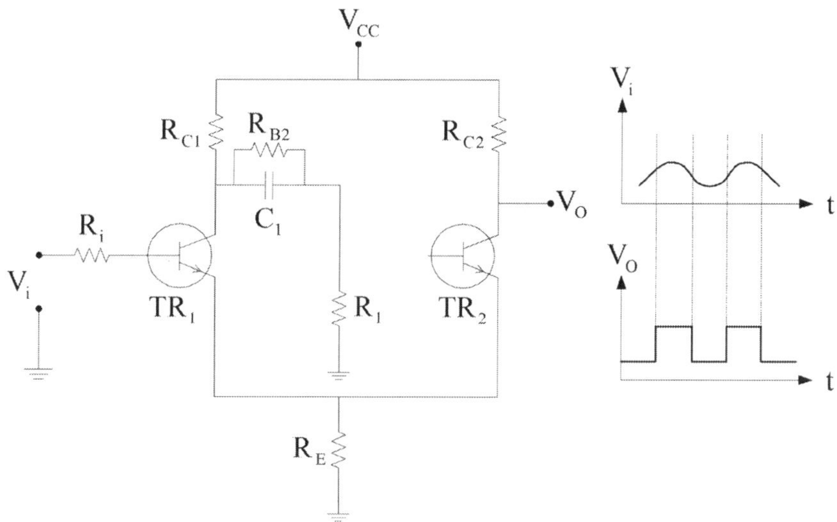


〈그림 11-21〉 슈미트(Schmitt) 트리거 회로

## (4) 블로킹(Blocking) 발진 회로

- 변압기와 정궤환 회로를 이용하여 펄스를 발생시키는 회로이다.
- $L_2$ : 펄스 폭을 결정한다.
- $C$ : 반복주기를 결정한다.

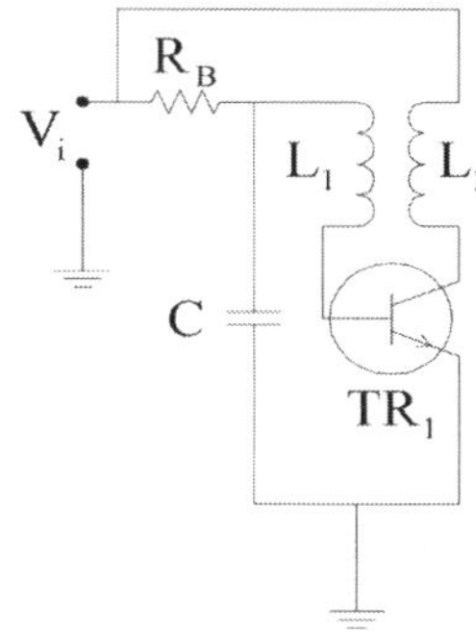


〈그림 11-22〉 블로킹(Blocking) 발진 회로

# 연습문제

**1.** 펄스 폭 $W=1[\text{sec}]$, 반복주기 $T=5[\text{sec}]$이면 반복 주파수는?

㉮ 0.2[Hz] ㉯ 1[Hz]
㉰ 2[Hz] ㉱ 5[Hz]

**해설** $f=\dfrac{1}{T}=\dfrac{1}{5}=0.2[Hz]$

**2.** 다음 그림은 이상적인 펄스를 나타낸 것이다. 펄스의 점유율(충격계수) $D$는?

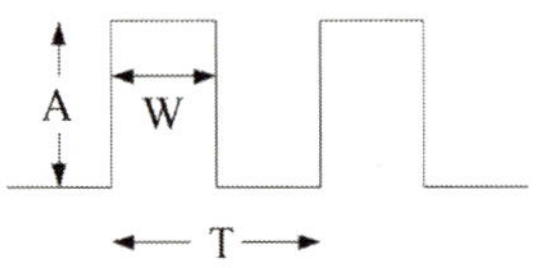


㉮ $D=TW$ ㉯ $D=\dfrac{T}{W}$
㉰ $D=\dfrac{1}{TW}$ ㉱ $D=\dfrac{W}{T}$

**3.** 펄스의 반복 주파수가 $2[kHz]$, 펄스 폭이 $2[\mu s]$인 펄스의 점유율(충격계수) $D$는?

㉮ 0.4[ms] ㉯ 0.5[ms]
㉰ 1[ms] ㉱ 4[ms]

**해설** $T=\dfrac{1}{f}=\dfrac{1}{2\times10^{3}}=0.5\times10^{-3}[\text{sec}]$

$D=\dfrac{W}{T}=\dfrac{2\times10^{-6}}{0.5\times10^{-3}}=4[ms]$

**4.** 펄스의 점유율이 0.5 이고, 주기가20$[\mu s]$인 펄스의 폭은?

㉮ 4[μs] ㉯ 5[μs]
㉰ 10[μs] ㉱ 20[μs]

**해설** 펄스의 점유율(충격계수)는 $D=0.5$이고, 펄스의 주기는 $T=20[\mu s]$이므로
$W=DT=0.5\times20\times10^{-6}=10[\mu s]$

**정답** 1. ㉮ 2. ㉱ 3. ㉱ 4. ㉰

**5.** 저역 통과 RC회로에서 시정수는 무엇을 의미하는가?

㉮ 입력의 진폭 크기를 나타낸다. ㉯ 응답의 상승 속도를 나타낸다.
㉰ 입력의 주기를 나타낸다. ㉱ 응답의 위치를 결정한다.

**6.** 펄스 폭이 $W=2[\text{sec}]$일 때 특성 주파수 $f_c$는?

㉮ 0.5[Hz] ㉯ 1[Hz]
㉰ 2[Hz] ㉱ 4[Hz]

**해설** $f_c = \frac{1}{W} = \frac{1}{2} = 0.5[Hz]$

**7.** RC회로에서 상승시간(rise time)을 옳게 설명한 것은?

㉮ 출력 전압이 최종 값의 90[%]에서 100[%]까지 소요되는 시간
㉯ 출력 전압이 최종 값의 90[%]에서 10[%]까지 소요되는 시간
㉰ 출력 전압이 최종 값의 10[%]에서 90[%]까지 소요되는 시간
㉱ 출력 전압이 최종 값의 90[%]에 달하는데 소요되는 시간

**해설** 파형에 관련된 시간

① 지연 시간(Delay Time, $t_d$) : 펄스의 진폭이 0~10%까지 도달하는데 걸리는 시간
② 상승 시간(Rise Time, $t_r$) : 펄스의 진폭이 10~90%까지 도달하는데 걸리는 시간
③ 축적 시간(Storage Time, $t_s$) : 펄스의 진폭이 감소하기 시작하여 90%까지 감소하는데 걸리는 시간
④ 하강 시간(Fall Time, $t_f$) : 펄스의 진폭이 90~10%까지 감소하는데 걸리는 시간
⑤ 펄스 폭(Wide, $W$) : 펄스의 진폭이 50%가 되는 구간의 시간
⑥ 턴 온 시간(Turn-On Time, $t_{ON}$) : 펄스의 진폭이 0~90%까지 도달하는데 걸리는 시간
⑦ 턴 오프 시간(Turn-Off Time, $t_{OFF}$) : 펄스의 진폭이 100~10%까지 도달하는데 걸리는 시간

**8.** RC 결합 증폭회로에서 새그(sag)와 관계가 먼 것은?

㉮ 저역 특성 ㉯ 고역 특성
㉰ 진폭 ㉱ 시상수

**9.** 상승 파형에서 펄스의 진폭이 100% 보다 큰 부분을 무엇이라 하는가?

㉮ 새그(Sage) ㉯ 언더 슈트(Under Shoot)
㉰ 오버 슈트(Over Shoot) ㉱ 링깅(Ringing)

**정답** 5. ㉯ 6. ㉮ 7. ㉰ 8. ㉯ 9. ㉰

10. 하강 파형에서 펄스의 진폭이 0% 보다 작은 부분을 무엇이라 하는가?

㉮ 새그(Sage) ㉯ 언더 슈트(Under Shoot)
㉰ 오버 슈트(Over Shoot) ㉱ 링깅(Ringing)

11. 높은 주파수가 공진하여 발생하는 진동에 의하여 펄스의 상승 부분에서 파형이 흔들리는 현상을 무엇이라 하는가?

㉮ 새그(Sage) ㉯ 언더 슈트(Under Shoot)
㉰ 오버 슈트(Over Shoot) ㉱ 링깅(Ringing)

12. 입력 파형 중 어느 특정 부분만을 빼내는 조작을 무엇이라 하는가?

㉮ 선택 ㉯ 비교 ㉰ 변이 ㉱ 증폭

해설 펄스 파형의 진폭과 시간과의 관계

| | 진 폭 | 시 간 |
|---|---|---|
| 선택 | 입력 파형중 어는 특정 부분만을 빼내는 조작<br>• 클리핑 회로, 슬라이스 회로 | 입력 파형중 어느 특정 시간 부분만을 빼내는 조작<br>• 게이트 회로 |
| 비교 | 입력 파형의 진폭을 기준 레벨과 비교하여 같은 레벨이 되는 시각에 펄스를 발생하는 조작 | 소정의 시각에 있어서 입력파형의 진폭을 지시하는 조작<br>• 시간 선택회로 |
| 변이 | 입력 파형을 그대로 두고 진폭축상의 기준 레벨을 바꾸는 조작<br>• 클리핑 회로 | 입력 파형을 시간적으로 지연시키는 조작<br>• 지연회로, 단안정 멀티바이브레이터, 분주 회로 |

13. 입력 파형의 진폭을 기준 레벨과 비교하여 같은 레벨이 되는 시각에 펄스를 발생하는 조작을 무엇이라 하는가?

㉮ 선택 ㉯ 비교 ㉰ 변이 ㉱ 증폭

14. 입력 파형은 그대로 두고 진폭축상의 기준 레벨을 바꾸는 조작을 무엇이라 하는가?

㉮ 선택 ㉯ 비교 ㉰ 변이 ㉱ 증폭

15. 입력 파형의 진폭이 최종 값의 10[%]까지 도달하는데 걸리는 시간은?

㉮ 상승 시간(raise time) ㉯ 하강 시간(fall time)
㉰ 축적 시간(storage time) ㉱ 지연 시간(delay time)

정답 10. ㉯ 11. ㉱ 12. ㉮ 13. ㉯ 14. ㉰ 15. ㉱

**16.** 트랜지스터의 스위칭 시간에서 턴 온 시간(turn-on time)은?

㉮ 하강 시간 ㉯ 상승 시간+지연 시간
㉰ 축적 시간+하강 시간 ㉱ 축적 시간

**해설** 턴 온 시간(turn-on time) : 상승 시간+지연 시간
턴 오프 시간(turn-off time) : 축적 시간+하강 시간

**17.** 다음 그림에서 스위치를 ②에서 ①로 옮겼을 경우에 회로에 걸리는 전압 $V$는?

㉮ $V = Ri + \frac{1}{C}\int i dt$

㉯ $V = Ri$

㉰ $V = \frac{1}{C}\int i dt$

㉱ $V = \frac{1}{RC}\int i dt$

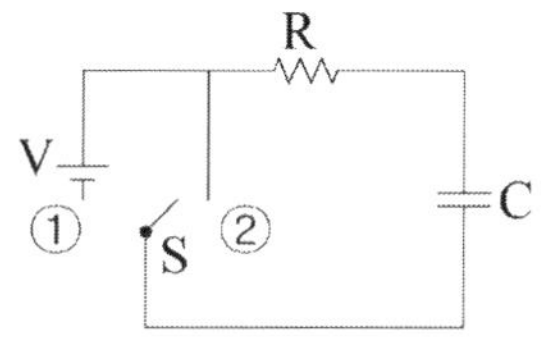


**해설** RC회로에 전압을 인가하면 $R$을 통하여 흐르는 전류가 $C$에 충전되는 $RC$충전회로이다. 회로에 흐르는 전류$i$와 전압 $V$는 다음과 같다.

전류 $i$ : $i = \frac{dQ}{dt} = \frac{V}{R}e^{-\frac{t}{RC}}$

전압 $V$ : $V = Ri + \frac{1}{C}\int i dt$

**18.** 다음 그림과 같은$RC$충전회로에서 $C$에 걸리는 전압 $V_C$를 옳게 표현한 식은?

㉮ $V_C = Ve^{\frac{t}{RC}}$

㉯ $V_C = Ve^{-\frac{t}{RC}}$

㉰ $V_C = V(1 - e^{-\frac{t}{RC}})$

㉱ $V_C = V(1 + e^{-\frac{t}{RC}})$

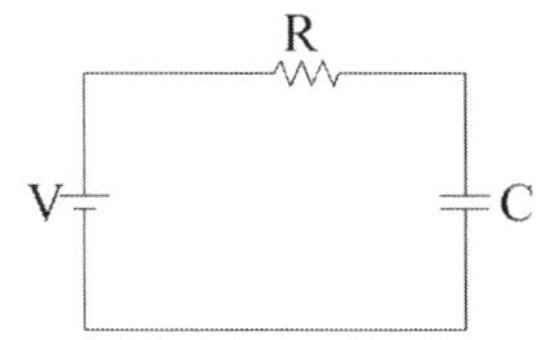


**해설** $RC$충전회로에서 $R$과 $C$에 걸리는 전압 $V_R$과 $V_C$는 다음과 같다.

① $R$에 걸리는 전압 : $V_R = Ri = Ve^{-\frac{t}{RC}}$

② $C$에 걸리는 전압 : $V_C = \frac{Q}{C} = V(1 - e^{-\frac{t}{RC}})$

**정답** 16. ㉯ 17. ㉮ 18. ㉰

19. 다음 그림에서 스위치를 ①에서 ②로 옮겼을 경우에 회로에 흐르는 전류는?

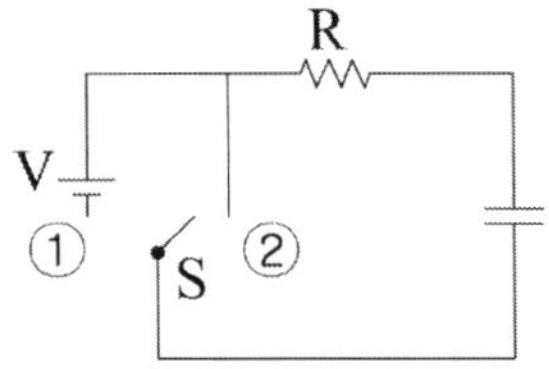


㉮ $i=\frac{V}{R}e^{-\frac{t}{RC}}$ ㉯ $i=-\frac{V}{R}e^{-\frac{t}{RC}}$

㉰ $i=\frac{V}{R}e^{\frac{t}{RC}}$ ㉱ $i=-\frac{V}{R}e^{\frac{t}{RC}}$

**해설** 전하 $Q$를 가진 커패시터 $C$는 저항 $R$를 통하여 전류를 방전한다($RC$방전회로).

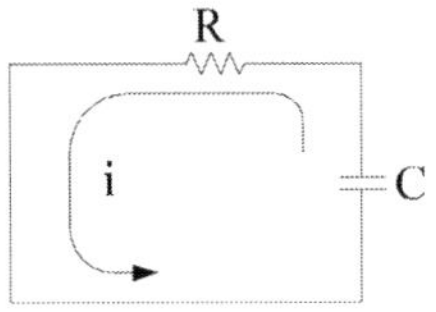


① 전압 $V: 0=\frac{dQ}{dt}+\frac{Q}{C}$

② 전류 $i: i=-\frac{Q}{RC}e^{-\frac{t}{RC}}=-\frac{V}{R}e^{-\frac{t}{RC}}$

20. 다음 그림과 같은$RC$방전회로에서20$[V]$로 충전되어 있는1$[\mu F]$ 콘덴서를 통하여 방전하였을 경우 1초 후의 콘덴서 양단의 전압 $V_C$는? (단, $R=1[M\Omega]$)

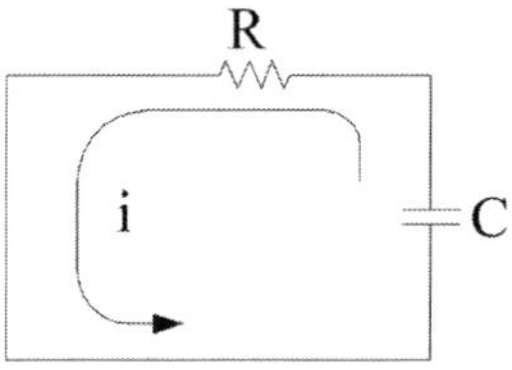


㉮ 1.84[V] ㉯ 3.68[V] ㉰ 7.36[V] ㉱ 14.72[V]

**해설** $RC$방전회로에서 콘덴서 $C$에 걸리는 전압 $V_C$는

$$V_C=-V_R=Ve^{-\frac{t}{RC}}=20e^{-\frac{1}{(1\times10^6)\times(1\times10^{-6})}}=20e^{-1}=20\times0.368=7.36[V]$$

21. 적분회로로 사용할 수 있는 회로는?

㉮ 저역 통과$RC$회로 ㉯ 고역 통과$RC$회로

㉰ 대역 통과$RC$회로 ㉱ 대역 소거$RC$회로

**정답** 19. ㉯ 20. ㉰ 21. ㉮

22. 다음 미분회로의 출력 파형으로 옳은 것은?

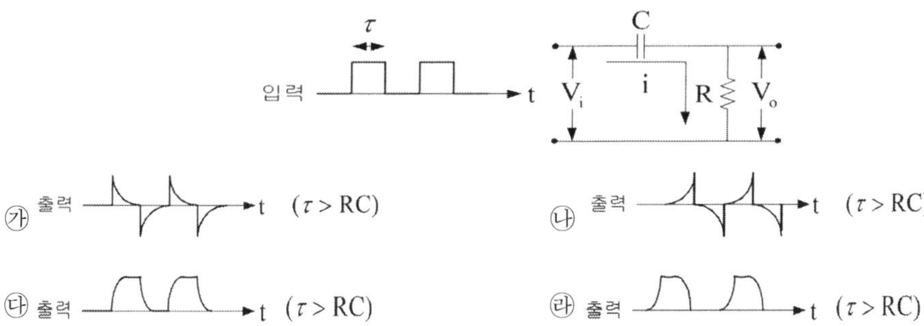


23. 다음 적분회로의 출력 파형으로 옳은 것은?

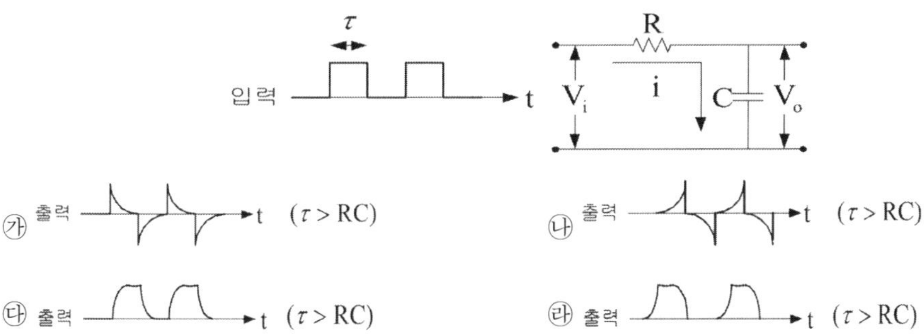


24. 클리퍼(clipper)를 옳게 설명한 것은?

㉮ 파형의 상부만을 일정한 레벨로 잘라내는 회로이다.

㉯ 파형의 하부만을 일정한 레벨로 잘라내는 회로이다.

㉰ 파형의 중앙부를 일정한 레벨로 잘라내는 회로이다.

㉱ 파형의 상부 또는 하부를 일정한 레벨로 잘라내는 회로이다.

**해설** 파형의 상부 또는 하부를 일정한 레벨로 잘라내는 것을 클리핑(clipping)이라 하고, 이러한 회로를 클리핑 회로(clipping circuit) 또는 클리퍼(clipper)라 한다.

25. 트랜지스터의 펄스응답을 개선하기 위한 방법으로 옳지 않은 것은?

㉮ 포화 전류가 흐르지 않게 한다.

㉯ 스피드-업(speed up) 콘덴서를 사용한다.

㉰ 베이스 전류 $I_B$를 크게 한다.

㉱ 펄스 파형이 하강할 때 베이스에 순바이어스를 건다.

**정답** 22. ㉮ 23. ㉰ 24. ㉱ 25. ㉮

**26.** 다음 회로의 상승시간은?

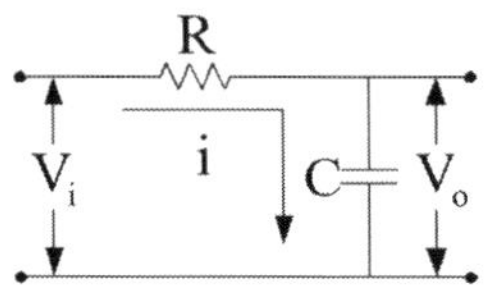


㉮ $\tau = RC$　㉯ $\tau = 1.1RC$　㉰ $\tau = 2.2RC$　㉱ $\tau = 3.3RC$

**해설** 상승시간은 펄스의 최대 진폭의 10[%]에서 90[%]까지 상승하는데 걸리는 시간을 말하며 $\tau = 2.2RC$으로 나타낸다.

**27.** 입력 전압이 기준 레벨 이상에 달하면 출력 전압이 일정값으로 유지되는 회로는?

㉮ 클리퍼 회로　㉯ 클램퍼 회로
㉰ 리미터 회로　㉱ 슬라이서 회로

**28.** 트랜지스터가 어떤 상태일 때 스위칭 속도가 빠른가?

㉮ 포화 영역　㉯ 불포화 영역
㉰ 차단 영역　㉱ 비직선 영역

**29.** 다음 회로의 출력 파형으로 옳은 것은?

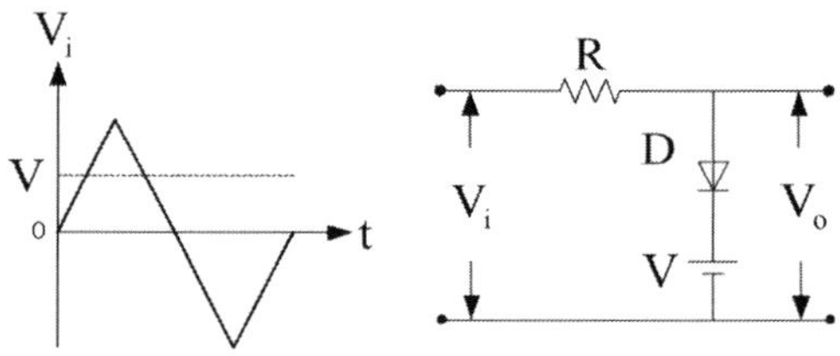


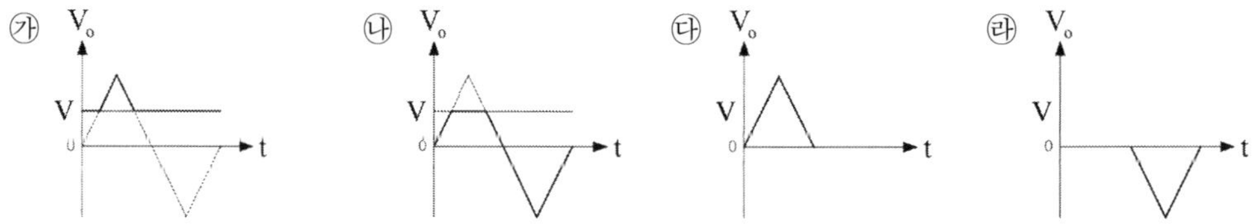


**해설** 입력 파형의 (+)측 부분을 잘라내는 병렬형 피크 클리퍼 회로(Peak Clipper Circuit)이다.

**정답** 26. ㉰　27. ㉰　28. ㉯　29. ㉯

**30.** 입력 파형의 상부와 하부의 두 레벨을 동시에 잘라내는 회로는?

㉮ 클리퍼　　㉯ 클램퍼　　㉰ 슬라이서　　㉱ 리미터

**해설** 슬라이서(slicer)는 입력 파형의 상부와 하부의 두 레벨을 동시에 잘라내는 회로이며, 정현파를 구형파로 만들 때 사용한다.

**31.** 다음 그림과 같은 회로에서 전류$i$를 옳게 나타낸 식은?

㉮ $i=\frac{V}{R}(1+e^{\frac{R}{L}t})$

㉯ $i=\frac{V}{R}(1-e^{-\frac{R}{L}t})$

㉰ $i=\frac{V}{R}e^{-\frac{R}{L}t}$

㉱ $i=\frac{V}{R}e^{\frac{R}{L}t}$

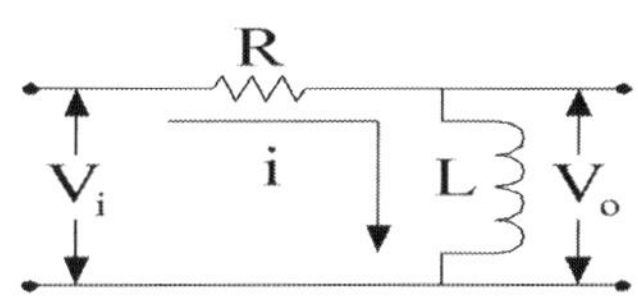


**32.** $R=1[M\Omega]$, $C=1[\mu F]$인 $RC$직렬 회로의 양단에 10[V]의 전압을 가한 뒤 $C$ 양단 전압이 6.32[V]로 되는 시간은?

㉮ 1[ms]　　㉯ 10[ms]　　㉰ 1[s]　　㉱ 10[s]

**해설** 시정수 $\tau=RC$에서 $\tau=1\times10^{6}\times1\times10^{-6}=1[\sec]$

**33.** 다음 회로의 출력 파형으로 옳은 것은?

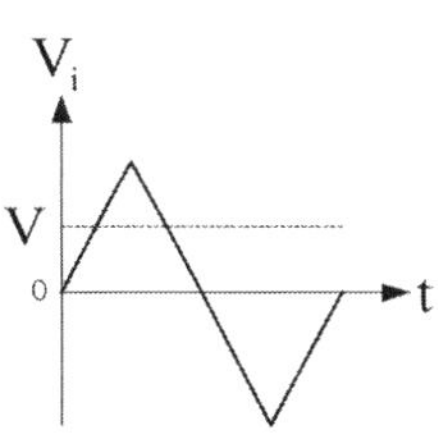


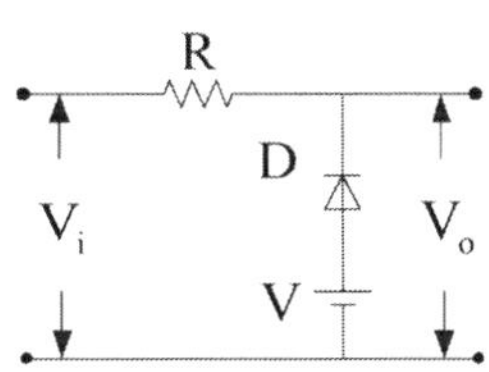


㉮
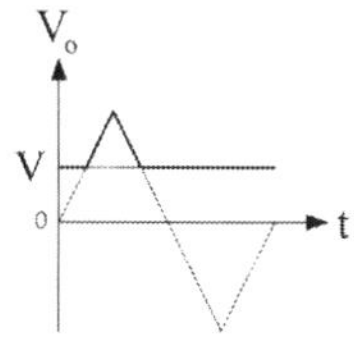

㉯
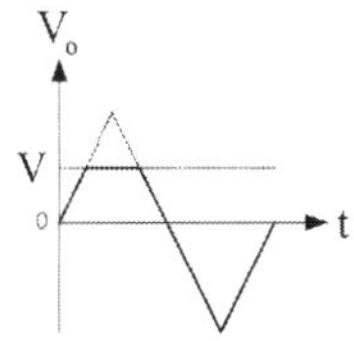

㉰
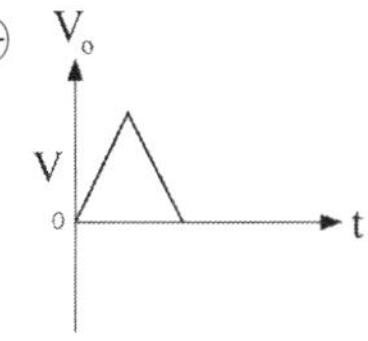

㉱
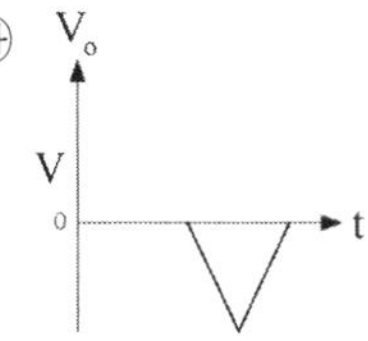

**해설** 입력 파형의 (−)측 부분을 잘라내는 병렬형 베이스 클리퍼 회로(Base Clipper Circuit)이다.

**정답** 30. ㉰　31. ㉯　32. ㉰　33. ㉮

34. 다음 그림과 같은 회로에서 입력에 삼각파를 입력하였을 때 출력 파형은?

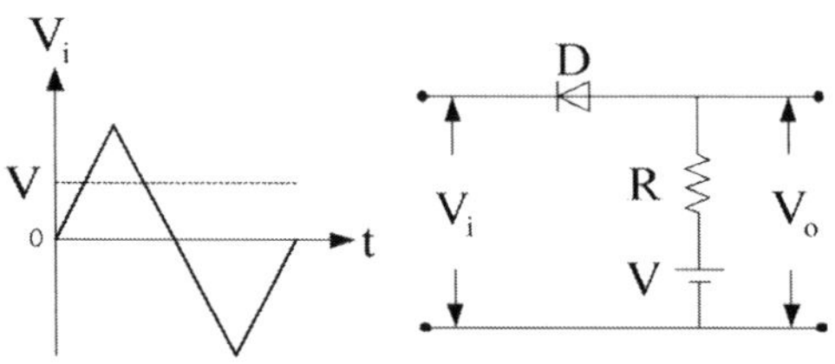

㉮ 아래가 잘린다. ㉯ 위가 잘린다.
㉰ 아래 위가 모두 잘린다. ㉱ 중간 부분만 잘린다.

해설 입력 파형의 (+)측 부분을 잘라내는 직렬형 피크 클리퍼 회로(Peak Clipper Circuit)이다. 따라서 파형의 위가 잘리게 된다.

35. 다음 회로와 같은 출력 파형을 얻을 수 있는 회로는?

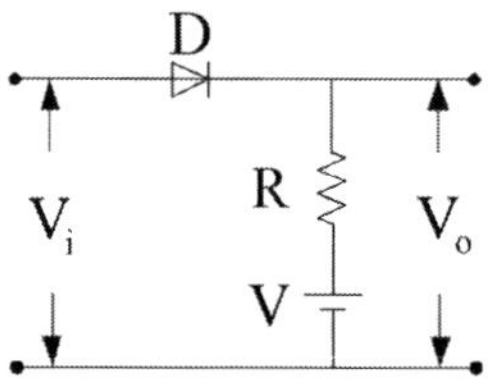

㉮

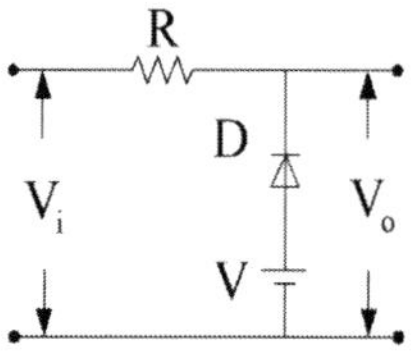

㉯

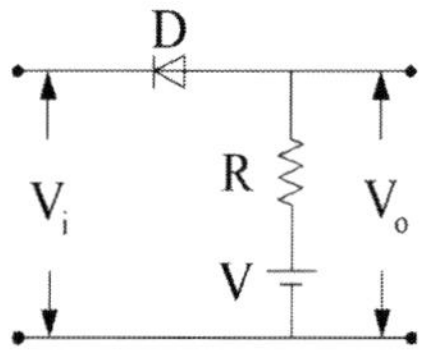

㉰

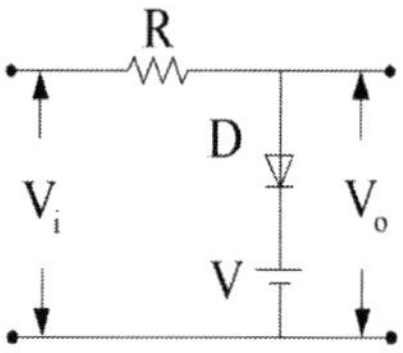

㉱

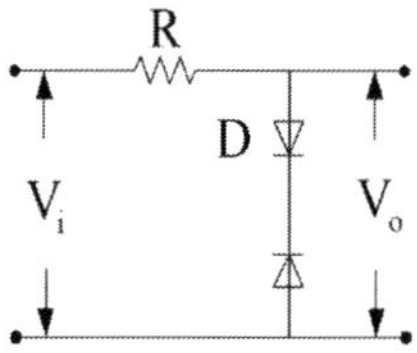

해설 입력 파형의 (−)측 부분을 잘라내는 직렬형 베이스 클리퍼 회로(Base Clipper Circuit)이다. 따라서 병렬형 베이스 클리퍼 회로 (가)에서 같은 출력 파형을 얻을 수 있다.

**36.** 다음 회로의 출력 파형으로 옳은 것은?

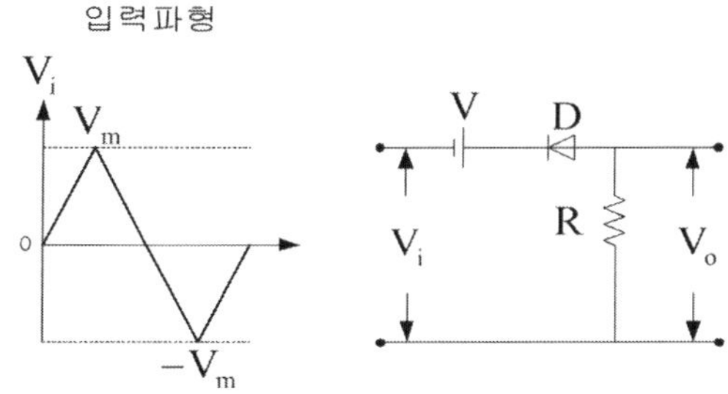


㉮ 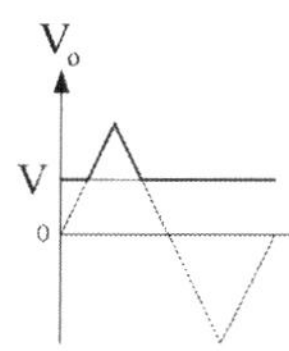


㉯ 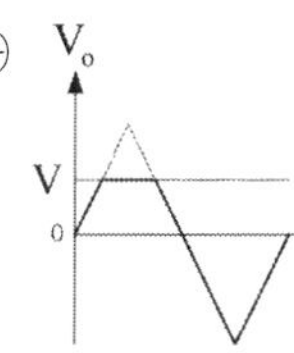


㉰ 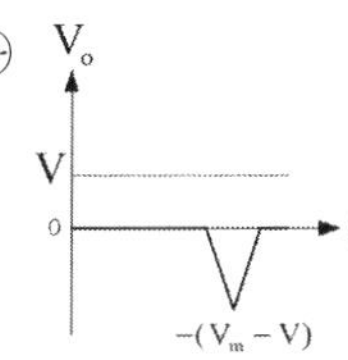


㉱ 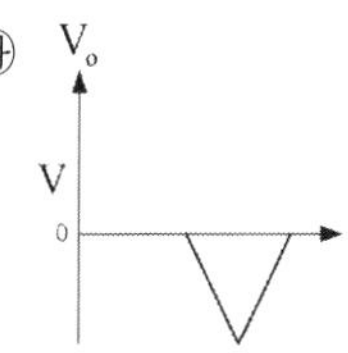


**37.** 그림과 같은 출력 파형을 얻을 수 있는 회로는? (단, 입력은 삼각 파형이다.)

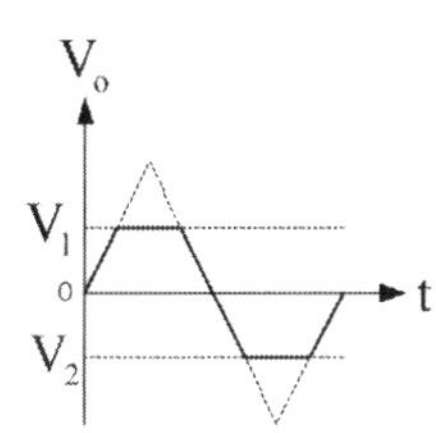


㉮ 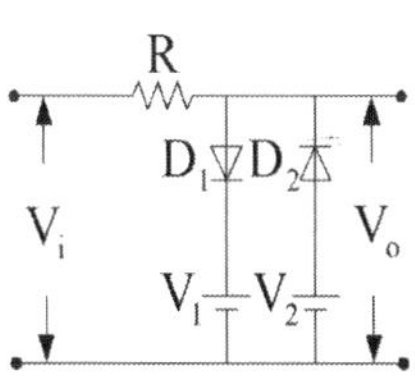


㉯ 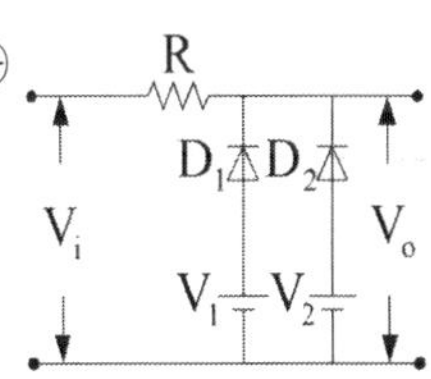


㉰ 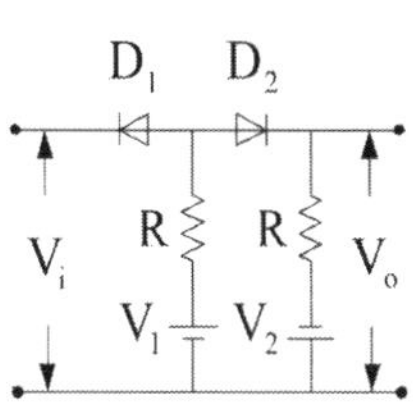


㉱ 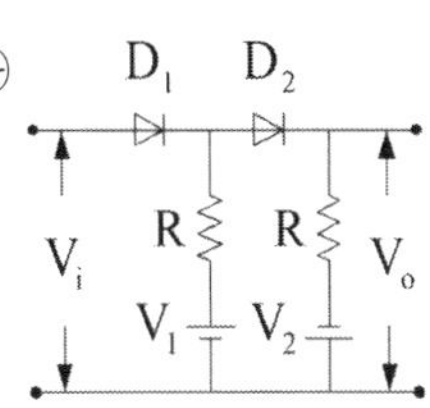


**해설** 입력 파형의 (+)측과 (−)측 부분을 잘라낸 출력 파형으로 리미터 회로(Limitter Circuit)에 의하여 얻을 수 있다. 리미터 회로는 피크 클리퍼와 베이스 클리퍼를 조합한 형태의 회로이다.

**정답** 36. ㉰ 37. ㉰

**38.** 다음의 리미터(limitter) 회로에 삼각파를 입력하였더니 다음과 같은 출력 파형이 나타났다면, 전원 $V_1$과 $V_2$의 극성은?

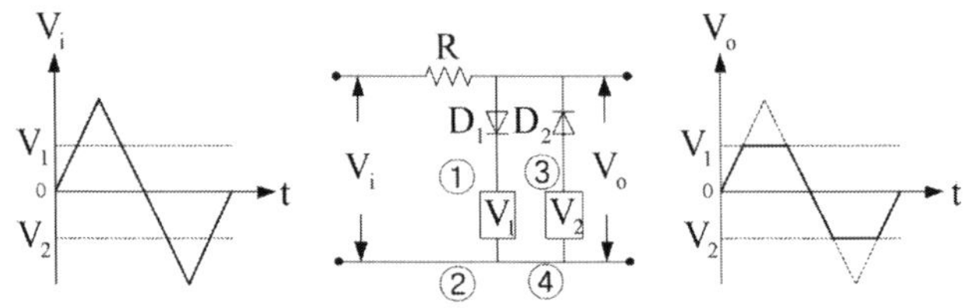

㉮ ① : + ② : −, ③ : + ④ : −　　㉯ ① : − ② : +, ③ : − ④ : +

㉰ ① : − ② : +, ③ : + ④ : −　　㉱ ① : + ② : −, ③ : − ④ : +

**39.** 다음의 슬라이서(slicer) 회로에 삼각파를 입력하였더니 다음과 같은 출력 파형이 나타났다면, 전원 $V_1$과 $V_2$의 극성은?

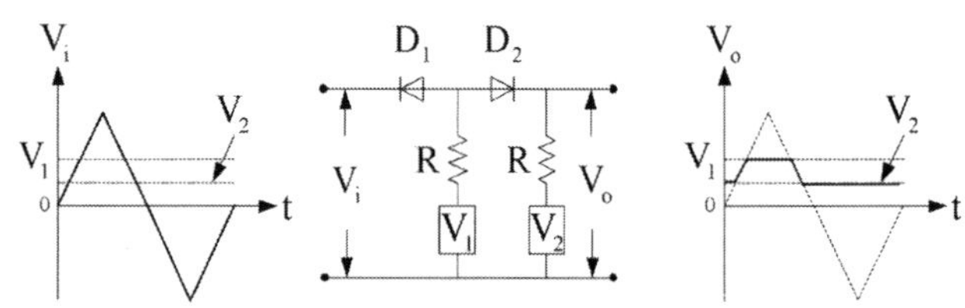

㉮ ① : + ② : −, ③ : + ④ : −　　㉯ ① : − ② : +, ③ : − ④ : +

㉰ ① : − ② : +, ③ : + ④ : −　　㉱ ① : + ② : −, ③ : − ④ : +

**40.** 다음과 같은 회로는 무슨 회로라 하는가?

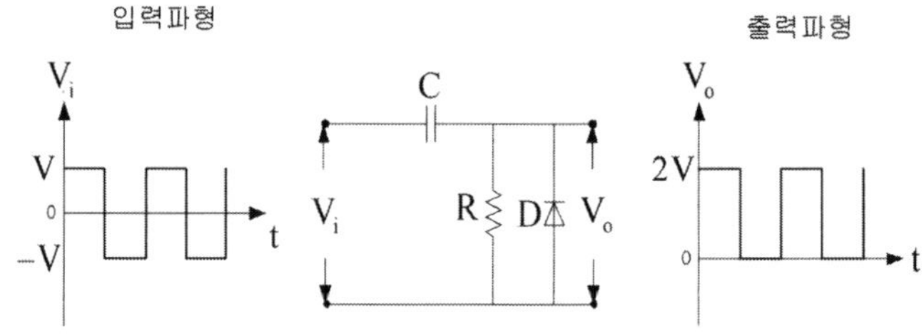


㉮ 클리핑 회로　　㉯ 플러스 파형 클램퍼 회로

㉰ 마이너스 파형 클램퍼 회로　　㉱ 콘덴서 입력형 필터 회로

**해설** 입력 파형의 (+)측과 (−)측 부분을 모두 (+)측에 나타내는 플러스 파형 클램퍼 회로이다.

**정답** 38. ㉱　39. ㉮　40. ㉯

**41.** 다음 회로에서 $V_i - V_0$ 특성곡선을 올바르게 나타낸 것은?

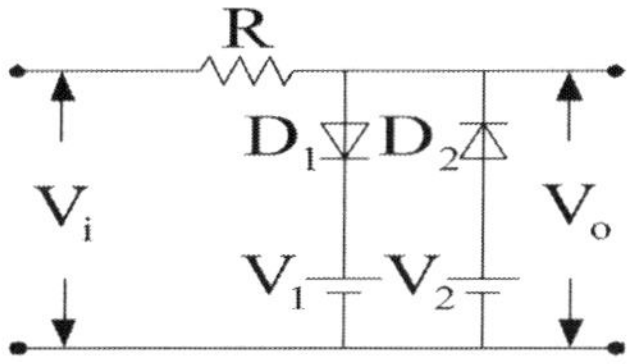

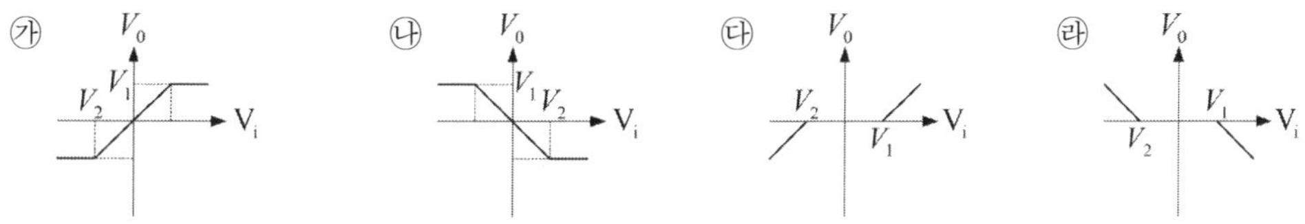

**42.** 다음 회로에서 $V_i - V_0$ 특성곡선을 올바르게 나타낸 것은?

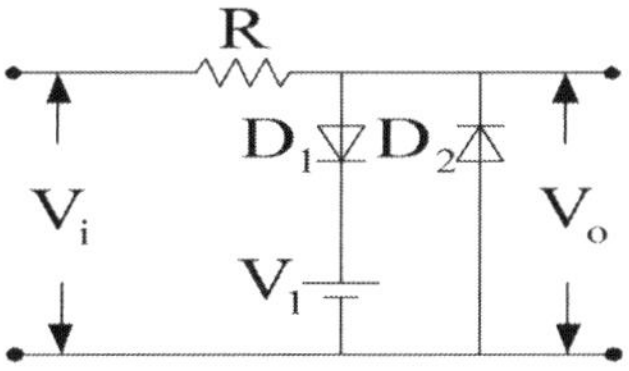

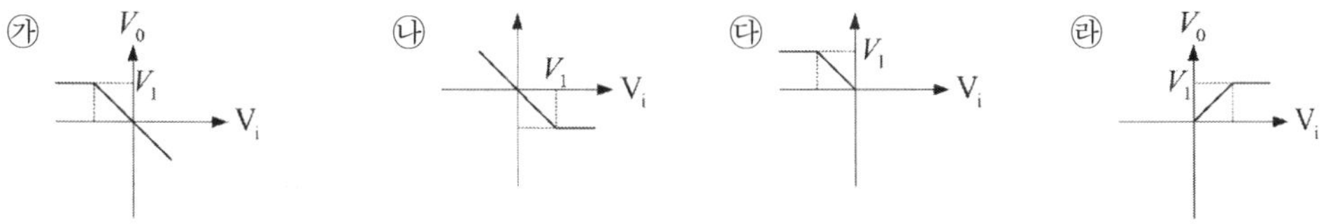

**43.** 다음 그림과 같은 파형을 얻을 수 있는 회로는?

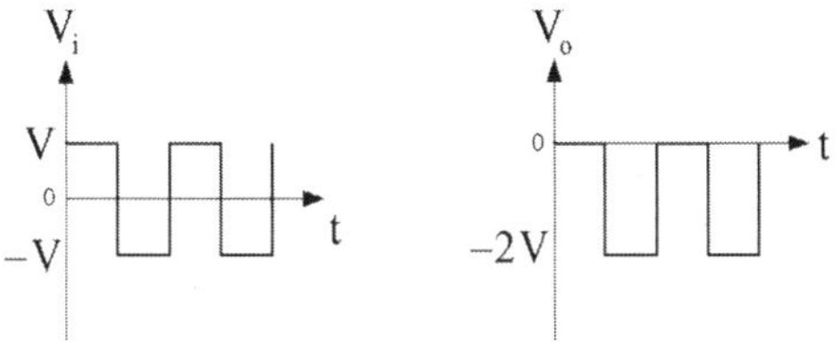


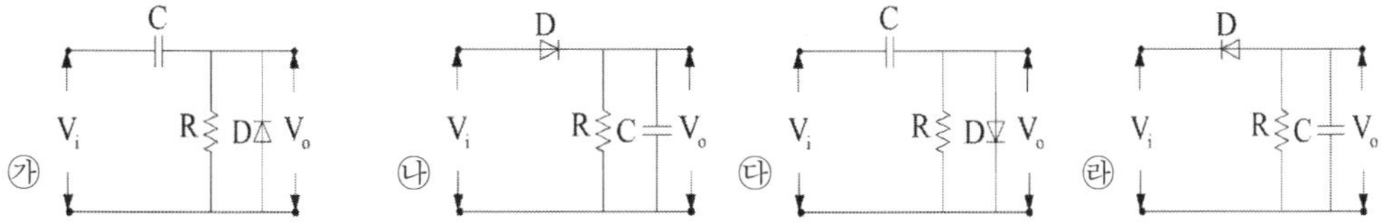

정답 41. ㉮ 42. ㉱ 43. ㉰

**44.** 다음 그림과 같은 회로의 설명으로 옳은 것은?

㉮ 클리퍼 회로이다.
㉯ 클램프 회로이다.
㉰ 리미터 회로이다.
㉱ 슬라이스 회로이다.

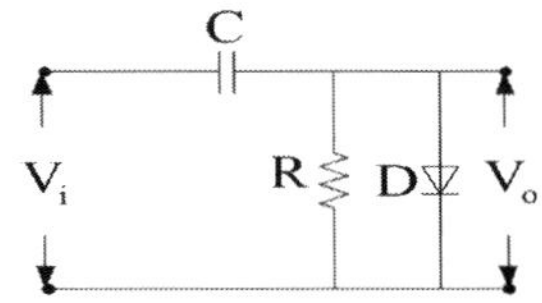


**45.** 다음과 같은 회로에서 다이오드 $D_1$과 $D_2$가 동시에 차단 상태로 되는 조건은? (단, $V_2 > V_1$)

㉮ $V_1 < V_i < V_2$
㉯ $V_1 > V_i > V_2$
㉰ $V_i \leq V_1$
㉱ $V_i \geq V_2$

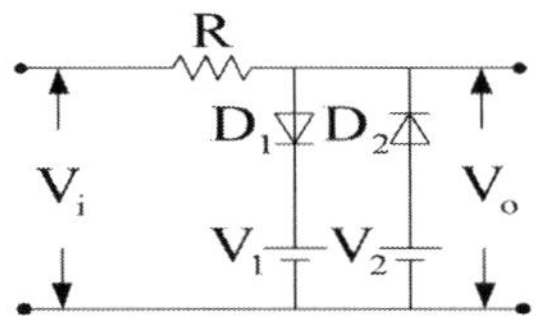


**46.** 다이오드 $D_1, D_2$의 항복전압을 $V_z$라 할 때 $D_1, D_2$가 모두 차단 상태로 되는 조건은?

㉮ $V_i = V_z$
㉯ $V_i = -V_z$
㉰ $-V_z > V_i > V_z$
㉱ $-V_z < V_i < V_z$

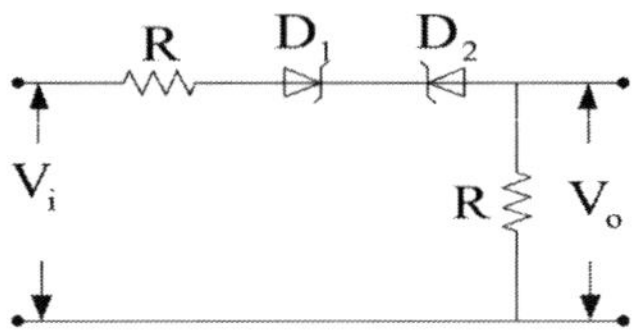


**47.** 다음 회로중 플립플롭(쌍안정 멀티바이브레이터) 회로를 사용하지 않는 것은?

㉮ 분주 회로
㉯ 리미터 회로
㉰ 전자계산기 기억 회로
㉱ 2진 계수 회로

**48.** 멀티바이브레이터의 단안정, 비안정, 쌍안정을 결정하는 요소는?

㉮ 전원 전류의 크기에 따라 결정된다.
㉯ 바이어스 전압의 크기에 따라 결정된다.
㉰ 결합 회로의 구성에 따라 결정된다.
㉱ 전원 전압의 크기에 따라 결정된다.

정답 44. ㉯ 45. ㉮ 46. ㉱ 47. ㉯ 48. ㉰

**49.** 다음과 같은 회로가 비안정 멀티바이브레이터가 되기 위한 조건으로 옳은 것은?

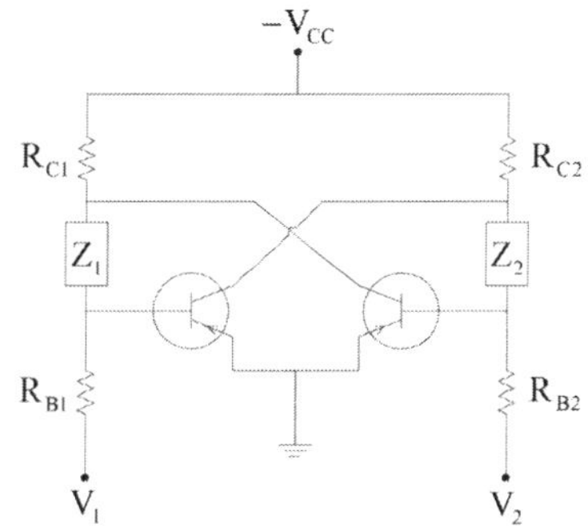


㉮ $Z_1 = C, Z_2 = C$ ㉯ $Z_1 = R, Z_2 = C$

㉰ $Z_1 = C, Z_2 = R$ ㉱ $Z_1 = R, Z_2 = R$

**50.** 다음과 같은 회로가 쌍안정 멀티바이브레이터가 되기 위한 조건으로 옳은 것은?

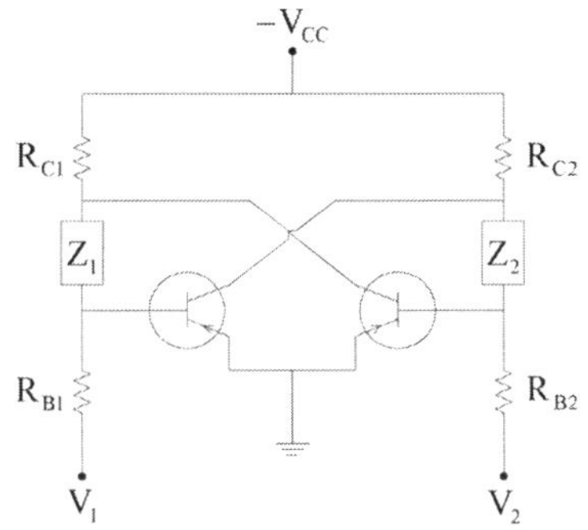


㉮ $Z_1 = C, Z_2 = C$ ㉯ $Z_1 = R, Z_2 = C$

㉰ $Z_1 = C, Z_2 = R$ ㉱ $Z_1 = R, Z_2 = R$

**해설** 멀티바이브레이터 기본회로에서 $Z_1$과 $Z_2$의 구성에 따른 회로의 분류

① 비안정 멀티바이브레이터(Astable Multivibrator) : $Z_1 = Z_2 = C$(커패시터)의 조건을 만족하는 교류 결합 증폭회로이다.

② 단안정 멀티바이브레이터(Monostable Multivibrator) : $Z_1 = R, Z_2 = C$ 혹은 $Z_1 = C, Z_2 = R$의 조건을 만족하는 직류 결합과 교류 결합의 증폭회로이다.

③ 쌍안정 멀티바이브레이터(Bistable Multivibrator) : $Z_1 = Z_2 = R$의 조건을 만족하는 직류 결합 증폭회로 또는 플립플롭 회로라고 한다.

**정답** 49. ㉮ 50. ㉱

**51.** 다음 회로중 두 증폭단 사이에 AC결합과 DC결합이 함께 사용되는 회로는?

㉮ 비안정 멀티바이브레이터 ㉯ 단안정 멀티바이브레이터
㉰ 쌍안정 멀티바이브레이터 ㉱ 슈미트 트리거 회로

**52.** 외부의 트리거(trigger) 입력 없이 스르로 반전하는 회로는?

㉮ 비안정 멀티바이브레이터 ㉯ 단안정 멀티바이브레이터
㉰ 쌍안정 멀티바이브레이터 ㉱ 슈미트 트리거 회로

**53.** 비안정, 단안정, 쌍안정 멀티바이브레이터는 몇 개의 안정 상태를 갖는가?

㉮ 1 ㉯ 2 ㉰ 3 ㉱ 4

**54.** 다음중 멀티바이브레이터의 동작과 관계가 없는 것은?

㉮ 회로의 시정수로 출력파형의 주기가 결정된다.
㉯ 출력에 고차의 고조파를 포함한다.
㉰ 전원 전압이 변동해도 발진 주파수에는 큰 변화가 없다.
㉱ 부궤환이 이루어져 있는 회로이다.

**55.** 다음의 비안정 멀티바이브레이터에 관한 설명으로 옳지 않은 것은?

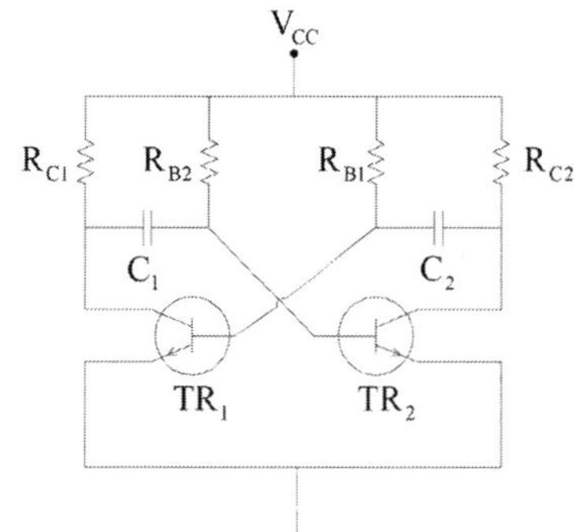


㉮ 외부 펄스의 입력이 없으며 안정 상태가 존재하지 않는다.
㉯ 상태 1과 상태 2가 주기적으로 반복된다.
㉰ 반복 주기는 $T=0.7(R_{B2}C_1+R_{B1}C_2)$ [sec]이다.
㉱ 반복 주기는 $T=0.7(R_{B1}C_1+R_{B2}C_2)$ [sec]이다.

정답 51. ㉯ 52. ㉮ 53. ㉯ 54. ㉱ 55. ㉱

56. 다음의 단안정 멀티바이브레이터에 관한 설명으로 옳지 않은 것은?

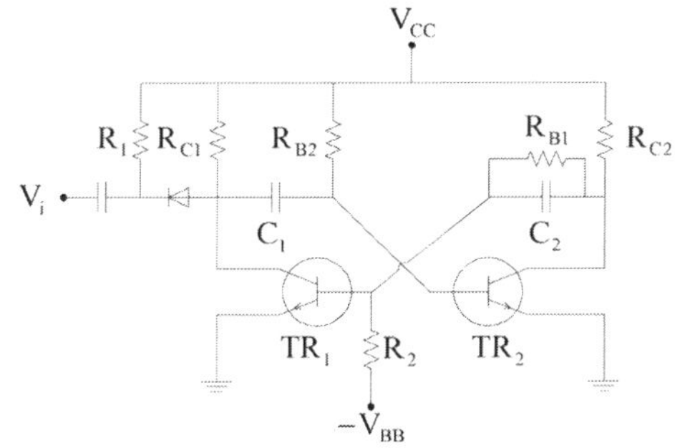


㉮ 외부 펄스의 입력에 따라 안정 상태와 준안정 상태가 주기적으로 반복된다.

㉯ 안정 상태 : $TR_1 = OFF$, $TR_2 = ON$, 준안정 상태 : $TR_1 = ON$, $TR_2 = OFF$

㉰ 반복주기 : $T = 0.7 R_{B1} C_1$ [sec]이다.

㉱ 반복주기 : $T = 0.7 R_{B2} C_1$ [sec]이다.

57. 일반적으로 쌍안정 멀티바이브레이터에는 가속 콘덴서가 몇 개 필요한가?

㉮ 2 ㉯ 4 ㉰ 6 ㉱ 8

58. 다음의 단안정 멀티바이브레이터에서 $C_2$의 역할은?

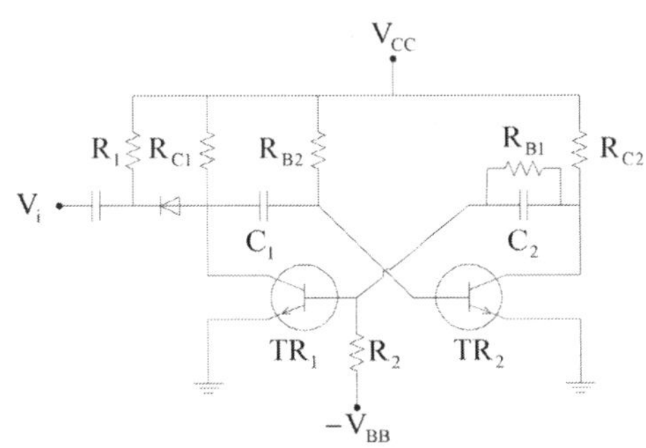


㉮ 바이패스 콘덴서 ㉯ 가속 콘덴서

㉰ 결합 콘덴서 ㉱ 바이어스용 콘덴서

정답 56. ㉰ 57. ㉮ 58. ㉯

59. 다음의 쌍안정 멀티바이브레이터에 관한 설명으로 옳지 않은 것은?

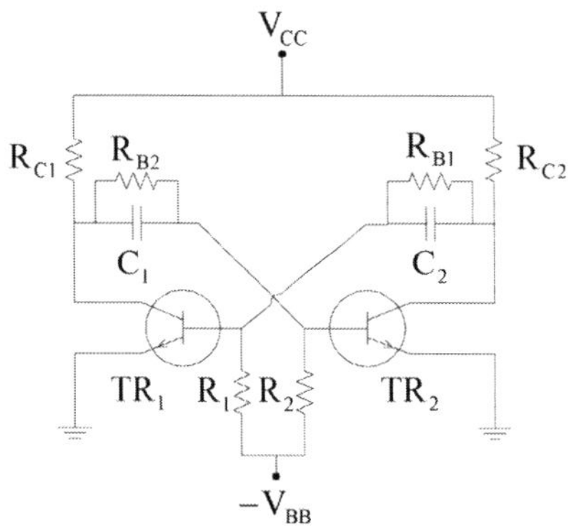


㉮ $TR_1 = ON$이면 다른 한쪽의 $TR_2 = OFF$로 되는 안정 상태에서 트리거 펄스가 입력되면 다른 안정상태로 반전된다.

㉯ 2개의 안정상태를 갖는다.

㉰ $C_1, C_2$는 바이패스 콘덴서의 역할을 한다.

㉱ $C_1, C_2$는 반복주기를 빠르게 하는 역할을 한다.

**해설** $C_1, C_2$는 가속 콘덴서의 역할을 한다.

60. 그림과 같이 멀티바이브레이터의 안정상태는?

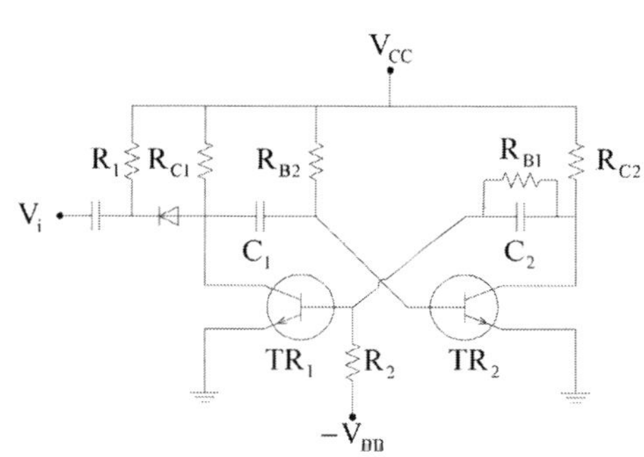


㉮ $TR_1 = OFF, TR_2 = ON$
㉯ $TR_1 = ON, TR_2 = OFF$
㉰ $TR_1 = ON, TR_2 = ON$
㉱ $TR_1 = OFF, TR_2 = OFF$

**정답** 59. ㉰ 60. ㉮

61. 다음 그림에서 $C_2$가 방전 중이면 각 트랜지스터의 상태는?

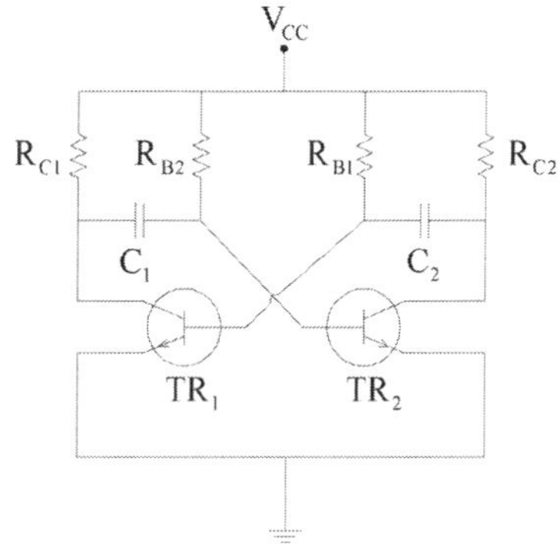


㉮ $TR_1 = OFF, TR_2 = ON$ ㉯ $TR_1 = ON, TR_2 = OFF$
㉰ $TR_1 = ON, TR_2 = ON$ ㉱ $TR_1 = OFF, TR_2 = OFF$

62. 슈미트(schmitt) 트리거 회로의 출력 파형으로 옳은 것은?

㉮ 삼각파 ㉯ 정현파 ㉰ 방형파 ㉱ 램프(ramp) 파형

63. 슈미트(schmitt) 트리거 회로의 출력 파형에 나타나는 현상은?

㉮ 슈우트(shoot) 현상 ㉯ 싱잉(singing) 현상
㉰ 발진 현상 ㉱ 히스테리시스(hysterisis) 현상

64. 슈미트(schmitt) 트리거 회로에 관한 설명 중 잘못된 것은?

㉮ 펄스파 발생 회로로 사용된다. ㉯ 안정상태를 갖지 않는다.
㉰ 전압 비교형 회로이다. ㉱ 궤환 효과

정답 61. ㉮ 62. ㉰ 63. ㉱ 64. ㉯

CHAPTER 12

# 논리회로

# 12.1 수의 논리 표현

## (1) 수의 표시

• R진법 표시되는 수의 표시

$$N = \sum_{i=1}^{\infty} K_i R^{i-1} (i >= 1)$$

여기서, $K_i$는 임의의 숫자, $R$은 기수로서 $K_i < R$의 조건을 만족하여야 한다.

## (2) 진법의 변환

• 2진-10진 변환 : $(1011)_2 = 1 \times 2^3 + 0 \times 2^2 + 1 \times 2^1 + 1 \times 2^0 = (11)_{10}$

• 10진-2진 변환 : $(62)_2 = (111110)_2$

2 | 62 .......0
2 | 31 .......1
2 | 15 .......1
2 | 7 .......1
2 | 3 .......1
1

↑ 쓰는 순서

• 각 진법의 변환

| 10진법 | 0 | 1 | 2 | 3 | 4 | 5 | 6 | 7 | 8 | 9 | 10 | 11 | 12 | 13 | 14 | 15 | 16 |
|---|---|---|---|---|---|---|---|---|---|---|---|---|---|---|---|---|---|
| 2진법 | 0 | 1 | 10 | 11 | 100 | 101 | 110 | 111 | 1000 | 1001 | 1010 | 1011 | 1100 | 1101 | 1110 | 1111 | 10000 |
| 8진법 | 0 | 1 | 2 | 3 | 4 | 5 | 6 | 7 | 10 | 11 | 12 | 13 | 14 | 15 | 16 | 17 | 20 |
| 16진법 | 0 | 1 | 2 | 3 | 4 | 5 | 6 | 7 | 8 | 9 | A | B | C | D | E | F | 10 |

## (3) 2진수의 연산

| 덧셈 (가산, Addition) | 뺄셈 (감산, Subtraction) | 곱셈 (승산, Multiplication) | 나눗셈 (제산, Division) |
|---|---|---|---|
| $0+0=0$<br>$0+1=1$<br>$1+0=1$<br>$1+1=10$ (자리올림) | $0-0=0$<br>$1-0=1$<br>$1-1=0$<br>$0-1=1$ (자리빌림) | $0 \times 0=0$<br>$0 \times 1=0$<br>$1 \times 0=0$<br>$1 \times 1=1$ | $0 \div 0=$ 불능<br>$0 \div 1=0$<br>$1 \div 0=$ 불능<br>$1 \div 1=1$ |

- 덧셈(가산, Addition)

```
     001101            1011011
  +  100101         +  1011010
  ---------         ----------
     110010           10110101
```

- 뺄셈(감산, Subtraction)

```
     10110             11011001
  -  01010          -  10101011
  --------          -----------
     01100             00101110
```

- 곱셈(승산, Multiplication)

```
     110101               1010
  ×     111         ×     0101
  ---------         ----------
     110101               1010
    110101               0000
   110101               1010
  ---------            0000
  101110011         ----------
                       0110010
```

- 나눗셈(제산, Division)

```
                 101       몫
  10101 |    1110101
        -    10101
        ------------
              100001
        -      10101
        ------------
                1100       나머지
```

### (4) 2진 보수

- 1의 보수 : 2진수의 0과 1를 바꾸어 놓는 것을 말한다.

  0 → 1, 1 → 0

  101101 → 010010

- 2의 보수 : 1의 보수에 1을 더한 값을 말한다.

  2의 보수 = 1의 보수+1

  101101 → 010011

- 보수는 2진수의 빼셈을 덧셈으로 계산하는데 사용할 수 있다.

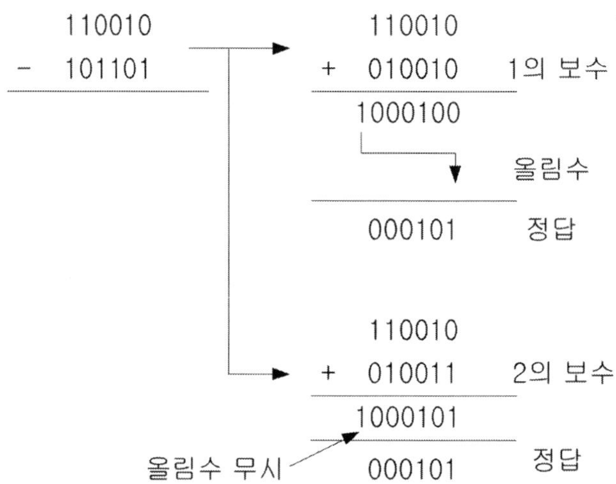

## 12.2 수의 코드

### (1) BCD 코드(Binary Coded Decimal Code)

- 한자리의 10진수를 4자리의 2진수로 표시한 코드로서 8421부호라고도 한다.

  $(22)_{10}$ = 0010 0010

  $(671)_{10}$ = 0110 0111 0001

### (2) 3초과 코드(Excess 3 Code)

- BCD 코드에 $(3)_{10} = (0011)_2$를 더한 코드이다.

  $(629)_{10}$ = 1001 0101 1100

| 10진수 | BCD 코드 | 3초과 코드 |
|---|---|---|
| 0 | 0000 | 0011 |
| 1 | 0001 | 0100 |
| 2 | 0010 | 0101 |
| 3 | 0011 | 0110 |
| 4 | 0100 | 0111 |
| 5 | 0101 | 1000 |
| 6 | 0110 | 1001 |
| 7 | 0111 | 1010 |
| 8 | 1000 | 1011 |
| 9 | 1001 | 1100 |

### (3) 그레이 코드(Gray Code)

- 2진수의 최대 자리수는 그대로 사용하고 자리수간 덧셈을 이용한 코드이다.

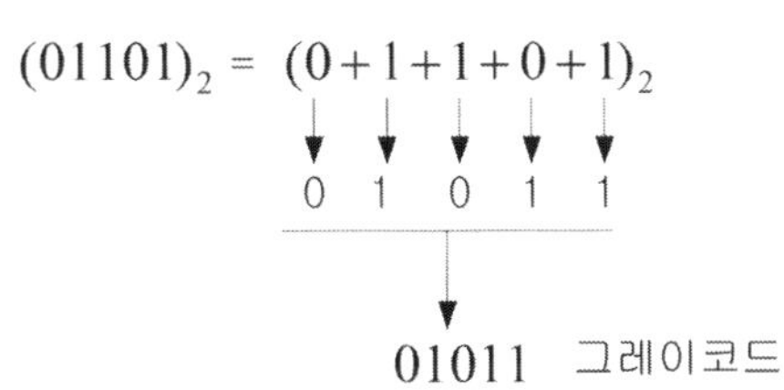

### (4) 패리티 비트(Parity Bit)

① 비트 패리티(Bit Parity)

- 데이터 전송의 오류를 검출하는 방법으로 패리티 비트를 사용한다.
- 패리티 비트를 추가함으로서 코드내의 1의 개수가 기수 또는 우수가 되도록 한다.
  - 우수 패리티 : 코드내의 1의 개수가 우수가 되도록 패리티 비트를 추가
  - 기수 패리티 : 코드내의 1의 개수가 기수가 되도록 패리티 비트를 추가

② 워드 패리티(Word Parity)

- 비트 패리티는 단일 오류(1개의 오류)만 검출이 가능하다. 그러나 2개 이상의 오류가 한 워드에서 발생하는 경우에는 검출이 불가능하다. 이런 경우에 워드 패리티를 사용한다.

### (5) 알파뉴메릭 코드(Alphanumeric Code)

- 전자계산기에 사용되는 코드로서 숫자, 문자, 알파벳을 표현하기 위하여 사용된다.

### (6) 해밍 코드(Hamming Code)

- 데이터 오류의 검출과 정정을 동시에 수행하기 위하여 개발된 코드로서 4비트의 단어에 3비트의 패리티 비트를 추가한다. 따라서 총 7비트로 구성된다.

# 12.3 문자 코드

### (1) 6비트 BCD 코드

- 10진수 이외의 문자를 표시하기 위하여 4비트 BCD 코드에 2비트를 추가하여 만든 코드이다.

### (2) 7비트 ASCII (American Standard Code for Information Interchange) 코드

- 영어의 대문자 소문자를 구분하여 표시할 수 있는 코드이다.

### (3) 8비트 ASCII

- 7비트 ASCII 코드에 1비트의 패리티 비트를 추가하여 오류검출 기능을 갖도록 한 코드이다.

### (4) EBCDIC(Extended Binary Code Decimal Information Code)

- 영숫자를 나타내기 위하여 사용되며 ASCII 코드 보다 많은 문자 코드가 제공된다.
- 8비트를 사용한다.

# 12.4 논리 게이트 및 부울 대수의 정리

## (1) 논리 게이트

- 디지털 회로를 구성하는 기본적인 논리 게이트에는 AND, OR, NOT, NAND, NOR, EOR(XOR, XNOR)가 있다.

| 논리 게이트 | 논리 기호 | 논리 대수 | 논리 정의 | | |
|---|---|---|---|---|---|
| | | | A | B | Y |
| NOT | 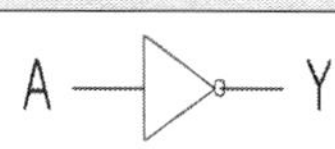 | $Y=\overline{A}$ | 0<br>1 | | 1<br>0 |
| AND | 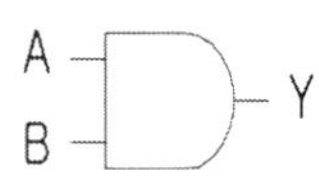 | $Y=A\cdot B$ | 0<br>0<br>1<br>1 | 0<br>1<br>0<br>1 | 0<br>0<br>0<br>1 |
| OR | 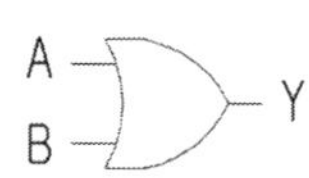 | $Y=A+B$ | 0<br>0<br>1<br>1 | 0<br>1<br>0<br>1 | 0<br>1<br>1<br>1 |
| NAND | 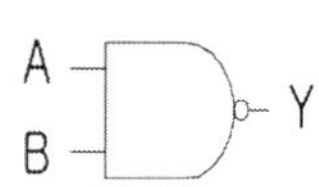 | $Y=\overline{A\cdot B}$ | 0<br>0<br>1<br>1 | 0<br>1<br>0<br>1 | 1<br>1<br>1<br>0 |
| NOR | 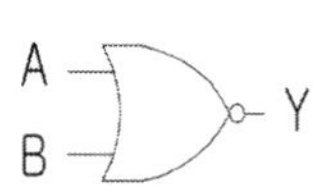 | $Y=\overline{A+B}$ | 0<br>0<br>1<br>1 | 0<br>1<br>0<br>1 | 1<br>0<br>0<br>0 |
| XOR | 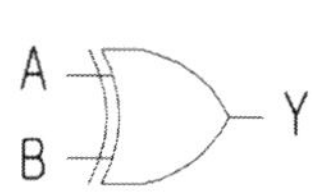 | $Y=A\oplus B$<br>$Y=A\overline{B}+\overline{A}B$ | 0<br>0<br>1<br>1 | 0<br>1<br>0<br>1 | 0<br>1<br>1<br>0 |
| XNOR | 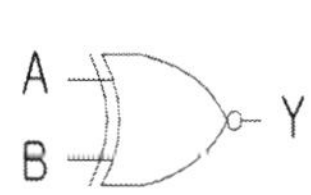 | $Y=\overline{A\oplus B}$<br>$Y=\overline{A}\,\overline{B}+AB$ | 0<br>0<br>1<br>1 | 0<br>1<br>0<br>1 | 1<br>0<br>0<br>1 |

### (2) 부울 대수의 정리

① [공리 1] 교환 법칙

$A+B=B+A$　　　　$A \cdot B=B \cdot A$

② [공리 2] 결합 법칙

$(A+B)+C=A+(B+C)$　　　　$(A \cdot B) \cdot C=A \cdot (B \cdot C)$

③ [공리 3] 분배 법칙

$A+(B \cdot C)=(A+B) \cdot (A+C)$　　　　$A \cdot (B+C)=(A \cdot B)+(A \cdot C)$

④ [공리 4]

$A+0=A$　　　　$A \cdot 1=A$

⑤ [공리 5]

$A+\overline{A}=1$　　　　$A \cdot \overline{A}=0$

⑥ [정리 1]

$0+0=0$　　　　$1+0=1$　　　　$0 \cdot 1=0$　　　　$1 \cdot 1=1$

⑦ [정리 2]

$\overline{0}=1$　　　　$\overline{1}=0$

⑧ [정리 3]

$A+1=1$　　　　$A \cdot 0=0$

⑨ [정리 4]

$A+A=A$　　　　$A \cdot A=A$

⑩ [정리 5]

$A+A \cdot B=A$　　　　$A \cdot (A+B)=A$

⑪ [정리 6]

$A+\overline{A} \cdot B=A+B$　　　　$A \cdot (\overline{A}+A \cdot B)=AB$

⑫ [정리 7]

$\overline{\overline{A}}=A$

⑬ [정리 8] 드 모르간(De Morgan)의 정리

$\overline{A+B}=\overline{A} \cdot \overline{B}$　　　　$\overline{A \cdot B}=\overline{A}+\overline{B}$

$\overline{\overline{A}+\overline{B}}=A \cdot B$　　　　$\overline{\overline{A} \cdot \overline{B}}=A+B$

# 12.5 카르노 도표

## (1) 2변수 카르노 도표

- 부울 대수의 논리식을 간략화하기 위한 방법으로 사용된다.
- 4개항의 논리식으로 구성되며 카르노 도표내 1인 항의 논리식만을 계산한다. 즉, 각 항의 논리 결과가 1인 부울 대수로 정의된다.

$\overline{A} \cdot \overline{B}(A=0,\ B=0)$ $\qquad$ $\overline{A} \cdot B(A=0,\ B=1)$

$A \cdot \overline{B}(A=1,\ B=0)$ $\qquad$ $A \cdot B(A=1,\ B=1)$

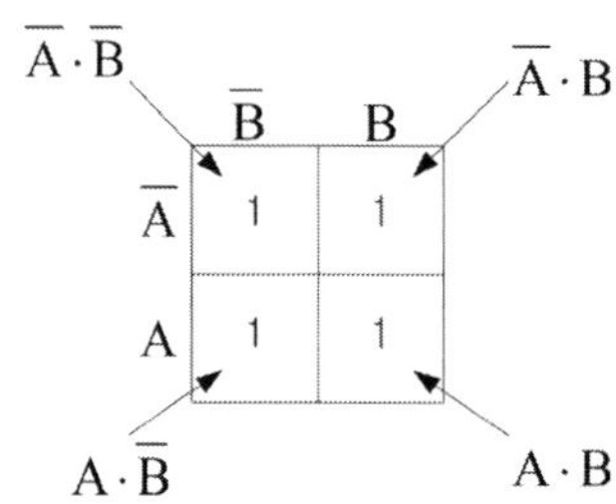


〈그림 12-1〉 2변수 카르노 도표

- 2변수 카르노 도표의 규칙
  - 2개의 인접된 1인항은 단일변수로 나타낸다.
  - 각 변수는 AND 함수로 나타낸다.
  - 논리식의 결과는 각 변수(AND함수)들의 OR 함수의 합으로 나타낸다.

---

2변수 카르노 도표에 의한 논리식의 간략화

- 카르노 도표의 규칙을 적용하면 다음과 같이 논리식을 간략화할 수 있다.
- 원 식 : $Y=(\overline{A} \cdot \overline{B})+(\overline{A} \cdot B)+(A \cdot B)$
- 간략화 : $Y=\overline{A}+B$

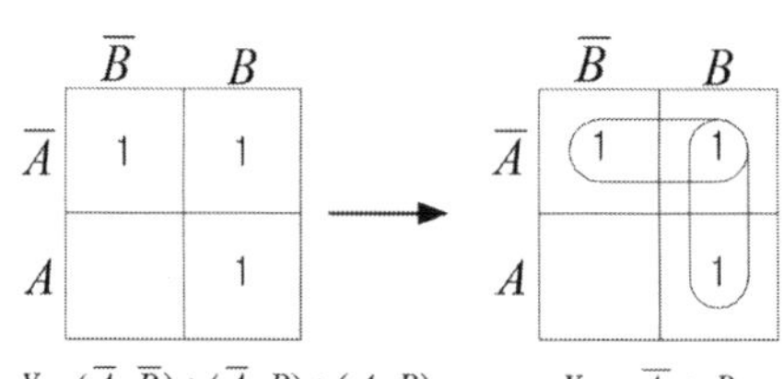

---

### (2) 3변수 카르노 도표

- 3변수 카르노 도표는 8개항의 조합으로 구성된다.
- 3변수 카르노 도표의 규칙
  - 4개의 인접된 1인항은 단일변수로 나타낸다.
  - 2개의 인접된 1인항은 2변수로 나타낸다.
  - 단일항의 경우 3변수로 나타낸다.

| | $\overline{C}$ | $C$ | $C$ | $\overline{C}$ |
|---|---|---|---|---|
| $\overline{A}$ | $\overline{A}\overline{B}\overline{C}$ | $\overline{A}\overline{B}C$ | $\overline{A}BC$ | $\overline{A}B\overline{C}$ |
| $A$ | $A\overline{B}\overline{C}$ | $A\overline{B}C$ | $ABC$ | $AB\overline{C}$ |
| | $\overline{B}$ | $\overline{B}$ | $B$ | $B$ |

〈그림 12-2〉 3변수 카르노 도표

3변수 카르노 도표에 의한 논리식의 간략화

- 3변수 카르노 도표의 규칙을 적용하여 간략화된 논리식을 구할 수 있다.
- 논리식 : $Y = A\overline{B}C + B\overline{C} + \overline{A}\,\overline{C}$

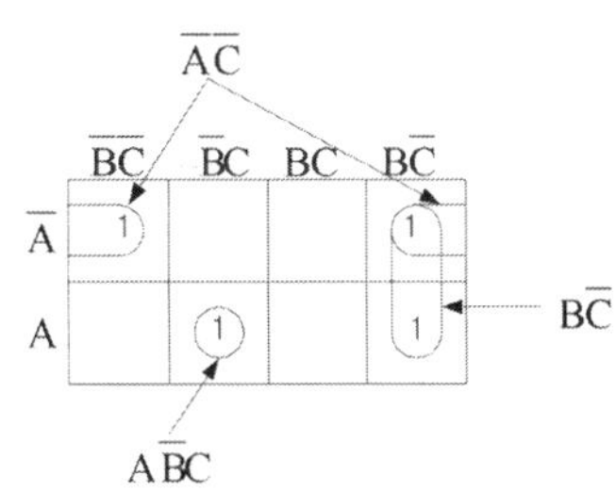


### (3) 4변수 카르노 도표

- 4변수 카르노 도표의 규칙
  - 8개의 인접된 1인 항은 단일 변수로 나타낸다.
  - 4개의 인접된 1인 항은 2변수로 나타낸다.
  - 2개의 인접된 1인 항은 3변수로 나타낸다.
  - 단일항의 경우 4변수로 나타낸다.

4변수 카르노 도표에 의한 논리식의 간략화

• 논리식 : $Y = AB\overline{C}D + A\overline{B}C + \overline{A}\,\overline{D}$

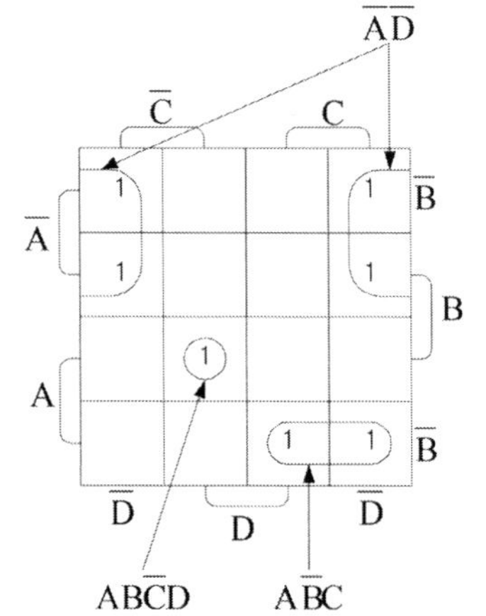

# 12.6 다이오드 기본 논리 회로

## (1) OR 회로

• 입력이 모두 0일 때 출력은 0이 되고, 입력의 어느 한쪽이 1이거나 입력 모두가 1인 경우에 출력은 1이 된다.

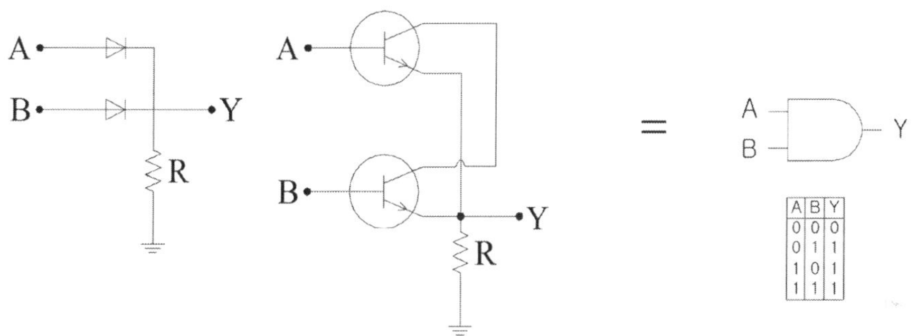


〈그림 12-3〉 OR 회로

## (2) AND 회로

• 입력이 모두 1일 때 출력은 1이 되고, 입력의 어느 한쪽이 0이거나 입력 모두가 0인 경우에 출력은 0이 된다.

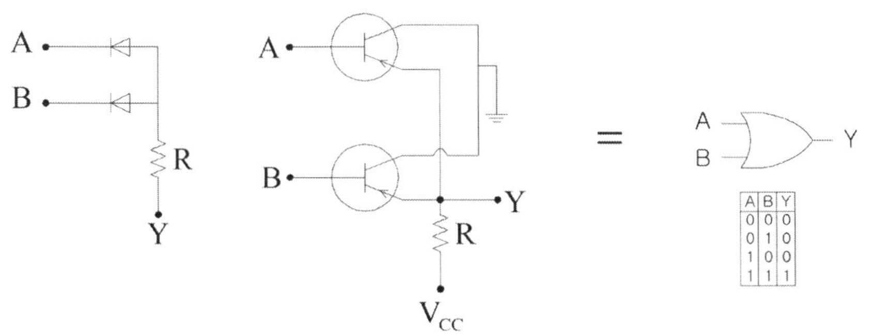


〈그림 12-4〉 AND 회로

### (3) NOT 회로

- 입력이 0이면 출력은 1이 되고, 입력이 1이면 출력은 0이 된다.

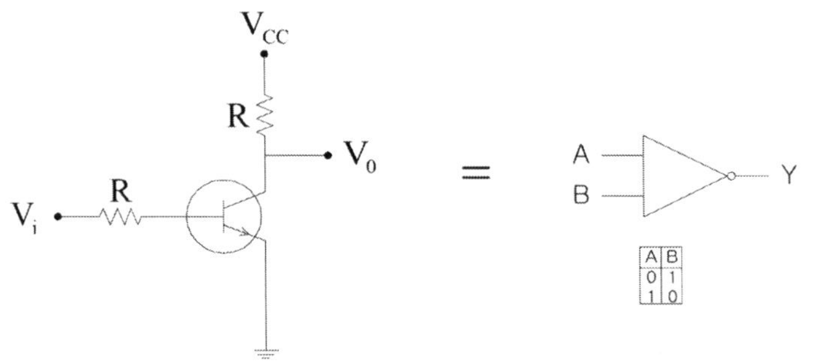


〈그림 12-5〉 NOT 회로

### (4) NOR 회로

- 입력이 모두 0일 때 출력은 1이 되고, 입력의 어느 한쪽이 1이면 출력은 0이 된다.

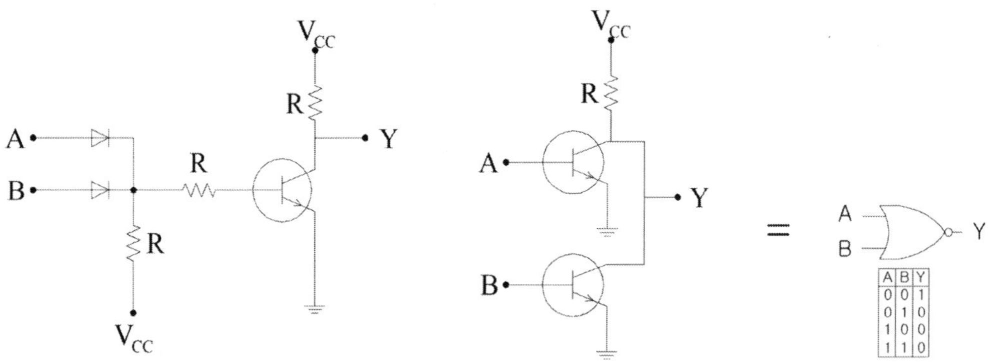


〈그림 12-6〉 NOR 회로

### (5) NAND 회로

- 입력의 어느 한쪽이 0이거나 입력 모두가 0이면 출력은 1이 되고, 입력 모두가 1이면 출력은 0이 된다.

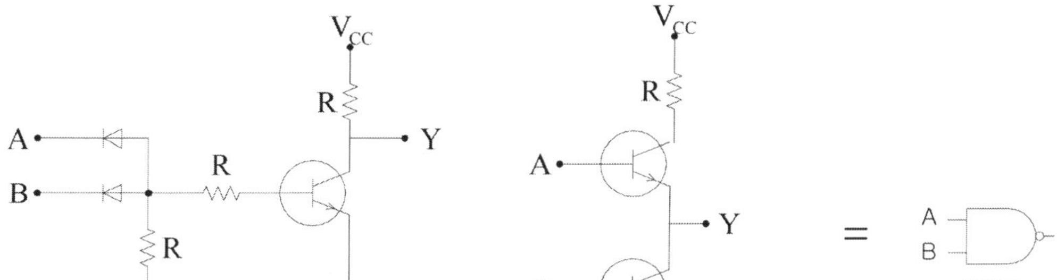


| A | B | Y |
|---|---|---|
| 0 | 0 | 1 |
| 0 | 1 | 1 |
| 1 | 0 | 1 |
| 1 | 1 | 0 |

〈그림 12-7〉 NAND 회로

### (6) EOR(Exclusive-OR) 회로

- 입력 모두가 1 또는 0이면 출력은 0이 되고, 그 밖의 경우에는 1이 된다.

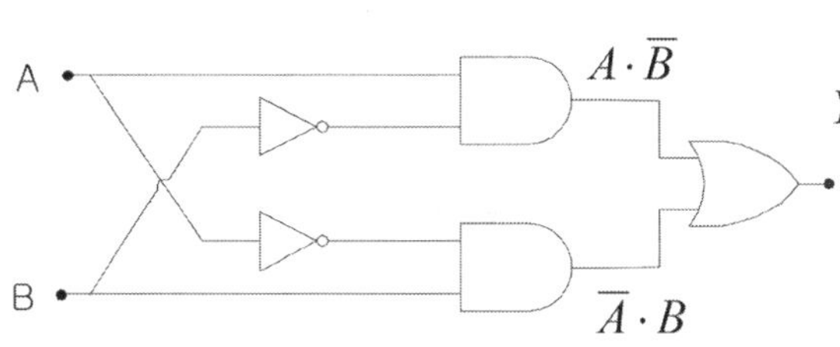


$$Y = A \cdot \overline{B} + \overline{A} \cdot B$$

| A | B | Y |
|---|---|---|
| 0 | 0 | 0 |
| 0 | 1 | 1 |
| 1 | 0 | 1 |
| 1 | 1 | 0 |

〈그림 12-8〉 EOR 회로

# 12.7 전자 논리 회로

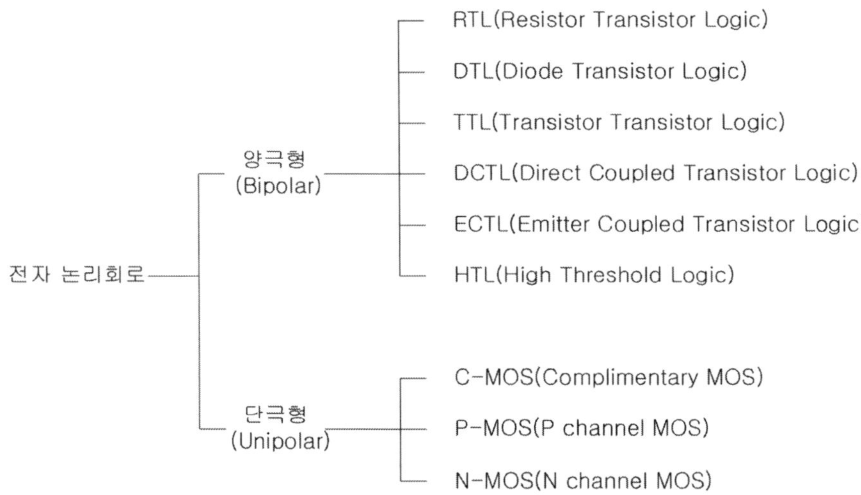


〈그림 12-9〉 전자 논리회로의 구성

## (1) RTL(Resistor Transistor Logic)

- 3개의 TR이 병렬로 접속된 회로로서 상당히 큰 베이스 전류를 필요로 하며, 다른 전자 논리회로에 비하여 동작속도가 느리고 잡음에 약한 것이 단점이다.
- 각 TR이 충분히 동작할 수 있도록 베이스 전류는 충분히 커야한다.
- NOR의 기능을 수행한다.

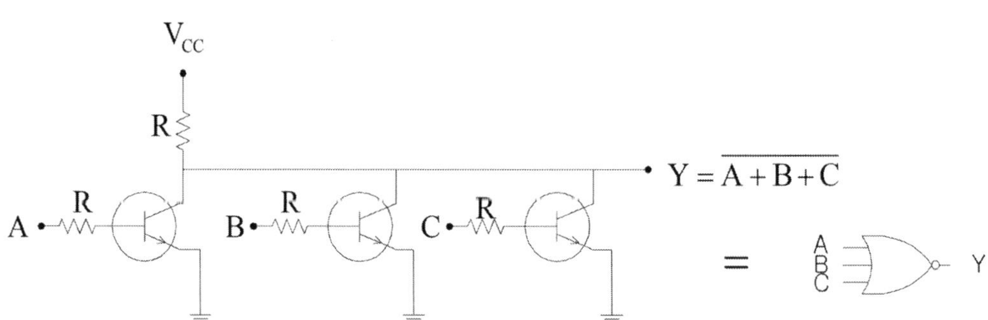


〈그림 12-10〉 RTL 회로

### (2) DTL(Diode Transistor Logic)

- 다이오드와 트랜지스터를 기본 소자로 한 논리회로이며 잡음에 강하며 소비전력이 적고 TTL과 호환성을 갖는다.
- $D_1$과 $D_2$는 TR을 동작시키기 위한 레벨을 높이는 효과가 있다.
- NAND의 기능을 수행한다.

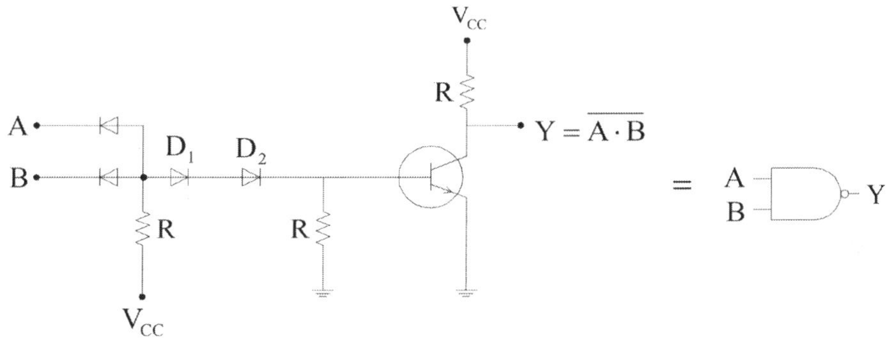


〈그림 12-11〉 DTL 회로

### (3) TTL(Transistor Transistor Logic)

- 이미터 멀티 트랜지스터를 사용하여 고속 스위칭 회로에 사용하며 DTL과 호환성을 갖는다.
- $TR_1$의 큰 이미터 전류가 $TR_2$의 저장 전하를 신속히 제거할 수 있어 고속 스위칭 회로에 적합하다.
- NAND의 기능을 수행한다.

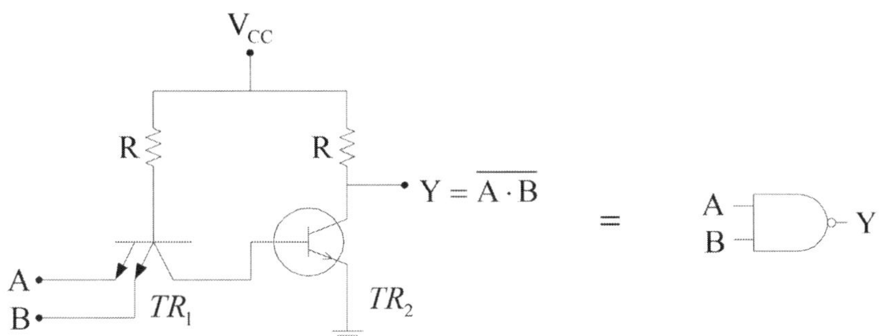


〈그림 12-12〉 TTL 회로

### (4) DCTL(Direct Coupled Transistor Logic)

- 회로의 구성이 간단하고 소비전력이 적으며 고속 스위칭 회로로 사용된다.
- NOR의 기능을 수행한다.

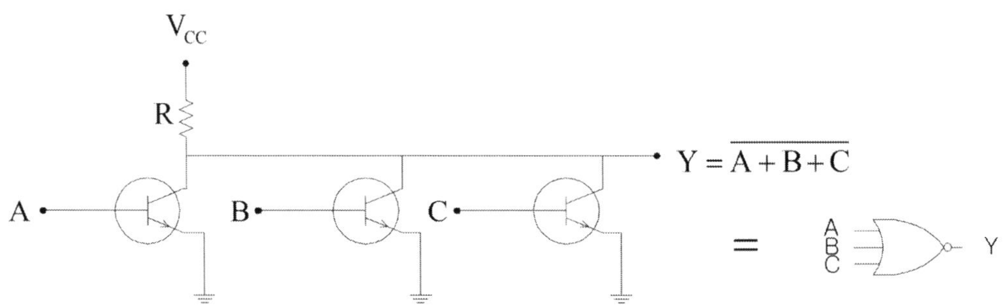


〈그림 12-13〉 DCTL 회로

### (5) ECTL(Emitter Coupled Transistor Logic)

- CML(current mode logic)이라고도 하며 동작 속도가 가장 빠르나 소비 전력은 가장 크다. 고속 스위칭 회로로 사용된다.
- NOR의 기능을 수행한다.

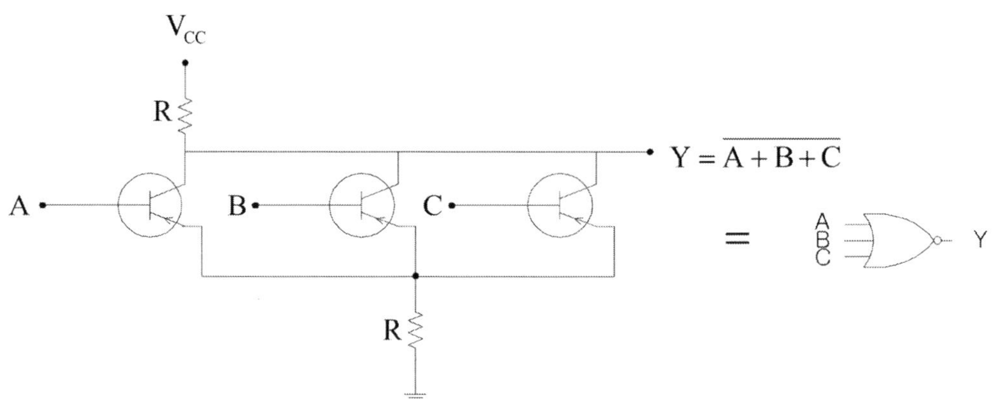


〈그림 12-14〉 ECTL 회로

### (6) HTL(High Threshold Logic)

- 잡음 여유도가 높아 모터나 고압 스위치와 같은 잡음이나 열 전압이 발생하는 곳에 사용한다.
- 잡음 여유도를 높이기 위하여 제너다이오드와 높은 $V_{CC}$을 사용한다.
- NAND의 기능을 수행한다.

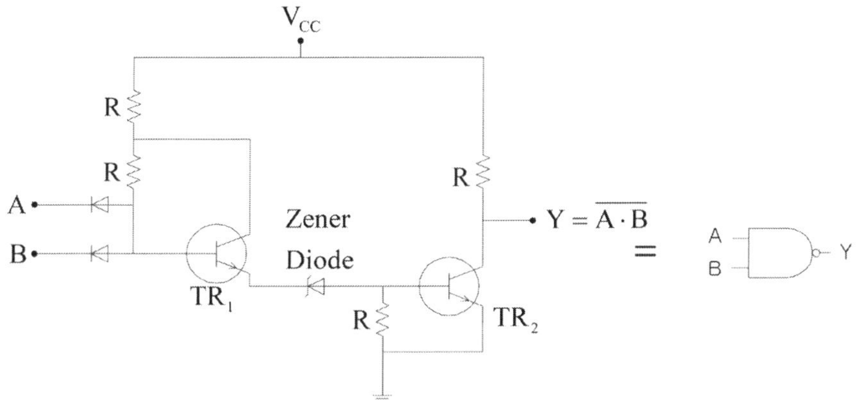


〈그림 12-15〉 HTL 회로

# 12.8 플립플롭(Flip Flop) 회로

## (1) 플립플롭(Flip Flop)의 정의

- S(Set)와 R(Reset)의 안정된 출력 상태를 갖는 쌍안정 멀티바이브레이터를 플립플롭(Flip Flop)이라 한다.

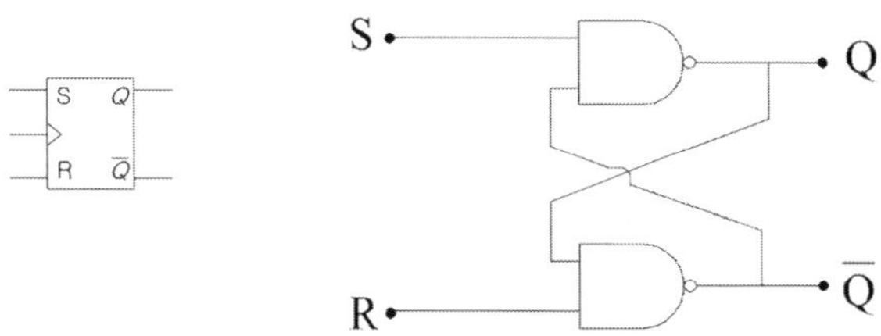


(a) (b)

| S | R | Q | $\overline{Q}$ | 비고 |
|---|---|---|---|---|
| 1 | 0 | 0 | 1 | |
| 1 | 1 | 0 | 1 | Set |
| 0 | 1 | 1 | 0 | |
| 1 | 1 | 1 | 0 | Reset |
| 0 | 0 | 1 | 1 | |

〈그림 12-16〉 플립플롭 회로와 진리표 (a) 기호 (b) 논리회로

## (2) RS-FF

- S(Set)와 R(Reset)의 입력상태에 따라 출력상태가 결정되며 한번 출력상태가 결정되면 입력상태가 변하여도 출력상태가 변하지 않는다. 이와 같이 한번 결정된 출력상태를 유지하는 회로를 래치(Latch)회로라고 한다.
- S와 R이 1로 되면 출력상태가 불확실한 상태가 되기 때문에 이러한 상황은 피해야 한다.

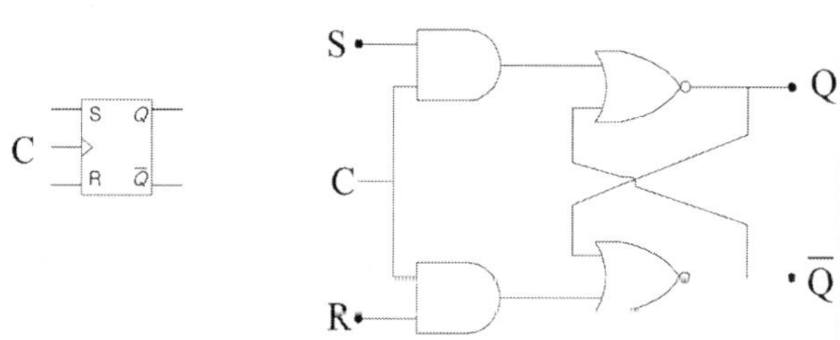


(a) (b)

| S | R | $Q_t$ | $Q_{t+1}$ |
|---|---|---|---|
| 0 | 0 | 0 | 0 |
| 0 | 1 | 0 | 0 |
| 1 | 0 | 0 | 1 |
| 1 | 1 | 0 | 불안정 |
| 0 | 0 | 1 | 1 |
| 0 | 1 | 1 | 0 |
| 1 | 0 | 1 | 1 |
| 1 | 1 | 1 | 불안정 |

〈그림 12-17〉 RS형 플립플롭 회로와 진리표 (a) 기호 (b) 논리회로

## (3) D-FF

• S와 R이 모두 1인 경우에도 불안정한 상태가 되지 않도록 입력단에 인버터를 부가하였다.

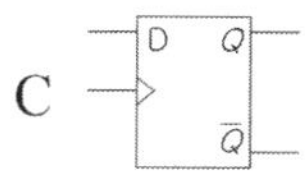


(a)

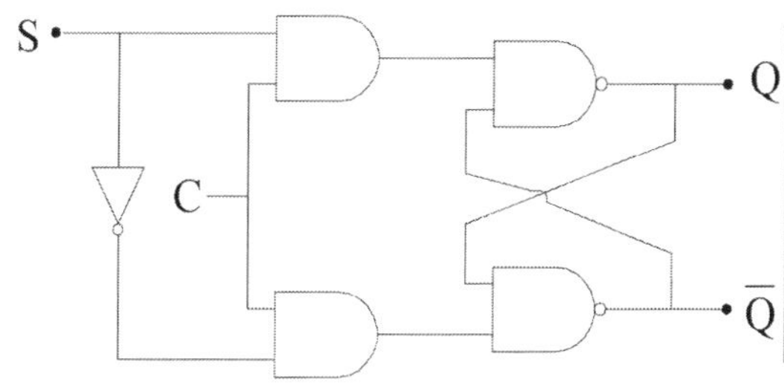


(b)

| D | $Q_t$ | $Q_{t+1}$ |
|---|---|---|
| 0 | 0 | 0 |
| 1 | 0 | 1 |
| 0 | 1 | 0 |
| 1 | 1 | 1 |

〈그림 12-18〉 D형 플립플롭 회로와 진리표 (a) 기호 (b) 논리회로

## (4) JK-FF

• J = K = 1인 경우에 C = 1이면 출력은 0과 1을 반복하는 토글링(Toggling)이 발생한다.

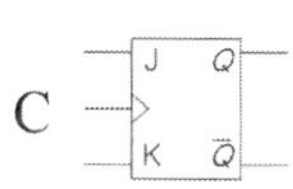


(a)

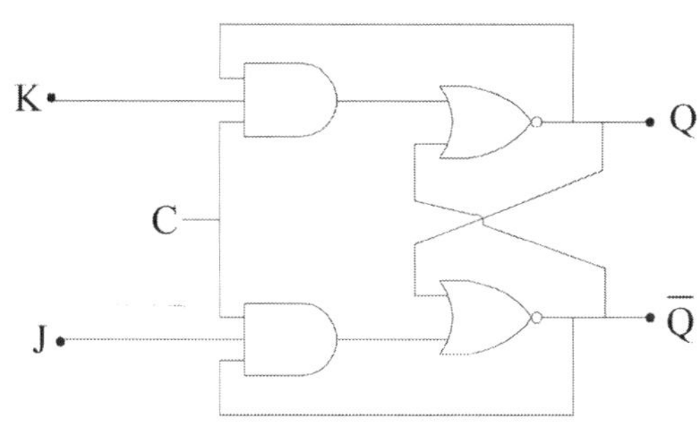


(b)

| K | J | $Q_t$ | $Q_{t+1}$ |
|---|---|---|---|
| 0 | 0 | 0 | 0 |
| 0 | 1 | 0 | 0 |
| 1 | 0 | 0 | 1 |
| 1 | 1 | 0 | 1 |
| 0 | 0 | 1 | 1 |
| 0 | 1 | 1 | 0 |
| 1 | 0 | 1 | 1 |
| 1 | 1 | 1 | 0 |

〈그림 12-19〉 JK형 플립플롭 회로와 진리표 (a) 기호 (b) 논리회로

### (5) T-FF

• 숫자를 카운터 하는 회로에 사용된다.

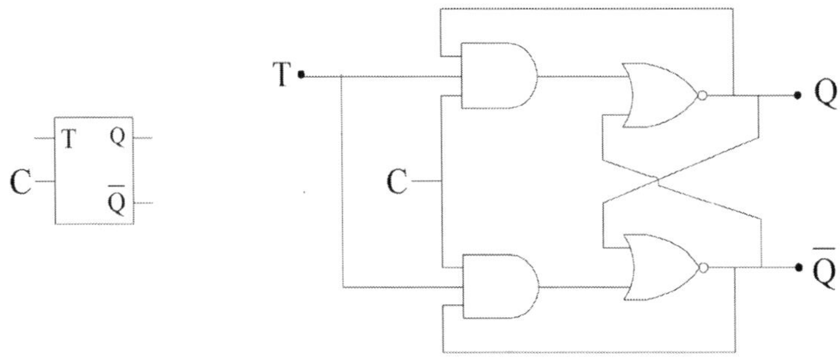


| T | $Q_t$ | $Q_{t+1}$ |
|---|---|---|
| 0 | 0 | 0 |
| 1 | 0 | 1 |
| 0 | 1 | 1 |
| 1 | 1 | 0 |

(a) (b)

〈그림 12-20〉 T형 플립플롭 회로와 진리표 (a) 기호 (b) 논리회로

### (6) 마스터 슬레이브(Master Slave) 플립플롭

• RS형 플립플롭 회로에서 레이싱(Racing)의 오류를 해결하기 위하여 사용한다.

> 레이싱(Racing)
>
> 입력 신호가 일단 저장된 후 다음 단계로 이동하여야 하는데 저장되지 않고 다음 단계로 이동하여 발생하는 오류를 말한다.

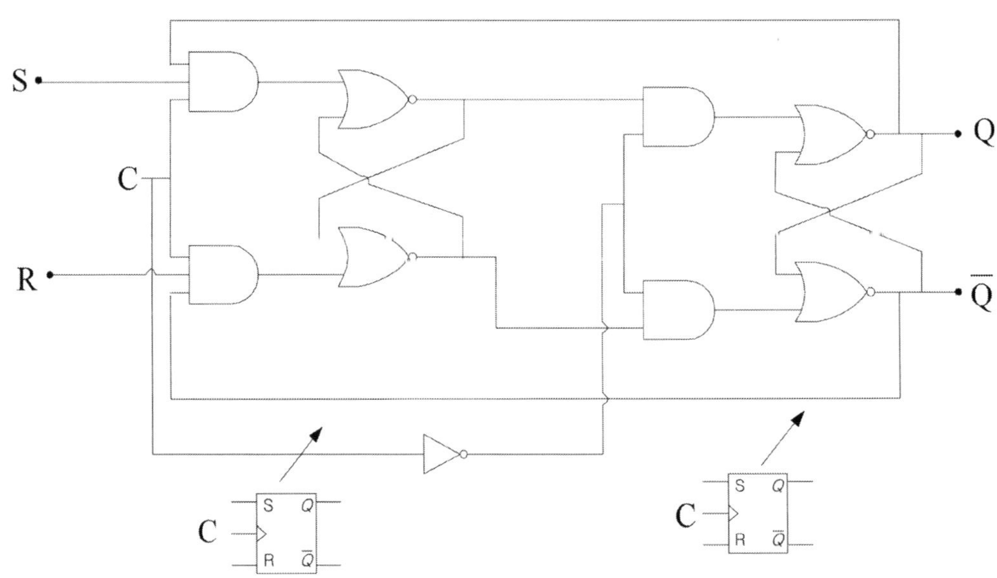


〈그림 12-21〉 마스터 슬레이브(Master Slave) 플립플롭 회로

# 연습문제

**1.** 2진수 10001을 10진수로 나타낸 것은?

㉮ 16　　㉯ 17
㉰ 20　　㉱ 21

**해설** $(10001)_2 = 1 \times 2^4 + 0 \times 2^3 + 0 \times 2^2 + 0 \times 2^1 + 1 \times 2^0 = (17)_{10}$

**2.** 2진수 101101을 10진수로 나타낸 것은?

㉮ 41　　㉯ 43
㉰ 45　　㉱ 47

**해설** $(101101)_2 = 1 \times 2^5 + 0 \times 2^4 + 1 \times 2^3 + 1 \times 2^2 + 0 \times 2^1 + 1 \times 2^0 = (45)_{10}$

**3.** 2진수 0.0111를 10진수로 나타낸 것은?

㉮ 0.04375　　㉯ 0.4375
㉰ 4.375　　㉱ 43.75

**해설**

$$(0.0111)_2 = 0 \times 2^{-1} + 1 \times 2^{-2} + 1 \times 2^{-3} + 1 \times 2^{-4} = 0 + 0.25 + 0.125 + 0.0625 = (0.4375)_{10}$$

**4.** 10진수 10.375를 2진수로 나타낸 것은?

㉮ $(1011.011)_2$　　㉯ $(1011.111)_2$
㉰ $(1010.111)_2$　　㉱ $(1010.011)_2$

**해설** 정수부와 소수부를 분리하여 계산한다.

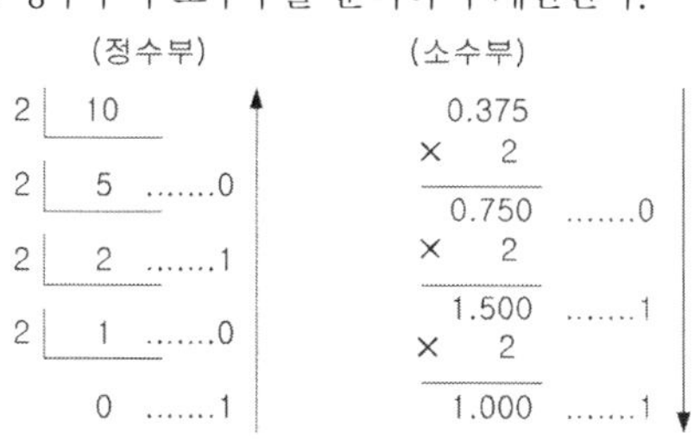


**정답** 1. ㉯　2. ㉰　3. ㉯　4. ㉱

**5.** 10진수 125를 2진수로 나타낸 것은?

㉮ $(1111101)_2$　　㉯ $(1011101)_2$　　㉰ $(1110101)_2$　　㉱ $(1111111)_2$

**6.** 2진수 1100101010011000를 16진수로 나타낸 것은?

㉮ AB98　　㉯ FD98　　㉰ CA98　　㉱ EA98

**해설**

```
1100 1010 1001 1000
 C    A    9    8
```

**7.** 10진수 796을 16진수로 나타낸 것은?

㉮ 31A　　㉯ 31B　　㉰ 31C　　㉱ 31D

**해설**

```
16 | 796   12   12×16^0 → C
16 |  49    1    1×16^1 → 1
       3    3    3×16^2 → 3
```

**8.** 10진수 49.21875를 8진법으로 나타낸 것은?

㉮ 16.61　　㉯ 61.16　　㉰ 61.61　　㉱ 16.16

**해설**

```
(정수부)                (소수부)
49/8=6+ 1    ↑61         0.2187 5
6/8 =0+6               ×      8
                         1.75 .....1

                         0.75
                       ×    8
                         6.000 .....6
```

**9.** 8진수 326을 10진수로 나타낸 것은?

㉮ 128　　㉯ 158　　㉰ 162　　㉱ 214

**해설** 8을 곱한 후 다음 차수의 8진수를 더하는 과정을 되풀이하여 구한다.

```
 3            2                         6
 3 ←     → 24  ←      → 26      → 208 ←
×8         + 2          ×8        + 6
 24          26          208        214
```

정답 5. ㉮　6. ㉰　7. ㉰　8. ㉯　9. ㉱

**10.** 16진수 AF를 10진수로 나타낸 것은?

㉮ 43　　㉯ 87　　㉰ 175　　㉱ 350

**해설** A=10, F=15 이므로 $(AF)_{16} = 10 \times 16^1 + 15 \times 16^0 = 160 + 5 = (175)_{10}$

**11.** 2진수의 덧셈 $(1011)_2 + (1010)_2$을 옳게 나타낸 것은?

㉮ $(10001)_2$　　㉯ $(10101)_2$　　㉰ $(10111)_2$　　㉱ $(10011)_2$

**해설** 각 자리를 더한 후 1+1일 경우의 합은 0이며 윗자리로 1을 자리 올림한다.

```
   1011
+  1010
-------
   0001
  ↙ ↙
  1 1    .... 자리올림
-------
  10101
```

**12.** 2진수의 뺄셈 $(10111)_2 - (01101)_2$을 옳게 나타낸 것은?

㉮ $(11010)_2$　　㉯ $(01110)_2$　　㉰ $(01011)_2$　　㉱ $(01010)_2$

**해설** 2진수의 뺄셈은 2진수의 1의 보수를 취하여 덧셈으로 계산하면 된다.

```
   10111
+  10010
--------
  101001
+      1
--------
   01010
```

**13.** 2진수의 곱셈 $(1010)_2 \times (0101)_2$을 옳게 나타낸 것은?

㉮ $(0110010)_2$　　㉯ $(0110000)_2$　　㉰ $(0111010)_2$　　㉱ $(0111110)_2$

**해설** 0를 곱할 때 0으로 하고 1을 곱할 때 곱해지는 수를 그대로 놓아 전체를 덧셈하면 된다.

```
      1010
×     0101
----------
      1010   ...그대로 놓는다
     0000    ...0으로 한다
    1010     ...그대로 놓는다
   0000      ...0으로 한다
----------
   0110010
```

**정답** 10. ㉰　11. ㉯　12. ㉱　13. ㉮

**14.** 2진수의 나눗셈$(1101101)_2 \div (1011)_2$을 옳게 나타낸 것은

㉮ $(1010.0101)_2$ ㉯ $(1001.1010)_2$

㉰ $(1010.1010)_2$ ㉱ $(1001.0101)_2$

**해설**

```
          1001      ..... 몫
1011 | 1101101
       1011
       -------
        10101
         1011
       -------
         1010      ..... 나머지
```

**15.** 2진수 1010의 1의 보수를 옳게 나타낸 것은?

㉮ $(1010)_2$ ㉯ $(1011)_2$ ㉰ $(0101)_2$ ㉱ $(0111)_2$

**해설** 2진수의 1의 보수는 각 자리의 0과 1을 바꾼 것과 같다.

**16.** 2진수 1010의 2의 보수를 옳게 나타낸 것은?

㉮ $(0010)_2$ ㉯ $(0101)_2$ ㉰ $(0110)_2$ ㉱ $(1110)_2$

**해설** 2진수의 2의 보수는 각 자리의 1의 보수를 취한 후(0과 1을 바꿈) 1을 더하면 된다.

```
  1010
   ↓
  0101    ..... 1의 보수
+    1
------
  0110
```

**17.** 10진수 374를 BCD코드로 옳게 나타낸 것은?

㉮ 1101 1010 1000 ㉯ 0011 0111 0100

㉰ 1000 1010 0110 ㉱ 0111 0101 0101

**18.** 3초과 코드를 옳게 설명한 것은?

㉮ 자기 보수형 코드이다. ㉯ 에러 검출 코드이다.

㉰ 8421 코드에서 3을 뺀 코드이다. ㉱ 웨이티브 코드이다.

**정답** 14. ㉯ 15. ㉰ 16. ㉰ 17. ㉯ 18. ㉮

**19.** 10진수 462를 3초과 코드로 옳게 표시한 것은?

㉮ 1111 1101 0101　　㉯ 1000 1001 0101

㉰ 0101 1010 0101　　㉱ 0111 1001 0101

**해설** 3초과 코드(excess-3 code)는 4비트 코드로서 BCD 코드에 3을 더한 것이다.

**20.** 그레이 코드(gray code)에 관한 설명으로 옳은 것은?

㉮ 연산이 편리하다.　　㉯ 웨이티드 코드(weighted code)이다.

㉰ 10진수로 변환시키기 쉽다.　　㉱ 증감시 한 비트(bit)만 그 상태가 변한다.

**21.** 다음 코드 중 오차를 검출 및 교정할 수 있는 것은?

㉮ 그레이(gray) 코드　　㉯ 해밍(hamming) 코드

㉰ 3초과(excess-3) 코드　　㉱ 8421 코드

**22.** 다음 부울 대수의 공식에서 잘못된 것은?

㉮ $0+0=0$　　㉯ $1+0=1$　　㉰ $0 \cdot 1=1$　　㉱ $1 \cdot 1=1$

**23.** 다음 논리 중 맞지 않는 것은?

㉮ $A+A=A$　　㉯ $A \cdot A=A$　　㉰ $A \cdot \overline{A}=1$　　㉱ $\overline{A} \cdot \overline{A}=1$

**24.** 다음의 부울 대수식 중 옳지 않은 것은?

㉮ $A+A=1$　　㉯ $A+B=B+A$

㉰ $\overline{A \cdot B}=\overline{A}+\overline{B}$　　㉱ $A+\overline{B \cdot C}=(A+\overline{B})(A+\overline{C})$

**해설** $A+A=A$

**25.** $A(\overline{A}+B)$를 부울 대수식으로 간단히 하여라.

㉮ $A$　　㉯ $B$　　㉰ $A+B$　　㉱ $A \cdot B$

**26.** 논리식 $AB+BC+ABC$를 옳게 정리한 것은?

㉮ $A(B+C)$　　㉯ $B(A+C)$　　㉰ $AC$　　㉱ $AB+C$

**정답** 19. ㉱　20. ㉱　21. ㉯　22. ㉰　23. ㉱　24. ㉮　25. ㉱　26. ㉯

**27.** 논리식 $\overline{\overline{A}+B}+\overline{A}+\overline{B}$를 간단히 정리한 것은?

㉮ $AB$　　㉯ $BC$　　㉰ $\overline{A}+\overline{B}$　　㉱ $\overline{A+B}$

**28.** 다음 중 드 모르간의 정리에 해당하는 것은?

㉮ $A \cdot (B+C)=A \cdot B+A \cdot C$　　㉯ $A \cdot B=B \cdot A$

㉰ $\overline{A \cdot B}=\overline{A}+\overline{B}$　　㉱ $A(A+B)=A$

**해설** 가) 분배법칙　나) 교환법칙　다) 드 모르간의 정리　라) 흡수법칙

**29.** 논리식 $A=\overline{A}B$를 간단히 하면?

㉮ $\overline{A}+B$　　㉯ $A+B$　　㉰ $A+\overline{B}$　　㉱ $AB$

**해설** $A+\overline{A}B=(A+\overline{A})(A+B)$

**30.** 논리식 $\overline{\overline{A}+B}+\overline{\overline{A}+\overline{B}}$를 간단히 하면?

㉮ $A$　　㉯ $B$　　㉰ $AB$　　㉱ $A+B$

**해설** $\overline{\overline{A}+B}+\overline{\overline{A}+\overline{B}}=\overline{\overline{A}}\cdot\overline{B}+\overline{\overline{A}}\cdot\overline{\overline{B}}=A\cdot\overline{B}+A\cdot B=A(\overline{B}+B)=A$

**31.** 다음의 배타적 OR(exclusive OR)의 논리식이 아닌 것은?

㉮ $Y=A\oplus B$

㉯ $Y=(A+B)(\overline{A \cdot B})$

㉰ $Y=\overline{A}B+A\overline{B}$

㉱ $Y=(A+B)(\overline{\overline{A}+\overline{B}})$

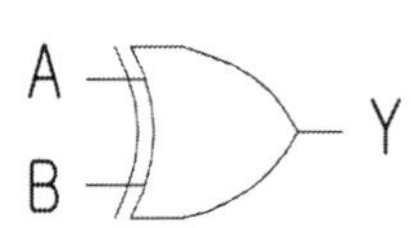


**32.** 다음 그림과 등가인 논리 게이트는?

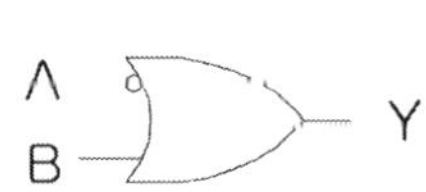


㉮ 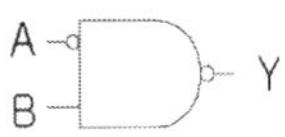

㉯ 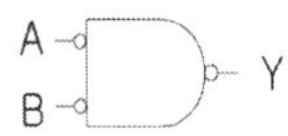

㉰ 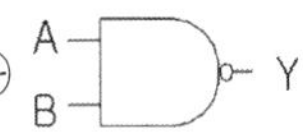

㉱ 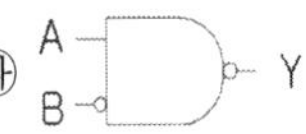


**정답** 27. ㉰　28. ㉰　29. ㉯　30. ㉮　31. ㉱　32. ㉱

**33.** 다음 중 성립하지 않는 논리식은?

㉮ $A+\overline{A}\cdot B\cdot C=A+B\cdot C$　　㉯ $A\cdot B+A\cdot\overline{B}=A$

㉰ $A\cdot B+\overline{A}\cdot C+B\cdot C=A\cdot B+\overline{A}C$　　㉱ $A\cdot\overline{B}+\overline{A}\cdot B=(A+B)\cdot(\overline{A}\cdot\overline{B})$

**해설** 가) $A+\overline{A}BC=(A+\overline{A})(A+BC)=A+BC$

나) $A\cdot B+A\cdot\overline{B}=A(B+\overline{B})-A$

다) $A\cdot B+\overline{A}\cdot C+B\cdot C=A\cdot B+\overline{A}C$

라) $A\cdot\overline{B}+\overline{A}\cdot B=(A+B)(\overline{A}+\overline{B})=(A+B)(\overline{A\cdot B})$

**34.** 다음 논리회로의 출력으로 옳은 것은?

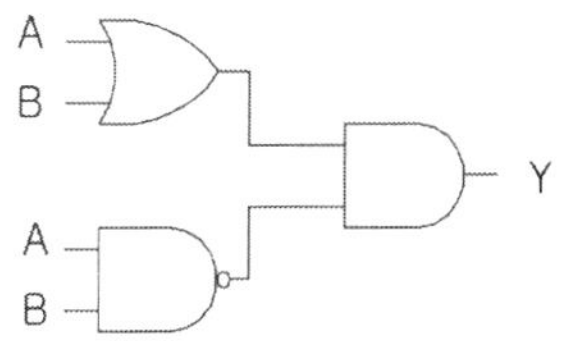


㉮ $AB(\overline{A}+\overline{B})$

㉯ $(A+B)(\overline{A}+\overline{B})$

㉰ $\overline{A}\,\overline{B}(A+\overline{B})$

㉱ $A+B+\overline{AB}$

**35.** 다음 논리회로의 출력으로 옳은 것은?

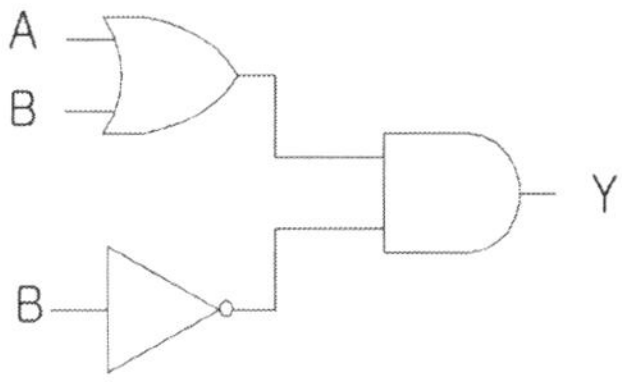


㉮ $\overline{A+B}\cdot B$

㉯ $A\overline{B}$

㉰ $A\cdot B+\overline{B}$

㉱ $\overline{AB}+B$

**36.** 다음 논리회로의 출력으로 옳지 않은 것은?

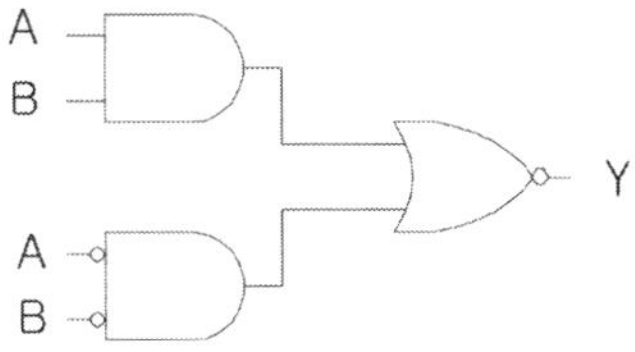


㉮ $AB+\overline{A}\,\overline{B}$

㉯ $(A+B)\overline{AB}$

㉰ $(\overline{A}+\overline{B})(A+B)$

㉱ $\overline{A}B+A\overline{B}$

**정답** 33. ㉱　34. ㉯　35. ㉯　36. ㉮

**37.** 다음 논리회로의 출력을 간략화 한 결과로 옳은 것은?

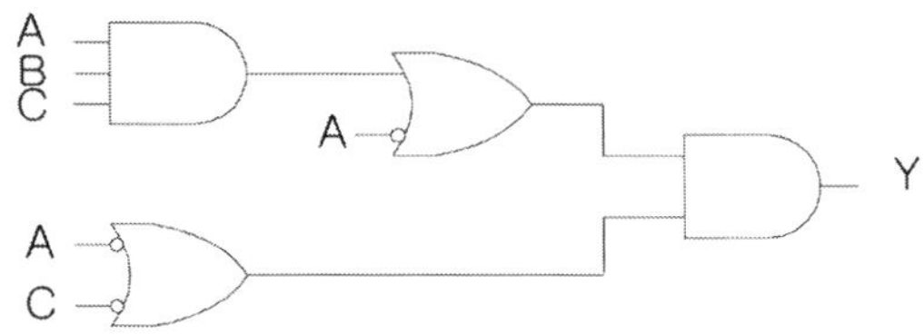


㉮ $\overline{A}BC + A\overline{C}$ ㉯ $\overline{A}\,\overline{C} + \overline{A}$
㉰ $A\overline{B}\,\overline{C} + A\overline{C}$ ㉱ $ABC + \overline{A}\,\overline{C}$

**38.** 다음 논리회로의 출력은?

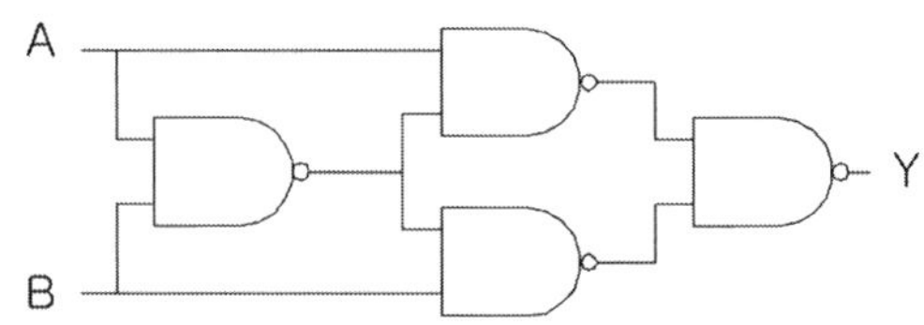


㉮ $A + B$ ㉯ $AB$ ㉰ $A\overline{B} + \overline{A}B$ ㉱ $A\overline{B} + \overline{A}B$

**39.** 다음 논리회로의 출력은?

㉮ $Y = A\overline{B}$
㉯ $Y = \overline{A}B$
㉰ $Y = \overline{A}$
㉱ $Y = A$

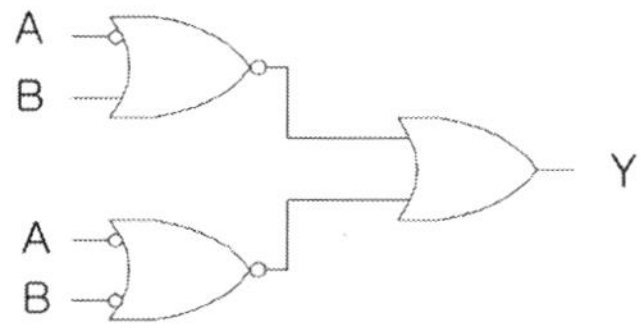


**40.** 다음 논리회로의 출력은?

㉮ $A \cdot B + C \cdot D$
㉯ $(A + B)(C + D)$
㉰ $\overline{AB} + \overline{CD}$
㉱ $(\overline{A} + \overline{B})(\overline{C} + \overline{D})$

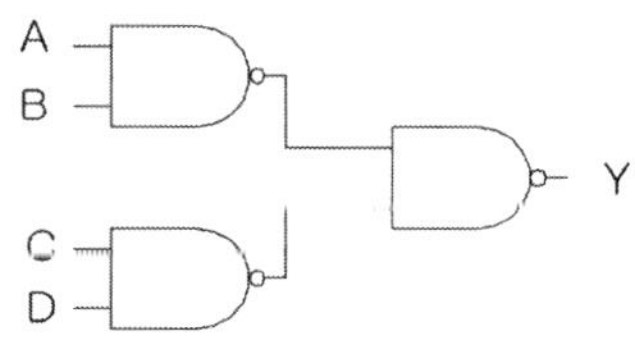


정답 37. ㉯ 38. ㉰ 39. ㉱ 40. ㉮

41. 다음 그림은 어떤 논리회로에 해당하는가?

㉮ NAND

㉯ AND

㉰ EOR

㉱ NOR

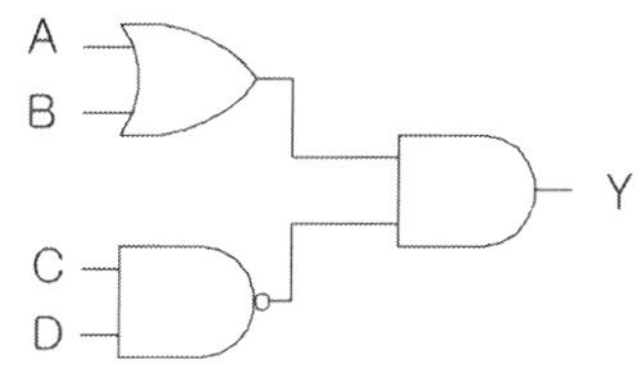


42. 다음 논리회로의 출력을 간략화 한 결과로 옳은 것은?

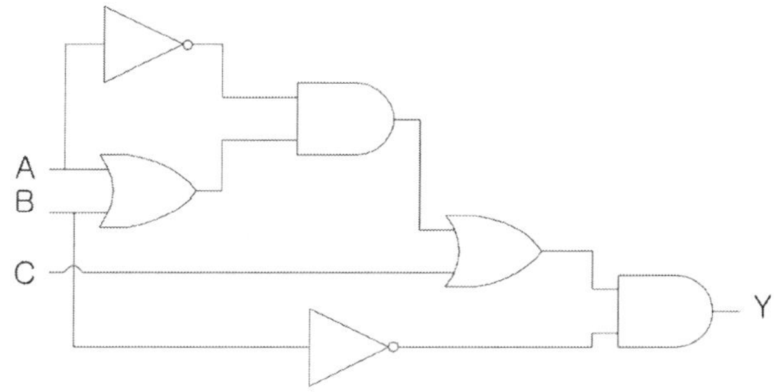


㉮ $Y = \overline{B}C$

㉯ $Y = \overline{A}C + BC$

㉰ $Y = A + \overline{B}C$

㉱ $Y = \overline{A}(B + C)$

43. 다음 논리회로의 출력을 옳게 나타낸 것은?

㉮ $Y = (\overline{A} + B)CD$

㉯ $Y = (\overline{A} + \overline{B})CD$

㉰ $Y = (A + \overline{B})CD$

㉱ $Y = (A + B)CD$

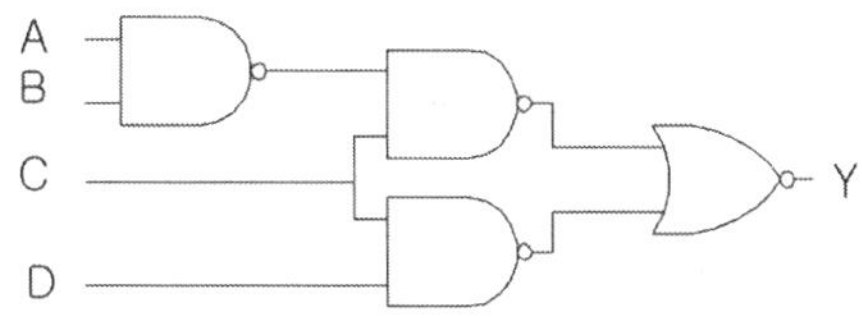


44. 다음 논리회로의 출력을 옳게 나타낸 것은?

㉮ $Y = AB + CD + E$

㉯ $Y = (A + B)(C + D)\overline{E}$

㉰ $Y = (A + B)(C + D) + \overline{E}$

㉱ $Y = AB + CD + \overline{E}$

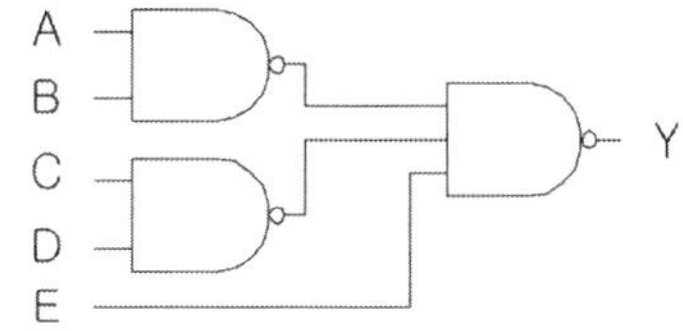


정답 41. ㉰ 42. ㉮ 43. ㉯ 44. ㉱

**45.** 어떤 논리 함수 진리표가 다음과 같은 때 출력을 옳게 나타낸 것은?

| 입력 | | 출력 |
|---|---|---|
| A | B | Y |
| 0 | 0 | 1 |
| 0 | 1 | 1 |
| 1 | 0 | 0 |
| 1 | 1 | 1 |

㉮ $Y = \overline{A}B$

㉯ $Y = A + B$

㉰ $Y = \overline{A} + B$

㉱ $Y = \overline{A + B}$

**해설** $Y = \overline{AB} + \overline{A}B + AB = \overline{A}(B+1) + AB = \overline{A} + B$

**46.** 다음의 진리표에 의한 논리식을 간소화한 결과를 옳게 나타낸 것은?

| 입력 | 출력 |
|---|---|
| ABC | Y |
| 000 | 0 |
| 001 | 0 |
| 010 | 0 |
| 011 | 1 |
| 100 | 0 |
| 101 | 1 |
| 110 | 1 |
| 111 | 1 |

㉮ $Y = AB + BC + AC$

㉯ $Y = AB + C$

㉰ $Y = A\overline{B} + \overline{B}C$

㉱ $Y = AB + \overline{ABC} + BC$

**해설** $Y = ABC + AB\overline{C} + \overline{A}BC = (ABC + AB\overline{C}) + (ABC + \overline{A}BC) = AB(C + \overline{C}) = BC(A + \overline{A}) + AC(B + \overline{B}) = AB + BC + AC$

$Y = ABC + AB\overline{C} + \overline{A}BC = (ABC + AB\overline{C}) + (ABC + \overline{A}BC) = AB(C + \overline{C}) = BC(A + \overline{A}) + AC(B + \overline{B}) = AB + BC + AC$

**47.** 다음 카르노(karnaugh) 도표를 논리식으로 간소화하면?

| | $\overline{C}\overline{D}$ | $\overline{C}D$ | $CD$ | $C\overline{D}$ |
|---|---|---|---|---|
| $\overline{A}\overline{B}$ | 0 | 0 | 0 | 0 |
| $\overline{A}B$ | 0 | 0 | 0 | 0 |
| $AB$ | 0 | 0 | 1 | 1 |
| $A\overline{B}$ | 0 | 0 | 1 | 1 |

㉮ $AB$

㉯ $AC$

㉰ $CD$

㉱ $C\overline{D}$

**48.** 다음 논리 게이트 중 잡음 여유도가 가장 큰 것은?

㉮ ECL ㉯ TTL ㉰ HTL ㉱ C-MOS

**49.** 다음 카르노 도표를 간략화 한 결과는?

| | $\overline{C}\overline{D}$ | $\overline{C}D$ | $CD$ | $C\overline{D}$ |
|---|---|---|---|---|
| $\overline{A}\overline{B}$ | 0 | 0 | 0 | 0 |
| $\overline{A}B$ | 0 | 0 | 0 | 0 |
| $AB$ | 1 | 1 | 1 | 1 |
| $A\overline{B}$ | 1 | 1 | 1 | 1 |

㉮ $B$

㉯ $AB + \overline{CD}$

㉰ $A$

㉱ $A\overline{B} + \overline{C}D$

**정답** 45. ㉰ 46. ㉮ 47. ㉯ 48. ㉰ 49. ㉰

**50.** 다음 카르노 도표를 간략화 한 결과는?

㉮ $\overline{A}\,\overline{B}D + A\overline{C} + C\overline{D}$

㉯ $\overline{A}\,\overline{B}D + A\overline{C} + CD$

㉰ $\overline{A}\,\overline{B}D + AC + CD$

㉱ $\overline{A}\,\overline{B}D + AC + C\overline{D}$

| | $\overline{C}\,\overline{D}$ | $\overline{C}D$ | $CD$ | $C\overline{D}$ |
|---|---|---|---|---|
| $\overline{A}\,\overline{B}$ | 0 | 1 | 1 | 1 |
| $\overline{A}B$ | 0 | 0 | 0 | 1 |
| $AB$ | 1 | 1 | 0 | 1 |
| $A\overline{B}$ | 1 | 1 | 0 | 1 |

**51.** 다음의 카르노 도표를 간략화 한 결과는?

㉮ $\overline{A}B\overline{C} + ACD + ABC + \overline{A}CD$

㉯ $\overline{A}B\overline{C} + A\overline{C}D + ABC + \overline{A}CD$

㉰ $\overline{A}B\overline{C} + ACD + ABC + A\overline{C}D$

㉱ $\overline{A}\,\overline{B}\,\overline{C} + ACD + ABC + A\overline{C}D$

| | $\overline{C}\,\overline{D}$ | $\overline{C}D$ | $CD$ | $C\overline{D}$ |
|---|---|---|---|---|
| $\overline{A}\,\overline{B}$ | 0 | 0 | 1 | 0 |
| $\overline{A}B$ | 1 | 1 | 1 | 0 |
| $AB$ | 0 | 1 | 1 | 1 |
| $A\overline{B}$ | 0 | 1 | 0 | 0 |

**52.** 다음 그림과 같은 게이트의 명칭으로 옳은 것은?

㉮ AND

㉯ OR

㉰ NAND

㉱ NOR

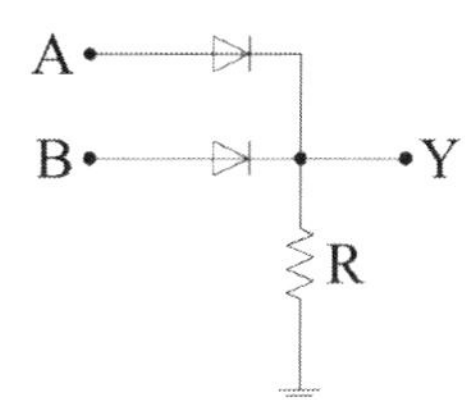


**53.** 다음 회로와 등가인 게이트는?

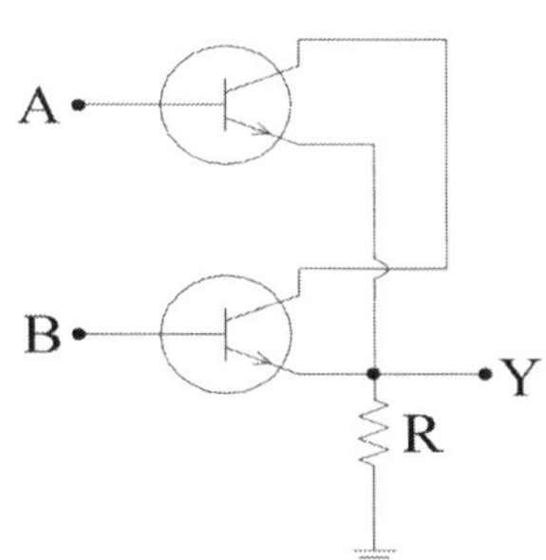


㉮
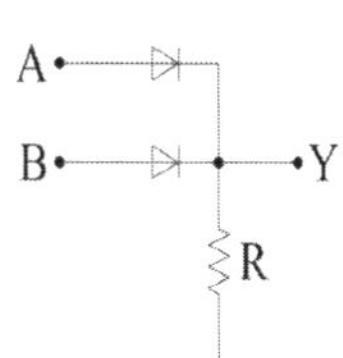


㉯
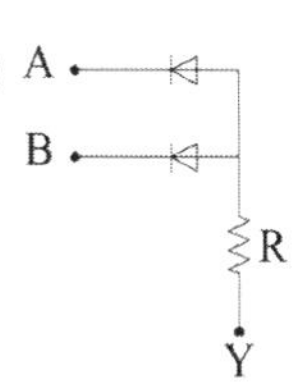


㉰
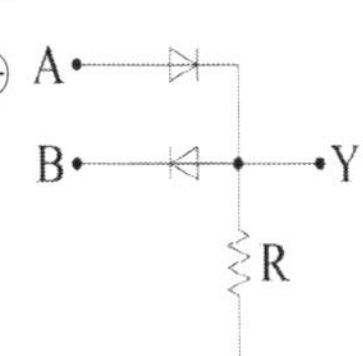


㉱
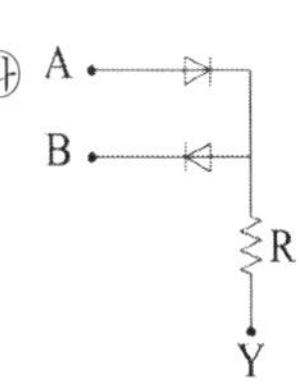


정답 50. ㉮ 51. ㉯ 52. ㉯ 53. ㉮

54. 다음 그림과 같은 게이트의 출력은?

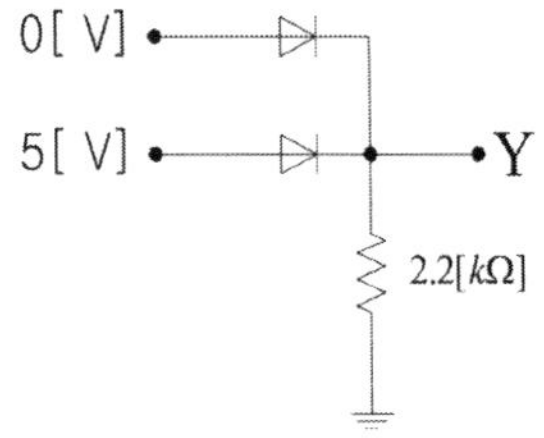


㉮ 0[V] ㉯ 2.5[V] ㉰ 5[V] ㉱ 7.5[V]

55. 다음 게이트의 논리회로로 옳은 것은?

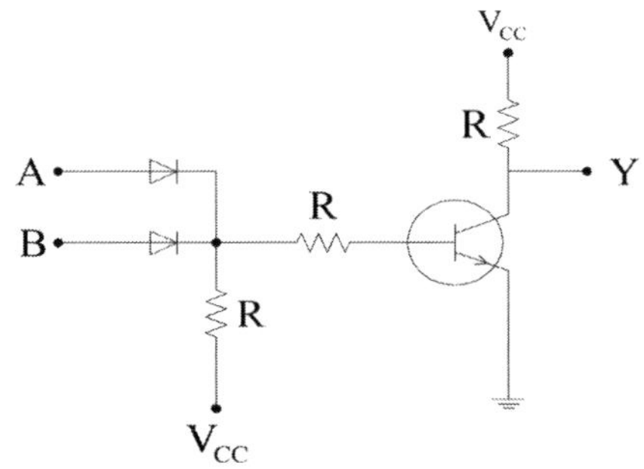


㉮ 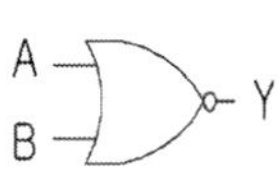

㉯ 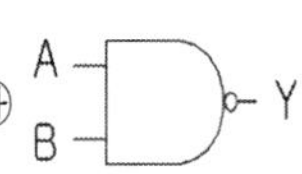

㉰ 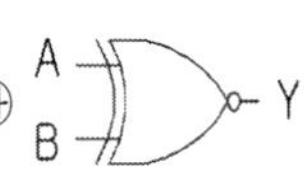

㉱ 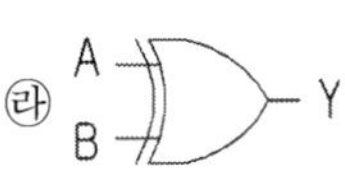


56. 다음 게이트의 논리회로로 옳은 것은?

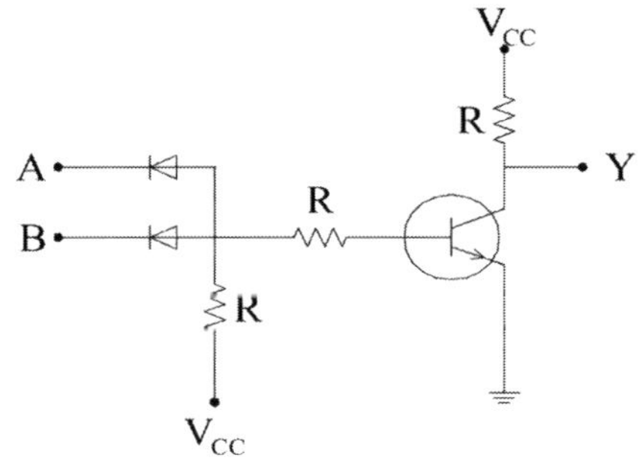


㉮ 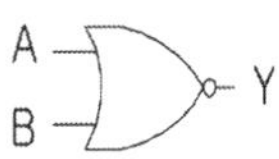

㉯ 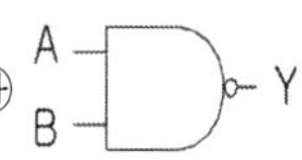

㉰ 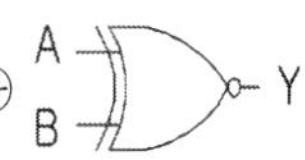

㉱ 

정답 54. ㉰ 55. ㉮ 56. ㉯

**57.** NOR의 기능을 수행하며 3개의 TR이 병렬로 접속된 회로로서 상당히 큰 베이스 전류를 필요로 하며, 다른 전자 논리회로에 비하여 동작속도가 느리고 잡음에 약한 것이 단점이 있는 전자논리회로는?

㉮ ECL 게이트 ㉯ RTL 게이트 ㉰ DTL 게이트 ㉱ TTL 게이트

**58.** NAND의 기능을 수행하는 잡음에 강하며 소비전력이 적고 TTL과 호환성을 갖는 전자 논리회로는?

㉮ ECL 게이트 ㉯ RTL 게이트 ㉰ DTL 게이트 ㉱ HTL 게이트

**59.** 다음 전자 논리회로의 출력으로 옳은 것은?

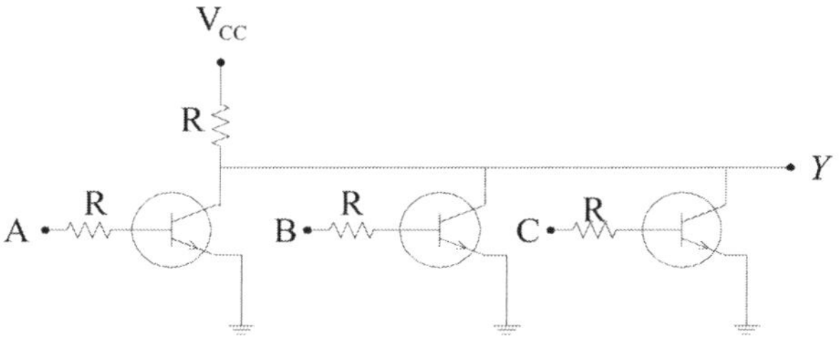


㉮ $Y = \overline{A} + \overline{B} + C$ ㉯ $Y = \overline{ABC}$

㉰ $Y = \overline{A} + \overline{B} + \overline{C}$ ㉱ $Y = \overline{A + B + C}$

**해설** 이 전자 논리회로는 RTL(Resistor Transistor Logic)로서 NOR의 기능을 수행한다. 3개의 TR이 병렬로 접속된 회로로서 상당히 큰 베이스 전류를 필요로 하며, 다른 전자 논리회로에 비하여 동작속도가 느리고 잡음에 약한 것이 단점이다.

**60.** 다음 전자 논리회로의 출력으로 옳은 것은?

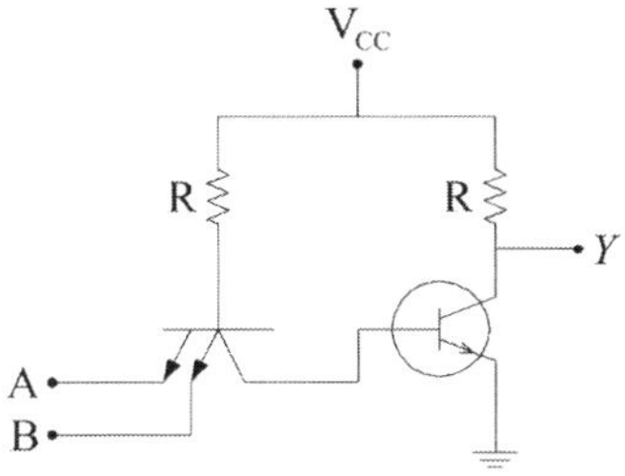


㉮ $Y = \overline{A + B}$

㉯ $Y = \overline{A \cdot B}$

㉰ $Y = A \cdot B$

㉱ $Y = A + B$

**해설** 이 전자 논리회로는 TTL(Transistor Transistor Logic)로서 NAND의 기능을 수행한다. 이미터 멀티 트랜지스터를 사용하여 고속 스위칭 회로에 사용하며 DTL과 호환성을 갖는다.

**정답** 57. ㉯ 58. ㉰ 59. ㉱ 60. ㉯

61. 다음 전자 논리회로의 출력으로 옳은 것은?

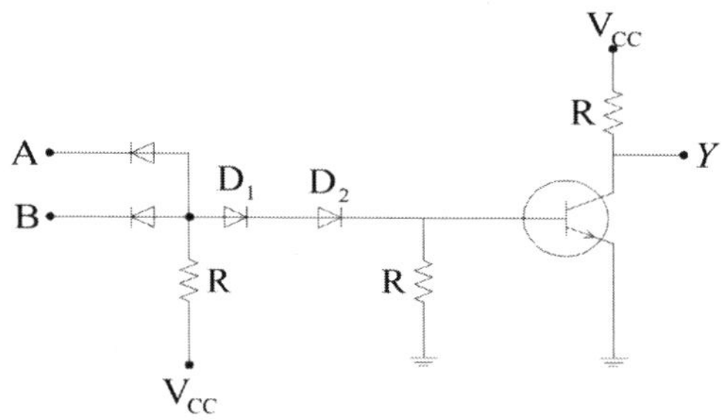


㉮ $Y = \overline{A + B}$
㉯ $Y = \overline{A \cdot B}$
㉰ $Y = A \cdot B$
㉱ $Y = A + B$

**해설** 이 전자 논리회로는 DTL(Diode Transistor Logic)로서 NAND의 기능을 수행한다. 다이오드와 트랜지스터를 기본 소자로 한 논리회로이며 잡음에 강하며 소비전력이 적고 TTL과 호환성을 갖는다.

62. 다음 전자 논리회로의 출력으로 옳은 것은?

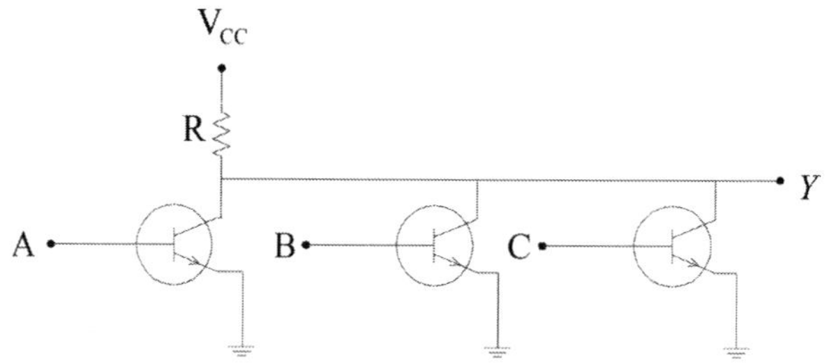


㉮ $Y = \overline{A} + \overline{B} + C$
㉯ $Y = \overline{ABC}$
㉰ $Y = \overline{A} + \overline{B} + \overline{C}$
㉱ $Y = \overline{A + B + C}$

**해설** 이 전자 논리회로는 DCTL(Direct Coupled Transistor Logic)로서 NOR의 기능을 수행한다. 회로의 구성이 간단하고 소비전력이 적으며 고속 스위칭 회로로 사용된다.

**정답** 61. ㉯ 62. ㉱

63. 다음 전자 논리회로의 출력으로 옳은 것은?

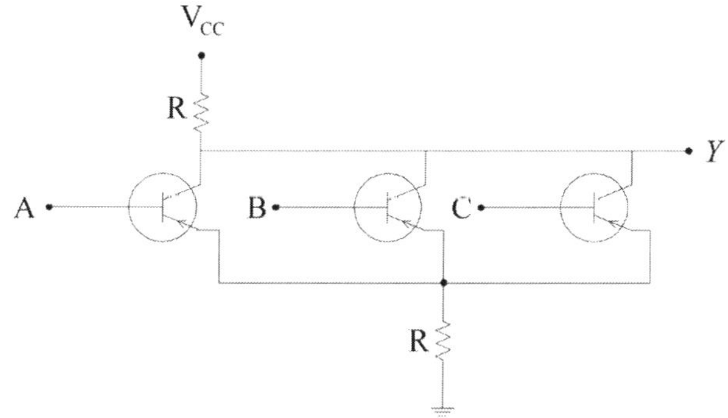


㉮ $Y = \overline{A} + \overline{B} + C$　　㉯ $Y = \overline{ABC}$

㉰ $Y = \overline{A} + \overline{B} + \overline{C}$　　㉱ $Y = \overline{A + B + C}$

해설 이 전자 논리회로는 ECTL(Emitter Coupled Transistor Logic)로서 NOR의 기능을 수행한다. 회로의 구성이 간단하고 소비전력이 많으며 고속 스위칭 회로로 사용된다.

64. 다음 전자 논리회로의 출력으로 옳은 것은?

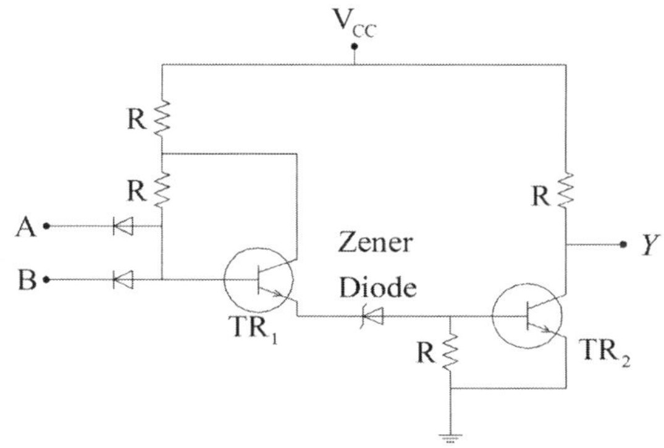


㉮ $Y = \overline{A + B}$　　㉯ $Y = \overline{A \cdot B}$

㉰ $Y = A \cdot B$　　㉱ $Y = A + B$

해설 이 전자 논리회로는 HTL(High Threshold Logic)로서 NAND의 기능을 수행한다. 잡음 여유도가 높아 모터나 고압 스위치와 같은 잡음이나 열전압이 발생하는 곳에 사용한다.

정답 63. ㉱　64. ㉯

**65.** fan-out을 가장 적절하게 설명한 것은?

㉮ 입력 분기수 즉 입력 단자를 가지고 있는 개수를 말한다.
㉯ 입력과 출력을 교환하는 것을 말한다.
㉰ 출력 분기수 즉 출력 단자를 가지고 있는 개수를 말한다.
㉱ 입력을 출력 보다 크게 하는 것을 말한다.

**66.** 다음 전자 논리 회로 중 fan-out이 가장 큰 회로는?

㉮ TTL 게이트　　㉯ RTL 게이트
㉰ DTL 게이트　　㉱ HTL 게이트

**해설** 전자 논리 회로에서 fan-out이 자장 큰 것은 TTL이다.

**67.** 플립플롭 회로에 기본이 되는 회로는?

㉮ 적분회로　　㉯ 단안정 멀티바이브레이터
㉰ 비안정 멀티바이브레이터　　㉱ 쌍안정 멀티바이브레이터

**해설** 플립플롭회로의 기본은 쌍안정 멀티바이브레이터이다.

**68.** 플립플롭 회로에서 안정 상태는 몇 개인가?

㉮ 0개　　㉯ 1개
㉰ 2개　　㉱ 3개

**해설** 플립플롭 회로는 0과 1의 안정상태를 갖는다.

**69.** 플립플롭 회로의 출력 $Q$및 $\overline{Q}$는 세트(set)입력 상태에서 어떤 논리값을 갖는가?

㉮ $Q=0,\ \overline{Q}=0$　　㉯ $Q=0,\ \overline{Q}=1$
㉰ $Q=1,\ \overline{Q}=0$　　㉱ $Q=1,\ \overline{Q}=1$

**해설** 플립플롭(flip-flop)회로는 세트(set)와 리세트(reset)에 의하여 상태가 결정된다.
세트 : $Q-1,\ \overline{Q}=0$
리세트 : $Q=0,\ \overline{Q}=1$

**정답** 65. ㉰　66. ㉮　67. ㉱　68. ㉰　69. ㉰

**70.** 다음은 J-K형 플립플롭의 진리표이다. ( )속에 가장 적절한 것은?

| 입력 | | 출력 |
|---|---|---|
| J | K | $Q_{t+1}$ |
| 0 | 0 | $Q_t$ |
| 0 | 1 | 0 |
| 1 | 0 | 1 |
| 1 | 1 | ( ) |

㉮ 0

㉯ 1

㉰ $\overline{Q_t}$

㉱ 부정

**71.** J-K형 플립플롭에서 클럭펄스가 입력되면 출력은 어떤 상태로 되는가?

㉮ J=0, K=0

㉯ J=0, K=1

㉰ J=1, K=0

㉱ J=1, K=1

**72.** J-K형 플립플롭을 사용하여 D형 플립플롭을 만들기 위한 외부 결선 방법으로 옳은 것은?

㉮ 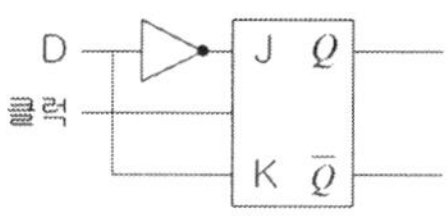


㉯ 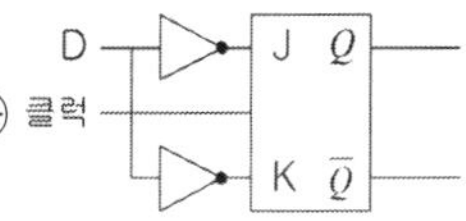


㉰ 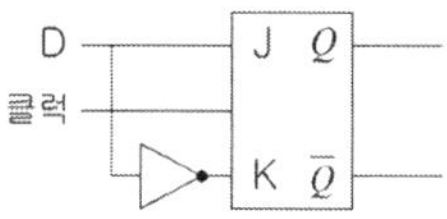


㉱ 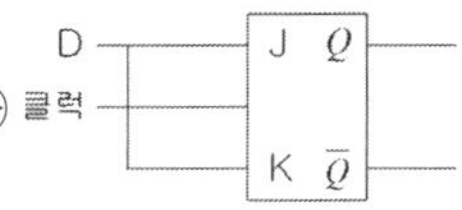


정답 70. ㉰ 71. ㉱ 72. ㉮

CHAPTER 13

# 응용 논리회로

# 13.1 카운터회로(Counter Circuit)

## (1) 동기식 카운터

- 여러 개의 플립플롭 회로가 같은 시간에 동시에 동작하도록 동기시키는 회로를 동기식 카운터라 한다.
- 병렬식 카운터(Parallel Counter)라 한다(각 플립플롭의 클럭(C)선이 병렬로 연결된다).

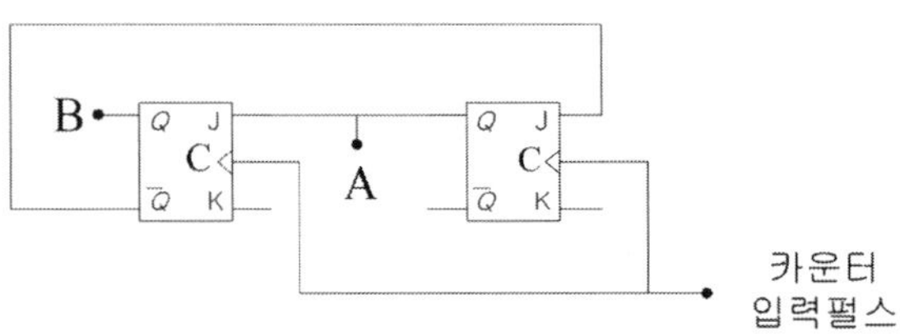


| 카운터 입력펄스 | A | B |
|---|---|---|
| 0 | 0 | 0 |
| 1 | 0 | 1 |
| 2 | 1 | 0 |
| 3 | 1 | 1 |

〈그림 13-1〉 동기식 카운터 회로와 진리표

## (2) 비동기식 카운터

### ① 리플 카운터(Ripple Counter)

- 출력신호의 일부가 클럭 펄스(Clock Pulse)의 입력단에 인가되는 다단계의 JK 플립플롭 회로를 이용한다.

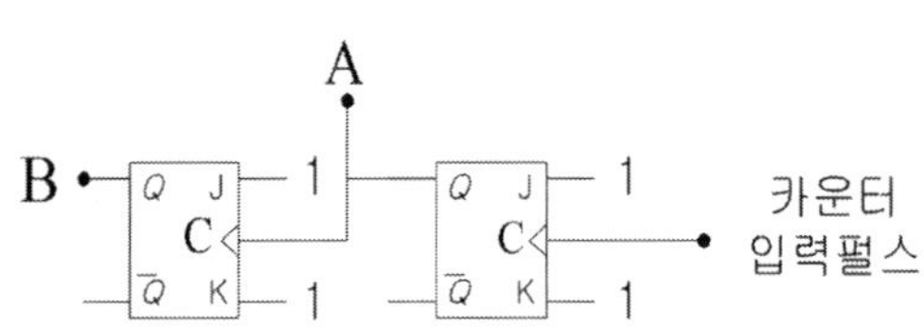


〈그림 13-2〉 리플 카운터

### ② 상향 2진 카운터

- 클럭 펄스가 입력될때에 출력이 변화하는 2진 카운터 회로이다. 클럭 펄스가 입력될때마다 $2^0$(첫째단)의 출력은 항상 변화되나, $2^1$(둘째단)의 출력은 2개, $2^2$(셋째단)의 출력은 4개, $2^3$(넷째단)의 출력은 8개의 클럭펄스가 입력될 때 변화한다.

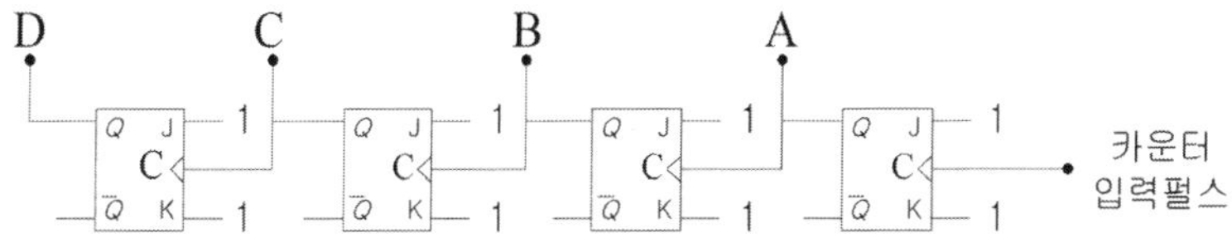


〈그림 13-3〉 상향 2진 카운터

③ 하향 2진 카운터

- 각단의 출력을 Reset 상태로 만든 다음에 클럭 펄스가 입력되면$2^0$(첫째단)의 출력이 1로 되고, $2^1$(둘째단)의 출력은 1→0으로 반전되고,$2^2$(셋째단)의 출력은 0→1로 반전되고, $2^3$(넷째단)의 출력은 1→0으로 반전된다.

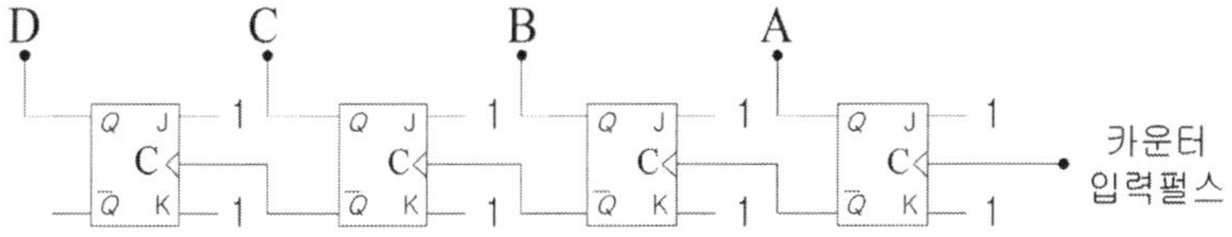


〈그림 13-4〉 하향 2진 카운터

# 13.2 연산회로

## (1) 가산기

### ① 반가산기

- 반가산기는 두 개의 논리회로를 이용하여 만들며, 반가산기의 출력을 부울 함수로 표현하면 다음과 같다. (X : 가산기의 출력, Y : 자리올림 출력)

$X = A\overline{B} + \overline{A}B$

$Y = AB$

- 진리표

〈표 13-1〉 반가산기의 진리표

| A | B | X | Y |
|---|---|---|---|
| 0 | 0 | 0 | 0 |
| 0 | 1 | 1 | 0 |
| 1 | 0 | 1 | 0 |
| 1 | 1 | 0 | 1 |

- 기본 회로

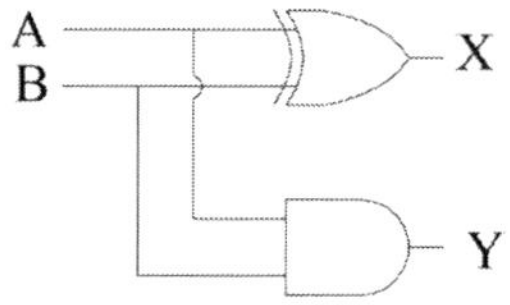


〈그림 13-5〉 반가산기의 기본 회로

- 간략화 회로

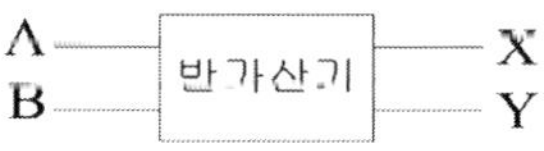


〈그림 13-6〉 반가산기의 간략화 회로

### ② 전가산기

- 전가산기는 두 개의 반가산기와 한 개의 논리회로를 사용하여 만들며, 전가산기의 출력을 부울 함수로 표현하면 다음과 같다.(X : 가산기의 출력, Y : 자리올림 출력)

$X = \overline{A}\,\overline{B}C + \overline{A}B\overline{C} + A\overline{B}\,\overline{C} + ABC$

$Y = AB + AC + BC$

- 진리표

〈표 13-2〉 전가산기의 진리료

| A | B | C | X | Y |
|---|---|---|---|---|
| 0 | 0 | 0 | 0 | 0 |
| 0 | 0 | 1 | 1 | 0 |
| 0 | 1 | 0 | 1 | 0 |
| 0 | 1 | 1 | 0 | 1 |
| 1 | 0 | 0 | 1 | 0 |
| 1 | 0 | 1 | 0 | 1 |
| 1 | 1 | 0 | 0 | 1 |
| 1 | 1 | 1 | 1 | 1 |

- 기본 회로

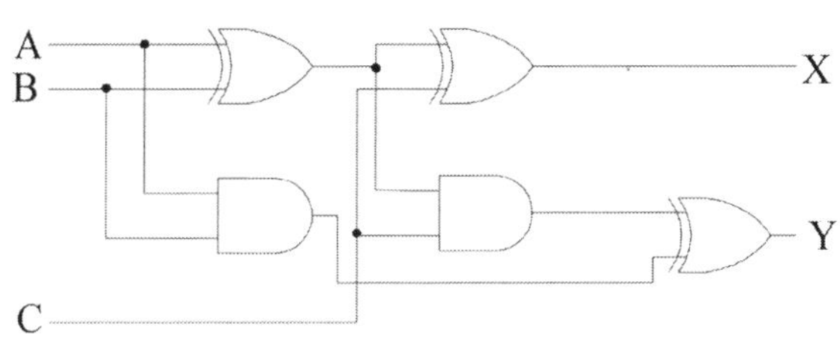


〈그림 13-7〉 전가산기의 기본 회로

- 간략화 회로

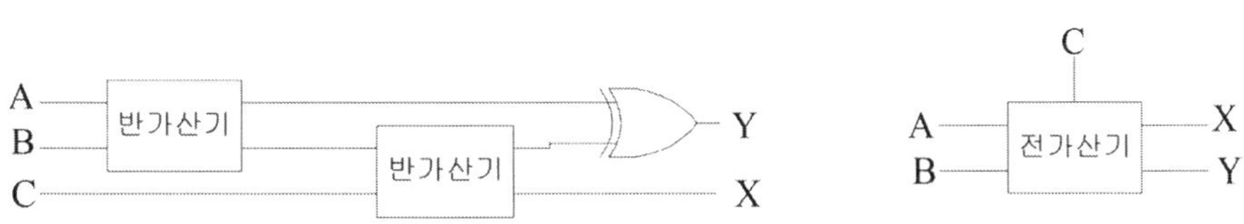


(a) (b)

〈그림 13-8〉 전가산기의 (a) 간략화 회로와 (b) 기호

③ 병렬 가산기

- 2진 입력을 동시에 가산하기 위하여 전가산기를 병렬로 연결한 회로이다.

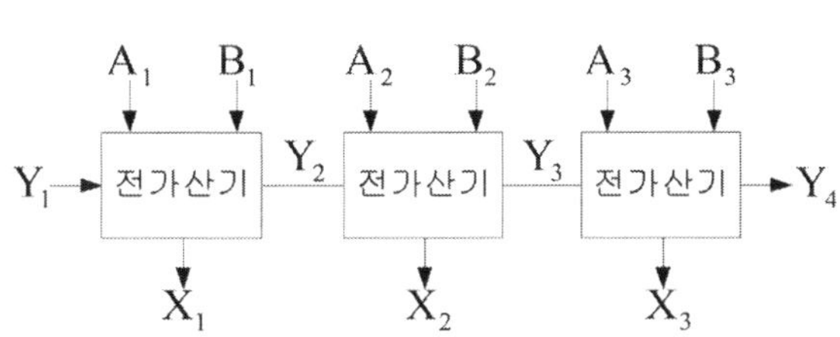


〈그림 13-9〉 병렬 가산기

## (2) 감산기

### ① 반감산기

- 2진수의 감산을 행하는 회로이며 반가산기 회로에 대응된다(X : 감산기의 출력, Y : 자리빌림 출력).

$X = \overline{A}B + A\overline{B}$

$Y = \overline{A}B$

- 진리표

〈표 13-3〉 반감산기의 진리료

| A | B | X | Y |
|---|---|---|---|
| 0 | 0 | 0 | 0 |
| 0 | 1 | 1 | 1 |
| 1 | 0 | 1 | 0 |
| 1 | 1 | 0 | 0 |

- 기본회로

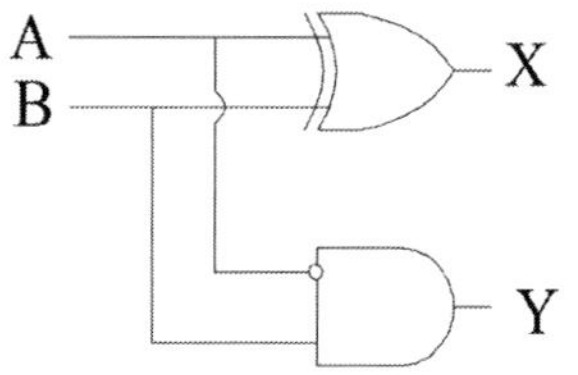


〈그림 13-10〉 반감산기의 기본회로

- 간략화 회로

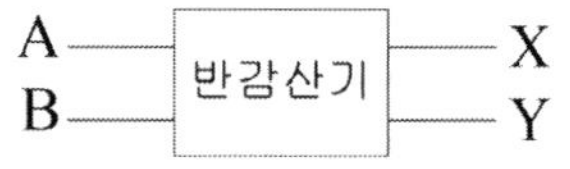


〈그림 13-11〉 반감산기

### ② 전감산기

- 반감산기에 자리빌림 입력 단자를 추가하여 2진수의 감산을 행하는 회로이다.
- 진리표

〈표 13-4〉 전감산기의 진리표

| A | B | C | X | Y |
|---|---|---|---|---|
| 0 | 0 | 0 | 0 | 0 |
| 0 | 0 | 1 | 1 | 1 |
| 0 | 1 | 0 | 1 | 1 |
| 0 | 1 | 1 | 1 | 0 |
| 1 | 0 | 0 | 0 | 1 |
| 1 | 0 | 1 | 0 | 0 |
| 1 | 1 | 0 | 0 | 0 |
| 1 | 1 | 1 | 1 | 1 |

- 간략화 회로

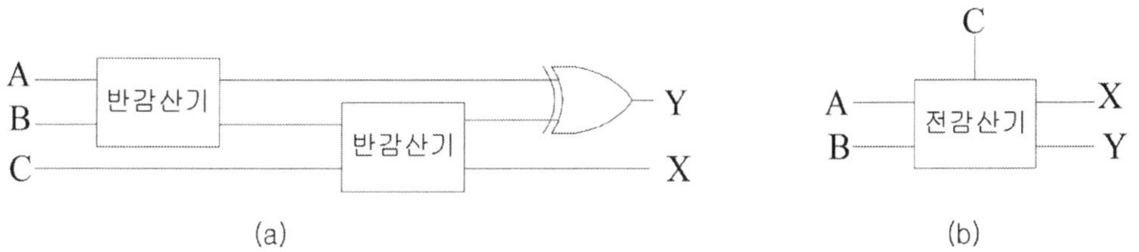


〈그림 13-12〉 전감산기의 (a) 간략화 회로와 (b) 기호

③ 병렬 감산기

- 2진 입력을 동시에 감산하기 위하여 전감산기를 병렬로 연결한 회로이다.

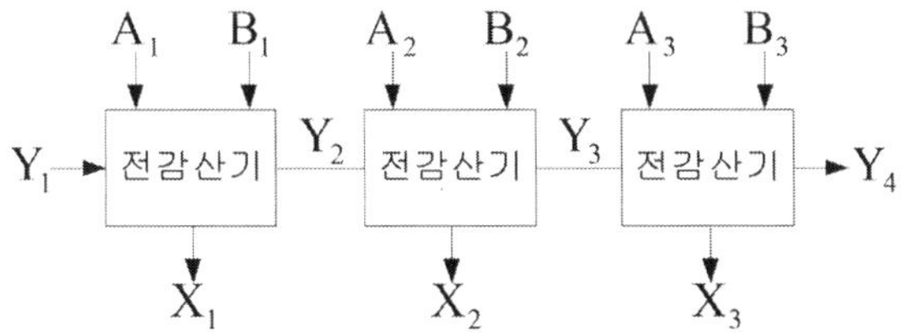


〈그림 13-13〉 병렬 감산기

# 13.3 인코더(Encoder)와 멀티플렉서(Multiplexer)

## (1) 인코더(Encoder)

- $2^N$개의 입력과 $N$개의 출력을 갖는다.
- 2진수를 연산하는 회로에서는 $2^N$개의 입출력을 갖는다. 따라서 인코더는 숫자나 문자를 $N$ bit의 부호로 변환하는 회로이다.
- 10진수를 2진수로 변환하는 OR 논리회로의 집합으로 구성된다.

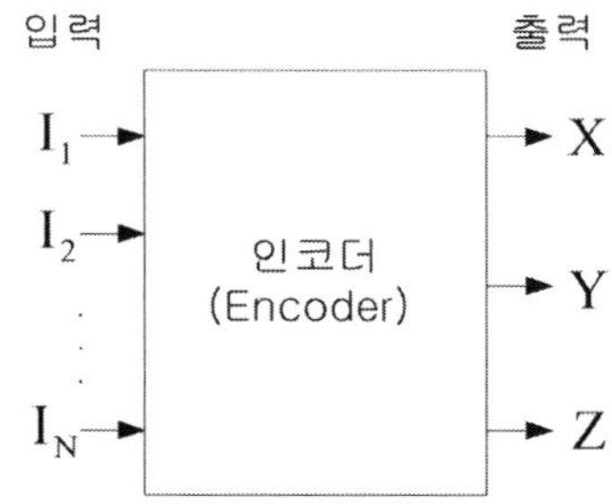


〈그림 13-14〉 인코더(Encoder)

## (2) 멀티플렉서(Multiplexer)

- 다수의 입력과 1개의 출력을 갖는다.
- 다수의 입력 채널 중에서 1개의 채널을 선택하여 정보를 송신한다.
- 10진수를 2진수로 변환하는 NOT, AND, NOR 논리회로의 집합으로 구성된다.

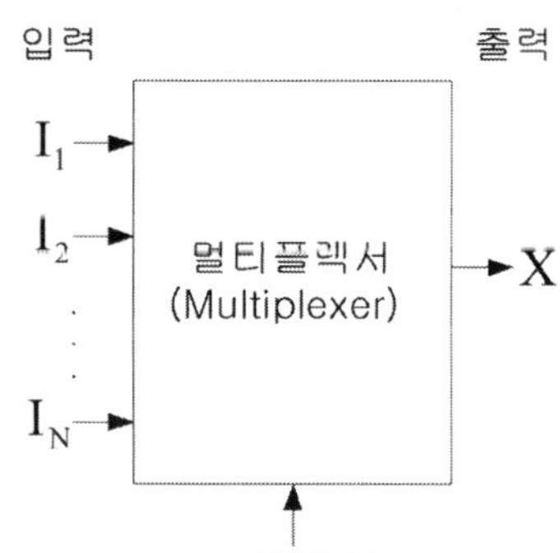


〈그림 13-15〉 멀티플렉서(Multiplexer)

# 13.4 디코더(Decoder)와 디멀티플렉서(Demultiplexer)

## (1) 디코더(Decoder)

- $N$개의 입력과 $2^N$개의 출력을 갖는다.
- 코드화된 2진수를 다른 형태의 코드로 변환하는 기능을 갖는다.
- 디지털 신호의 해독에 사용된다.
- 2진수를 10진수로 변환하는 AND 논리회로의 집합으로 구성된다.

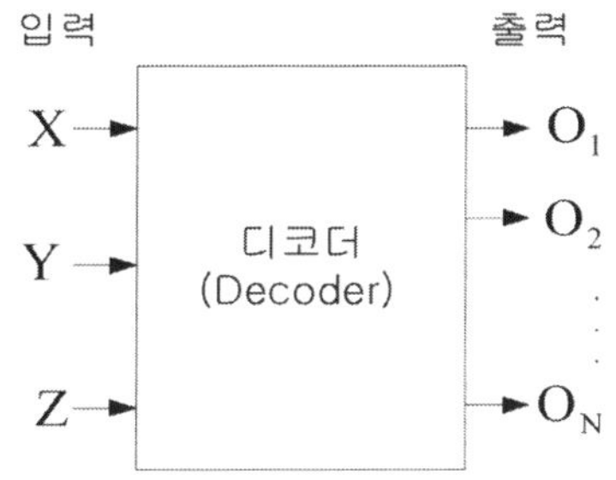


〈그림 13-16〉 디코더(Decoder)

## (2) 디멀티플렉서(Demultiplexer)

- 1개의 입력과 다수의 출력을 갖는다.
- 다수의 출력 채널 중에서 1개의 채널을 선택하여 정보를 송신한다.

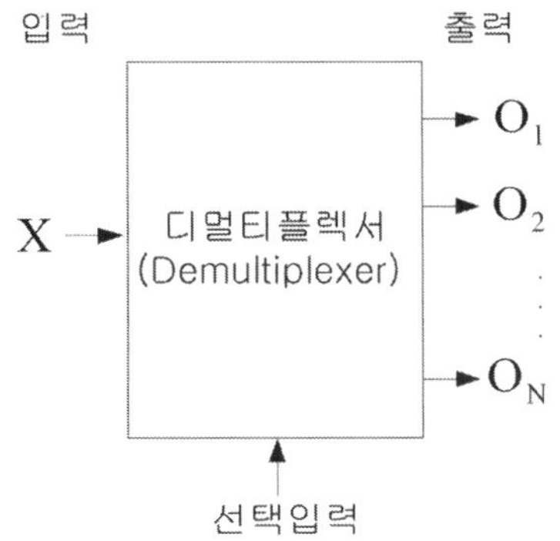


〈그림 13-17〉 디멀티플렉서(Demultiplexer)

# 13.5 조합회로

## (1) 일치 회로

- 두 입력 신호가 같을 때에 만 1을 출력하는 회로이다.
- AND, NAND, OR 논리회로의 조합회로이다.
- 진리표

〈표 13-5〉 일치 회로의 진리표

| A | B | X |
|---|---|---|
| 0 | 0 | 1 |
| 0 | 1 | 0 |
| 1 | 0 | 0 |
| 1 | 1 | 1 |

- 기본회로

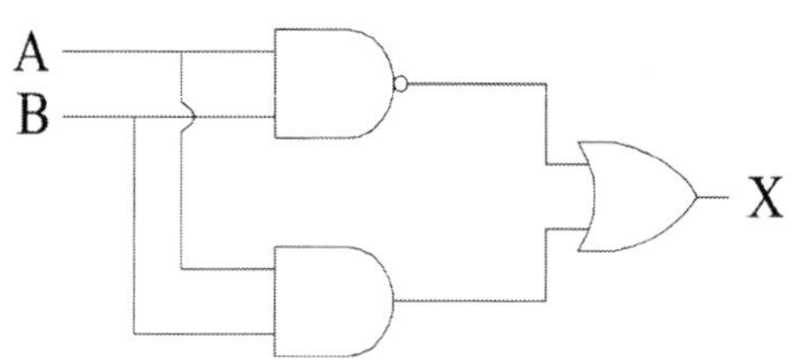


〈그림 13-18〉 일치 논리회로

2

## (2) 반일치 회로

- 두 입력 신호가 다를 때에 만 1을 출력하는 회로이다.
- NOT, AND, OR 논리회로의 조합회로이다.
- 진리표

〈표 13-6〉 반일치 회로의 진리표

| A | B | X |
|---|---|---|
| 0 | 0 | 0 |
| 0 | 1 | 1 |
| 1 | 0 | 1 |
| 1 | 1 | 0 |

• 기본회로

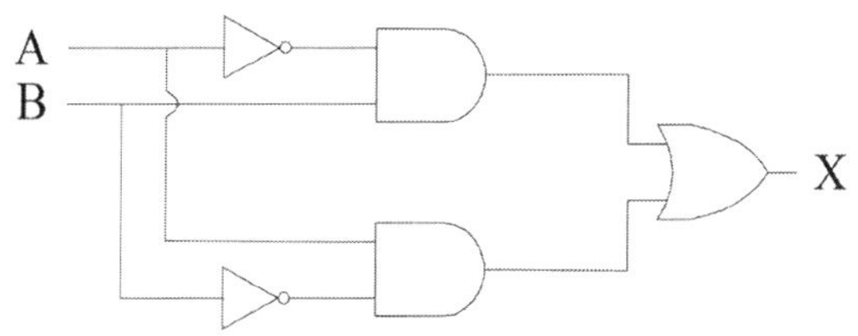


〈그림 13-19〉 반일치 논리회로

## (3) 억제(Inhibit) 회로

• NOT, AND 회로의 조합으로 구성된 회로이다.

• C 단자에 입력되는 신호에 의하여 출력 신호를 억제하는 회로이다.

• 진리표

〈표 13-7〉 억제 회로의 진리표

| A | B | C | X |
|---|---|---|---|
| 0 | 0 | 0 | 0 |
| 0 | 1 | 0 | 0 |
| 1 | 0 | 0 | 0 |
| 1 | 1 | 0 | 1 |
| 0 | 0 | 1 | 0 |
| 0 | 1 | 1 | 0 |
| 1 | 0 | 1 | 0 |
| 1 | 1 | 1 | 0 |

• 기본회로

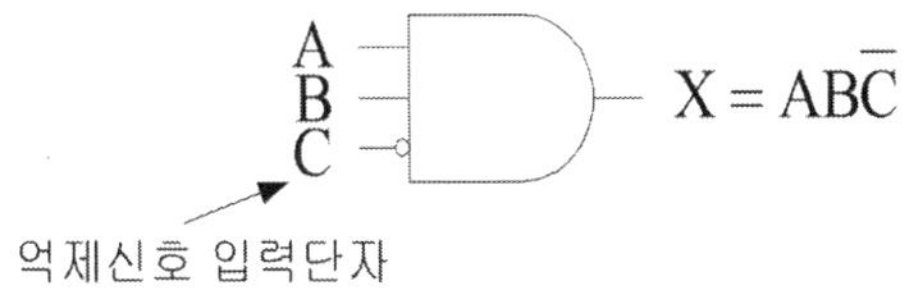


〈그림 13-20〉 억제 논리회로

## (4) 다수결 회로

• AND, OR 회로의 조합으로 구성된 회로이다.

• 3개의 입력 중 2개 이상이 1일 때 만 출력신호를 얻을 수 있는 회로이다.

• 진리표

〈표 13-8〉 다수결 회로의 진리표

| A | B | C | X |
|---|---|---|---|
| 0 | 0 | 0 | 0 |
| 0 | 0 | 1 | 0 |
| 0 | 1 | 0 | 0 |
| 0 | 1 | 1 | 1 |
| 1 | 0 | 0 | 0 |
| 1 | 0 | 1 | 1 |
| 1 | 1 | 0 | 1 |
| 1 | 1 | 1 | 1 |

• 기본회로

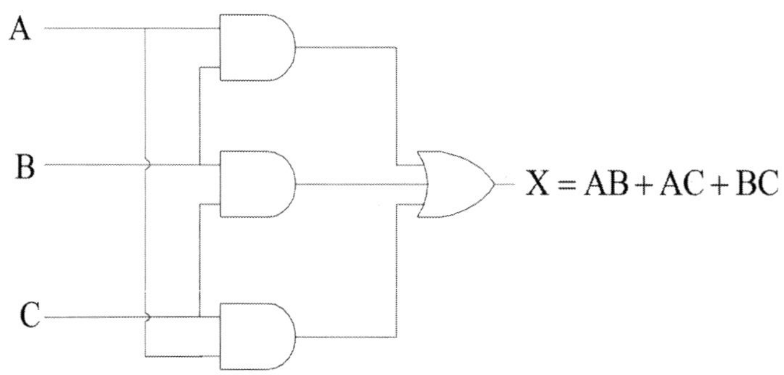


〈그림 13-21〉 다수결 논리회로

# 연습문제

1. 동기식 카운터에 관한 설명으로 옳은 것은?

㉮ 논리식이 단순하고 쉽게 설계할 수 있다.
㉯ 전자 계산기 회로에 별로 사용되지 않는다.
㉰ 여러 개의 플립플롭 회로가 같은 시간에 동시에 동작하도록 한다.
㉱ 전단의 출력이 후단의 트리거(trigger)입력이 된다.

2. 다음은 동기식 카운터의 진리표이다. ( )안에 넣을 2진수로 적절한 것은?

㉮ 0,0
㉯ 0,1
㉰ 1,0
㉱ 1,1

| 카운터 입력펄스 | A | B |
|---|---|---|
| 0 | 0 | 0 |
| 1 | 0 | 1 |
| 2 | ( ) | ( ) |
| 3 | 1 | 1 |

3. 다음 논리회로의 명칭으로 옳은 것은?

㉮ 동기식 카운터
㉯ 리플 카운터
㉰ 상향 2진 카운터
㉱ 하향 2진 카운터

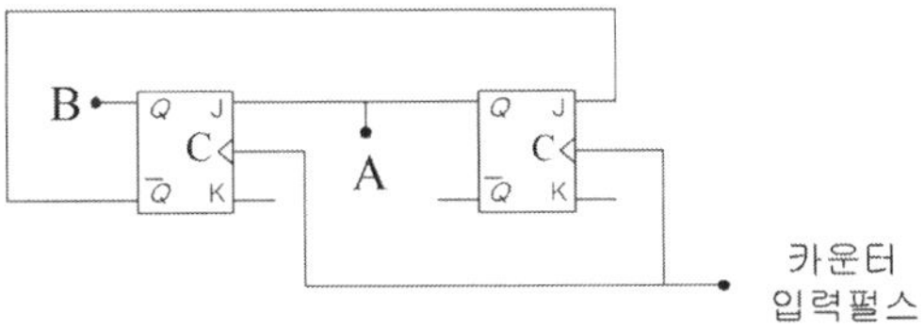


4. 비동기 카운터에 관하여 잘못 설명한 것은?

㉮ 출력신호의 일부가 클럭 펄스(Clock Pulse)의 입력단에 인가되는 다단계의 JK 플립플롭 회로를 이용한다.
㉯ 빠른 속도의 카운터에 적합하다.
㉰ 회로가 단순하여 쉽게 설계할 수 있다.
㉱ 리플 카운터(ripple counter)라고도 한다.

정답 1. ㉰ 2. ㉰ 3. ㉮ 4. ㉯

5. 상향 2진 카운터에 관하여 옳게 설명한 것은?

㉮ 우측 이동 레지스터(register)이다.

㉯ 입출력 장치에 사용된다.

㉰ 첫 번째 펄스가 인가되면 각 단은 모두 1로 셋(set)된다.

㉱ 덧셈에 사용된다.

6. 다음 카운터의 명칭으로 옳은 것은?

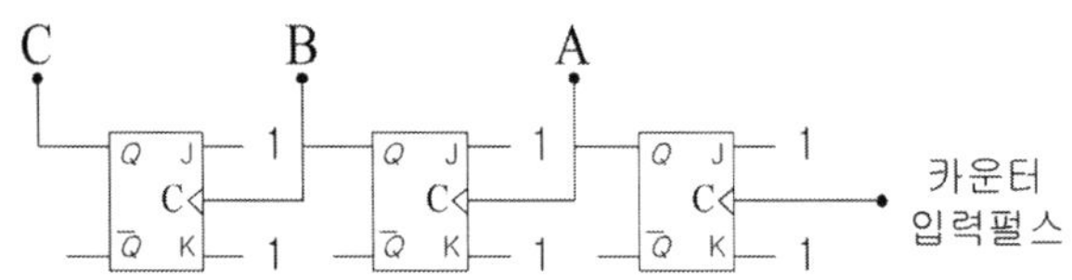


㉮ 상향 4진 카운터　　㉯ 하향 4진 카운터

㉰ 상향 8진 카운터　　㉱ 하향 8진 카운터

**해설** 카운터 입력 펄스가 $Q$에 입력되고 3개의 카운터가 있기 때문에 $2^3 = 8$ 진 카운터이다.
상향 카운터 : 카운터 입력 펄스가 $Q$에 연결
하향 카운터 : 카운터 입력 펄스가 $\overline{Q}$에 연결

7. 다음 연산회로의 명칭으로 옳은 것은?

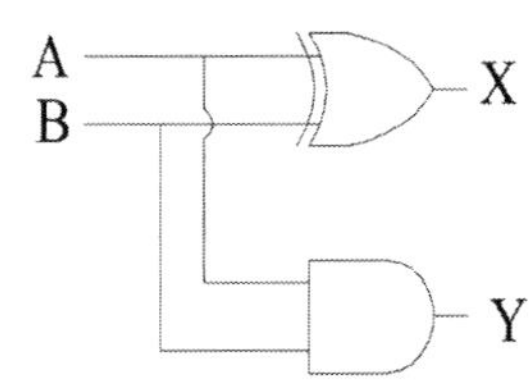


㉮ 반가산기

㉯ 전가산기

㉰ 반감산기

㉱ 전감산기

8. 다음 연산회로의 출력을 옳게 표현한 것은?

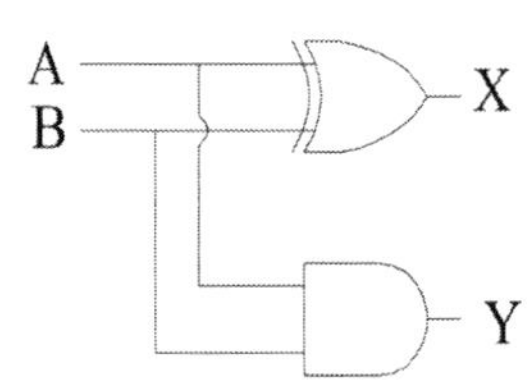


㉮ $X = \overline{A}B + AB,\ Y = AB$　　㉯ $X = \overline{A}\,\overline{B} + AB,\ Y = AB$

㉰ $X = A\overline{B} + AB,\ Y = AB$　　㉱ $X = A\overline{B} + \overline{A}B,\ Y = AB$

**정답** 1. ㉮　2. ㉯　3. ㉱　4. ㉰　5. ㉯

**9.** 반가산기 회로를 구성하고 있는 게이트를 옳게 설명한 것은?

㉮ AND게이트와 OR게이트
㉯ AND게이트와 EOR게이트
㉰ OR게이트와 EOR게이트
㉱ OR게이트와 NOR게이트

**10.** 다음 진리표는 어느 연산회로에 관한 것인가?

| A | B | X | Y |
|---|---|---|---|
| 0 | 0 | 0 | 0 |
| 0 | 1 | 1 | 0 |
| 1 | 0 | 1 | 0 |
| 1 | 1 | 0 | 1 |

㉮ 반가산기 ㉯ 전가산기 ㉰ 반감산기 ㉱ 전감산기

**11.** 두 개의 반가산기와 한 개의 EOR논리회로를 사용하여 만든 연산회로는?

㉮ 반가산기 ㉯ 전가산기 ㉰ 반감산기 ㉱ 전감산기

**해설** 전가산기는 두 개의 반가산기와 한 개의 EOR논리회로를 사용한다.

**12.** 전가산기의 출력을 옳게 설명한 것은?

㉮ 입력=2개, 출력=2개
㉯ 입력=2개, 출력=3개
㉰ 입력=3개, 출력=2개
㉱ 입력=3개, 출력=3개

**13.** 전감산기의 입력 중 관계 없는 것은?

㉮ 감수
㉯ 피감수
㉰ 상위에서 자리 빌림
㉱ 하위에서 자리 빌림

**해설** 전감산기는 상위에서 자리 빌림을 한다.

**14.** 전가산기의 논리회로 구성을 옳게 나타낸 것은?

㉮ 2개의 반가산기와 1개의 EOR 게이트
㉯ 2개의 반가산기와 1개의 AND 게이트
㉰ 3개의 반가산기와 1개의 OR 게이트
㉱ 3개의 반가산기와 1개의 AND 게이트

**정답** 9. ㉯ 10. ㉮ 11. ㉯ 12. ㉰ 13. ㉱ 14. ㉮

**15.** 반가산기의 설명으로 옳은 것은?

㉮ 1자리의 2진수 덧셈을 하는 회로이다.
㉯ 2자리의 2진수 덧셈을 하는 회로이다.
㉰ 3자리의 2진수 덧셈을 하는 회로이다.
㉱ 4자리의 2진수 덧셈을 하는 회로이다.

**16.** 다음과 같은 회로의 명칭으로 옳은 것은?

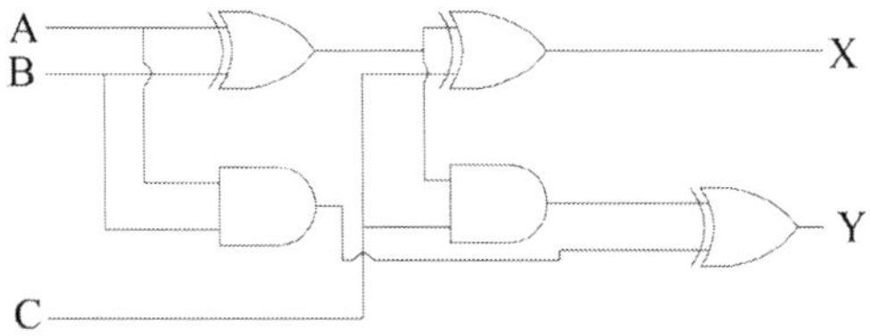


㉮ 반가산기 ㉯ 반감산기 ㉰ 전가산기 ㉱ 전감산기

**17.** 다음의 병렬 가산기를 옳게 설명한 것은?

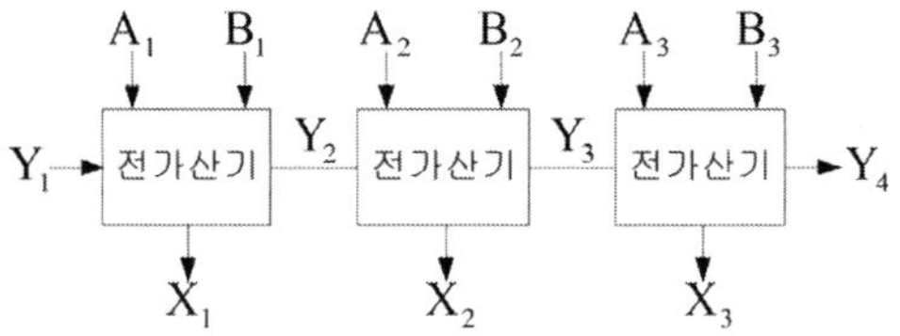


㉮ 반가산기를 병렬로 구성한 것이다.
㉯ 2진수의 각 자리의 덧셈을 동시에 수행한다.
㉰ 2진수의 각 자리의 덧셈을 2자리씩 수행한다.
㉱ 2진수의 각 자리의 덧셈을 4자리씩 수행한다.

**18.** 다음 연산회로의 명칭을 옳게 나타낸 것은?

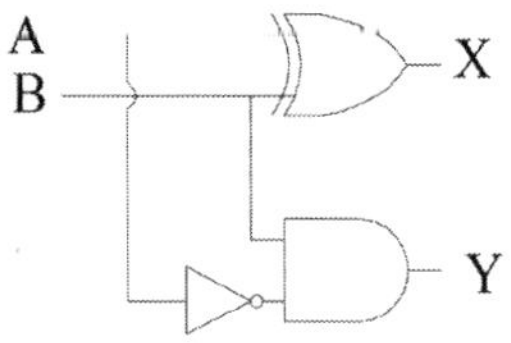


㉮ 반가산기 ㉯ 전가산기 ㉰ 전감산기 ㉱ 반감산기

정답 15. ㉮ 16. ㉰ 17. ㉯ 18. ㉱

19. 다음 진리표는 어느 연산회로에 관한 것인가?

㉮ 반가산기
㉯ 전가산기
㉰ 전감산기
㉱ 반감산기

| A | B | X | Y |
|---|---|---|---|
| 0 | 0 | 0 | 0 |
| 0 | 1 | 1 | 1 |
| 1 | 0 | 1 | 0 |
| 1 | 1 | 0 | 0 |

20. 다음 논리식 중에서 반가산기 기능을 수행할 수 있는 것은?

㉮ $A \oplus B$ 및 $A+B$
㉯ $A \oplus B$ 및 $AB$
㉰ $A+B$ 및 $AB$
㉱ $A \oplus B$

21. 반감산기에서 차를 얻기 위하여 사용하는 게이트는?

㉮ AND 게이트
㉯ OR 게이트
㉰ EOR 게이트
㉱ NOR 게이트

22. 병렬 2진 감산기를 가산기와 같이 사용하려면 어떤 회로가 필요한가?

㉮ 보수회로 ㉯ 지연회로 ㉰ 제어회로 ㉱ 펄스회로

23. 다음 회로는 인코더(Encoder)이다. 이를 잘못 설명한 것은?

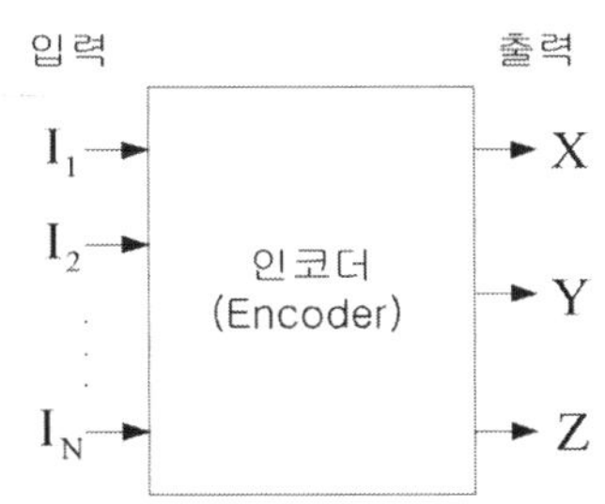


㉮ $2^N$개의 입력과 $N$개의 출력을 갖는다.
㉯ 숫자나 문자를 $N$ bit의 부호로 변환하는 회로이다.
㉰ 10진수를 2진수로 변환하는 OR 논리회로의 집합으로 구성된다.
㉱ 2진수를 연산하는 회로에서는 $2^N$개의 출력만을 갖는다.

**해설** 인코더에서 2진수를 연산하는 회로에서는$2^N$개의 입출력을 갖는다.

**정답** 19. ㉱ 20. ㉯ 21. ㉰ 22. ㉮ 23. ㉱

**24.** 멀티플렉서(Multiplexer)에 관한 설명으로 잘못된 것은?

㉮ 다수의 입력과 1개의 출력을 갖는다.
㉯ NOT, NAND, NOR 논리회로의 집합으로 구성된다.
㉰ 다수의 입력 채널 중에서 1개의 채널을 선택하여 정보를 송신한다.
㉱ NOT, AND, NOR 논리회로의 집합으로 구성된다.

**25.** 다음은 어떤 회로에 관한 설명인가?

| ① $N$개의 입력과 $2^N$개의 출력을 갖는다.<br>② 코드화된 2진수를 다른 형태의 코드로 변환하는 기능을 갖는다.<br>③ 2진수를 10진수로 변환하는 AND 논리회로의 집합으로 구성된다. |
|---|

㉮ 인코더(Encoder)　　㉯ 멀티플렉서(Multiplexer)
㉰ 디코더(Decoder)　　㉱ 디멀티플렉서(Demultiplexer)

**26.** 반가산기에서 자리 올림 신호의 논리식은?

㉮ $AB$　　㉯ $A+B$　　㉰ $A \oplus B$　　㉱ $A \otimes B$

**27.** 반감산기에서 자리 내림수를 얻기 위한 기능은?(단, —와 는 입력이다.)

㉮ $AB$　　㉯ $\overline{AB}$　　㉰ $A\overline{B}$　　㉱ $\overline{A}B$

**28.** 다음 연산회로의 명칭으로 옳은 것은?

㉮ 반 일치 회로
㉯ 억제 회로
㉰ 일치 회로
㉱ 다수결 회로

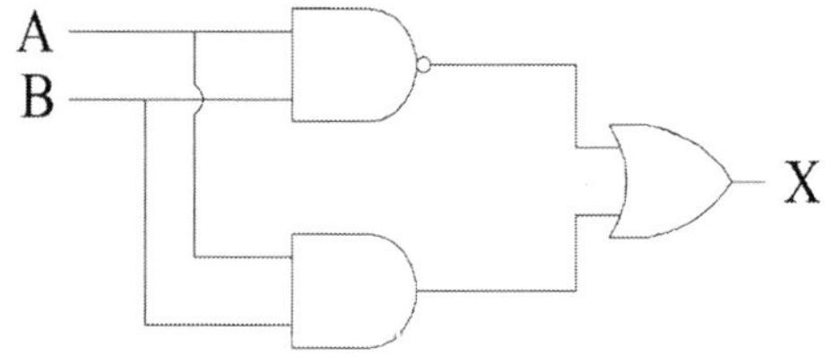


**29.** 다음 연산회로의 명칭으로 옳은 것은?

㉮ 반 일치 회로
㉯ 억제 회로
㉰ 일치 회로
㉱ 다수결 회로

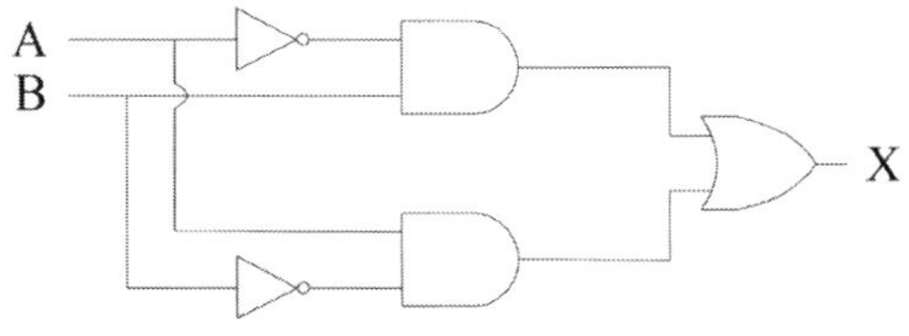


정답 24. ㉯ 25. ㉰ 26. ㉮ 27. ㉱ 28. ㉰ 29. ㉮

**30.** 다음 연산회로의 명칭으로 옳은 것은?

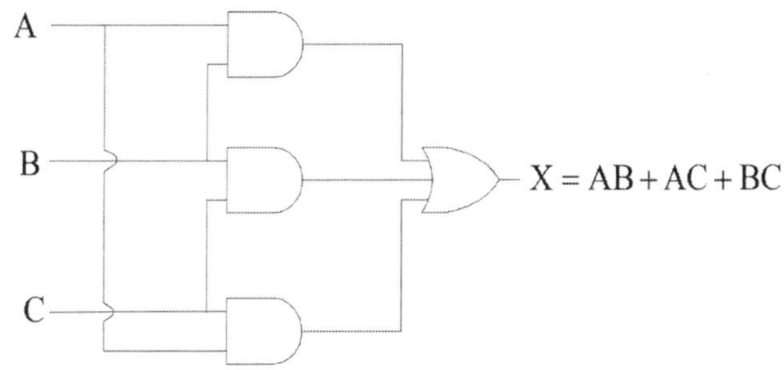


㉮ 반 일치 회로　　㉯ 억제 회로　　㉰ 일치 회로　　㉱ 다수결 회로

**31.** 다음은 일치회로에 관한 진리표이다. (a)와 (b)안에 들어갈 2진수는?

| A | B | X |
|---|---|---|
| 0 | 0 | 1 |
| 0 | 1 | 0 |
| 1 | 0 | (a) |
| 1 | 1 | (b) |

㉮ (a)=0, (b)=0　　㉯ (a)=1, (b)=0
㉰ (a)=0, (b)=1　　㉱ (a)=1, (b)=1

**32.** 다음은 반일치회로에 관한 진리표이다. (a)와 (b)안에 들어갈 2진수는?

| A | B | X |
|---|---|---|
| 0 | 0 | 0 |
| 0 | 1 | 1 |
| 1 | 0 | (a) |
| 1 | 1 | (b) |

㉮ (a)=0, (b)=0　　㉯ (a)=1, (b)=0
㉰ (a)=0, (b)=1　　㉱ (a)=1, (b)=1

정답 30. ㉱　31. ㉰　32. ㉯

**33.** 멀티플렉서(Multiplexer)를 이용한 다음 회로의 출력을 옳게 나타낸 것은?

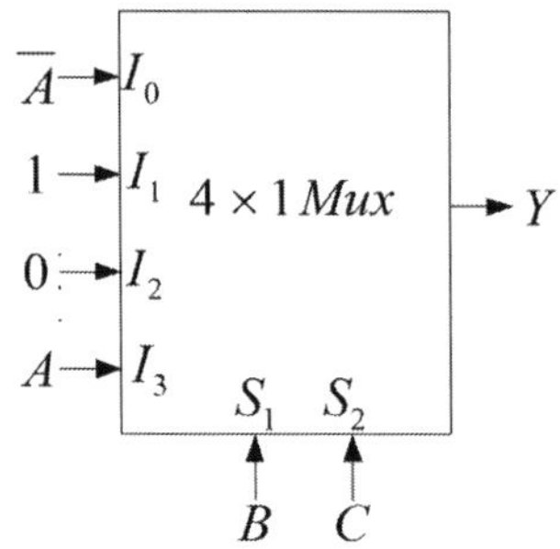

㉮ $Y=\overline{A}\,\overline{B}C+\overline{A}B\overline{C}+A\overline{B}\,\overline{C}$ ㉯ $Y=\overline{A}\,\overline{B}+AC$

㉰ $Y=\overline{A}B+A\overline{C}+BC$ ㉱ $Y=\overline{A}\,\overline{B}\,\overline{C}+ABC$

**해설** 실현표를 작성하고 $I_0=\overline{A}, I_1=1, I_2=0, I_3=A, S_1=B, S_2=C$에서에서

| | $I_0$ | $I_1$ | $I_2$ | $I_3$ |
|---|---|---|---|---|
| $\overline{A}$ | (0) | (1) | 2 | 3 |
| $A$ | 4 | (5) | 6 | (7) |

$Y=\sum(0,1,5,7)=\overline{A}\,\overline{B}\,\overline{C}+\overline{A}\,\overline{B}C+A\overline{B}C+ABC=\overline{A}\,\overline{B}+AC$

**34.** 다음과 같은 멀티플렉서(multiplexer)를 이용하여 구성한 조합 논리 회로가 나타내는 논리식을 sum of minterms형태로 옳게 표시한 것은?

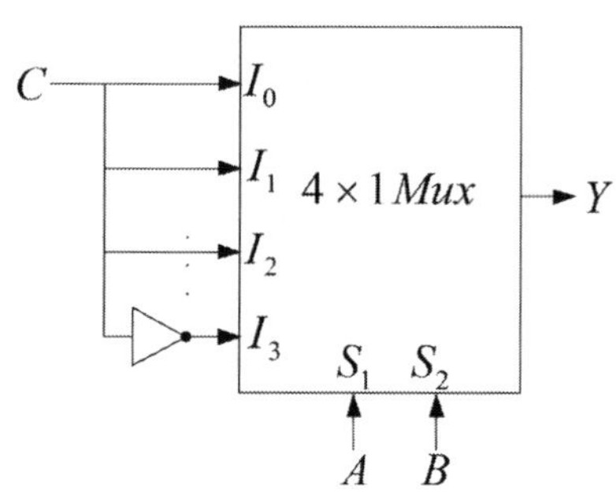

㉮ $Y=(A,B,C)=\sum(2,5,7)$ ㉯ $Y=(A,B,C)=\sum(1,3,6)$

㉯ $Y=(A,B,C)-\sum(1,3,5,6)$ ㉱ $Y=(A,B,C)=\sum(0,2,7,8)$

**해설** 실현표를 작성하고 $I_0=C, I_1=C, I_2=C, I_3=\overline{C}, S_1=A, S_2=B$에서

| | $I_0$ | $I_1$ | $I_2$ | $I_3$ |
|---|---|---|---|---|
| $\overline{C}$ | 0 | 2 | 4 | (6) |
| $C$ | (1) | (3) | (5) | 7 |
| | $C$ | $C$ | $C$ | $C$ |

$Y=\sum(1,3,5,6)=\overline{A}\,\overline{B}C+\overline{A}BC+A\overline{B}C+ABC$

**정답** 33. ㉯ 34. ㉰

# INDEX

## 2


## 3


## 4


## A


## B


## C


## D


## E


## F


## H


## J


## N

이시우
- 日本大學(Nihon Univ.) 전자공학과 석사
- 日本大學(Nihon Univ.) 전자공학과 박사
- 현재 상명대학교 정보통신공학과 교수
- NCS 집필위원
- 전략물자관리원 판정위원
- 국방과학기술평가원 심사위원
- 한국방송통신전파진흥원 심사위원
- 중소기업청 심사위원
- 조달청 심사위원
- 국가과학기술위원회 자문위원
- 한국대학교육협의회 심사위원
- 한국산업기술평가관리원 심사위원
- 국가평생교육진흥원 심사위원
- 한국산업기술진흥원 심사위원
- 한국전자정보진흥센터 심사위원
- 한국정보통신기술진흥센터 심사위원
- 창조경제밸리혁신기술개발 전담지원 전문가(PS)

저서

〈디지털전자회로〉〈정보전송공학〉〈정보통신기기〉

〈정보통신설비기준〉〈전자계산기일반〉〈PC와 인터넷활용〉

# 전자회로

1판 1쇄 발행 2016년 02월 20일
1판 4쇄 발행 2022년 03월 15일
저　　자 이시우
발 행 인 이범만
발 행 처 **21세기사** (제406-00015호)
경기도 파주시 산남로 72-16 (10882)
Tel. 031-942-7861　　Fax. 031-942-7864
E-mail : 21cbook@naver.com
Home-page : www.21cbook.co.kr
ISBN 978-89-8468-649-6

**정가 29,000원**